国家出版基金项目

中国煤矿生态技术与管理

煤矿区大气污染防控技术

王丽萍　田立江　何士龙　赵晓亮　李晓伟◎编　著
王学谦　冯启言◎主　审

中国矿业大学出版社

·徐州·

内 容 提 要

本书是国家出版基金项目丛书之一,旨在适应国家可持续发展和双碳战略要求。编写本书的核心思路是以"污染物控制理论技术"为核心,兼顾"污染源排放减量和甲烷气体排放及利用"。其内容涵盖了煤矿区大气综合防治技术体系的各个方面,具体包括:我国及矿区大气污染的现状特征与综合防治、大气环境质量标准;煤炭燃烧污染物的生成控制、矸石山自燃及防控技术;气溶胶力学基础、微粒凝并及除尘器性能,煤矿井下粉尘与煤矿地面粉尘控制技术、电除尘器和过滤除尘器高效除尘工艺与设备;燃煤烟气脱硫与除汞技术、氮氧化物和挥发性有机废气净化技术;矿井通风甲烷气体排放及治理技术;矿区大气环境质量评价与预测。

本书可供从事环境规划、环境设计和环境管理的科技人员参考,也可作为高等学校环境科学与工程相关专业研究生的教材和参考书,还可供从事煤炭工业生产、管理、环境保护等方面的人员阅读参考。

图书在版编目(CIP)数据

煤矿区大气污染防控技术/王丽萍等编著.—徐州:
中国矿业大学出版社,2023.12
ISBN 978-7-5646-5297-5

Ⅰ.①煤… Ⅱ.①王… Ⅲ.①矿区—空气污染控制—
生物净化—研究 Ⅳ.①X75

中国版本图书馆 CIP 数据核字(2021)第 280969 号

书　　名	煤矿区大气污染防控技术
编 著 者	王丽萍　田立江　何士龙　赵晓亮　李晓伟
责任编辑	章　毅　褚建萍
出版发行	中国矿业大学出版社有限责任公司
	(江苏省徐州市解放南路　邮编 221008)
营销热线	(0516)83885370　83884103
出版服务	(0516)83995789　83884920
网　　址	http://www.cumtp.com　E-mail:cumtpvip@cumtp.com
印　　刷	苏州市古得堡数码印刷有限公司
开　　本	787 mm×1092 mm　1/16　印张 22.5　字数 562 千字
版次印次	2023 年 12 月第 1 版　2023 年 12 月第 1 次印刷
定　　价	158.00 元

(图书出现印装质量问题,本社负责调换)

《中国煤矿生态技术与管理》
丛书编委会

丛书总负责人：卞正富

分册负责人：

《井工煤矿土地复垦与生态重建技术》	卞正富
《露天煤矿土地复垦与生态重建技术》	白中科
《煤矿水资源保护与污染防治技术》	冯启言
《煤矿区大气污染防控技术》	王丽萍
《煤矿固体废物利用技术与管理》	李树志
《煤矿区生态环境监测技术》	汪云甲
《绿色矿山建设技术与管理》	郭文兵
《西部煤矿区环境影响与生态修复》	雷少刚
《煤矿区生态恢复力建设与管理》	张绍良
《矿山生态环境保护政策与法律法规》	胡友彪
《关闭矿山土地建设利用关键技术》	郭广礼
《煤炭资源型城市转型发展》	李效顺

丛书序言

中国传统文化的内核中蕴藏着丰富的生态文明思想。儒家主张"天人合一",强调人对于"天"也就是大自然要有敬畏之心。孔子最早提出"天何言哉?四时行焉,百物生焉,天何言哉?"(《论语·阳货》),"君子有三畏:畏天命,畏大人,畏圣人之言。"(《论语·季氏》)。他对于"天"表现出一种极强的敬畏之情,在君子的"三畏"中,"天命"就是自然的规律,位居第一。道家主张无为而治,不是说无所作为,而是要求节制欲念,不做违背自然规律的事。佛家主张众生平等,体现了对生命的尊重,因此要珍惜生命、关切自然,做到人与环境和谐共生。

中国共产党在为中国人民谋幸福、为中华民族谋复兴的现代化进程中,从中华民族永续发展和构建人类命运共同体高度,持续推进生态文明建设,不断强化"绿水青山就是金山银山"的思想理念,生态文明法律体系与生态文明制度体系得到逐步健全与完善,绿色低碳的现代化之路正在铺就。党的十七大报告中提出"建设生态文明,基本形成节约能源资源和保护生态环境的产业结构、增长方式、消费模式",这是党中央首次明确提出建设生态文明,绿色发展理念和实践进一步丰富。这个阶段,围绕转变经济发展方式,以提高资源利用效率为核心,以节能、节水、节地、资源综合利用和发展循环经济为重点,国家持续完善有利于资源能源节约和保护生态环境的法律和政策,完善环境污染监管制度,建立健全生态环保价格机制和生态补偿机制。2015年9月,中共中央、国务院印发了《生态文明体制改革总体方案》,提出了建立健全自然资源资产产权制度、国土空间开发保护制度、空间规划体系、资源总量管理和全面节约制度、资源有偿使用和生态补偿制度、环境治理体系、环境治理和生态保护市场体系、生态文明绩效评价考核和责任追究制度等八项制度,成为生态文明体制建设的"四梁八柱"。党的十八大以来,习近平生态文明思想确立,"绿水青山就是金山银山"的理念使得绿色发展进程前所未有地加快。党中央把生态文明建设作为统筹推进"五位一体"总体布局和协调推进"四个全面"战略布局的重要内容,提出创新、协调、绿色、开放、共享的新发展理念,污染治理力度之大、制度出台频度之密、监管执法尺度之严、环境质量改善速度之快前所未有。

面对资源约束趋紧、环境污染严重、生态系统退化加剧的严峻形势,生态文明建设成为关系人民福祉、关乎民族未来的一项长远大计,也是一项复杂庞大的系统工程。我们必须树立尊重自然、顺应自然、保护自然,发展和保护相统一,"绿水青山就是金山银山""山水林田湖草沙是生命共同体"的生态文明理念,站在推进国家生态环境治理体系和治理能力现代化的高度,推动生态文明建设。

国家出版基金项目"中国煤矿生态技术与管理"系列丛书,正是在上述背景下获得立项支持的。

我国是世界上最早开发和利用煤炭资源的国家。煤炭的开发与利用,有力地推动了社会发展和进步,极大地便利和丰富了人民的生活。中国2 500年前的《山海经》,最早记载了煤并称之为"石涅"。从辽宁沈阳发掘的新乐遗址内发现多种煤雕制品,证实了中国先民早在6 000~7 000年前的新石器时代,已认识和利用了煤炭。到了周代(公元前1122年)煤炭开采已有了相当发展,并开始了地下采煤。彼时采矿业就有了很完善的组织,采矿管理机构中还有"中士""下士""府""史""胥""徒"等技术管理职责的分工,这既说明了当时社会阶层的分化与劳动分工,也反映出矿业有相当大的发展。西汉(公元前206—公元25年)时期,开始采煤炼铁。隋唐至元代,煤炭开发更为普遍,利用更加广泛,冶金、陶瓷行业均以煤炭为燃料,唐代开始用煤炼焦,至宋代,炼焦技术已臻成熟。宋朝苏轼在徐州任知州时,为解决居民炊爨取暖问题,积极组织人力,四处查找煤炭。经过一年的不懈努力,在元丰元年十二月(1079年初)于徐州西南的白土镇,发现了储量可观、品质优良的煤矿。为此,苏东坡激动万分,挥笔写下了传诵千古的《石炭歌》:"君不见前年雨雪行人断,城中居民风裂骭。湿薪半束抱衾裯,日暮敲门无处换。岂料山中有遗宝,磊落如磐万车炭。流膏迸液无人知,阵阵腥风自吹散。根苗一发浩无际,万人鼓舞千人看。投泥泼水愈光明,烁玉流金见精悍。南山栗林渐可息,北山顽矿何劳锻。为君铸作百炼刀,要斩长鲸为万段。"《石炭歌》成为一篇弥足珍贵的煤炭开采利用历史文献。元朝都城大都(今北京)的西山地区,成为最大的煤炭生产基地。据《元一统志》记载:"石炭煤,出宛平县西十五里大谷(峪)山,有黑煤三十余洞。又西南五十里桃花沟,有白煤十余洞""水火炭,出宛平县西北二百里斋堂村,有炭窑一所"。由于煤窑较多,元朝政府不得不在西山设官吏加以管理。为便于煤炭买卖,还在大都内的修文坊前设煤市,并设有煤场。明朝煤炭业在河南、河北、山东、山西、陕西、江西、安徽、四川、云南等省都有不同程度的发展。据宋应星所著的《天工开物》记载:"煤炭普天皆生,以供锻炼金石之用",宋应星还详细记述了在冶铁中所用的煤的品种、使用方法、操作工艺等。清朝从清初到道光年间对煤炭生产比较重视,并对煤炭开发采取了扶持措施,至乾隆年间(1736—1795年),出现了我国古代煤炭开发史上的一个高潮。17世纪以前,我国的煤炭开发利用技术与管理一直领先于其他国家。由于工业化较晚,17世纪以后,我国煤炭开发与利用技术开始落后于西方国家。

中国正式建成的第一个近代煤矿是台湾基隆煤矿,1878年建成投产出煤,1895年台湾沦陷时关闭,最高年产为1881年的54 000 t,当年每工工效为0.18 t。据统计,1875—1895年,我国先后共开办了16个煤矿。1895—1936年,外国资本在中国开办的煤矿就有32个,其产量占全国煤炭产量总数的1/2～2/3。在同一时期,中国民族资本亦先后开办了几十个新式煤矿,到1936年,中国年产5万t以上的近代煤矿共有61个,其中年产达到60万t以上的煤矿有10个(开滦、抚顺、中兴、中福、鲁大、井陉、本溪、西安、萍乡、六河沟煤矿)。1936年,全国产煤3 934万t,其中新式煤矿产量2 960万t,劳动效率平均每工为0.3 t左右。1933年,煤矿工人已经发展到27万人,占当时全国工人总数的33.5%左右。1912—1948年间,原煤产量累计为10.27亿t[①]。这期间,政府制定了矿业法,企业制定了若干管理章程,使管理工作略有所循,尤其明显进步的是,逐步开展了全国范围的煤田地质调查工作,初步搞清了中国煤田分布与煤炭储量。

我国煤炭产量从1949年的3 243万t增长到2021年的41.3亿t,1949—2021年累计采出煤炭937.8亿t,世界占比从2.37%增长到51.61%(据中国煤炭工业协会与IEA数据综合分析)。原煤全员工效从1949年的0.118 t/工(大同煤矿的数据)提高到2018年全国平均8.2 t/工,2018年同煤集团达到88 t/工;百万吨死亡人数从1949年的22.54下降到2021年的0.044;原煤入选率从1953年的8.5%上升到2020年的74.1%;土地复垦率从1991年的6%上升到2021年的57.5%;煤矸石综合利用处置率从1978年的27.0%提高到2020年的72.2%。从2014年黄陵矿业集团有限责任公司黄陵一矿建成全国第一个智能化示范工作面算起,截至2021年年底,全国智能化采掘工作面已达687个,其中智能化采煤工作面431个、智能化掘进工作面256个,已有26种煤矿机器人在煤矿现场实现了不同程度的应用。从生产效率、百万吨死亡人数、生态环保(原煤入选率、土地复垦率以及煤矸石综合利用处置率)、智能化开采水平等视角,我国煤炭工业大致经历了以下四个阶段。第一阶段,从中华人民共和国成立到改革开放初期,我国煤炭开采经历了从人工、半机械化向机械化再向综合机械化采煤迈进的阶段。中华人民共和国成立初期,以采煤方法和采煤装备的科技进步为标志,我国先后引进了苏联和波兰的采煤机,煤矿支护材料开始由原木支架升级为钢支架,但还没有液压支架。而同期西方国家已开始进行综合机械化采煤。1970年11月,大同矿务局煤峪口煤矿进行了综合机械化开采试验,这是我国第一个综采工作面。这次试验为将综合机械化开采确定为煤炭工业开采技术的发展方向提供了坚实依据。从中华人民共和国成立到改革开放初期,除了1949年、1950年、1959年、1962年的百万吨死亡人数超过

---

① 《中国煤炭工业统计资料汇编(1949—2009)》,煤炭工业出版社,2011年。

10 以外,其余年份均在 10 以内。第二阶段,从改革开放到进入 21 世纪前后,我国煤炭工业主要以高产高效矿井建设为标志。1985 年,全国有 7 个使用国产综采成套设备的综采队,创年产原煤 100 万 t 以上的纪录,达到当时的国际先进水平。1999 年,综合机械化采煤产量占国有重点煤矿煤炭产量的 51.7%,较综合机械化开采发展初期的1975 年提高了 26 倍。这一时期开创了综采放顶煤开采工艺。1995 年,山东兖州矿务局兴隆庄煤矿的综采放顶煤工作面达到年产 300 万 t 的好成绩;2000 年,兖州矿务局东滩煤矿综采放顶煤工作面创出年产 512 万 t 的纪录;2002 年,兖矿集团兴隆庄煤矿采用"十五"攻关技术装备将综采放顶煤工作面的月产和年产再创新高,达到年产 680 万 t。同时,兖矿集团开发了综采放顶煤成套设备和技术。这一时期,百万吨死亡人数从1978 年的 9.44 下降到 2001 年的 5.07,下降幅度不大。第三阶段,煤炭黄金十年时期(2002—2011 年),我国煤炭工业进入高产高效矿井建设与安全形势持续好转时期。煤矿机械化程度持续提高,煤矿全员工效从 21 世纪初的不到 2.0 t/工上升到 5.0 t/工以上,百万吨死亡人数从 2002 年的 4.64 下降到 2012 年的 0.374。第四阶段,党的十八大以来,煤炭工业进入高质量发展阶段。一方面,在"绿水青山就是金山银山"理念的指引下,除了仍然重视高产高效与安全生产,煤矿生态环境保护得到前所未有的重视,大型国有企业将生态环保纳入生产全过程,主动履行生态修复的义务。另一方面,随着人工智能时代的到来,智能开采、智能矿山建设得到重视和发展。2016 年以来,在落实国务院印发的《关于煤炭行业化解过剩产能实现脱困发展的意见》方面,全国合计去除9.8 亿 t 产能,其中 7.2 亿 t(占 73.5%)位于中东部省区,主要为"十二五"期间形成的无效、落后、枯竭产能。在淘汰中东部落后产能的同时,增加了晋陕蒙优质产能,因而对全国总产量的影响较为有限。

虽然说近年来煤矿生态环境保护得到了前所未有的重视,但我国的煤矿环境保护工作或煤矿生态技术与管理工作和全国环境保护工作一样,都是从 1973 年开始的。我国的工业化虽晚,但我国对环保事业的重视则是较早的,几乎与世界发达工业化国家同步。1973 年 8 月 5—20 日,在周恩来总理的指导下,国务院在北京召开了第一次全国环境保护会议,取得了三个主要成果[①]:一是做出了环境问题"现在就抓,为时不晚"的结论;二是确定了我国第一个环境保护工作方针,即"全面规划、合理布局、综合利用、化害为利、依靠群众、大家动手、保护环境、造福人民";三是审议通过了我国第一部环境保护的法规性文件——《关于保护和改善环境的若干规定》,该法规经国务院批转执行,我国的环境保护工作至此走上制度化、法治化的轨道。全国环境保护工作首先从"三废"治理开始,煤矿是"三废"排放较为突出的行业。1973 年起,部分矿务局开始了以"三废"治

---

① 《中国环境保护行政二十年》,中国环境科学出版社,1994 年。

理为主的环境保护工作。"五五"后期,设专人管理此项工作,实施了一些零散工程。"六五"期间,开始有组织、有计划地开展煤矿环境保护工作。"五五"到"六五"煤矿环保工作起步期间,取得的标志性进展表现在[①]:① 组织保障方面,1983年1月,煤炭工业部成立了环境保护领导小组和环境保护办公室,并在平顶山召开了煤炭工业系统第一次环境保护工作会议,到1985年年底,全国统配煤矿基本形成了由煤炭部、省区煤炭管理局(公司)、矿务局三级环保管理体系。② 科研机构与科学研究方面,在中国矿业大学研究生部环境工程研究室的基础上建立了煤炭部环境监测总站,在太原成立了山西煤管局环境监测中心站,也是山西省煤矿环境保护研究所,在杭州将煤炭科学研究院杭州研究所确定为以环保科研为主的部直属研究所。"六五"期间的煤炭环保科技成效包括:江苏煤矿设计院研制的大型矿用酸性水处理机试运行成功后得到推广应用;汾西矿务局和煤炭科学研究院北京煤化学研究所共同研究的煤矸石山灭火技术通过评议;煤炭科学研究院唐山分院承担的煤矿造地复田研究项目在淮北矿区获得成功。③ 人才培养方面,1985年中国矿业大学开设环境工程专业,第一届招收本科生30人,还招收17名环保专业研究生和1名土地复垦方向的研究生。"六五"期间先后举办8期短训班,培训环境监测、管理、评价等方面急需人才300余名。到1985年,全国煤炭系统已经形成一支2 500余人的环保骨干队伍。④ 政策与制度建设方面,第一次全国煤炭系统环境保护工作会议确立了"六五"期间环境保护重点工作,认真贯彻"三同时"方针,煤炭部先后颁布了《关于煤矿环保涉及工作的若干规定》《关于认真执行基建项目环境保护工程与主体工程实行"三同时"的通知》,并起草了关于煤矿建设项目环境影响报告书和初步设计环保内容、深度的规定等规范性文件。"六五"期间,为应对煤矿塌陷土地日益增多、矿社(农)矛盾日益突出的形势,煤炭部还积极组织起草了关于《加强造地复田工作的规定》,后来上升为国务院颁布的《土地复垦规定》。⑤ 环境保护预防与治理工作成效方面,建设煤炭部、有关省、矿务局监测站33处;矿井水排放量14.2亿 m^3,达标率76.8%;煤矸石年排放量1亿 t,利用率27%;治理自然发火矸石山73座,占自燃矸石山总数的31.5%;完成环境预评价的矿山和选煤厂20多处,新建项目环境污染得到有效控制。

回顾我国煤炭开采与利用的历史,特别是中华人民共和国成立后煤炭工业发展历程和煤矿环保事业起步阶段的成就,旨在出版本丛书过程中,传承我国优秀文化传统,发扬前人探索新型工业化道路不畏艰辛的精神,不忘"开发矿业、造福人类"的初心,在新时代做好煤矿生态技术与管理科技攻关及科学普及工作,让我国从矿业大国走向矿业强国,服务中华民族伟大复兴事业。

---

① 《当代中国的煤炭工业》,中国社会科学出版社,1988年。

针对中国煤矿开采技术发展现状和煤矿生态环境管理存在的问题，本丛书包括十二部著作，分别是：井工煤矿土地复垦与生态重建技术、露天煤矿土地复垦与生态重建技术、煤矿水资源保护与污染防治技术、煤矿区大气污染防控技术、煤矿固体废物利用技术与管理、煤矿区生态环境监测技术、绿色矿山建设技术与管理、西部煤矿区环境影响与生态修复、煤矿区生态恢复力建设与管理、矿山生态环境保护政策与法律法规、关闭矿山土地建设利用关键技术、中国煤炭资源型城市转型发展。

丛书编撰邀请了中国矿业大学、中国地质大学（北京）、河南理工大学、安徽理工大学、中煤科工集团等单位的专家担任主编，得到了中煤科工集团唐山研究院原院长崔继宪研究员，安徽理工大学校长、中国工程院袁亮院士，中国地质大学校长、中国工程院孙友宏院士，河南理工大学党委书记邹友峰教授等的支持以及崔继宪等审稿专家的帮助和指导。在此对国家出版基金表示特别的感谢，对上述单位的领导和审稿专家的支持和帮助一并表示衷心的感谢！

丛书既有编撰者及其团队的研究成果，也吸纳了本领域国内外众多研究者和相关生产、科研单位先进的研究成果，虽然在参考文献中尽可能做了标注，难免挂一漏万，在此，对被引用成果的所有作者及其所在单位表示最崇高的敬意和由衷的感谢。

卞正富

2023 年 6 月

本书前言

煤炭工业是关系我国经济命脉和能源安全的重要基础产业,在我国国民经济中发挥着举足轻重的作用。然而,在煤炭开采、加工、利用过程中会产生一系列大气污染问题。因此,我们迫切需要了解和应用先进适用的煤矿区大气污染控制技术。

本书共分十章。具体内容包括:我国及矿区大气污染的现状特征与综合防治、大气环境质量标准;煤炭燃烧污染物的生成与控制、煤矸石自燃及其防控技术;气溶胶力学基础、微粒凝并及除尘器性能,煤矿井下粉尘与煤矿地面粉尘控制技术、电除尘器和过滤除尘器高效除尘工艺与设备;燃煤烟气脱硫与除汞技术、氮氧化物和挥发性有机废气净化技术;矿井通风甲烷气体排放及治理技术。

本书的主要特色如下:

(1)体系与结构创新。本书突破了同类著作的编写体系,以“污染源发生—源头控制—净化控制技术—甲烷气体排放及利用”为主线,按照理论、技术方法和工程案例的顺序进行编排。

(2)内容丰富全面。在突出矿区大气污染治理的同时,涵盖了煤炭燃烧与煤矸石自燃源头控制,煤炭工业大气污染综合防治、净化技术与工艺、设备和系统设计等内容,同时,还涉及矿井通风甲烷气体排放及治理利用技术等方面的内容。

(3)实用性和启发性的统一。本书以学术性、知识性、系统性、可读性为指导原则,深入浅出地介绍了相关基础理论知识。选取了工程典型案例,同时指明了相关技术的发展趋势和方向,使得本书具有实用性和启发性。

本书结合编著者多年研究成果,并参考国内外最新文献及行业政策,将煤矿区大气污染控制方面的主流技术及具有发展前景的技术进行了编撰,既是对相关技术的系统总结,也旨在为从事煤炭工业生产、管理、环境保护等方面的人员及相关科研、工程设计、环境咨询等人员提供一本较为全面的参考书籍。此外,本书还可作为高等院校环境科学与工程相关专业研究生的教材和参考书。本书具体编写分工如下:中国矿业大学王丽萍编写第一章、第二章第一至五节、第三章及第六章第一至四节,中国矿业大学何士龙编写第二章第六节、第六章第五节及第九章,辽宁工程技术大学赵晓亮编写第四、五章,中国矿业大学田立江编写第七、八章,中国矿业大学李晓伟编写第十章。全书由王丽萍统一定稿。

限于编著者学识水平,书中错误和不足之处在所难免,敬请广大读者不吝指正。

编著者

2023 年 3 月

目　录

第一章　绪　论

第一节　大气与大气污染

一、大气的组成

大气是人类和一切生物生存必不可少的环境要素之一，其重要性仅次于或近似等同于阳光对生命的意义。空气的质量直接影响我们接收到的阳光的数量和类型，从而直接或间接地影响人类生活。

大气由多种气体混合组成，按其成分可以概括为干洁空气、水汽和悬浮微粒三部分。干洁空气的组成如表 1-1 所列。干洁空气的组成比例在与地表垂直方向上 $0\sim90$ km 范围内基本保持不变。大气中的水汽含量变化较大，许多天气现象都与水汽含量有关。大气中的悬浮微粒主要包括大气尘埃和悬浮杂质。人类的活动或自然的作用会使某些物质以微粒或有害气体的形式进入大气中，这些物质构成了大气污染的基础。

表 1-1　干洁空气的组成

成　分	相对分子质量	体积分数/%	成　分	相对分子质量	体积分数/%
氮(N_2)	28.01	78.08	氖(Ne)	20.18	1.8×10^{-4}
氧(O_2)	32.00	20.95	氦(He)	4.003	5.3×10^{-4}
氩(Ar)	39.95	0.93	氪(Kr)	83.80	1.0×10^{-4}
二氧化碳(CO_2)	44.01	0.03	氢(H_2)	2.016	0.5×10^{-4}
甲烷(CH_4)	16.04	1.5×10^{-4}	氙(Xe)	131.30	0.08×10^{-4}
			臭氧(O_3)	48.00	$(0.01\sim0.04)\times10^{-4}$

二、大气污染

大气污染通常指由人类活动和自然过程引起的某些物质进入大气后，达到足够的浓度和时间，从而对人体的舒适、健康、福利或环境造成危害。

大气污染对人体的危害包括对正常生活环境和生理机能的影响，可能引起急性病、慢性病甚至死亡等；而大气污染对福利的影响则包括与人类、其他生物、自然资源以及财产和物品的和谐共存。人类活动包括生活活动和生产活动，其中工业生产活动是造成大气污染的主要因素。然而交通、取暖、空调等生活方式也在大气污染中起到至关重要的作用。自然过程，是指火山活动、山林火灾、海啸、土壤和岩石风化及大气圈的空气运动等。然而，由于自然环境具有的物理、化学和生物机制,即自然环境的自净作用,自然过程造成的大气污染经过一段时间后会自动消除,从而使生态平衡自动恢复。因此,大气污染主要是由人类活动造成的。

清洁空气与被污染空气中的污染物的含量如表 1-2 所列。

表 1-2　清洁空气与被污染空气中污染物的含量

污染物	清洁空气中的含量	污染空气中的含量
二氧化硫	$(0.001 \sim 0.01) \times 10^{-6}$	$(0.02 \sim 2) \times 10^{-6}$
氮氧化物	$(0.001 \sim 0.01) \times 10^{-6}$	$(0.01 \sim 0.5) \times 10^{-6}$
碳氢化物	1×10^{-6}	$(1 \sim 20) \times 10^{-6}$
一氧化碳	$< 1 \times 10^{-6}$	$(5 \sim 200) \times 10^{-6}$
二氧化碳	$(310 \sim 330) \times 10^{-6}$	$(350 \sim 370) \times 10^{-6}$
颗粒物	$10 \sim 20 \ \mu g/m^3$	$70 \sim 700 \ \mu g/m^3$

按大气污染的范围来分,大气污染大致可分为以下四种类型。

(1) 局地污染:指局限性和局部地区大气污染,如受某个工厂烟囱排气的直接影响。

(2) 区域性污染:涉及一个地区的区域性大气污染,如工矿区域及其附近地区或整个城市的大气受到污染。

(3) 广域污染:涉及更广阔范围的大气污染,可以在大城市、大工业地带观察到广域污染。

(4) 全球性污染:从全球范围考虑的大气污染,如大气中硫氧化物、氮氧化物、二氧化碳和飘尘的不断增加,造成跨国界的酸性降雨和温室气体效应。全球性大气污染引起了世界各国的关注,需要进行国际合作加以解决。

三、当代大气问题

(一)温室效应与气候变化

1. 温室效应与温室气体

地球的温度是由太阳辐射照到地球表面的速率和吸热后的地球将红外辐射线散发到空间的速率决定的。大气中的二氧化碳和其他微量气体如甲烷、一氧化二氮、臭氧、氟氯烃(CFCs)、水蒸气等,可以使太阳的短波辐射几乎无衰减地通过,同时强烈吸收地面及空气放出的长波辐射,吸收的长波辐射部分反射回地球,从而减少了地球向外层空间散发的能量,使空气和地球表面变暖,这种暖化效应称为"温室效应"。

二氧化碳和上述那些微量气体,则称为"温室气体"。几种主要温室气体及其特征列于表 1-3 中。在已知的 30 多种温室气体中,CO_2 对温室效应的贡献最大。甲烷、氧化二氮、氟利昂和臭氧也起到重要作用,氟利昂在大气中的体积分数虽显著低于其他温室气体,但对暖化效应的贡献率达 $12\% \sim 20\%$,仅次于 CO_2,氟利昂是效应极强的温室气体。

表 1-3 主要温室气体及其特征

气体	大气中体积分数	年增长率/%	生存期	温室效应($CO_2=1$)	现有贡献率/%	主要来源
CO_2	3.55×10^{-4}	0.4	$50\sim200$ a	1	$50\sim60$	煤、石油、天然气、森林砍伐
CFCs	0.85×10^{-8}	2.2	$50\sim102$ a	$3\,400\sim15\,000$	$12\sim20$	发泡剂、气溶胶、制冷剂、清洗剂
CH_4	1.7×10^{-6}	0.8	$12\sim17$ a	11	15	湿地、稻田、化石燃料、牲畜
N_2O	3.1×10^{-7}	0.25	120 a	270	6	化石燃料、化肥、森林砍伐
O_3	$(0.01\sim0.05)\times10^{-6}$	0.5	数周	4	8	光化学反应

如果没有温室气体的存在,地球将是十分寒冷的。据计算,如果大气层仅有 O_2 和 N_2,则地表平均温度为 $-6\ ℃$ 才能平衡来自太阳的入射辐射,低于现在的 15 ℃。如果没有大气层,地表温度将是 $-18\ ℃$。

2. 人类活动与气候变化

自然界本身会产生各种温室气体,同时自然界也在吸收或分解它们。在地球的长期演化过程中,大气中温室气体的变化是很缓慢的,处于基本平衡的循环状态。

工业革命以来,大量森林植被被迅速砍伐,发达国家消耗了全世界大部分化石燃料,CO_2 累积排放量惊人。人为排放的 CO_2 不断增加,森林植被被大量破坏,破坏了 CO_2 产生和吸收的自然平衡,大气中 CO_2 体积分数已从 1750 年的 280×10^{-6} 增加到目前的 360×10^{-6} 左右。预计到 21 世纪中叶,大气中 CO_2 的体积分数将达到 $(540\sim970)\times10^{-6}$。二氧化碳含量的增加已成为全球变暖的主要原因。

除 CO_2 外,大气中其他温室气体的含量也在不断增加。200 多年前,大气中 CH_4 的体积分数为 800×10^{-9},1992 年增加到 $1\,720\times10^{-9}$。工业革命前,大气中 N_2O 的体积分数为 285×10^{-9},现在已升至 310×10^{-9},每年以 $0.2\%\sim0.3\%$ 的比例增加。

大气中温室气体的增加导致其对地表长波辐射的吸收增多,从而减少了地球及大气向外层空间散发的能量,长期以来形成的能量平衡被破坏,造成地表及大气温度升高,进而引发全球气候变暖。

3. 温室效应对气候变化的影响

温室效应使得冰雪覆盖和冰川面积减少,由于温室气体浓度增加造成大气和水的温度上升,进而引发海水热膨胀和冰川融化。2018 年由美国多家机构研究人员组成的团队通过研究卫星观测数据,发现过去 25 年间海水热膨胀造成全球平均海平面上升 7 cm。预计到 2100 年,全球海平面上升 65 cm。全世界有 1/3 的人口生活在沿海岸线 60 km 以内,海平面上升将使一些岛屿消失,人口稠密、经济发达的河口和沿海低地可能被淹没,迫使大量人口内迁陆地。北半球中纬度地区和南半球降雨量增加,北半球亚热带地区降雨量下降。过多的降雨、大范围的干旱和持续的高温等会造成大规模的灾害损失。与过去的 100 年相比,自 20 世纪 70 年代以来厄尔尼诺事件更频繁、更持久,且强度更大。

温室效应影响人类健康。高温热浪给人群带来心脏病发作、中风或其他疾病的风险,引起死亡率增加。在气候变暖时,一些疾病(如疟疾、登革热引起的脑炎等)的发病率有可能增加。

（二）臭氧层破坏

距离地球表面 $10 \sim 20$ km 高处的平流层,稀薄空气内含有$(300 \sim 500) \times 10^{-9}$ 的臭氧层。臭氧层具有较强的吸收紫外线的功能,可以吸收太阳光紫外线中对生物有害的部分 UV-B。因此,臭氧层有效地阻挡了来自太阳紫外线的侵袭,使得地球上各种生命能够存在、繁衍和发展。自 20 世纪 70 年代中期,美国科学家发现南极洲上空的臭氧层有变薄趋势。近年来臭氧层损耗现象日益严重。

1. 臭氧层破坏的机理

臭氧层破坏的机理主要包括两个反应:

$$Cl + O_3 \longrightarrow ClO + O_2 \quad ClO + O_3 \longrightarrow Cl + 2O_2$$

与这两个反应竞争的其他反应在平流层也在进行,但是如果忽略其他反应,合并这两个反应并消去同类项,可知总的反应如下:

$$2O_3 \longrightarrow 3O_2$$

其中没有氯原子的净消耗。这样,一个氯原子可将许多臭氧分子转化为普通的氧气分子。估计一个氯原子可以破坏 $10^4 \sim 10^6$ 个臭氧分子(这个机理通常称为臭氧的催化破坏,因为氯原子对这个反应表现为不消耗的催化剂)。

除了氯原子外,其他对臭氧层产生破坏的气体还包括奇氢类 $HO_x(H、OH、HO_2)$、奇氮类 $NO_x(NO、NO_2)$ 以及其他奇卤类化合物 $XO_x(ClO、Br、BrO)$ 等。

2. 臭氧层破坏的危害

臭氧层破坏已导致全球范围内地面紫外线照射加强。据报道,北半球中纬度地区冬、春季紫外线辐射增加了 7%,夏、秋季增加了 4%;南半球中纬度地区全年平均增加了 6%;南、北极春季分别增加了 130% 和 22%。地面紫外线照射的加强,将带来如下危害:

（1）对人体健康带来危害,如导致人类白内障和皮肤癌发病率增加,降低对传染病和肿瘤的抵抗能力,降低疫苗的反应能力等。

（2）影响陆生及水生生态系统。UV-B 辐射增强将破坏植物和微生物组织,并减少浮游生物的产量,进而影响生物链和整个生态系统。

（3）影响城市空气质量,加速建筑材料的降解和老化变质。

（4）改变地球大气的结构,破坏地球的能量收支平衡,影响全球的气候变化。

（三）酸雨问题

酸雨是指 pH 值小于 5.6 的酸性降水,但现在泛指以湿沉降或干沉降形式从大气转移到地面的酸性物质。湿沉降是指酸性物质以雨、雪形式降落到地面;干沉降是指酸性颗粒物以重力沉降、微粒碰撞和气体吸附等形式由大气转移到地面。酸雨形成的机制非常复杂,是一种复杂的大气物理过程。

1. 酸雨的形成机理

降水在形成和降落过程中,会吸收大气中的各种物质。如果吸收的酸性物质多于碱性物质,就会形成酸雨。

SO_4^{2-} 和 NO_3^- 是酸雨的主要成分,它们主要是由 SO_2 和 NO_x 转化而来的。其中,SO_2 可以通过催化氧化作用、光氧化作用以及与光化学作用形成的自由基结合,形成三氧化硫。NO_x 转化为硝酸的机理与 SO_2 类同。大气中形成的硫酸和硝酸可与漂浮在大气中的颗粒物形成硫酸盐和硝酸盐气溶胶,粒径很小,有更长的生命周期进行远距离迁移。

酸雨的形成过程如下:水蒸气凝结在硫酸盐、硝酸盐等微粒组成的凝结核上,形成液滴。这些液滴吸收了 SO_x、NO_x 和气溶胶粒子,并相互碰撞、絮凝而组合在一起形成云和雨滴。当雨滴从云中降落时,它们会带走云下的酸性物质,并将其吸收、冲刷到大气中。

2. 酸雨的危害

(1)危害人体健康。酸雨或酸雾会明显刺激人体眼角膜和呼吸道黏膜,导致红眼病和支气管炎发病率升高。

(2)腐蚀建筑物及金属结构,破坏历史建筑物和艺术品等。排入空气中的二氧化硫、氮氧化物、各种有机物等不仅直接腐蚀建筑物、桥梁、机器和设备,而衍生的二次污染物光化学烟雾、酸雨等会造成更大危害。例如光化学烟雾会腐蚀建筑材料,酸雨能使非金属建筑材料(混凝土、砂浆和灰砂砖)表面硬化水泥溶解,出现空洞和裂缝,导致强度降低等。

(3)影响土壤特性。酸雨可使土壤释放出有害的化学成分(如 Al^{3+}),危害植物根系的生长;酸雨抑制土壤中有机物的分解和氮的固定,淋洗土壤中的 Ca、Mg、K 等营养元素,使土壤贫瘠化。

(4)对农林水产的影响。酸雨既可以直接影响植物的正常生长,又可以通过渗入土壤及进入水体,引起土壤和水体酸化、有毒成分溶出,从而对动植物和水生生物产生毒害。严重的酸雨会使森林衰亡和鱼类绝迹,导致农业减产、林木衰败,影响农作物生长,导致农作物大幅度减产。如酸雨可使小麦减产 13%～34%,大豆、蔬菜也容易受酸雨危害,使蛋白质含量和产量下降。

此外酸雨使淡水湖泊、河流酸化,鱼类和其他水生生物减少。

(四)雾霾问题

1. 雾霾的成因

随着人口增长和经济快速发展,人为污染源的排放导致我国大气气溶胶浓度增加。气溶胶主要由一次气溶胶粒子和二次气溶胶粒子组成,其中一次气溶胶粒子通常粒径较大、质量浓度较高,对雾霾的贡献有限。二次气溶胶粒子通常由污染源排放的气体经过大气化学反应转化而成,数量浓度大,其贡献值在新粒子形成以及随后的老化阶段均很大。通过对比排放和气象条件对区域雾霾形成的贡献,发现一次气溶胶粒子变化主要受排放强度的控制,二次气溶胶粒子的形成及总体 PM_{10} 的浓度变化与天气条件相关,导致我国雾霾呈现出区域性分布的特点。

当代气溶胶问题增加了对雾霾研究的困难,主要原因如下:

(1)气溶胶粒子吸湿增长会使观测的不确定性加大。

在我国华北区域的观测发现,吸湿后的气溶胶粒子粒径会增大 20%,使得在相对湿度大时观测的 $PM_{2.5}$ 质量浓度"虚高"。吸湿增长后的气溶胶在空气中的滞留时间加长,光学特性变化,使与雾霾有关的 $PM_{2.5}$、能见度和气溶胶光学厚度观测的不确定性加大。

(2)气溶胶粒子混合与非均相化学反应使雾霾更为复杂。

气溶胶粒子在大气中多以混合状态存在,并且会发生非均相化学反应。矿物气溶胶与 2～3 种酸性气体发生反应,在其表面形成酸性液膜,抑制了新粒子的形成,但同时促使更多的硫酸盐和硝酸盐在其表面转化形成,增加了其吸湿性和参与云雾形成的能力。酸性界面还加强了前体物表面吸附和化学反应,从而产生更多的二次有机气溶胶。研究发现,酸性液态表面对气液反应过程有一定的催化作用,同时氧化剂的存在可以显著地提高反应速率,促进二次有机气溶胶的形成。这些因素使得我国雾霾问题变得更为复杂。

(3) 大量人为气溶胶粒子活化为云凝结核使现今的雾已非完全的自然现象。

当大气中相对湿度达到过饱和时,一部分气溶胶粒子会活化为云凝结核(cloud condensation nuclei,简称 CCN),进而形成云雾滴,使能见度进一步降低。在低过饱和度(0.1%)条件下,大量大于 150 nm 的吸湿性粒子会被活化为云凝结核。此外,气溶胶的数谱分布和化学组成也对其活化过程造成明显的影响。

2. 雾霾的危害

在人体健康方面,大气污染物对人体健康的主要危害表现为引发呼吸系统和心血管系统疾病等。大气污染物主要通过以下三条途径影响人体健康:表面接触、食用含有大气污染物的食物和水、吸入被污染的空气,其中以第三条途径最为重要。大量流行病学研究也表明,长期或短期暴露于大气污染物(颗粒物和气态污染物)与多种健康疾病有显著的统计学关联,如慢性呼吸道疾病、肺癌、心肺疾病、心脑血管疾病等。1993 年,Dockery 等在哈佛六城市对 8 111 名 25~74 岁成年人进行为期 16 年的流行病学相关研究,发现大气颗粒物与肺癌、心肺疾病的死亡有着显著的统计学关联,PM_{10} 与 $PM_{2.5}$ 的浓度每增加 10 $\mu g/m^3$,死亡率分别增加 10% 和 14%。

在交通事故方面,悬浮在空气中的颗粒物通过散射和吸收作用对光在大气中的传播产生干扰而导致能见度降低,因而可能造成交通事故。大气中的颗粒物对太阳辐射的散射和吸收取决于颗粒的粒径大小和化学组成。大气中主要是粒径为 0.1~2.0 μm 的颗粒物通过对光的散射而降低物体与背景之间的对比度,其中二次气溶胶中的硫酸盐和硝酸盐对可见光的散射最为明显。而对光的吸收效应几乎全部是由 BC 和含有 BC 的颗粒物引起的。此外,相对湿度可以增加一些吸湿性颗粒物(如硫酸盐、硝酸盐和铵盐等)的粒径,使颗粒物对光散射作用更大,从而引起能见度降低。

在气候方面,大气气溶胶主要以直接或间接的方式影响气候。一方面,颗粒物通过吸收和散射太阳辐射以及吸收和释放地表的红外辐射而直接影响气候;另一方面,颗粒物作为云凝结核和冰核而改变云的微物理、光学特性以及降水效率从而间接影响气候。此外,气溶胶还可以改变反应性温室气体(如 O_3)的非均相化学反应,通过沉降为海洋生物提供营养物,影响初级生产力以及 CO_2 和二甲基硫(DMS)等辐射活性气体的释放,从而引起海洋和全球碳循环的变化,导致生态环境和气候效应。

第二节　主要大气污染物及其来源

一、主要大气污染物

大气污染物是指由于人类活动或自然过程排放到大气,并对人或环境产生有害影响的物质。大气污染物的种类很多,按其存在状态可概括为两大类:颗粒污染物和气态污染物。

(一)颗粒污染物

颗粒污染物也称为气溶胶状态污染物,是指固体粒子、液体粒子或它们在气体介质中的悬浮体。根据气溶胶的来源和物理性质,可将其分为如下几种:

1. 粉尘

粉尘(dust)是指悬浮于气体介质中的细小固体粒子。这些粒子通常是由固体物质经过破碎、分级、研磨等机械过程或土壤、岩石风化等自然过程形成的。粉尘粒径一般在 $1 \sim 200~\mu m$。

2. 烟

烟(fume)是指由冶金过程形成的固体粒子的气溶胶。它是由熔融物质挥发后生成的气态物质的冷凝物,在生产过程中总是伴有诸如氧化之类的化学反应。烟是很细的微粒,粒径范围一般为 $0.01 \sim 1~\mu m$。

3. 飞灰

飞灰(fly ash)是指由燃料燃烧产生的烟气带走的灰分中分散得较细的粒子。灰分(ash)是指含碳物质燃烧后残留的固体渣,尽管其中可能含有未完全燃尽的燃料,作为分析目的而总是假定它是完全燃烧的。

4. 黑烟

黑烟(smoke)是指由燃烧产生的能见气溶胶。黑烟的粒度范围为 $0.05 \sim 1~\mu m$。

5. 液滴

液滴(droplet)是指在静止条件下能沉降、在紊流条件下能保持悬浮的一种具有特定尺寸和密度的小液体粒子,主要粒径范围在 $200~\mu m$ 以下。

此外,在大气污染控制中,根据大气中颗粒物的大小进行分类,将颗粒污染物分为总悬浮颗粒物和可吸入颗粒物。总悬浮颗粒物(TSP):指能悬浮在空气中,空气动力学当量直径 $\leqslant 100~\mu m$ 的颗粒物。可吸入颗粒物(PM_{10}):指悬浮在空气中,空气动力学当量直径 $\leqslant$ $10~\mu m$ 的颗粒物,$PM_{2.5}$ 是指空气动力学当量直径小于或等于 $2.5~\mu m$ 的大气颗粒物,是目前首要关注的颗粒污染物。

(二)气态污染物

气态污染物的种类极多,常见的有五大类:以二氧化硫为主的含硫化合物、以一氧化氮和二氧化氮为主的含氮化合物、碳的氧化物、碳氢化合物及卤素化合物等,如表 1-4 所列。

表 1-4　气态污染物的种类

污　染　物	一　次　污　染　物	二　次　污　染　物
含硫化合物	SO_2,H_2S	SO_2,H_2SO_4,MSO_4
碳的氧化物	CO,CO_2	无
含氮化合物	NO,NH_3	NO_2,HNO_3,MNO_3
碳氢化合物	C_mH_n	醛,酮,过氧乙酰硝酸酯,O_3
卤素化合物	HF,HCl	无

注:M 代表金属离子。

气态污染物可分为一次污染物和二次污染物。若大气污染物是从污染源直接排出的原始物质,则称为一次污染物。若是由一次污染物与大气中原有成分或几种一次污染物之间经过一系列化学或光化学反应而生成的与一次污染物性质不同的新污染物,称为二次污染物。在大气污染中,受到普遍重视的二次污染物主要有硫酸烟雾(sulfurous smog)和光化学烟雾(photochemical smog)。硫酸烟雾是指由大气中的二氧化硫等硫化物,在含有水雾、重金属的飘尘或氮氧化物存在时,发生一系列化学或光化学反应而生成的硫酸雾或硫酸盐气溶胶。光化学烟雾是指由大气中的氮氧化物、碳氢化合物与氧化剂之间在阳光照射下发生一系列光化学反应所生成的蓝色烟雾(有时带紫色或黄褐色),其主要成分有臭氧、过氧乙酰基硝酸酯(PAN)、酮类及醛类等。

受到世界各国普遍关注的传统大气污染物有二氧化硫(SO_2)、总悬浮颗粒物(TSP)、氮氧化物(NO_x)、一氧化碳(CO)以及光化学氧化剂。据测算,前三种污染物(SO_2、TSP、NO_x)中只有 TSP 排放量目前全球有所降低,其余均有所增加。目前我们关心的大气污染物名单加入了许多新化学物质,包括铅、石棉、汞、砷、酸类(H_2SO_4、HCl、HF)、卤素类、呋喃、聚氯联苯(PCBs)等。

二、大气污染物的来源和排放量

根据对主要大气污染物的分类统计表明,其主要来源有三大方面:① 燃料燃烧;② 工矿企业生产过程;③ 交通运输。前两类污染源通称为固定源,交通运输则称为流动源。此外,室内空调的普遍采用和室内装潢的流行,使得室内空气污染物成为重要来源。

(一)主要污染物排放总量

我国最主要的大气污染物是二氧化硫和颗粒物,其排放量很大。1995 年我国二氧化硫排放总量达 2 369.6 万 t,超过美国,成为世界二氧化硫排放量第一大国。近年来,我国采取一系列措施,使我国主要大气污染物的排放量有所降低,但总体上仍保持在很高的水平上。

(二)室内空气主要污染物及其来源

自 20 世纪 70 年代的能源危机以来,为了节约能源,许多国家普遍开始建造密闭型房屋,以增加保暖效果。然而,室内空调的广泛使用和室内装潢的流行,对室内空气质量(indoor air quality,IAQ)产生越来越严重的影响。国外学者调查表明,室内空气污染物种类已高达 900 多种,主要包括甲醛等挥发性有机物、臭氧、一氧化碳、二氧化碳、氡及其子体等。按照室内污染物的性质,可将室内空气污染分为三类:化学污染、物理污染以及生物污染。室内空气主要污染物及其来源列于表 1-5 中。

表 1-5　室内空气主要污染物及其来源

污染种类	污染物	污 染 源
化学污染	甲醛	建筑材料:各种含脲醛树脂的建筑材料,绝缘材料等 装饰材料:木制家具,墙壁涂料,油漆,黏合剂,化纤地毯等 生活用品:化妆品,清洗剂,消毒剂等
	颗粒物	石棉,燃料燃烧,吸烟,发烟蚊香,室内清扫,日化用品等
	挥发性有机物	涂料,化妆品,油漆,清洁剂,杀虫剂,鞋油,指甲油,摩丝等
	臭氧	室外光化反应进入,复印机高压产生
	一氧化碳	燃料燃烧,吸烟,燃气热水器使用不当
	二氧化碳	燃料燃烧,吸烟,人类呼吸代谢,植物呼吸作用
	氮氧化物	燃料燃烧,吸烟,使用电炉
	有机氯化物	纺织物,杀虫剂,集成电路半导体元件使用的有机氯清洗剂

表 1-5(续)

污染种类	污染物	污 染 源
物理污染	放射性污染	氡及其子体,建筑材料中的放射性物质,建材(水泥、砖、地板等),地壳本体,地下坑道中的冷气及放射线
	电磁辐射污染	各种家电如电视机、电脑、微波炉、空调、冰箱、手机等
	光污染	采光不合理
生物污染	过敏反应物	植物花粉,孢子,家畜(猫、狗等),螨类
	菌类微生物	人体,空调器,湿度器,家畜,不清洁的毛毯

（三）细微颗粒物的组成及来源

$PM_{2.5}$ 属于细微颗粒物的范畴,通常也称为细微粒子(fine particles)。其主要成分是元素碳、有机碳化合物、硫酸盐、硝酸盐、铵盐。其他常见的成分包括各种金属元素,既有钠、镁、钙、铝、铁等地壳中含量丰富的元素,也有铅、锌、镉、铜等主要源自人类污染的重金属元素。

$PM_{2.5}$ 不是一种单一成分的空气污染物,而是由许多不同的人为或自然污染源排放的不同化学组分组成的一种杂而可变的大气污染物。就其产生过程而言,$PM_{2.5}$ 可以分为两类,即一次粒子(由污染源直接排出的细微颗粒)和二次粒子(各污染源排出的气态污染物经过冷凝或在大气中发生复杂的化学反应而生成的颗粒物)。一次粒子主要产生于燃料的燃烧过程,如发电、冶金、石油等工业生产;供热、烹调过程中燃煤、燃气和燃油排放的烟尘;汽车等运输工具在运输过程中燃料燃烧产生的尾气;等等。这些颗粒物主要是元素碳(EC)、有机碳(OC)和土壤尘等。二次粒子由多项化学反应而形成,主要化学成分有硫酸盐、硝酸盐、铵盐和半挥发性有机物等。硫酸盐颗粒很稳定,而含有硝酸铵和半挥发性有机物的二次粒子因具有挥发性而在气、粒之间转化以维持化学平衡。

根据《大气污染防治行动计划》要求,2017 年我国地级及以上城市的可吸入颗粒物浓度[$\rho(PM_{10})$]应比 2012 年下降 10％以上,京津冀、长三角、珠三角等区域的 $\rho(PM_{2.5})$ 则应分别降低 25％、20％和 15％。为了更有针对性地进行大气污染防治,完成《大气污染防治行动计划》布置的任务,我国许多城市都开展了 $PM_{2.5}$ 的源解析工作。图 1-1 展示了我国首批发布的 9 个城市 $PM_{2.5}$ 本地源解析结果。由图 1-1 可见,燃煤、移动源、工业生产和扬尘是这 9 个城市的主要本地污染源,其中,移动源是北京市、杭州市、广州市、深圳市和上海市的首要本地污染源,燃煤则在石家庄市和南京市的本地污染源中最为突出。另外,区域传输也是造成 $PM_{2.5}$ 污染的重要原因。由此可见,实行大气污染防治区域联防联控,加强对重点污染源控制是改善我国空气质量的必由之路。《大气污染防治行动计划》发布后,京津冀、长三角等区域陆续建立了区域大气污染联防联控机制,各区域内部在质量标准统一、重污染天气应对、污染源防治等多个方面开展共同行动。

我国 $PM_{2.5}$ 污染呈显著的区域性和季节性变化特征,重污染天气在秋冬季和初春时节频发。$PM_{2.5}$ 污染给人体健康带来了严重影响。因此,以 $PM_{2.5}$ 为核心的大气污染治理是我国重大的民生问题,同时也是生态文明建设的重要任务之一。

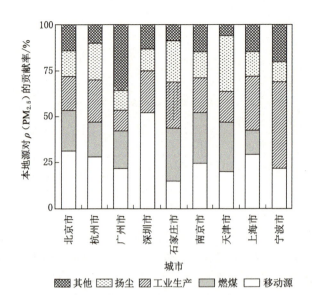

图 1-1　我国首批发布的 9 个城市 PM$_{2.5}$ 本地源解析结果
（数据源自各地环境保护部门公开发布信息；
深圳市、宁波市的工业生产源包括电厂，燃煤源贡献未单列出）

第三节　煤矿区的大气污染特征

一、矿井瓦斯等温室气体的排放

近年来，随着适用于不同地质和开采条件的抽采技术发展及其在全国范围内广泛应用，我国煤矿瓦斯抽采和利用量不断上升。2013 年瓦斯气抽采量 156 亿 m³，2015 年达到 180 亿 m³，2020 年达 288.66 亿 m³。近年来瓦斯利用量和抽采量如表 1-6 所列。

表 1-6　2013—2020 年矿井瓦斯利用量及抽采量

年份	煤炭产量/($\times 10^8$ t)	瓦斯抽采量/($\times 10^8$ m³)	瓦斯利用量/($\times 10^8$ m³)	瓦斯利用率/%
2013	37	156	66	42.3
2014	38.7	170	77	45.3
2015	36.9	180	86	47.8
2016	34.11	173	90	52.0
2017	35.24	177.7	92.9	52.3
2018	36.98	210.5	117.8	56.0
2019	38.46	244.8	139.5	57.0
2020	39.02	288.66	128	44.3

二、煤炭燃烧对煤烟型污染的贡献

(一)我国能源结构与煤烟型污染

我国的大气环境污染仍以煤烟型为主,主要污染物为颗粒物和 SO_2,这主要是由能源结构所决定的(表 1-7),我国现阶段以及今后相当长时期内,一次能源以煤炭为主的结构不会改变。总体上我国大气污染是以颗粒物和 SO_2 为特征污染物的煤烟型污染类型。

表 1-7 能源消费总量及构成

年份	能源消费总量(标准煤)/万 t	占能源消费总量的比重/%			
		煤炭	石油	天然气	水电、核电、风电
2005	261 369	72.4	17.8	2.4	7.4
2013	416 913	67.4	17.1	5.3	10.2
2014	428 334	65.8	17.3	5.6	11.3
2015	434 113	63.8	18.4	5.8	12.0
2016	441 492	62.2	18.7	6.1	13.0
2017	455 827	60.6	18.9	6.9	13.6
2018	471 925	59.0	18.9	7.6	14.5
2019	487 488	57.7	19.0	8.0	15.3
2020	498 314	56.9	18.8	8.4	15.9
2021	525 896	55.9	18.6	8.8	16.7
2022	541 000	56.2	17.9	8.4	17.5

数据来源 :2022 年中国统计年鉴。

自 20 世纪 80 年代起,酸雨治理成为我国大气污染防治的重点任务之一。我国开始逐步重视对燃煤排放的 SO_2 和 NO_x 等酸雨前体物的排放控制。煤电行业是燃煤污染治理首先关注的重点。煤电在我国的电力供应结构中占据很大比例,在 2022 年总发电量中,煤电占比达到 56.2%。

自"十三五"规划以来,我国 SO_2 烟尘等煤烟型特征污染物排放总量大幅度下降,据统计,2020 年全国 SO_2 排放总量 318.2 万 t,氮氧化物排放总量 1 019.7 万 t,烟尘排放总量 611.4 万 t,分别较 2016 年下降 168.66%、47.42% 和 163.00%,但大气污染形势仍然严峻,排放负荷仍然巨大。我国已成为世界上大气污染排放总量最大的国家之一。此外,我国 SO_2、NO_x 和大气汞排放量高居全球首位,远远超出大气环境容量。尽管我国城市环境的空气质量得到持续的改善,但仍不容乐观。以 168 个环保重点城市为例,由图 1-2 可知,与 2015 年相比,2021 年 SO_2 浓度下降 64.00%,NO_2 浓度下降 28.21%,O_3 浓度下降 24.31%;与 2016 年相比,2020 年 PM_{10} 浓度下降 24.71%,$PM_{2.5}$ 浓度下降 22.00%。2021 年,全国 339 个地级及以上城市中,环境空气质量达标城市占比 64.3%;121 个城市环境空气质量超标,占 35.7%。其中,可吸入颗粒物是城市空气污染的首要污染物,仍有相当数量的城市臭氧浓度超标。

2021 年全国酸雨面积较 2011 年下降 9.1%,重酸雨面积持续降低。酸雨面积约为

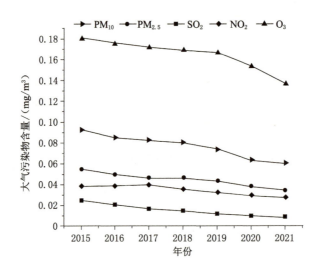

图 1-2　全国主要大气污染物年度变化情况

36.9 万 km^2，占国土面积的 3.8%，重酸雨污染面积约 0.38 万 km^2，我国的酸雨已得到基本控制。自 2011 年以来，在导致酸雨的污染物中，氮氧化物的贡献逐年加大。全国降水中硝酸根与硫酸根离子当量浓度比值，由 2011 年的 0.263 升高到 2021 年的 0.418，呈明显升高趋势。

（二）煤矸石自燃

煤炭行业在开采和分选过程中会排放煤矸石，其主要由煤、页岩、夹矸煤、砂岩、石灰岩和少量的硫铁矿等组成。我国拥有丰富的煤矿资源，会产生大量的煤矸石，据估计积累了约 45 亿 t 煤矸石，总面积达 1.5 亿 hm^2。此外，每年还会增加 1.5 亿～2 亿 t 煤矸石。矿区发电厂每年排放约 5 亿 t 煤灰，而每年新开采的煤炭数量为 5 000 万 t～7 000 万 t，原煤量的 10%～20% 被堆积成煤矸石。煤矸石堆积已成为煤矿产区的重大安全隐患。

煤矸石长期露天堆放，其中黄铁矿会与空气发生氧化放热反应，当矸石温度升至其燃点（$300°$～$350°$）时，会发生自燃现象。首先，煤矸石自燃会排放出大量 CO_2、CO、SO_2、NO_x、苯并[a]芘等有毒有害气体，污染大气环境，危害矿区及周边村庄人体健康和植物生长；其次，矸石中含有少量的对人体有害的重金属元素和天然放射性元素，当煤矸石经过雨水淋溶、风化时，这些有毒有害物质会进入附近水域或渗入土壤，从而影响周围生态系统，并通过生物积累对人类造成伤害；再次，长期堆积的煤矸石占用大量土地，影响景观，破坏生态环境，并可能引发地质灾害。在中国，有 25%～30% 的煤矸石山正在自燃，严重破坏了矿区生态环境，对矿区安全生产、周边村庄人身健康和植物生长构成极大威胁。

三、VOCs 废气排放

（一）VOCs 废气排放

挥发性有机化合物（volatile organic compounds，VOCs）是一大类有机污染物，通常是指常温下饱和蒸气压约大于 70 Pa、常压下沸点小于 260 ℃ 的有机化合物。从环境监测的角度来讲，它是以氢火焰离子检测器测出的非甲烷烃类检出物的总称，主要包括氧烃类、烃类、氮烃、卤代烃类及硫烃类化合物等。除此之外，VOCs 还有以下几种定义：① 指任何能参加气相光化学反应的有机化合物；② 一般压力条件下，沸点（或初馏点）低于或等于 250 ℃的任何有机化合物；③ 世界卫生组织（WHO,1989）对总挥发性有机化合物（TVOC）的定义是：熔点低于室温、沸点范围在 50～260 ℃之间的挥发性有机化合物的总称。随着我国经济的迅速发展，挥发性有机气体污染严重，成为仅次于颗粒污染物的又一大类空气污染物。

石化、家具、涂装、印刷行业是 VOCs 的主要排放源，2015 年发布的《挥发性有机物排污收费试点办法》将石化和印刷行业列为首批试点行业。我国学者 2011 年统计的 VOCs 排放情况如图 1-3 所示。据清华大学专家研究预测：在我国现有的法规条例控制下，VOCs 排放量将呈上升趋势，2020 年的排放水平上升到 265 万 t。2022 年全国废气中挥发性有机物排放量为 566.1 万 t。其中，工业源挥发性有机物排放量为 195.5 万 t，占 34.5%；生活源挥发性有机物排放量为 179.4 万 t，占 31.7%；移动源挥发性有机物排放量为 191.2 万 t，占 33.8%。

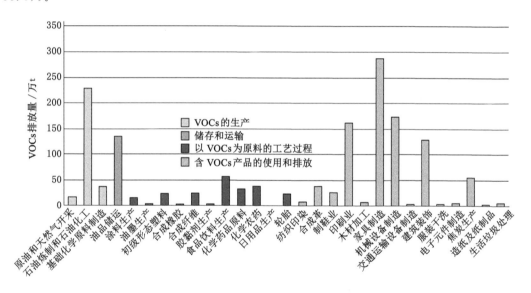

图 1-3 中国 VOCs 排放情况

（二）煤炭炼焦过程中 VOCs 废气排放

煤炭炼焦过程是在隔绝氧气条件下进行的。煤在炼焦过程中，随温度的升高，煤芳香核上的侧链不断脱落，发生热分解、缩合并稠环化，最终形成煤气。影响煤气成分及其组成的因素十分复杂，原料煤的性质、炼焦炉的温度以及气态产品在高温区的停留时间都对煤气成分有很大影响。炭化室及净化设备前的煤气被称为荒煤气，主要是煤的一次热解产物以及这些产物经过二次热解作用和复杂的化学反应生成的化合物。荒煤气中含有煤焦油、氨、苯等芳香烃类化合物以及其他许多有机化合物，经化产回收车间的分离净化，可生产出许多焦化产品。经净化的煤气作为城市煤气供应。炼焦炉生产过程中排入大气的污染物，除煤气燃烧产生的烟尘和有害气体外，还有通过加煤口、炉门等泄漏出来的荒煤气以及推焦和熄焦过程产生的粉尘和有害气体。荒煤气中含有大量污染物，包括焦油、氨气和苯系化合物,特别是以苯并芘(BaP)为代表的强致癌物。

由于炼焦炉污染物排放点多、排放量大、污染物毒性大且治理难度大,所以炼焦炉是工业窑炉中污染环境最严重的一种窑炉。炼焦企业一直被认为是重污染企业。对炼焦炉大气污染的控制,世界各国都经历了从基本无控制排放、不完善控制排放到强化控制排放三个阶段。国外在 20 世纪 80 年代末已经达到强化控制排放阶段。强化控制排放除了采用干熄焦技术或者大水量、底部进水快速浸泡式熄焦工艺外,其他措施与不完善控制排放阶段采取的措施基本类似,但更加严密。如炼焦炉加热煤气采用去除硫化氢的净化煤气;采用低氮氧化物炼焦加热技术;对炉门、装煤孔等采取更严密的密封技术,推焦粉尘地面除尘站的净化效率进一步提高。通过这些措施,德国炼焦炉粉尘和烟尘排放量从不完善控制排放阶段的平均 3.5 kg/(t 焦)进一步降低到 1.2～1.4 kg/(t 焦)。

目前我国大型炼焦企业基本上都采取了不完善控制排放措施,并开始逐步进入强化控制排放阶段。根据监测结果,把焦炉的污染控制水平分成 5 类,按从高到低排列为 A,B,C,D,E 类。A 类仅宝钢一家。表 1-8 是我国 A,B 和 C 三类焦化企业炼焦炉粉尘排放情况。

表 1-8　我国 A,B,C 三类焦化企业炼焦炉粉尘排放情况

项目	A 类炼焦炉	B 类炼焦炉	C 类炼焦炉
颗粒物含量/(mg/m³)	0.74	2.76	4.41
苯溶物含量/(mg/m³)	0.09	0.389	1.93
苯并芘含量/(mg/m³)	0.000 72	0.002 67	0.002 67

四、我国区域性复合型污染日益突出

(一)我国区域性复合型污染日益突出

大气复合型污染特征是指多种污染物间的交互作用,典型现象为同时出现高浓度的臭氧和细颗粒物等二次污染物,雾霾频繁暴发。图 1-4 展示了区域复合性大气污染的机制及特征。

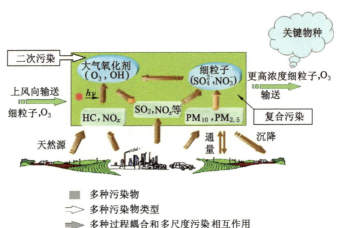

图 1-4　区域复合性大气污染的机制及特征

目前,我国已经形成区域复合性污染格局:东部沿海形成 O_3 高污染带,以长三角地区和珠三角地区的 O_3 污染最为严重;长三角地区属于我国气溶胶光学厚度高值区,且与华南、华中、华北、环渤海区域连成一片,构成东部 $PM_{2.5}$ 高污染区,污染程度在"十二五"期间明显加重,并明显高于欧美等发达国家和地区。由于我国污染分布较为集中,城市间污染传输影响严重;区域重污染天气集中出现,长三角城市群的空气污染指数(air pollution index,API)常年处于二级标准。

（二）我国大气污染控制的重点区域与目标

生态环境部将京津冀、长三角和汾渭平原作为开展大气污染联防联控工作的重点区域,大气污染联防联控的重点污染物是二氧化硫、氮氧化物、颗粒物、挥发性有机物等,重点行业是火电、钢铁、有色、石化、水泥、化工等,重点企业是对区域空气质量影响较大的企业,需解决的重点问题是灰霾和光化学烟雾污染等。

我国面临巨大的大气污染减排难度和压力。我国大气污染的形成原因非常复杂,治理的难度也是全球最大的。特别是硫酸盐、硝酸盐、有机物等二次成分在大气污染中占据主导的位置。在这种背景下,我国颁布了《大气污染防治行动计划》,该计划提出了总体目标,一是经过五年努力实现全国空气质量总体改善的目标;二是力争再用五年或者更长时间逐步消除重污染天气。总体上讲,作为我国主要能源的煤炭在燃烧过程中对我国目前大气污染的贡献值举足轻重;在汾渭平原等大气污染联防联控工作的重点区域内,煤矿区的污染贡献与控制作用不容忽视。今后在建设生态文明和"美丽中国"的进程中,围绕《蓝天保卫战三年行动计划》目标,加强对氮氧化物(NO_x)和挥发性有机物(VOCs)排放的控制,持续推进能源和结构转型,协同应对气候变化,不断改善空气质量。

第四节 煤矿区大气污染综合防治

自 2013 年《大气污染防治行动计划》发布以来,我国开展了针对 $PM_{2.5}$(细颗粒物)污染治理的一系列举措,在燃煤污染和移动源污染控制等领域取得了显著成绩,2018 年我国制定了《蓝天保卫战三年行动计划》,将产业结构优化调整作为推动我国高质量发展的重要突破口,将加快调整能源结构、构建清洁低碳高效能源体系作为重要举措,全国空气质量明显好转。全国 PM_{10} 下降了 22.7％,超过 PM_{10} 下降10％的预期要求。全国重污染天数显著减少,长三角、珠三角基本消除了重污染天气,京津冀的重污染天数明显减少。然而,目前我国不少区域和城市仍然面临着解决 $PM_{2.5}$ 污染的急迫需求,并且 O_3(臭氧)污染的重要性逐渐凸显,因此我国空气质量改善工作仍面临巨大挑战。

一、大气污染综合防治的基本思想

大气污染控制需要采取综合措施,包括立法管理、环境规划和污染控制技术几个方面。

立法管理就是通过制定技术经济政策和法规,来限制或禁止污染物的排放与扩散。这就需要明确哪些物质应受限制,控制到什么程度;研究有害物质对人体健康、财产的损害和在美学上造成的不良影响;研究不同污染物质在大气中的相互作用、迁移、变化规律等。目前,这种污染控制的研究范围还在不断扩大。

从各国大气污染控制的实践来看,国家及地方的立法管理对大气环境的改善起着至关重要的作用。各发达国家都有一套严格的环境管理方法和制度。这套体制是由环境立法、环境监测机构、环境法的执行机构构成的,三者构成完整的环境管理体制。

环境规划是体现环境污染综合防治以预防为主的最重要和最高层次的手段。环境规划是经济可持续发展规划的重要组成部分。做好城市和工业区的环境规划设计工作、正确选择厂址、考虑区域综合性治理措施,是控制污染的重要途径。

二、大气污染综合防治的规划与管理

(一)全面规划,合理布局

影响环境空气质量的因素有很多,包括社会经济和环境保护两方面,如城市的发展规划、城市功能区划分、污染物的类型以及排放特性等。因此,为了控制城市和工业区的大气污染,必须在进行区域和社会发展规划的同时,根据该区域的大气环境容量,做好全面环境规划,采取区域性综合防治措施。

环境规划是经济、社会发展规划的重要组成部分,是体现环境污染防治以区域为主的最重要、最高层次的手段。具体而言,环境规划主要进行以下两个方面的工作:① 综合考虑区域经济发展给环境带来的影响以及环境质量的变化趋势,提出区域经济可持续发展和改善区域环境质量的最佳规划方案;② 对已有的环境污染和环境问题,提出具有指令性的最佳实施方案,以改善和控制环境污染。我国明确规定,新建和改、扩建的工程项目,要先进行环境影响评价,论证该项目的建设可能对环境产生的影响和采取的环境保护措施等内容。

产业政策是合理布局的依据。国家发展和改革委员会与国务院有关部门根据国家有关法律法规制定了《产业结构调整指导目录》,由鼓励、限制和淘汰三类目标组成:对有利于节约资源、保护环境,并对经济社会发展有促进作用的政策措施予以鼓励和支持;对工艺技术落后、不符合行业准入条件和有关规定、不利于产业结构优化的行业和措施予以限制和监督改造;对不符合有关法律法规规定、严重浪费资源、污染环境、不具备安全生产条件的落后工艺及产品予以淘汰。总之,通过淘汰污染严重的生产工艺技术、设备及产品,限制工艺技术落后和不符合行业准入条件项目的建设,逐步改善环境质量。

(二)产业能源与交通结构

1. 改善产业能源结构,构建清洁低碳高效能源体系

(1)优化产业布局,加大区域产业布局调整力度与落后产能淘汰和过剩产能压减力度;深化工业污染治理,推进重点行业污染治理升级改造和各类园区循环化改造、规范发展和提质增效,大力推进企业清洁生产;培育绿色环保产业,壮大绿色产业规模,发展节能环保产业、清洁生产产业、清洁能源产业,培育发展新动能。

(2)推进工业、交通和建筑节能,提高能源利用效率,加大天然气、液化石油气、煤制气、太阳能等清洁能源的推广力度,逐步提高清洁能源使用比重。有效推进北方地区清洁取暖,抓好天然气产供储销体系建设;重点区域继续实施煤炭消费总量控制,按照煤炭集中使用、清洁利用的原则,重点削减非电力用煤,提高电力用煤比例。

2. 优化运输结构,发展绿色交通体系

交通结构的调整对于抑制机动车尾气排放对我国大气污染的影响、提高和释放大气污染的减排潜力具有至关重要的作用。这可以通过创新运输组织,优化"铁路—公路—水运"

相结合的运输结构来实现。其中,调整货物运输结构是关键,推动铁路货运重点项目建设,大力发展多式联运,依托铁路物流基地、公路港、沿海和内河港口等,推进多式联运型和干支衔接型货运枢纽(物流园区)建设,加快推广集装箱多式联运;此外,还应加快车船结构升级,推广使用新能源汽车,淘汰老旧车辆。优化交通运输结构是长期的系统工程,需要国家和地方政府共同和持续的努力。大力发展公共交通,完善城市交通基础设施,落实公交优先发展战略,鼓励居民选择绿色出行方式,都是其中的重要举措。

(三)发展方式绿色转型

1. 构建资源循环利用体系

全面推行循环经济理念,构建多层次资源高效循环利用体系。深入推进园区循环化改造,补齐和延伸产业链,推进能源资源梯级利用、废物循环利用和污染物集中处置。加强大宗固体废弃物综合利用,规范发展再制造产业。加强废旧物品回收设施规划建设,完善城市废旧物品回收分拣体系。推行生产企业"逆向回收"等模式,建立健全线上线下融合、流向可控的资源回收体系。拓展生产者责任延伸制度覆盖范围。

2. 大力发展绿色经济

坚决遏制高耗能、高排放项目的盲目发展,推动积极发展并实现绿色转型。壮大节能环保、清洁生产、清洁能源、生态环境、基础设施绿色升级、绿色服务等产业,推广合同能源管理、合同节水管理、环境污染第三方治理等服务模式。推动煤炭等化石能源清洁高效利用,推进钢铁、石化、建材等行业绿色化改造,构建市场导向的绿色技术创新体系,实施绿色技术创新攻关行动,开展重点行业和重点产品资源效率对标提升行动。建立统一的绿色产品标准、认证、标识体系,深入开展绿色生活创建行动。

3. 构建绿色发展政策体系

强化绿色发展的法律和政策保障。实施有利于节能环保和资源综合利用的税收政策。大力发展绿色金融。健全自然资源有偿使用制度,创新完善自然资源、用能等领域价格形成机制。推进固定资产投资项目节能审查、节能监察、重点用能单位管理制度改革,深化生态文明试验区建设。

(四)严格环境管理

1. 依法严格环境管理 强化区域联防联控

我国的环境管理法律体系已经逐步建立和完善。我国相继制定(或修订)并公布了一系列法律。新修订的《大气污染防治法》以改善大气环境质量为目标,将联防联控、源头治理、科技治霾等大气污染管控经验法治化。

城市间大气污染是相互影响的,形成 $PM_{2.5}$ 的污染物可以跨越城市甚至省际的行政边界远距离输送,所以仅从行政区划的角度考虑单个城市大气污染防治已难以解决大气污染问题。因此,开展城市之间甚至省际区域大气污染联防联控是解决区域大气污染问题的有效手段。国家建立重点区域大气污染联防联控机制,统筹协调区域内大气污染防治工作,实施统一规划、统一标准,协同控制目标。

2. 控制大气污染的经济政策

为切实做好环境管理,必须保证必要的环境保护投资,并随着经济的发展逐年增加,完善环境经济政策。我国已实行的经济政策包括排污收费制度、SO_2 排污收费制度、排污许可制度以及高耗能、高污染行业差别电价政策。严格对火电、钢铁、水泥、电解铝等行业上市公司进行环保核查。积极推进主要大气污染物排放指标有偿使用和排污权交易工作。完善区域生态补偿政策,研究对空气质量改善明显地区的激励机制。

3. 完善重点行业清洁生产

推进技术进步和结构调整,完善重点行业清洁生产标准和评价指标,加强对重点企业的清洁生产审核和评估验收。加大清洁生产技术推广力度,鼓励企业使用清洁生产先进技术。加快产业结构调整步伐,淘汰电力、煤炭、钢铁、水泥、有色金属、焦炭、造纸、制革、印染等行业落后产能任务。

三、大气污染综合防治的技术措施

(一)煤炭企业改进生产工艺

污染是生产工艺中资源的不充分利用引起的,从本质上讲,空气污染物是未被利用的原材料或产品。改进生产工艺,是减少污染物产生最经济而有效的措施。生产中要尽量采用无害或少害的原材料;采用闭路循环工艺,提高原材料的利用率。容易扬尘的生产过程要尽量采用湿式作业、密闭运转。粉状物料的加工,应尽量减少振动、高差跌落、气流扰动。液体和粉体物料要采用管道输送。气体、液体和粉体的输送管道要防止泄漏。例如煤炭采矿和选矿企业的清洁生产,要按照《清洁生产标准 煤炭采选业》(HJ 446—2008)进行定期的清洁生产审核和实践。

此外,广泛开展综合利用,建立综合性基地,并推动工业生态系统工程的建设。在这个系统中,一个工厂产生的废气、废水、废渣将成为另外一个厂家的原材料,实现资源化利用。通过在共生企业层次上组织物质和能源的流动,可以有效减少污染物的总排放量。

(二)实施燃煤烟气超低排放和煤化工废气净化工程

当采取了各种大气污染防治措施之后,如果大气污染物的排放浓度或排放量仍达不到排放标准,就必须安装废气净化装置,这是控制环境空气质量的基础,也是实行环境规划与管理等综合防治措施的前提。在煤矿区,需要实施燃煤烟气超低排放和煤化工废气净化工程,以进一步减少污染物的排放。

(三)加强机动车污染防治,发展矿区绿色交通体系

采取多种降低汽车尾气污染排放的控制技术,从源头上控制汽车尾气污染,严格控制机动车尾气排放,建立统一、规范、先进的在用车排放检查、维修体系。实施在用车的检查/维护(I/M)制度是最经济、合理、科学、有效控制在用车排放的措施。另外,还应大力开发和推广使用清洁能源的新型汽车,同时加强矿区铁路专线的建设。通过增加矿区铁路专线运输量的比重,减少汽车运输量以及积极发展矿区物流业,可以优化矿区运输结构,发展绿色矿区交通体系,从而减少矿区的大气污染。

(四)实施矿区绿化工程,加强施工管理

有规划地加快种植能高效吸附、吸收粉尘和有害气体的树种,增强对空气的净化功能。加强城市绿化工程,减少市区裸露地面和地面尘土,提高人均占有绿地面积,不仅对所有类型的大气污染有一定程度的控制,而且具有降噪、杀菌、调节矿区城镇气候的作用。建筑施工是矿区扬尘的重要来源,因此在城市市区进行建筑施工或者从事其他产生扬尘污染活动的单位,必须采取防治扬尘污染措施。除了加强施工管理外,还需采取控制渣土堆放和清洁运输等措施,以控制城市的扬尘污染。

(五)高烟囱扩散稀释

采用高烟囱扩散稀释的方法,可以使大气污染物在更广的范围和空间内扩散,减轻局部污染。因为从技术和经济两方面看,完全不排放污染物很难实现,也没有必要。合理利用大气的自净能力并设计合理的烟囱高度,以控制污染物的排放是一项可行的环境工程措施。

四、煤矿区瓦斯气体抽采及利用

全国大中型高瓦斯和煤与瓦斯突出矿井均按要求建立了瓦斯抽采系统,建成了 30 个年抽采量达到亿立方米级的煤矿瓦斯抽采矿区,分区域建设了 80 个煤矿瓦斯治理示范矿井,山西、贵州、安徽、河南、重庆等 5 省(市)煤矿瓦斯年抽采量超过 5 亿 m^3。我国煤层气的利用途径有民用燃料、工业用燃料、发电、汽车燃料和化工原料等,但目前主要集中在民用和发电领域。

(一)煤矿瓦斯抽采

减少矿井和采区瓦斯涌出量最有效的途径是煤矿瓦斯抽采,所以我国将煤层气(煤矿瓦斯)抽采利用作为防治煤矿瓦斯事故的治本之策。按瓦斯来源划分,我国的瓦斯抽采有如下方法。

1. 开采层瓦斯抽采

采前预抽、边采边抽和强化抽采等方式都属于开采层瓦斯抽采方式。预抽方式是指应用钻孔技术将被采煤体中的瓦斯在煤层开采之前预先抽采出来的方式,如果这个煤层的透气性和预抽条件比较好,预抽效果会更好。边采边抽是指在进行综采工作的同时对已经卸压的煤层进行瓦斯抽采的方式。随着综采工作面向前推进,煤层前方一定范围内的煤体会产生大量裂隙,这会增加煤体的透气性,从而显著提高瓦斯抽采的效率。强化抽采主要针对透气性较差的煤层,采用强化卸压技术(如水力割缝和深孔爆破等技术)来增大煤层透气性,或增加煤层驱动能量,以达到提高煤层压力梯度、置换瓦斯和促进瓦斯渗流解析的目的。

2. 邻近层瓦斯抽放

邻近层(卸压层)瓦斯抽采的实质是预防上下邻近层产生的瓦斯大量涌入开采层综采工作面。当矿井含有多个可采煤层时,上下邻近层会受到开采层的影响而产生膨胀和变形,出现卸压和透气性增加的情况,此时各个煤层或岩层之间所产生的裂隙不仅为瓦斯的运移提供通道,还能存储大量的卸压瓦斯。大量的工业试验表明,抽放邻近层瓦斯效果较好时,所有抽采参数、抽采技术选取得当,可以达到 70%~80% 的抽放效率。

3. 采空区与围岩瓦斯抽采

采空区瓦斯抽采属于卸压抽采,具有抽采量大、来源稳定等特点。下沟煤矿目前工作面涌出的瓦斯量中有近 60% 来自采空区,抽采采空区的瓦斯非常重要。

围岩瓦斯抽采主要包括从巷道向断裂带或溶洞打钻孔进行抽采以及密闭巷道抽采两种方法。

（二）煤矿瓦斯利用

随着煤矿瓦斯利用方式向综合化、高效化利用方式转变，高浓度瓦斯发电已进入商品化市场。同时，低浓度瓦斯发电、瓦斯压缩、液化和汽车燃料技术也逐渐趋于成熟，通风瓦斯也实现了工业化利用。但目前瓦斯利用主要集中在甲烷体积分数不小于30%的煤层气，总抽采利用率一直在40%左右。因此，需要重点发展低浓度瓦斯利用。

第五节　环境空气质量标准研究进展

在大气污染控制中，根据什么是相对清洁的环境、为获得这样的环境的合理花费是多少以及污染制造者应按何种比例承担污染治理费用，制定了大气污染控制理论，这些理念构成了大气污染防治法律和法规的基础。起源于美国的大气污染控制理论指出，一个完备的大气污染控制理论应具备较好的费用效益、简单易行、灵活且持续创新的特点。具体而言，它应满足以下三个方面：① 能够清晰划分各个相关部分所应承担的责任；② 能够有效处理特殊困难；③ 在利用新信息和污染控制新技术的同时，无须大规模审查之前的法律框架或者改建现有的工业企业。

大气污染控制理论主要包括：排放标准、大气质量标准、排放税以及费用-效益标准。

一、我国环境空气质量标准体系的发展

我国环境空气质量标准的制定和发展是随着大气污染综合防治工作的进展而进行的。同时，大气环境标准体系制定时也参照和跟踪国际标准。

（一）环境空气质量标准作用与依据

1. 环境空气质量标准作用

环境空气质量标准是为了保障人体健康和生态系统而设定的，它规定了大气环境中多种污染物的含量限度。它是进行大气质量管理和评价、制定大气污染防治规划和污染物排放标准的依据，同时也是环境管理部门的工作指南和监督依据之一。

2. 制定大气环境质量标准的依据

目前世界上一些主要国家在判断环境空气质量时，多依照世界卫生组织（WHO）1963年提出的四级标准作为基本依据。

第一级——对人和动植物看不到有什么直接或间接影响的浓度和接触时间。

第二级——开始对人体感觉器官有刺激、对植物有害、对人的视距有影响时的浓度和接触时间。

第三级——开始对人能引起慢性疾病，使人的生理机能发生障碍或衰退而导致寿命缩短时的浓度和接触时间。

第四级——开始对污染敏感的人能引起急性症状或导致死亡时的浓度和接触时间。

我国的大气质量标准在一、二级之间。制定大气质量标准时还应考虑：① 标准应低于为保障人类福利健康而制定的多种大气标准阈值；② 要合理地协调与平衡实现标准所需的代价和效益之间的关系。

（二）我国环境空气质量标准的发展

1972年我国参加了首届联合国人类环境会议，国务院成立全国环境保护领导工作小

组,正式启动了国家层面的环境保护工作。第二年颁布了第一个环境标准《工业"三废"排放试行标准》;在此基础上,1979年我国规定了环境标准的制定、审批和实施权限。1982年我国首次制定了环境空气质量标准,其中包括6个污染物项目,即 SO_2、NO_x、CO、总悬浮颗粒物、光化学氧化剂(O_3)、飘尘。随着1989年《中华人民共和国环境保护法》正式颁布实施,我国环境空气质量标准的制定工作进入法治化和科学化。

《环境空气质量标准》首次发布于1982年,1996年第一次修订,2000年第二次修订,2012年第三次修订。该标准根据国家经济社会发展状况和环境保护要求适时修订。2012年《环境空气质量标准》修订的主要内容包括:调整了污染物项目及限值,增设了 $PM_{2.5}$ 平均浓度限值和臭氧8 h平均浓度限值;收紧了 PM_{10} 等污染物的浓度限值,收严了监测数据统计的有效性规定,将有效数据要求由原来的 $50\%\sim75\%$ 提高至 $75\%\sim90\%$;更新了二氧化硫、二氧化氮、臭氧、颗粒物等污染物项目的分析方法,增加了自由监测分析方法;明确了标准分期实施的规定。

我国分别针对 SO_2 和 NO_x 实施严格的国家总量控制政策,通过严格排放标准、强化监测能力(如烟气在线监测系统CEMS)、配套经济激励(如环保电价制度)等综合手段,初步建立了对燃煤电厂污染物有效控制的综合体系。以排放标准为例,我国燃煤电厂大气污染物排放标准不断加严。图1-5展示了我国燃煤电厂排放标准的演变过程及其与美国、欧盟排放限值的对比情况。2011年修订的《火电厂大气污染物排放标准》(GB 13223—2011)针对重点区域设立了特别排放限值。如 NO_x 排放浓度不得超过100 mg/m³,是世界上最

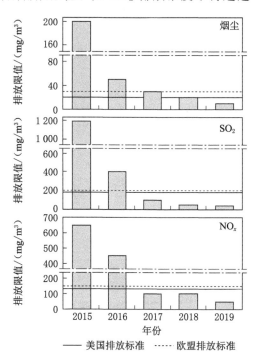

图1-5 中国煤电污染物排放限值的演变及其与美国、欧盟排放限值的比较
(图中采用较为严格的限值。如GB 13223—2011规定新建锅炉 SO_2 排放不高于100 mg/m³,
但广西壮族自治区、重庆市、四川省、贵州省新建锅炉可执行200 mg/m³ 的排放限值。)

严格的排放限值。2013 年以来,在《大气污染防治行动计划》的指引下,我国燃煤电厂排放标准持续加严。2014 年发布的《煤电节能减排升级与改造行动计划(2014—2020 年)》规定新建燃煤电厂 SO_2、NO_x、烟尘的排放限值分别进一步加严到 35 mg/m³、50 mg/m³、10 mg/m³。上述排放限值基本达到了燃气轮机组的水平,是全球最严格的超低排放标准。

二、我国环境空气质量标准体系

我国是一个地域广大、各地经济发展不平衡的大国,在有了全国统一的环境空气质量标准之外,在具体实施时,还应该因地制宜,经过适当的审批手续,制定出符合当地情况的标准或分阶段达到国家标准的实施规划。

我国的大气环境标准体系包括环境空气质量标准、大气污染物排放标准和大气污染物排放行业标准。

(一)我国的环境空气质量标准

1. 环境空气质量标准

随着社会经济的快速发展,我国在过去的 20 年经历了快速的城镇化、工业化和机动化进程。这导致煤炭和石油等化石能源消费量增长迅猛,从而引发了酸雨和灰霾等严重的区域环境问题。为了应对这一问题,2012 年新修订的《环境空气质量标准》(GB 3095—2012)增加了 $PM_{2.5}$(细颗粒物)和 O_3(臭氧)8 h 浓度限值指标。2013 年我国 74 个主要城市中,仅有 4% 的城市的空气质量能够达到 GB 3095—2012 标准。在各项污染指标中,$PM_{2.5}$超标问题最为突出。2013 年我国 74 个主要城市的 $\rho(PM_{2.5})$ 年均值为 72 $\mu g/m^3$,超过 GB 3095—2012 标准限值(注:全文均指二级标准限值)的 106%。

《环境空气质量标准》(GB 3095—2012)中,将环境空气功能区分为两类:一类区为自然保护区、风景名胜区和其他需要特殊保护的区域;二类区为居民区、商业交通居民混合区、文化区、工业区和农村地区。环境空气功能区质量要求见表 1-9 和表 1-10。一类区适用一级浓度限值,二类区适用二级浓度限值。

表 1-9 环境空气污染物基本项目浓度限值

序号	污染物项目	平均时间	浓度限值		单位
			一级	二级	
1	二氧化硫(SO_2)	年平均	20	60	$\mu g/m^3$
		24 h 平均	50	150	
		1 h 平均	150	500	
2	二氧化氮(NO_2)	年平均	40	40	
		24 h 平均	80	80	
		1 h 平均	200	200	
3	一氧化碳(CO)	24 h 平均	4	4	mg/m^3
		1 h 平均	10	10	

表 1-9(续)

序号	污染物项目	平均时间	浓度限值		单位
			一级	二级	
4	臭氧(O$_3$)	日最大 8 h 平均	100	100	μg/m³
		1 h 平均	160	200	
5	颗粒物(粒径小于等于 10 μm)	年平均	40	70	
		24 h 平均	50	150	
6	颗粒物(粒径小于等于 2.5 μm)	年平均	15	35	
		24 h 平均	35	75	

表 1-10　环境空气污染物其他项目浓度限值

序号	污染物项目	平均时间	浓度限值		单位
			一级	二级	
1	总悬浮颗粒物(TSP)	年平均	80	200	μg/m³
		24 h 平均	120	300	
2	氮氧化物(NO$_x$)	年平均	50	50	
		24 h 平均	100	100	
		1 h 平均	250	250	
3	铅(Pb)	年平均	0.5	0.5	
		季平均	1	1	
4	苯并[a]芘(B[a]P)	年平均	0.001	0.001	
		24 h 平均	0.002 5	0.002 5	

2. 工业企业设计卫生标准

由于现行制定的环境空气质量标准中所指定的污染物种类较少,在实际工作中会遇到更多的污染物。为贯彻执行"预防为主"的卫生工作方针和《中华人民共和国宪法》中有关国家保护环境和自然资源、防治污染和其他公害以及改善劳动条件、加强劳动保护的规定,保障人民身体健康,促进工农业生产发展,1979 年公布了《工业企业设计卫生标准》(TJ 36—1979),规定了"居住区大气中有害物质的最高允许浓度"和"车间空气中有害物质的最高允许浓度"。2010 年重新修订公布了《工业企业设计卫生标准》(GBZ 1—2010),新增了对事业单位和其他经济组织建设项目的卫生设计及职业病危害评价的规定,以及对建设项目施工期持续数年或施工规模较大、因特殊原因需要的临时性工业企业设计的规定。此外,标准还涵盖了工业园区总体布局等方面的规定。

居住区大气中有害物质的最高允许浓度标准,是以居民区大气卫生学调查资料及动物实验研究资料为依据制定的。由于居民区中有老、弱、幼、病以及昼夜接触有害物质时间长等特点,所以采用了较严格的指标。该标准类似于环境空气质量标准的二级标准。在中国的环境空气质量标准制定之前,这一标准基本上起着环境空气质量标准的作用。至今,环境空气质量标准未规定的污染物,仍参考此标准执行。

"车间空气中有害物质最高允许浓度标准"是以工矿企业现场卫生学调查、工人健康状况的观察以及动物实验研究资料为主要依据制定的。最高允许浓度是指工人在该浓度下进行长期劳动,不致引起急性或慢性职业性危害的数值。鉴于在车间工作的都是健康的成年人且接触时间短,污染物浓度值较居住区大气中有害物质的最高允许浓度值高得多。

(二)大气污染物排放标准

1. 制定原则和方法

制定大气污染物排放标准要以环境空气质量标准为依据,综合考虑治理技术的可行性、经济的合理性及地区的差异性,并尽量做到简明易行和适用。制定排放标准的方法大体上有两种:按最佳适用技术确定法和按污染物在大气中的扩散规律推算法。

最佳适用技术是指现阶段实施效果最好、经济合理的污染治理技术。按最佳适用技术确定污染物排放标准,就是根据污染现状和最佳治理技术,并对已有治理得较好的污染源进行损益分析来确定排放标准。这样确定的排放标准便于实施和管理,但有时不能满足环境空气质量标准的规定,有时也可能显得过于严格。这类排放标准有浓度标准、林格曼黑度标准及单位产品允许排放量标准等。

按污染物在大气中的扩散规律推算排放标准是以环境空气质量标准为依据,应用大气扩散模式推算出不同烟囱高度污染物的允许排放量或排放浓度,或根据污染物排放量推算出最低排放高度。这样确定的排放标准,由于模式的准确性和可靠性受地理环境、气象条件及污染源密集程度等影响较大,对一些地区可能偏严,对另一些地区可能偏宽。

2. 制定地方大气污染物排放标准的技术方法

1983 年我国制定了《制订地方大气污染物排放标准的技术原则和方法》(GB 3840—1983)。这是我国吸取了日本 K 值法的优点,又根据我国的情况作了一些改进后制定的。1991 年根据执行情况作了不少修订,《制定地方大气污染物排放标准的技术方法》(GB/T 3840—1991)代替 GB 3840—1983。

本标准以环境空气质量标准为控制目标,在大气污染物扩散稀释规律的基础上,使用控制区排放总量允许限值和点源排放允许限值控制大气污染的方法制定地方大气污染物排放标准。气态大气污染物可分为总量控制区和非总量控制区。总量控制区是当地人民政府根据城镇规划、经济发展与环境保护要求而决定对大气污染物实行总量控制的区域。总量控制区外的区域称为非总量控制区,例如广大农村以及工业化水平较低的边远荒僻地区。但对大面积酸雨危害地区应尽量设置 SO_2 和 NO_x 排放总量控制区。

三、煤矿区大气污染技术标准

随着大气环境形势日趋严峻,目前国家大气污染物排放标准渐趋严格,《火电厂大气污染物排放标准》(GB 13223—2011)已经由原国家环境保护部和原国家质量监督检验检疫总局发布,以代替 GB 13223—2003 版,调整了大气污染物排放浓度限值;规定了现有火电锅炉达到更加严格的排放浓度限值的时限;取消了全厂二氧化硫最高允许排放速率的规定;增设了燃气锅炉大气污染物排放浓度限值;增设了大气污染物的特别排放限值。"超低排放"是指火电厂燃煤锅炉在发电运行、末端治理等过程中,采用多种污染物高效协同脱除集成系统技术,使其大气污染物排放浓度基本符合燃气机组排放限值,即烟尘、二氧化硫、氮氧化物排放浓度(基准含氧量 6%)分别不超过 5 mg/m^3、35 mg/m^3、50 mg/m^3,比《火电厂大气污染物排放标准》(GB 13223—2011)中规定的燃煤锅炉重点地区特别排放限值分别下降 75％、30％和 50％,是燃煤发电机组清洁生产水平的新标杆。

《锅炉大气污染物排放标准》于 1983 年首次发布,1991 年第一次修订,1999 年、2001 年、2014 年又分别进行了修订。最新修订的主要内容包括:增加了燃煤锅炉氮氧化物和汞及其化合物的排放限值;规定了大气污染物特别排放值;取消了按功能区和锅炉容量执行不同排放限值的规定;取消了燃煤锅炉烟尘初始排放限值;提高了各项污染物排放控制要求。除《锅炉大气污染排放标准》,我国还制定了工业炉窑大气污染物排放标准,如《炼焦化学工业污染物排放标准》(GB 16171—2012),该标准对现有的机械化焦炉与非机械化焦炉大气污染物排放做了规定,并对新建机械化焦炉大气污染物排放做了规定。污染物包括颗粒物、苯可溶物(BSV)、苯并[a]芘(B[a]P)等。

我国各产业部门陆续制定了一系列各部门的废气排放标准,如《炼钢工业大气污染物排放标准》(GB 28664—2012)、《水泥工业大气污染物排放标准》(GB 4915—2013)、《硫酸工业污染物排放标准》(GB 26132—2010)、《煤炭工业污染物排放标准》(GB 20426—2006)等。可根据工作需要查阅有关标准。

除上述大气污染物排放标准外,我国还制定了《恶臭污染物排放标准》(GB 14554—1993)等。各种大气污染物排放标准的制定和完善,对减少污染物排放、防治大气污染、改善大气环境质量起到了积极作用,是各级环保部门进行环境管理的重要依据。

四、机动车尾气排放标准

汽车排放的污染物是指从废气中排出的 CO、HC、NO_x、PM 等有害污染物,它们都是发动机在燃烧过程中产生的有害气体。为了抑制这些有害气体的产生,促使汽车生产厂家改进产品,以降低这些有害气体的产生源头,欧洲、美国及日本都制定了相关的汽车排放标准,图 1-6 为全球不同地区发动机污染物排放法规的对比图,我国主要借鉴欧洲的排放标准。

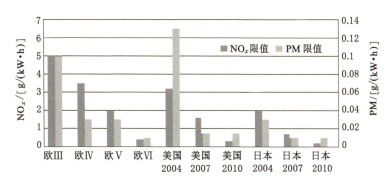

图 1-6 世界不同地区发动机污染物排放法规

美国于 20 世纪 60 年代颁布汽车排放标准,与此同时,欧洲和日本也逐渐建立起自己的排放体系。欧洲标准是由欧洲经济委员会的排放法规和欧共体(即现在的欧盟)的排放指令共同加以实现的。早在 20 世纪 70 年代,欧洲就开始控制汽车尾气排放,后来汽车尾气排放造成的污染受到人们越来越多的重视,在这种情况下,欧洲Ⅰ号汽车尾气控制标准在

1992 年诞生了,1996 年起开始实施欧Ⅱ标准,2000 年起开始实施欧Ⅲ标准,2005 年起开始实施欧Ⅳ标准,2009 年起开始实施欧Ⅴ标准。截至目前,欧洲实行的是 2013 年颁布的欧Ⅵ标准。欧洲柴油车尾气排放标准见表 1-11。

表 1-11 欧洲柴油车尾气排放标准 单位:g/km

标准类别	时间	CO	NO_x	HC	$HC+N_x$	微粒
欧Ⅰ标准	1992	2.72	—	—	0.97	0.14
欧Ⅱ标准	1996	1	—	—	0.7	0.08
欧Ⅲ标准	2000	0.64	0.5	—	0.56	0.05
欧Ⅳ标准	2005	0.5	0.25	—	0.3	0.025
欧Ⅴ标准	2009	0.5	0.18	—	0.23	0.005
欧Ⅵ标准	2014	0.5	0.08	—	0.17	0.005

我国汽车排放水平与世界先进国家相比,差距很大,为尽快缩小与世界先进水平的差距,我国分别于 2000 年和 2004 年开始实行国Ⅰ标准和国Ⅱ标准,2005 年出台的国Ⅲ标准、国Ⅳ标准。各项试验的试验方法和限值与欧Ⅲ标准、欧Ⅳ标准大体相同,只是在燃油技术方面进行了改变。我国北京于 2013 年率先实行国Ⅴ标准,全国于 2018 年全面实施国Ⅴ标准。2015 年底最新制定完成的京Ⅵ标准并于 2017 年年底在北京实行,该标准主要参照美国加州体系制定,整体排放标准较国Ⅴ标准提升 40%～50%,而 2016 年年底颁布的国Ⅵ标准也于 2020 年在全国全面实施。

第二章 污染物生成与控制

燃料是人类生产、生活的必需品,但燃料燃烧时排放的大量有害物质,如烟尘、SO_2、NO_x、CO_2、CO 和一些碳氢化合物等,会污染大气环境,已成为主要的大气污染物。本章主要介绍煤炭的形成与特性、燃烧过程及相关计算、燃烧过程中污染物的生成控制、机动车尾气污染控制等。

第一节 煤的成分分析及特性

一、煤的成分分析

(一)煤的成分分析方法

燃料的成分因不同类型而异,且相差很大。燃料的成分分析主要包括工业分析和元素分析两种方法。对于煤而言,工业分析主要测定煤中水分、灰分、挥发分和固定碳,估测硫含量和发热量,这些是评价工业用煤的主要指标;元素分析主要是用化学分析的方法测定去掉外部水分后煤中 C、H、O、N、S 的含量,不仅可作为锅炉设计计算的依据,也是燃烧过程中各种污染物生成量的计算依据。各种分析测试煤成分的方法见表 2-1。

表 2-1 煤的成分分析方法

项目	煤的成分		分析方法
工业分析	水分(M)	外部水	一定质量 13 mm 以下粒度的煤样,在干燥箱内 45~50 ℃温度下干燥 8 h,取出冷却,称重
		内部水	将失去外部水分的煤样保持在 102~107 ℃下,约 2 h 后,称重
	挥发分(V)		风干煤样密封在坩埚内,放在 927 ℃的马弗炉中加热 7 min,放入干燥箱冷却至常温,再称重
	固定碳(FC)		失去水分和挥发分的剩余部分(焦炭)放在(800±20)℃的环境中灼烧到质量不再变化时,取出冷却,称重
	灰分(A)		从煤中扣除水分、灰分、固定碳后剩余的部分即为灰分
	发热量(Q)		一定量的试样在充有过量氧气的氧弹内燃烧,根据试样燃烧前后量热系统产生的温升,并对点火热等附加加热进行校正,即可求得高位发热量(热量计的热容量通过相近条件下燃烧一定量的基准量热物苯甲酸来确定)

表 2-1(续)

项目	煤的成分	分析方法
元素分析	C	通过分析燃烧后尾气中 CO_2 的生成量测定
	H	通过分析燃烧后尾气中 H_2O 的生成量测定
	O	常通过其他元素测定结果间接计算 O 含量
	N	在催化剂作用下使煤中的氮转化为氨,碱液吸收,滴定
	S	与 MgO、Na_2CO_3 混合燃烧,使 S 全部转化为可溶 SO_4^{2-},再加入氯化钡溶液转化为硫酸钡沉淀,过滤后灼烧,称重

(二)煤的分析基准

煤中水分和灰分常随开采、运输和贮存条件不同而有较大的变化,为了更准确地说明煤的性质,比较和评价各种煤,通常将煤的分析结果分别用收到基、空气干燥基、干燥基和干燥无灰基来表示。所谓"基",就是计算基准的意思。煤中各种成分均以质量分数来表示。

1. 收到基

以包括全部水分和灰分的燃料作为 100% 的成分,即以准备进入锅炉燃烧的煤作为基准,用下角标"ar"可表示为:

$$C_{ar} + H_{ar} + O_{ar} + N_{ar} + S_{ar} + A_{ar} + M_{ar} = 100\% \tag{2-1}$$

在进行燃料计算和热效应试验时,都以收到基为准,由于煤中外部水分是不稳定的,收到基的百分组成也随之波动,因此不宜利用收到基来评价煤的性质。

2. 空气干燥基

以去掉外部水分的燃料作为 100% 的成分,用下角标"ad"可表示为:

$$C_{ad} + H_{ad} + O_{ad} + N_{ad} + S_{ad} + A_{ad} + M_{ad} = 100\% \tag{2-2}$$

空气干燥基,也是炉前使用的煤经风干后所得的各组分的质量分数。

3. 干燥基

以去掉全部水分的燃料作为 100% 的成分,以下角标"d"可表示为:

$$C_d + H_d + O_d + N_d + S_d + A_d = 100\% \tag{2-3}$$

灰分含量常用干燥基成分表示,因为排除了水分影响,干燥基能准确反映出灰分的多少。

4. 干燥无灰基

以去掉全部水分和灰分的燃料作为 100% 的成分,以下角标"daf"可表示为:

$$C_{daf} + H_{daf} + O_{daf} + N_{daf} + S_{daf} = 100\% \tag{2-4}$$

由于干燥无灰基避免了水分和灰分的影响,因此比较稳定,煤矿企业提供的煤质资料通常是干燥无灰基成分。

煤的工业分析、元素分析组成与四种基准的关系可用图 2-1 表示。

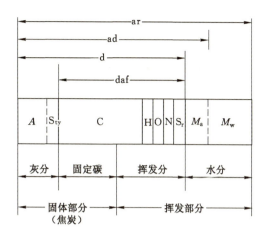

图 2-1 煤的组成与四种基准的关系

二、煤的基本特性

(一)煤的种类

煤是由古代植物在地层内经过长期炭化而形成的。煤中主要可燃成分是由碳、氢及少量氧、氮、硫等共同构成的有机聚合物。此外,煤中还含有一些不可燃的矿物杂质和水分等。煤中有机、无机成分的含量随煤的种类和产地不同而有很大差异。根据植物在地层内炭化程度的不同,可将煤分为四大类,即泥煤、褐煤、烟煤及无烟煤。煤的种类和性质见表 2-2。

表 2-2 煤的种类和性质

煤的种类	主要性质
泥 煤	形成时间最短,炭化程度最低,质地疏松,吸水性强,含水量高达 40% 以上,风干后密度只有 300~450 kg/m³。含碳量和含硫量低,含氧量高达 28%~38%。挥发分高,可燃性好,机械强度差,易粉碎,用途广泛
褐 煤	形成时间较短,呈黑色、褐色或泥土色。褐煤的挥发物含量较高(大于 40%),且析出温度较低。干燥无灰的褐煤含碳量 60%~75%,含氧量 20%~25%,褐煤的含水量和含灰量较高,发热量较低,不能用于炼焦
烟 煤	形成时间较长,呈黑色,含碳量 75%~90%,含挥发物量 20%~45%。烟煤的含氧量低,含水量和含灰量一般不高,成焦性强
无烟煤	形成时间最长,呈黑色,有光泽,机械强度高。含碳量>93%,含挥发物量<10%,着火困难,储存稳定性好,成焦性很差

(二)发热量

燃料的燃烧过程就是释放燃料能量的过程,燃烧是放热反应。燃料的发热量,又称热值,是指单位量的燃料完全燃烧时所放出的热量,即在反应物开始状态和反应产物终了状态相同情况下的热量变化值,单位是 kJ/kg(固体、液体燃料)或 kJ/m³(气体燃料)。

燃料的发热量包括高位发热量和低位发热量两种,前者包括燃料燃烧生成物中水蒸气的汽化潜热,后者是指燃烧产物中的水以气态存在时,完全燃烧所释放的热量。由于一般燃烧设备中的排烟温度远高于水的凝结温度,因此燃料的发热量计算多指低位发热量,这也是实际可利用的燃料热量。

（三）煤中硫的形态

需要指出,煤中硫主要以四类形态存在,即有机硫、硫化铁硫、元素硫和硫酸盐硫（图 2-2）。元素硫、有机硫和硫化铁硫都能参与燃烧反应,因而总称为可燃硫;而硫酸盐硫不参与燃烧反应,常称为不可燃硫,是灰分的一部分。根据全硫的多少,可将煤划分为特低硫煤（≤0.50%）、低硫煤（0.51%～0.90%）、中硫煤（0.91%～1.50%）、中高硫煤（1.51%～3.00%）和高硫煤（＞3.00%）等五个级别。我国煤中硫含量的变化范围为 0.02%～10.48%,其中以特低硫煤和低硫煤为主,其保有储量分别占全国保有储量的 40.56% 和 31.84%;其次为中硫煤,占全国保有储量的 17.70%;硫分＞2.00% 的中高硫煤和高硫煤的保有储量仅占全国保有储量的 9.90%。

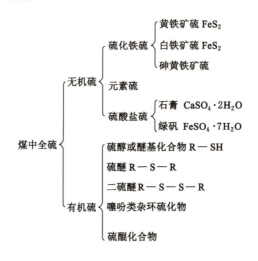

图 2-2　煤中硫的形态

第二节　煤炭流化床燃烧过程

一、流化床燃烧技术

（一）循环流化床燃烧技术的发展

流化床燃烧技术开始于 20 世纪 50 年代,主要是鼓泡流化床锅炉。20 世纪 70 年代末,基于环境保护的考虑,循环流化床燃烧技术作为一种洁净煤燃烧技术开始发展起来。我国发展循环流化床燃烧技术的动力主要在于解决劣质燃料的利用问题。随着循环流化床燃烧技术的应用,锅炉不同程度上存在出力不足、燃烧效率较低、磨损严重等问题,国家实施了循环流化床锅炉完善化示范工程,循环流化床锅炉不仅继承其燃料适用性广、能有效控

制 NO_x 的产生和排放等优点,其燃烧效率也得以提高。目前,我国拥有各种容量的循环流化床锅炉,循环流化床燃烧技术已经处于国际领先水平。

(二)循环流化床燃烧技术的特点

与常规煤炭燃烧技术相比,循环流化床燃烧技术具有以下优势。

1. 燃料适应性广

循环流化床除能够燃烧优质动力燃料外,几乎可燃烧各种燃料并具有很高的燃烧效率。炉床内主要是惰性热物料,具有巨大的热容量,可燃用不同种类和质量的煤炭,包括高灰分和水分、低热值、低灰熔点的劣质燃料(如泥煤、褐煤、油页岩、炉渣、煤泥、煤矸石等),以及难以点燃和燃尽的低挥发分燃料(如无烟煤和石油焦等)。

2. 有效地控制 NO_x 生成

循环流化床在燃烧过程中能有效地控制 NO_x 生成,几乎无成本地实现低 NO_x 排放。典型的流化床燃烧温度为 900 ℃左右,保证稳定高效燃烧的同时,可有效抑制热力型 NO_2 的形成,并控制燃料型 NO_x 的产生。在主循环回路中物料含有较高的碳含量,可有效地还原烟气中生成少量 NO_x。通常情况下,循环流化床燃烧 NO_x 的生成量仅为煤粉燃烧的 $1/5\sim1/3$。

3. 低成本炉内固硫

循环流化床低温燃烧,不仅 NO_x 产生量少,而且适合石灰石进行炉内脱硫。石灰石等脱硫剂在循环流化床内被旋风分离器分离并送回炉内,延长了脱硫剂在炉内的停留时间,脱硫剂利用率高。燃烧过程中直接加入石灰石或白云石,可低成本、无水耗地脱除燃烧过程中生成的 SO_2。

4. 燃烧热强度大且床内传热能力强

循环流化床燃烧热强度大,炉膛截面单位热负荷是沸腾炉的 3 倍、链条炉的 $2\sim6$ 倍,容积热负荷是煤粉炉的 $8\sim11$ 倍。循环流化床床内气固两相混合物对水冷壁的传热系数是鼓泡流化床稀相区水冷壁传热系数的 4 倍以上。炉膛内的传热强度和传热能力强,可以节省受热面的金属消耗。

5. 负荷调节性能好,腐蚀作用小

与煤粉炉比较,循环流化床燃烧的燃料制备和给煤系统简单,操作灵活,管理方便。负荷调节性能好,负荷调节幅度大,可以在 $30\%\sim100\%$ 负荷范围内稳定燃烧。循环流化床锅炉由于燃烧温度低,灰渣不会软化和黏结,燃烧的腐蚀作用比常规锅炉小。

6. 灰渣活性高,有利于综合利用

循环流化床低温燃烧产生的灰渣具有较高的活性,可用作水泥或其他建材原料,有利于灰渣的综合利用。因此循环流化床燃烧技术是目前商业化程度最好的清洁煤燃烧技术之一。当燃用高灰分、低挥发分或高硫分等其他燃烧设备难以适应的劣质燃料时,对低负荷要求较高的调峰电厂和负荷波动较大的自备电站,循环流化床锅炉是最佳选择。

(三)循环流化床锅炉系统的组成

循环流化床锅炉由主循环回路、炉膛和尾部烟道组成。主循环回路包括炉膛、气固分离器、固体颗粒回送装置等,燃料燃烧时形成一个固体颗粒循环回路。炉膛通常由水冷壁管构成。过热器、再热器、省煤器、空气预热器等对流受热面组成尾部烟道。循环流化床锅炉及附属设备系统如图 2-3 所示。

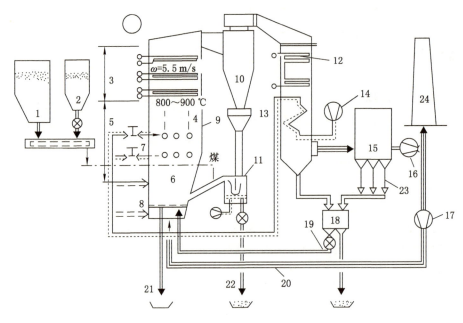

1—煤斗；2—石灰石斗；3—对流受热面；4—屏式过滤器；5—悬浮段；6—床层；7—二次风；8——次风；
9—炉膛；10—中温旋风分离器；11—固体物料回送装置；12—省煤器；13—空气预热器；14—送风机；
15—布袋除尘器；16—引风机；17—烟气再循环风机；18—除尘器来灰再循环装置；19—除尘器来灰再循环管；
20—烟气再循环管；21—流化床排渣管；22—分离器排灰管；23—除尘器排灰管；24—烟囱。

图 2-3　循环流化床锅炉及附属设备系统

　　循环流化床锅炉是在炉膛里将矿物燃料控制在流化状态下燃烧产生蒸汽的设备。一次风通过炉膛底部的一次风室和布风板进入炉膛，使床料流化。燃料在输煤风的播撒下进入炉膛的下部，在炽热的床料加热下着火和燃烧放热。二次风在炉膛下部一定高度处进入炉膛，提供进一步燃烧需要的空气。燃料燃烧放热被炉膛受热面吸收，烟气向上流动并携带一些细小的固体颗粒离开炉膛，离开炉膛的颗粒绝大部分由气固分离器捕获，在距离布风板一定高度的位置送回炉膛，形成足够的固体颗粒循环，保证炉膛温度均匀一致。分离器分离后含尘较少的烟气进入尾部对流受热面，进一步换热降温。

　　当燃用一般质量煤炭时，循环流化床锅炉一般采用高循环倍率运行，保证脱硫剂的高利用率；而燃用劣质煤时常采用低循环倍率，以降低锅炉自身耗电量。二者在脱硫运行控制中存在差别。燃料通常加入炉膛下部密相区中，有时送入循环回路随高温颗粒一起进入炉膛。石灰石多采用气力输送通过二次风口送入炉膛，也可采用随燃料同时加入的方法以简化系统。燃料进入炉膛与床料混合后被加热着火燃烧；石灰石被加热分解，与 H_2S、SO_2、SO_3 等反应固硫。

二、燃烧过程分析

　　时间、温度和湍流度是组织良好循环流化床燃烧过程的必要条件。循环流化床以煤为主要燃料，燃烧过程可分为以下两个阶段。

（一）挥发分的析出及燃烧

煤颗粒在循环流化床中的燃烧过程依次经历干燥和加热、挥发分的析出和燃烧、膨胀和一级碎裂、焦炭燃烧和二级碎裂、磨损等过程。燃料量仅占床料总质量的 2％～5％，当新鲜煤颗粒进入燃烧室后，立即被大量高温物料所包围，以 103～104 ℃/s 的速率升温，迅速加热至接近床温。随着高温物料的加热，煤颗粒开始析出挥发分。挥发分的第一个稳定析出阶段发生在温度 500～600 ℃ 范围内，第二个稳定析出阶段则在温度 800～900 ℃ 范围内。挥发分产量和构成受加热速率、温度变化、高温下的停留时间、煤种和粒度等的影响。煤颗粒在挥发分析出的温度 420～500 ℃ 内经历塑性相，煤中小孔被破坏。随着煤颗粒内部气相物质的析出，煤颗粒膨胀和碎裂。随着挥发分含量的升高，碎裂程度增强；灰分对碎裂有双重影响，较高灰含量可增加颗粒不均匀性，形成内部分界面，加剧一次碎裂，同时灰分又可提高颗粒强度。

煤颗粒在投入燃烧室后，一边被热烟气和物料加热，使挥发分析出和燃烧，一边还随物料一起在炉内流动。对单颗粒而言，其运动轨迹是随机的，析出的挥发分在燃烧室内不同位置的浓度也是随机的，但就统计宏观概率讲，挥发分在沿燃烧室高度方向上的浓度分布与床内物料的分布和流动有关。由于燃烧受到氧扩散速率的控制，氧浓度分布直接影响了挥发分的析出，也影响挥发分的燃尽程度及热量释放的位置，而氧在炉内的分布和扩散取决于床内气固的混合情况，所以挥发分的燃烧及热量释放也与床内的物料分布和流动有关。

实际运行循环流化床研究发现，挥发分易在燃烧室上部燃烧，通常在燃烧室上部的浓度分布较高，燃烧份额较大。高挥发分燃料在燃烧室上部释放的热量较多；低挥发分燃料则在燃烧室下部释放的热量较多。

（二）焦炭颗粒的燃烧

焦炭的燃烧过程比较复杂。焦炭颗粒的粒度不同，其燃烧的工况不同。大颗粒焦炭因其烟气和颗粒之间的滑移速度大，颗粒表面气体边界层薄，扩散阻力小，燃烧反应主要受化学反应速率控制。颗粒粒径越大，反应越趋于动力控制。细颗粒焦炭的燃烧反应则必然地受氧的扩散速率控制，且颗粒粒径越小，则反应越趋于扩散控制。

循环流化床燃烧室下部密相段内，焦炭燃烧受到动力控制和扩散控制的共同作用，两种作用相当。不同于煤粉炉燃烧温度高，反应速率快，燃烧反应属扩散燃烧。而循环流化床悬浮段内燃烧温度相对低，反应速率较低；同时细颗粒会团聚形成颗粒团，使颗粒团表面气体边界层减薄，气体向颗粒团的扩散阻力减小，颗粒团中可燃焦炭颗粒较少，因此，循环流化床悬浮段内的焦炭燃烧是趋于动力控制的。如果颗粒团处氧气浓度不高时，则焦炭颗粒也可能处于扩散控制状态，故循环流化床悬浮段焦炭的燃烧是十分复杂的。焦炭燃烧过程中伴随着粒径变化。燃烧反应和颗粒碰撞的综合作用，使颗粒结构中某些连接部分断开，二级碎裂为更小的颗粒。在燃烧过程中颗粒会形成一定孔隙率的灰壳，氧气渗透其炭核会逐渐趋于燃尽，使颗粒的孔隙率不断加大，当孔隙率增大至某临界值时，颗粒崩溃为许多更小的以灰分为主的颗粒，这就是渗透破碎。流化床中，所谓物料的磨耗是指由于颗粒间相互碰撞摩擦，从较大颗粒表面撕裂和磨损下来许多微粒的过程。不仅床料，焦炭颗粒也会发生磨耗。煤燃烧过程颗粒粒径变化如图 2-4 所示。

焦炭颗粒燃尽取决于其在燃烧室内的停留时间和燃烧反应速率。在循环流化床燃烧

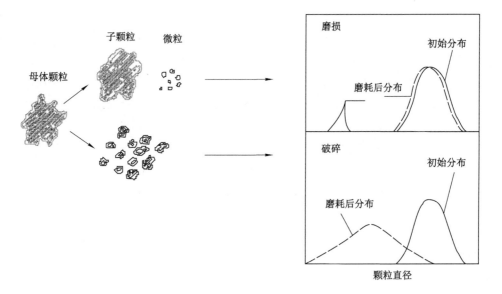

图 2-4　煤燃烧过程颗粒粒径变化

中,不同粒径物料颗粒具有不同的含碳量,图 2-5 给出飞灰含碳量随颗粒粒径的变化趋势。粒径小于 20 μm 的物料,其含碳量较小,尽管其很难被分离器分离且在炉内停留时间短,但反应表面积大,反应速率快,停留时间仍然大于其燃尽时间,故在离开燃烧室之前即可燃尽。粒径在 20～100 μm 范围内的颗粒,其含碳量较高,由于粒径通常小于分离器的临界直径 d_{99},因此分离效率不高,在炉内的停留时间也较短;加之该粒径颗粒燃烧是在悬浮段内完成的,反应属于扩散控制,气固混合扩散较差,燃烧速率相对较低,颗粒燃尽时间大于其停留时间,故颗粒含碳量很高。粒径在 200 μm 左右的颗粒,其含碳量接近零,因其分级分离效率接近 100%,颗粒在炉内停留时间远高于燃尽时间,可保证其充分燃尽。

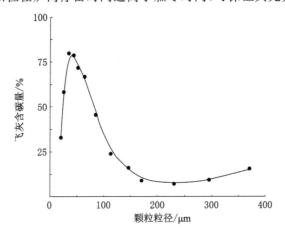

图 2-5　飞灰含碳量的变化趋势

　　燃烧反应速率取决于表面反应速率和总反应表面积。表面反应速率是燃料反应活性和温度的函数。循环流化床是低温燃烧,燃料的反应活性是确定的,故表面反应速率相对较低,这就要求增大颗粒表面积,主循环回路中焦炭含量较高($2\%\sim5\%$),这为循环流化床燃烧中 NO_x 的控制提供了极为有利的条件。

三、燃烧设备热损失

燃料燃烧产生的热量并非全部被利用,因为所有的燃烧装置都存在热损失。最优的设计和操作只能使热损失减至更小,而不可能消除所有的热损失。燃烧设备热损失主要包括不完全燃烧热损失、排烟热损失和散热损失三部分。

(一) 不完全燃烧热损失

1. 化学不完全燃烧热损失

化学不完全燃烧热损失是由化学不完全燃烧造成的。化学不完全燃烧是指可燃成分在气相中燃烧时没有完全燃烧的现象。这导致烟气中存在一些可燃成分(主要是 CO,还有少量的碳氢化合物等)。在现代燃烧装置中,化学不完全燃烧所占比例一般较小,如层燃炉约占 1%,煤粉炉$<0.5\%$,油、气炉占 $1\%\sim1.5\%$。由于所占比例较小,化学不完全燃烧造成的损失也相对较少。

2. 机械不完全燃烧

机械不完全燃烧热损失是由机械不完全燃烧造成的。机械不完全燃烧是指固相中的可燃成分在燃烧过程中没有完全氧化的现象。这导致灰渣中残留可燃物,进而提高了灰渣的热灼减率。相比之下,机械不完全燃烧所占比例较大。例如,层燃炉可达 $5\%\sim15\%$,煤粉炉为 $1\%\sim5\%$,而正常燃烧的油、气炉可以忽略不计。由于机械不完全燃烧所占比例较大,因此其造成的热损失也相对较多。

(二) 排烟热损失

排烟热损失是由排烟温度较高而带走一部分热量所致。一般锅炉排烟热损失为 $6\%\sim12\%$。影响排烟热损失的主要因素是排烟温度和体积。排烟温度每升高 $12\sim15$ ℃,排烟热损失就会增加 1%。通过在燃烧系统中设置省煤器、空气预热器等可以降低排烟温度,提高热量利用率,但排烟温度过低会导致排烟装置的腐蚀程度加剧。一般工业锅炉的排烟温度为 $150\sim200$ ℃,大、中型锅炉的排烟温度为 $110\sim180$ ℃。

(三) 散热损失

由于燃烧系统的各个组成部分,如锅炉炉墙、炉筒、管道等的温度高于周围环境空气温度,部分热量辐射到空气中而造成的热损失,称为散热损失。散热损失不仅降低了燃烧系统的热效率,而且使燃烧系统周边环境温度升高,恶化了劳动条件。这项损失的多少与燃烧系统的散热面积、隔热效果及环境温度和风速等因素有关。

第三节 烟气量及污染物排放量的计算

一、燃烧产物及污染物

燃料燃烧过程是分解、氧化、聚合等多反应共存的复杂反应过程。燃料燃烧的产物主要是灰渣和烟气。烟气主要由悬浮的少量颗粒物、反应产物、未燃烧和部分燃烧的燃料、氧化剂及惰性气体(主要为 N_2)等组成。烟气中的污染物主要有二氧化碳、一氧化碳、硫氧化物、氮氧化物、颗粒物、金属盐类、醛、酮和碳氢化合物等,还可能有少量汞、砷、氟、氯和微量放射性物质。这些有害物质的产生与燃料种类、燃烧条件、燃烧组织方式等因素有关。表 2-3 给出了一座 100 MW 电站不同燃料燃烧产生的污染物数量。

表 2-3 100 MW 电站不同燃料燃烧产生的污染物数量

燃料种类污染物	年排放量/(10^6 kg)		
	气①	油②	煤③
颗粒物	0.46	0.73	4.49
SO_x	0.012	52.66	139.00
NO_x	12.08	21.70	20.88
CO	可忽略	0.008	0.21
CH	可忽略	0.67	0.52

注:① 假定每年燃气 1.9×10^9 m³;

② 假定每年燃油 1.57×10^9 kg,油的硫含量为 1.6%,灰分为 0.05%;

③ 假定每年耗煤 2.3×10^9 kg,煤的硫含量为 3.5%,硫转化为 SO_2 的比例为 85%,煤的灰分为 9%。

从表 2-3 可知,燃料种类不同,对污染物的生成量影响很大。气体燃料因含硫量、含尘量低,且容易燃烧充分,因此污染物生成量很少。液体燃料产生的污染物主要是氮氧化物和碳氢化合物(包括未燃的碳氢化合物和燃烧新生成的碳氢化合物),燃用重油时,还有硫氧化物。煤燃烧生成的大气污染物主要有颗粒物(飞灰)、硫氧化物、氮氧化物、一氧化碳和碳氢化合物。其中,一氧化碳和碳氢化合物是不完全燃烧的产物。此外,煤燃烧还会带来汞、砷、氟、氯等污染以及可能的低水平放射性污染。

二、理论空气量和烟气量的计算

(一)理论空气量

理论空气量是指单位量燃料(气体燃料一般指 1 m³,液体、固体燃料一般指 1 kg)按燃烧反应方程式计算完全燃烧所需的空气量,以 V_a^0 表示。理论空气量是燃料完全燃烧所需要的最小空气量。它由燃料的组成决定,根据燃烧反应方程式计算求得。

建立燃烧反应方程式时,通常假定:① 空气仅由氮气和氧气组成,其体积比为 79:21 = 3.76;② 燃料中的固定态氧参与燃烧反应;③ 燃料中的硫全部被氧化为二氧化硫;④ 忽略氮氧化物的生成量;⑤ 参加反应的元素为碳、氢、硫、氧,计算时空气和烟气中的各种组分(包括水蒸气)均按理想气体计算。

据此,可得气体燃料($C_x H_y S_z O_w$)与空气中氧完全燃烧的化学反应方程式:

$$C_x H_y S_z O_w + \left(x + \frac{y}{4} + z - \frac{w}{2}\right)O_2 + 3.76\left(x + \frac{y}{4} + z - \frac{w}{2}\right)N_2$$

$$\longrightarrow x CO_2 + \frac{y}{2}H_2O + z SO_2 + 3.76\left(x + \frac{y}{4} + z - \frac{w}{2}\right)N_2 \tag{2-5}$$

根据式(2-5),1 mol 气体燃料的理论空气量为:

$$V_a^0 = 22.4 \times 4.76 \left(x + \frac{y}{4} + z - \frac{w}{2} \right) / 1\ 000 \tag{2-6}$$

式中 V_a^0——理论空气量，m^3/mol 燃料。

通常，固体和液体燃料中的 C、H、S、O 是以质量分数给出的，计算理论空气量时，可根据每种元素与氧气的反应方程式计算出各元素对应的需氧量，再求和得到理论需氧量和理论空气量。

$$C + O_2 \longrightarrow CO_2$$

$$H + \frac{1}{4}O_2 \longrightarrow \frac{1}{2}H_2O$$

$$S + O_2 \longrightarrow SO_2$$

$$N \longrightarrow \frac{1}{2}N_2$$

以 1 kg 为计算基准，C、H、O、N、S 完全燃烧需要消耗的氧气量见表 2-4。

表 2-4 不同元素完全燃烧的需氧量

名称	需氧量/(m^3/kg)	备注
C	1.867	——
H	5.6	——
O	-0.7	参与燃烧反应，提供氧
S	0.7	——
N	0	不参与燃烧反应，不需氧

因此，1 kg 固体或液体燃料完全燃烧时的理论需氧量为：

$$V_O^0 = 1.867W_C + 5.6W_H + 0.7W_S - 0.7W_O \tag{2-7}$$

式中 V_O^0——理论需氧量，m^3/kg 燃料；

W_C, W_H, W_S, W_O——分别为燃料中 C、H、S、O 的质量分数。

1 kg 固体或液体燃料完全燃烧时的理论空气量为

$$V_a^0 = 4.76 \times (1.867W_C + 5.6W_H + 0.7W_S - 0.7W_O) \tag{2-8}$$

式中 V_a^0——理论空气量，m^3/kg 燃料。

实际上，燃烧条件不可能充分保证，燃烧装置普遍存在不完全燃烧的现象。不完全燃烧不仅造成燃料浪费（相当于热损失，即不完全燃烧热损失），而且污染物生成量也明显增多。不完全燃烧包括化学不完全燃烧、机械不完全燃烧两种。

（二）理论烟气量

理论烟气量是指在理论空气量下，燃料完全燃烧所生成的烟气量，以 V_{fg}^0 表示。理论烟气的成分是 CO_2、SO_2、N_2 和 H_2O，前三者称为理论干烟气，包括 H_2O 时称为理论湿烟气。理论烟气量可根据燃烧方程式进行计算，此时只需把不同反应物的产物进行求和就可以得到理论烟气量。

因此，对于 1 mol 气体燃料（$C_xH_yS_zO_w$），理论烟气量为：

$$V_{fg}^0 = 22.4 \times \left[\left(x + \frac{y}{2} + z \right) + 3.76 \left(x + \frac{y}{4} + z - \frac{w}{2} \right) \right] / 1\ 000 \tag{2-9}$$

式中 V_{fg}^0——理论烟气量，$m^3/(mol 燃料)$。

对于已知 C、H、O、S、N 质量分数的 1 kg 固体燃料或液体燃料，理论烟气量为：

$$V_{fg}^0 = 1.867W_C + 11.2W_H + 0.7W_S + 0.8W_N + 0.79V_a^0 \qquad (2-10)$$

式中 V_{fg}^0——理论烟气量，$m^3/(kg 燃料)$；

V_a^0——理论空气量，$m^3/(kg 燃料)$；

W_C, W_H, W_S, W_N——分别为燃料中 C、H、S、N 的质量分数。

需要指出的是，式(2-9)和式(2-10)计算得到的是理论湿烟气量，若将式(2-9)中的 $\frac{y}{2}$、式(2-10)中的 $11.2W_H$ 分别以"0"替代，则可得到对应的理论干烟气量。

（三）实际烟气量

实际烟气量 V_{fg} 是理论烟气量与过剩空气量之和，即

$$V_{fg} = V_{fg}^0 + V_a^0(\alpha - 1) \qquad (2-11)$$

相应地，实际干烟气量＝理论干烟气量＋过剩空气量，实际湿烟气量＝理论湿烟气量＋过剩空气量。通常，燃料是有水分的，若已知燃料中水分的质量分数为 W_w，则其对烟气量的贡献为 $1.244W_w$ $m^3/(kg 燃料)$，在计算湿烟气量时应考虑加上。此外，若考虑燃烧空气中的水分，则计算湿烟气量时还应考虑加上这一部分水分贡献的体积 $1.244\alpha V_a^0 d_a$ [d_a 是空气的含湿量，$kg/(m^3 干空气)$；其他符号意义同前]。

（四）烟气体积和密度的校正

实际燃烧装置产生的烟气温度和压力总是不同于标准状态(273 K、101 325 Pa)，在烟气体积和密度计算中往往需要换算成为标准状态。

大多数烟气可以视为理想气体，所以在烟气体积和密度换算中可以应用理想气体状态方程。若观测状态下(温度 T_s，压力 p_s)，烟气的体积为 V_s、密度为 ρ_s，在标准状态下(温度 T_N，压力 p_N)，烟气的体积为 V_N、密度为 ρ_s，则由理想气体状态方程可得到标准状态下的烟气体积：

$$V_N = V_s \cdot \frac{p_s}{p_N} \cdot \frac{T_N}{T_s} \qquad (2-12)$$

标准状态下烟气的密度：

$$\rho_N = \rho_s \cdot \frac{p_N}{p_s} \cdot \frac{T_s}{T_N} \qquad (2-13)$$

需要指出的是，美国、日本和国际全球监测系统网的标准状态是指 298 K 和 101 325 Pa，在作数据比较或校对时需加以注意。

（五）空气过剩系数与空燃比

通常，将实际供给的空气量与理论空气量的比值称为空气过剩系数，记为 α，显然 $\alpha > 1$。燃烧装置的空气过剩系数可以用实测烟气量及烟气成分数据计算求得。

当烟气中含有 CO 时：

$$\alpha = 1 + \frac{\varphi_{O_2}}{0.266\varphi_{N_2} - \varphi_{O_2}} \qquad (2-14)$$

当烟气中含有 CO 时：

$$\alpha = 1 + \frac{\varphi_{O_2} - 0.5\varphi_{CO}}{0.266\varphi_{N_2} - (\varphi_{O_2} - 0.5\varphi_{CO})} \tag{2-15}$$

式中 φ_{O_2}，φ_{N_2}，φ_{CO}——烟气中 O_2、N_2 和 CO 的体积分数。

空燃比(AF)是指单位质量的燃料燃烧时所供给的空气质量。理论空燃比是指单位质量燃料燃烧时的理论空气质量，可通过式(2-6)或式(2-8)计算求得。例如，甲烷在理论空气量下完全燃烧：

$$CH_4 + 2O_2 + 7.52N_2 \longrightarrow CO_2 + 2H_2O + 7.52N_2$$

则空燃比为：

$$AF = \frac{2 \times 32 + 7.52 \times 28}{1 \times 16} = 17.2$$

随着燃料中氢相对含量减少，碳相对含量增加，理论空燃比随之降低。例如，甲烷(CH_4)的理论空燃比为 17.2，汽油(按 C_8H_{18} 计)的理论空燃比为 15，纯碳(C)的理论空燃比约为 11.5。

（六）空气过剩系数的调控

空气过剩系数是燃料燃烧及燃烧装置运行时非常重要的指标之一。它的最佳值与燃料种类、燃烧方式及燃烧装置结构完善程度等有关。空气过剩系数太大，将使烟气量增加，热损失增加，燃烧温度降低；空气过剩系数太小，则不能保证燃烧充分，从而增加一氧化碳、炭黑及碳氢化合物的排放量。对于不同类型的燃料，空气过剩系数大小顺序一般为：气体燃料＜液体燃料＜固体燃料，因为气体燃料最容易燃烧。不同燃料在部分炉型中的空气过剩系数见表 2-5。

表 2-5 不同燃料在部分炉型中的空气过剩系数

炉型	烟煤	无烟煤	重油	煤气
手烧炉和抛煤机炉	1.3～1.5	1.3～2.0	—	—
链条炉	1.3～1.4	1.3～1.5	—	—
悬燃炉	1.2	1.25	1.15～1.2	1.05～1.1

三、污染物排放量的计算

通过测定实际烟气量和烟气中污染物的浓度，可以很容易地计算出污染物的排放量。然而，很多情况下需要预测烟气量和污染物浓度。尽管实际燃料燃烧的过程非常复杂，并不像式(2-5)描述的那么简单，但我们仍可利用燃烧假定及相关公式来估算污染物浓度。

下面以例题来说明有关的计算。

例 2-1 某重油的元素分析结果为 $W_C = 85.5\%$，$W_H = 11.3\%$，$W_O = 2.0\%$，$W_S = 1.0\%$，$W_N = 0.2\%$。若不考虑空气含湿量，试计算：

(1) 燃烧 1 kg 重油所需的理论空气量和理论烟气量；

(2) 干烟气中 SO_2 和 CO_2 的浓度；

(3) 空气过剩 10% 时，空气过剩系数及所需的空气量和产生的烟气量。

解 (1) 1 kg 重油燃烧所需的理论空气量可由式(2-8)求得：

$$V_a^0 = 4.76 \times (1.867W_C + 5.6W_H + 0.7W_S - 0.7W_O)$$
$$= 4.76 \times (1.867 \times 0.855 + 5.6 \times 0.113 + 0.7 \times 0.01 - 0.7 \times 0.02)$$
$$= 10.55 \ (m^3)$$

1 kg 重油燃烧产生的理论烟气量可由式(2-10)求得

$$V_{fg}^0 = 1.867W_C + 11.2W_H + 0.7W_S + 0.8W_N + 0.79V_a^0$$
$$= 1.867 \times 0.855 + 11.2 \times 0.113 + 0.7 \times 0.01 + 0.8 \times 0.002 + 0.79 \times 10.55$$
$$= 11.20 \ (m^3)$$

（2）1 kg 重油燃烧产生的理论干烟气量 $= V_{fg}^0 - 11.2W_H$
$$= 11.20 - 11.20 \times 0.113 = 9.93 \ (m^3)$$

干烟气中 SO_2 的质量浓度 $C_{SO_2} = \dfrac{1 \times 10^6 \times 1\% \times 64}{32 \times 9.93} = 2\,014 \ (mg/m^3)$

干烟气中 CO_2 的质量浓度 $C_{CO_2} = \dfrac{1 \times 10^6 \times 85.5\% \times 44}{12 \times 9.93} = 315\,710 \ (mg/m^3)$

（3）空气过剩 10% 时，空气过剩系数 $\alpha = 1.1$。

燃烧 1 kg 重油需要的实际空气量可由下式求得：

$$V_a = V_a^0 \times \alpha = 10.55 \times 1.1 = 11.605 \ (m^3)$$

产生的实际烟气量可由式(2-11)求得

$$V_{fg} = V_{fg}^0 + V_a^0(\alpha - 1) = 11.20 + 10.55 \times (1.1 - 1) = 12.255 \ (m^3)$$

第四节　流化床燃烧污染物的生成与控制

一、颗粒物的生成与控制

（一）颗粒物的生成

燃料燃烧产生的烟气中的颗粒物通常称为烟尘，它包括炭黑和飞灰两部分。固体燃料燃烧是烟尘的主要来源，气体燃料和液体燃料所产烟尘量很少，但燃烧不充分时也会产生炭黑。

炭黑是燃料不完全燃烧的产物。燃烧过程中，未燃烧的碳氢化合物中有一部分经过脱氢、分链、叠合、环化和凝聚等复杂的化学和物理过程，形成微颗粒污染物，即炭黑。根据检测结果，炭黑中存在芘、菲、蒽、醌等多种多环芳烃及其他有机物。

飞灰主要是燃料所含的不可燃矿物质微粒被烟气带出的那一部分。由于经历了高温、降温、吸附、化合等过程，飞灰中常含有 Hg、As、Se、Pb、Zn、Cl、F 等污染元素，虽然在燃料中这些均属于痕量元素，但在飞灰中可能被富集了数百甚至数千倍。

（二）颗粒物的生成控制

1. 炭黑的生成控制

理论上碳与氧的物质的量比近 1.0 时最易形成黑烟。在预混火焰中，碳与氧的物质的量比大约为 0.5 时最易形成黑烟。易燃烧又少出现黑烟的燃料顺序为：无烟煤、焦炭、褐煤、低挥发分烟煤和高挥发分烟煤。炭粒燃尽的时间与其初始直径、表面温度、氧气浓度等有关。

气体燃料燃烧生成的炭黑最少。在燃烧过程中将过剩空气量控制在 10% 左右，气体燃料几乎完全燃烧，不形成炭黑。

液体燃料一般采用喷雾燃烧的方式,空气扩散速度较大时,与脱氢和凝聚速率相比,氧化速率更大,故燃烧后炭黑的残留量较少。通过采取优化喷嘴设计、控制燃烧空气量及改良燃烧装置结构等措施可有效控制炭黑的生成。

煤燃烧时,炭黑的生成与燃烧方式和煤的性状有关。控制炭黑生成的主要措施包括:改善燃料和空气的混合状况,保持足够高的燃烧温度以及确保炭粒在高温区的停留时间足够长。对于火电厂大型燃烧设备,采用煤粉燃烧时,在管理良好的情况下,可以控制炭黑几乎不生成。

2. 飞灰的生成控制

燃煤烟气中飞灰的含量和粒径大小与煤质、燃烧方式、烟气流速、炉排和炉膛热负荷以及锅炉运行负荷等多种因素有关。

煤质,特别是煤的灰分、水分含量及煤粒大小对飞灰的生成量影响较大。灰分越高,水分越少,烟气中飞灰浓度就越高。因此,通过煤的分选,降低煤的灰分含量,保持适当的水分和粒径分布,可以降低烟气中的飞灰浓度。

燃烧方式(锅炉类型)不同,则排放的烟尘初始浓度和粒度组成不同,处理的难度也不同。表 2-6 和表 2-7 是各种燃烧方式锅炉的初始排尘浓度和烟尘粒度组成的实测统计数据。

表 2-6　各种燃烧方式锅炉的排尘浓度

序号	燃烧方式	平均排尘浓度/(mg/m³)	最高排尘浓度/(mg/m³)	备注
1	往复炉排锅炉	503	670	自然引风
2	手烧铸铁炉	1 030	1 125	自然引风
3	手烧茶炉	820	1 159	自然引风
4	简易煤气锅炉	110	120	自然引风
5	半煤气茶炉	400	510	自然引风
6	反烧锅炉	190	—	自然引风
7	快装固定炉排锅炉	3 280	3 667	机械引风
8	往复炉排锅炉	1 450	2 753	机械引风
9	链条炉排锅炉	2 620	6 299	机械引风
10	抛煤机锅炉	9 440	11 594	机械引风
11	煤粉炉	16 760	17 393	机械引风
12	沸腾炉	59 240	75 162	机械引风
13	循环流化床锅炉			机械引风

表 2-7　各种锅炉排放烟尘的粒度组成

炉型	排尘量/(kg/t)	烟尘粒度分布/%				
		>75 μm	48～75 μm	31～47 μm	15～30 μm	<15 μm
链条炉排锅炉	27.0	50.74	10.38	12.05	12.87	13.96
往复炉排锅炉	12.8	39.40	12.12	11.78	17.34	19.36
反烧锅炉	2.15	0	34.05	23.67	18.49	23.79

表 2-7(续)

炉 型	排尘量 /(kg/t)	烟尘粒度分布/%				
		>75 μm	48~75 μm	31~47 μm	15~30 μm	<15 μm
简易煤气锅炉	2.89	0	12.53	11.24	23.40	52.83
手烧茶炉	18.0	41.58	10.51	10.88	16.33	20.70
抛煤机锅炉	108.0	61.02	13.72	9.93	9.06	6.27
煤粉炉	161.0	13.19	23.43	14.94	17.14	31.30
沸腾炉	510.0	33.18	14.52	14.84	15.34	22.12

燃烧方式不仅影响烟气中的飞灰浓度和粒度,而且也影响着燃料灰分进入烟气的比例。一般情况下,煤粉炉和沸腾炉烟气中飞灰浓度较高。自然引风锅炉的烟气流速较低,飞灰浓度也较低。但自然引风只适用于小锅炉,对于较大锅炉,自然引风会造成炉膛内供氧量不足,致使炉温降低,燃烧不完全,热损失较大。对于机械引风锅炉,需要合理地控制风量,既不能过小导致燃烧不完全,也不能过大导致排烟量太大,排尘浓度增加。

炉排和炉膛的热负荷也会对排尘浓度产生影响。炉排热负荷是指每平方米炉排面积上每小时燃料燃烧所释放出来的热量。炉排热负荷增加,导致单位炉排面积上燃煤量增大,则流过炉排的气流速度也将成正比增加,灰分被气流夹带而飞逸的可能性就越大。炉膛热负荷是指每立方米炉膛容积内每小时燃料燃烧所释放出的热量。炉膛必须保持足够的燃烧空间,以使燃烧过程逸出的可燃气体有充分的时间进行燃烧,降低锅炉污染物的排放量。

燃煤锅炉排尘浓度还与锅炉运行负荷有关。锅炉运行负荷是指锅炉每小时蒸发量与该锅炉额定蒸发量的百分比。锅炉运行负荷越高,燃煤量越大,烟气量必然增大,排尘浓度就会增加。图 2-6 给出了 3 台往复炉和 1 台链条炉的排尘浓度与锅炉运行负荷的关系,显然烟尘浓度随锅炉运行负荷的增加而增加。

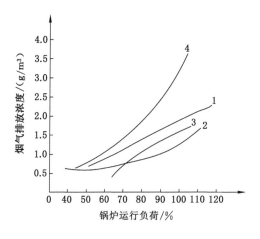

1,2,3—往复炉;4—链条炉。

图 2-6　不同锅炉运行负荷的排尘浓度

二、硫氧化物的生成与控制

(一)硫氧化物的生成

前已述及,燃料中的硫(S)通常以元素硫、硫化物硫、有机硫和硫酸盐硫的形式存在。燃烧过程中,前三种形式的硫参与燃烧反应,称为可燃性硫;硫酸盐硫不参与燃烧反应,主要存在于灰渣中,称为不可燃硫。燃烧时,三种可燃性硫发生的主要化学反应如下:

元素硫的燃烧

$$S + O_2 \longrightarrow SO_2$$

$$SO_2 + \frac{1}{2}O_2 \longrightarrow SO_3$$

硫化物硫的燃烧(以硫化亚铁为例)

$$4FeS_2 + 11O_2 \longrightarrow 2Fe_2O_3 + 8SO_2$$

$$SO_2 + \frac{1}{2}O_2 \longrightarrow SO_3$$

有机硫的燃烧(以二乙硫醚为例)

$$C_4H_{10}S \longrightarrow H_2S + 2H_2 + 2C + C_2H_4$$

$$2H_2S + 3O_2 \longrightarrow 2SO_2 + 2H_2O$$

$$SO_2 + \frac{1}{2}O_2 \longrightarrow SO_3$$

研究表明,燃料中的可燃硫在燃烧时主要生成 SO_2,只有不到5%进一步氧化成 SO_3。因此,烟气中的硫氧化物主要以 SO_2 形态存在,硫氧化物的控制及常见的脱硫工艺主要针对 SO_2。

烟气中发生 SO_2 和 SO_3 之间的转化,可带来烟气酸露点升高的问题。由于燃烧后烟气中的水蒸气可能与 SO_3 结合生成 H_2SO_4。与 SO_3 结合生成 H_2SO_4 的转化率表达式如下:

$$X = 100 P_{H_2SO_4}/(P_{SO_3} + P_{H_2SO_4})\% \tag{2-16}$$

生成 H_2SO_4 的转化率与烟气温度密切相关(图2-7)。此外,烟气中 H_2SO_4 的浓度越高,酸露点越高。因此,如果煤中硫分过高,烟气酸露点升高不仅会引起燃烧设备尾部受热面腐蚀,致使燃烧安全问题;而且极易引起管道和烟气净化设施的腐蚀问题。

(二)硫氧化物的生成控制

SO_2 的生成量与燃料的含硫量有关,与燃烧温度等燃烧因素关系不大,因而燃料脱硫、燃烧过程中脱硫成为控制 SO_2 生成的主要手段。

1. 煤炭脱硫与固硫

从煤矿开采出来的原煤必须经过分选以去除煤中杂质。目前,世界各国广泛采用的选煤工艺主要是重力分选法,分选后原煤含硫量降低40%~90%。硫的去除率主要取决于煤中黄铁矿硫的含量及颗粒大小。重力脱硫法不能除去煤中的有机硫。其他的原煤脱硫方法还包括浮选法、氧化脱硫法、化学浸出法、化学破碎法、细菌脱硫法、微波脱硫法、磁力脱硫法等,但工业实际应用仍较少。

2. 型煤固硫

型煤固硫是另一条控制 SO_2 生成的有效途径。针对不同煤种,采用无黏结剂或以沥

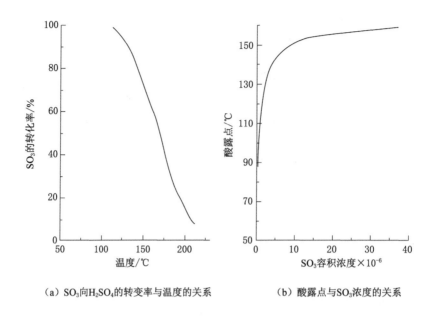

（a）SO_3向H_2SO_4的转变率与温度的关系 （b）酸露点与SO_3浓度的关系

图 2-7 SO_3 向 H_2SO_4 的转化率与温度的关系以及酸露点与 SO_3 浓度的关系

青、黏土等作为黏结剂,以廉价的钙系如碳酸钙做固硫剂,经干馏成型或直接压制成型,制成各种型煤,可以有效固硫。例如,美国型煤加石灰固硫率达 87%,烟尘减少 2/3;日本蒸汽机车用加石灰的型煤固硫率达 70%～80%,固硫费用仅为选煤脱硫费用的 8%;我国广泛开展了型煤固硫技术研究并取得了较好成绩,民用蜂窝煤加石灰固硫率大于 50%,有的大于80%。工业锅炉由于燃烧温度高,型煤除加石灰做固硫剂外,还须加锰等催化剂才能保持较高的固硫率。

3. 煤炭转化

煤炭转化主要是煤的气化和液化,即对煤进行脱碳或加氢改变其原有碳氢比,把煤变成清洁的二次燃料。

煤炭气化是指以煤炭为原料,采用空气、氧气、二氧化碳和水蒸气为气化剂,在气化炉内进行煤的气化反应,生产出不同组分、不同热值煤气的过程。煤气除主要含有 H、CO 和 CH_4 等可燃气体外,还含有少量 H_2S。大型煤气厂先用湿法脱除大部分 H_2S,再用干法净化其余部分。小型煤气厂只用干法,干法用 Fe_2O_3 脱除 H_2S,其反应式为:

$$Fe_2O_3 \cdot 3H_2O + 3H_2S \longrightarrow Fe_2S_3 + 6H_2O（中性或碱性）$$

$$Fe_2O_3 \cdot 3H_2O + 3H_2S \longrightarrow 2FeS + 6H_2O + S（酸性）$$

由于 FeS 易转化成 FeS_2,而 FeS_2 很难再生,所以应尽可能保持中性或碱性条件。

煤炭液化是指煤炭通过化学加工过程,使其转化为液体产品(液态烃类燃料,如汽油、柴油等)的过程。溶剂精制煤(简称 SRC 法)是一种煤炭液化方法,将煤用溶剂萃取加氢,生成清洁的低硫、低灰分固体或液体燃料。加氢量少,氢化程度浅,主要得到固体清洁燃料;加氢量大,氢化程度深,主要得液体清洁燃料。SRC 法得到的固体燃料,一般灰分低于0.1%,含硫量 0.6%～1.0%;液体燃料无灰分,含硫量 0.2%～0.3%。

4. 燃烧中脱硫

燃烧过程中添加白云石（$CaCO_3 \cdot MgCO_3$）或石灰石（$CaCO_3$），在燃烧室内 $CaCO_3$、$MgCO_3$ 受热分解生成的 CaO 和 MgO 与烟气中的 SO_2 反应生成硫酸盐随灰分排掉。

（三）硫氧化物的循环流化床固硫及其影响因素

1. 循环流化床固硫

循环流化床燃烧中，煤中的硫分在燃烧室内反应主要生成 SO_2 等，同时，具有合适粒度的脱硫剂（如石灰石颗粒）不断加入燃烧室，石灰石被迅速地加热发生煅烧反应，产生多孔疏松的 CaO。烟气中 SO_2 扩散到 CaO 的表面和内孔中，在有氧气参与的情况下，CaO 吸收 SO_2 并生成 $CaSO_4$。随着反应的进行，生成的 $CaSO_4$ 逐渐地把孔隙堵塞，并不断地覆盖新鲜 CaO 表面，当所有的新鲜表面都被覆盖后，脱硫反应就停止了。循环流化床中石灰石脱硫过程如图 2-8 所示。在此过程中，脱硫剂颗粒也可能在还未达到上述状态时就被吹出了燃烧室，脱硫剂颗粒的利用显然是不充分的。

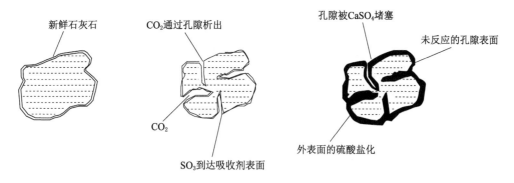

图 2-8 循环流化床中石灰石脱硫过程

脱硫过程本质上是一系列的气固反应，具体的脱硫效果由各个反应进行的情况决定。投入燃烧室的石灰石首先发生煅烧反应：

$$CaCO_3 \longrightarrow CaO + CO_2$$

煅烧反应析出 CO_2，产生大量孔隙，增加了脱硫颗粒的可用表面积。煅烧反应过程对生成孔隙的大小、分布以及 CaO 颗粒比表面积等产生直接影响，进而直接影响 CaO 颗粒脱硫反应的特性。煅烧温度、环境 CO_2 浓度和石灰石特性等因素直接影响了这些参数。

在氧气存在的条件下与 CO_2 接触时，会发生如下反应：

$$CaO + SO_2 + \frac{1}{2}O_2 \longrightarrow CaSO_4$$

这是一个总反应方程，其具体的反应途径尚不清楚。

当脱硫剂为白云石脱硫时，除了上述反应外，还发生以下反应：

$$MgCO_3 \longrightarrow MgO + CO_2 \uparrow$$

$$MgO + SO_2 + 1/2O_2 \longrightarrow MgSO_4$$

由于 $CaSO_4$ 分子体积远大于 CaO，因而当烟气中 SO_2 扩散到 CaO 内表面发生反应时，生成的产物 $CaSO_4$ 会把微孔堵死，使得可用脱硫剂 CaO 的内表面积减少。微孔孔道越是深入到颗粒内部，则其被堵塞而不能被充分利用的可能性越大。事实上，电子探针实验表明,石灰石的转化仅限于表面以内的数十微米。不同粒径石灰石的实际转化率的影响过程分析是非常复杂的。

2. 影响循环流化床固硫效果的因素

(1)脱硫剂反应性能

石灰石的特性主要包括物理特性和化学特性。这些特性对其性能会产生影响。物理特性主要涉及石灰石煅烧后生成孔隙的大小、分布及表面积等。小颗粒具有较大的比表面积和更接近表面的孔隙,因而在实验中观察到小颗粒的最大转化率要比大颗粒高。但是在具体的脱硫过程中,存在微小颗粒可能在达到其最大转化率之前就被吹出锅炉的问题。直径大于 $0.03~\mu m$ 的孔隙对脱硫反应才是比较重要的,因为颗粒越细,其孔隙产生的扩散阻力就越大,越不利于脱硫反应,且微孔易被 $CaSO_4$ 堵塞,致使其表面利用率很低。因此,要使煅烧产物的孔隙分布合理且比表面积较大,炉内固硫所用石灰石颗粒粒度十分重要。此外,石灰石的转化仅限于表面以内的几十个微米范围内,脱硫反应主要是在表面进行的,总表面积取决于颗粒的大小,这就要求颗粒直径尽可能小。但是考虑到在达到最大转化率之前被烟气携带离开主循环回路问题,颗粒粒度也不能太小,故最佳范围为 $150\sim200~\mu m$。

化学特性的影响主要指石灰石所含杂质的影响。在固硫过程中,杂质的存在会推迟 CaO 颗粒孔隙被堵塞的时间,而提高 CaO 颗粒的利用率。在循环流化床底部的密相区,由于氧化/还原气氛的不断更迭,氧化气氛下趋于生成 $CaSO_4$,还原性气氛下则会形成稳定的 CaS,故底渣中常测到 CaS。在实际运行中,密相区的 $CaSO_4$ 在床层温度高于 850 ℃ 时会加速分解,释放出已捕集的 SO_2。

不同产地和纯度的石灰石,热分解形成的石灰脱硫活性不同,含钙和镁高的无定形结晶状石灰石、燃烧形成颗粒表面微孔特性好和含水率低的石灰石,其活性较高。高反应活性的石灰脱硫效率可达到 90% 以上,一般活性的只有 80%。

(2)石灰石脱硫剂用量

脱硫剂用量一般用钙硫物质的量比(β)表示:

$$\beta = \frac{\text{脱硫剂用量}(g) \times Ca\ \text{的质量分数}(\%)/40.1(g/mol)}{\text{燃料用量}(g) \times S\ \text{的质量分数}(\%)/32(g/mol)}$$

脱硫剂主要采用喷入炉膛的方式进行添加。图 2-9 给出了脱硫率与 β 和沸腾层温度之间的关系。可以看出,流化速度一定时,脱硫率随 β 增大而增大;β 一定时,脱硫率随流化速度的降低而增加。当 β 为 1 时,脱硫率最佳温度范围为 800~850 ℃,温度升高,脱硫率急剧降低;温度降低,脱硫率也降低。

此外,煤炭含硫量越高,循环流化床锅炉的脱硫效率越高,石灰石颗粒粒径在适宜范围内(0.2~1.5 mm)并集中在中位径附近时,脱硫效率比较高。

(3)床层温度及厚度

床层温度除了前面提到的影响煅烧反应外,还影响脱硫反应。无论是在较小的实验台上还是在大型的循环流化床上,都发现当床层温度处于 850 ℃ 左右时脱硫效率最高,见图 2-9,石灰石的煅烧温度一般在 850 ℃ 左右。

这是由于床层温度低于 850 ℃ 时,煅烧反应的速率明显下降,石灰石煅烧产生 CaO 的速率限制了脱硫反应的进行,因而使脱硫效率降低。当床层温度高于 850 ℃ 时,CaO 内部孔隙结构发生煅烧而减弱了 CaO 与 SO_2 反应的活性,于是脱硫效率下降;当温度升到

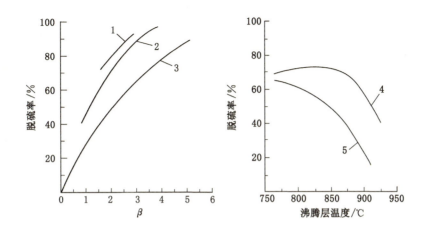

1—流化速度 0.9 m/s;2—流化速度 1.2 m/s;3—流化速度 2.4 m/s;4—β 为 1;5—β 为 0.6。

图 2-9 脱硫率与 β 和沸腾层温度之间的关系

920 ℃时,普遍发生烧结,使煅烧产物的比表面积急剧下降。还有学者认为此时脱硫产物 $CaSO_4$ 在还原性气氛中分解速率增加较快,导致已经被捕集的 SO_2 重新被释放出来,因而脱硫效率下降。目前后一种理论得到了更加广泛的支持。

总体上讲,在燃用高挥发分的煤炭时,最好把床层温度控制在 850 ℃左右,燃用低挥发分煤炭时,则保持在 900 ℃为宜。

适当增加锅炉内料层厚度和提高分离器的分离效率,对提高石灰石脱硫效率和降低钙硫比有一定好处。

三、氮氧化物的生成与控制

（一）氮氧化物的生成机理

1. 挥发分 N 向氮氧化物的转化

挥发分 N 不仅取决于煤种及其挥发分的性质,还与燃烧温度等有关。通常,烟煤的挥发分 N 以 HCN 为主,而低阶煤的挥发分 N 则以 NH_3 为主,无烟煤的挥发分 N 中 HCN 和 NH_3 含量相当。这主要是由于高阶煤挥发分中以焦油为主,而焦油中含氮环状化合物的主要分解产物为 HCN。挥发分中 HCN 和 NH_3 的产率随温度的增加而增加,但当温度超过 1 100 ℃时,NH_3 的含量达到饱和。随着温度的上升,燃料 N 转化为 HCN 的占比大于转化成 NH_3 的比例。

挥发分 N 中 HCN 被氧化的主要反应途径如图 2-10(a)所示。随挥发分一起析出的挥发分 N 在燃烧过程中,与氧发生一系列均相反应,HCN 氧化生成 NCO 后可能存在两种反应途径:在氧化性气氛下 NCO 会进一步氧化成 NO;在还原性气氛下 NCO 则反应生成 NH。生成的 NH 在氧化性气氛中会进一步被氧化成 NO,成为 NO 的生成源;同时 NH 在还原性气氛中又能与已经生成的 NO 进行氧化、还原反应,使 NO 被还原成 N_2,成为 NO 的还原剂。

挥发分 N 中的 NH_3 被氧化的主要反应途径如图 2-10(b)所示,NH_3 在不同条件下,可能作为 NO 的生成源,也可能成为 NO 的还原剂。

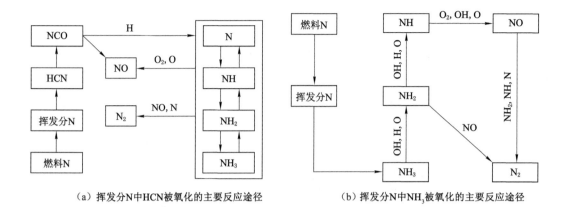

（a）挥发分N中HCN被氧化的主要反应途径   （b）挥发分N中NH₃被氧化的主要反应途径

图 2-10　挥发分 N 中 HCN 和 NH₃ 被氧化的主要反应途径

　　流化床燃烧时由挥发分 N 生成的 NO_x 占燃料型 NO_x 的 70%～75%。在氧化气氛中，空气过剩系数增加时，挥发分 N 生成的 NO_x 迅速增加。由于挥发分 N 的氧化对 NO_x 的生成有重要影响，因此挥发分含量直接影响 NO_x 生成量，见图 2-11。燃料 N 的增加，会明显提高 NO_x 排放量。此外，循环流化床中大量的物料为挥发分氮的异相催化生成 NO_x 提供了有效表面，从而提高了 NO_x 的生成速率。

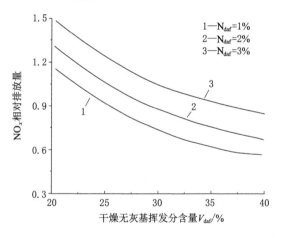

图 2-11　挥发分含量对 NO_x 生成的影响

2. 焦炭 N 向氮氧化物的转化

　　相比于挥发分 N，焦炭 N 向 NO_x 的转化涉及复杂的气固异相反应。焦炭具有发达的孔隙结构，可以对 NO_x 产生自还原作用，因此焦炭 N 向 NO_x 的转化率一般低于挥发分 N。与挥发分 N 相似，焦炭 N 向 NO_x 的转化程度高度依赖其所处的氧化还原环境。煤颗粒在还原性气氛区域停留时间越长，燃料中的氮转化为 N_2 的可能性越大。

　　图 2-12 总结了燃料型 NO_x 在流化床燃烧条件下的生成路径，并标注了各自的均相或异相特性。N_2O 作为中低温燃烧中重要的含氮副产物，在整个反应体系中发挥着重要作用。

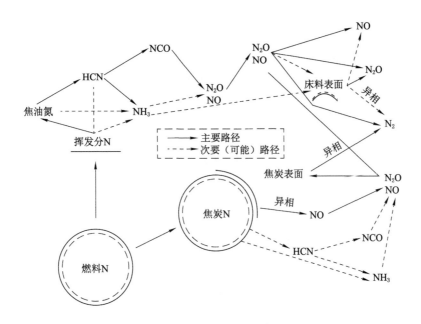

图 2-12　燃料型 NO_x 在流化床燃烧条件下的生成路径

（二）影响氮氧化物生成的因素

1. 燃烧条件

氮氧化物在燃烧过程中的生成和排放浓度与煤燃烧条件关系密切,如煤的燃烧方式、煅烧温度、空气过剩系数、循环倍率以及脱硫剂等。目前广泛接受的反应过程为:大部分燃料氮先转化为 HCN,再进一步转化为 NH 或 NH_2。NH 和 NH_2 能够与氧反应生成 NO 和 H_2O,也能够与 NO 反应生成 N_2 和 H_2O。因此,含氮燃料燃烧时氮转化为 NO 的量取决于燃烧区 NO 和 O_2 的体积比。从图 2-13 中可以看出,空燃比对 NO 的生成量具有明显影响。空燃比越大,即空气过剩系数和氧浓度越大,NO 的生成量越多。相关研究表明,燃料中氮转化为 NO_x 的速度较快,燃烧时含氮燃料中 20%～80% 的氮转化为 NO_x。

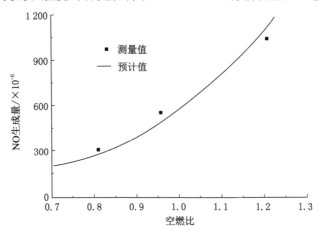

图 2-13　NO 生成量与空燃比的关系

2. 煤炭特性及氮含量

煤炭通常含有 0.5%～2.5% 的氮。在煤炭中,氮分子与各种碳氢化合物结合形成含氮环状化合物,其典型结构如图 2-14 所示。煤中氮有机化合物 C—N 的结合键能($2.53 \times 10^5 \sim 6.3 \times 10^5$ kJ/mol)比空气中的氮分子的 N≡N 键能(9.45×10^5 kJ/mol)小得多,所以 C—N 键更易首先被破坏从而生成 NO。煤燃烧时,75%～90% 的 NO_x 是燃料型 NO_x,循环流化床锅炉 NO_x 的排放水平与煤中挥发分含量高度相关,挥发分含量越高,NO_x 的排放量也越高。

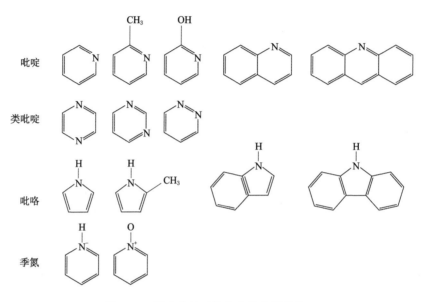

图 2-14　煤炭含氮环状化合物分子结构

(三)氮氧化物的破坏途径

NO_x 的破坏途径如图 2-15 所示,可见破坏或还原 NO_x 有三条可能的途径。在还原性气氛中 NO 通过烃类(CH_i)或碳的作用被还原,[图 2-15 途径(a)],生成 HCN。然后,HCN 与 O 发生反应,生成中间产物 NCO 等。在还原性气氛中,NCO 会生成 NH_i。当生成的 NH_i 在还原性气氛中遇到 NO 时,会将 NCO 还原为 N_2。在燃煤火焰中,当 NO 遇到碳时,

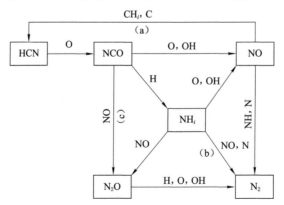

图 2-15　NO_x 破坏的反应途径

则有可能被还原成 N_2 和 CO、CO_2 气体。根据这个原理,通过将含烃燃料喷入含有 NO 的燃烧产物中,即采用燃料分级燃烧技术,可以有效地控制 NO_x 的排放。在还原性气氛中,NO_x 与氨类(NH_i)和氮原子(N)反应生成氮分子(N_2),如图 2-15 途径(b)所示。从图 2-15 可以看出,NO 的还原和破坏,是通过 NCO 和 NH_i 的反应而实现的。同时,通过 NCO 和 NH_i 还可以由图 2-17 途径(c)通过 NO 的破坏而生成 N_2O。由此可见,N_2O 的生成源是 NO。

(四)氮氧化物的生成控制技术

1. 排烟再循环法

如图 2-16 所示,排烟再循环法是一种将部分锅炉排烟与燃烧用空气混合后再送入炉内的方法。由于循环烟气被送到燃烧区,炉内温度和氧气浓度降低,从而使 NO_x 的生成量减少。该方法对控制热力型 NO_x 有明显效果,对燃料型 NO_x 基本上没有效果。因此排烟再循环法常用于含氮较少的燃料燃烧。

图 2-17 是天然气在过剩空气量为 7.5% 时,排烟再循环率对 NO_x 排放量的影响。可以看出,排烟再循环率从 0 增至 10% 左右时,NO_x 排放量可降低 60% 以上,效果明显;排烟再循环率继续增加,NO_x 排放量虽仍有降低,但效果较小。此外,循环烟气进入燃烧装置的位置对 NO_x 的降低率也有影响,原则上应把再循环烟气直接送至燃烧区。

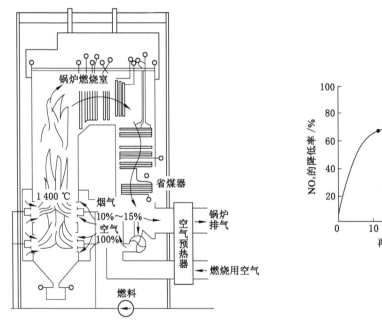

图 2-16 排烟再循环法工作示意图   图 2-17 排烟再循环率对 NO_x 排放量的影响

2. 两段燃烧法

如图 2-18 所示,两段燃烧法是指分两次供给空气的方法。第一次供给的一段空气量低于理论空气量,为理论空气量的 85%~90%,燃烧在富燃料贫氧条件下进行,燃烧区温度降低,同时氧气量不足,NO_x 的生成量很小;第二次供给其余的空气,过量的空气与富燃料条件下燃烧生成的烟气混合,完成整个燃烧过程,这时虽然氧气有剩余,但由于温度低,动力

学上限制了 NO_x 的生成,既有效控制了 NO_x 的生成,又能保证完全燃烧所需的空气量。

一段空气过剩系数对 NO_x 排放量的影响见图 2-19。可以看出,一段空气过剩系数越小,NO_x 的生成量越少。由于缺氧,燃料中氮分解的中间产物也不能进一步氧化成燃料型 NO_x。然而,一段燃烧区空气过剩系数越小,不完全燃烧产物越多。二段燃烧区主要进行未燃烧和不完全燃烧产物的燃烧,如果空气过剩系数设置不恰当,炉膛尺寸不合适,则会使烟尘浓度和不完全燃烧损失增加。

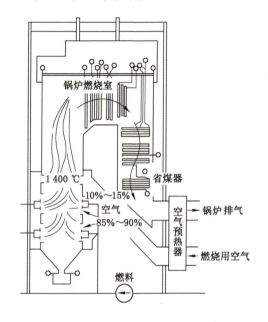

图 2-18　两段燃烧法工作示意图

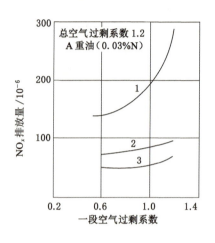

1—再循环率为 0;2—再循环率为 20%;
3—再循环率为 40%。

图 2-19　一段空气过剩系数对 NO_x 排放量的影响

四、汞排放与控制

汞对人体健康的危害包括肾功能衰减、神经系统损坏等。进入水体的汞甲基化后,易在生物链中富集,并最终通过食物形式进入人体消化系统,对人体造成极大损害。

2013 年 1 月,联合国环境规划署通过了旨在全球范围内控制和减少汞排放的《水俣公约》,2017 年 8 月该国际公约已正式生效。煤作为世界主要燃料,平均汞含量在 0.012～0.33 mg/kg。据美国国家环境保护局估计,美国每年人为汞排放量在 144 t,其中燃煤电厂贡献率为 33%。因此,早在 2000 年美国国家环境保护局就宣布将开始控制燃煤电厂烟气中汞的排放。联合国环境规划署的数据显示,全球人为汞排放总量从 2005 年的 2 000 t 增加到 2015 年的 2 220 t。而中国的排放量为世界最高,达到 500～700 t 左右,超过全球人为排放量的 25%～30%。

作为《水俣公约》的首批签约国,我国于 2011 年 7 月发布的新版《火电厂大气污染物排放标准》(GB 13223—2011)中,正式提出了燃煤烟气中汞的排放标准。汞的排放控制已成为我国燃煤烟气继烟尘、SO_x 和 NO_x 之后的又一控制的重点。

汞的挥发性很强,煤中所含的汞无论是有机态还是无机态,在燃烧过程中都将首先转化为气态单质汞(Hg^0),然后在烟气排出的降温过程中与其他成分作用而又部分转化成氧化态汞(Hg^{2+})和颗粒态汞(Hg_P)。这三种形态总称为总汞(Hg_T)。颗粒态汞可在除尘设备中去除。氧化态汞易被吸附,且溶于水,大部分可在除尘或湿法脱硫设备中除去,剩余少量排至大气后很快在附近沉降。气态单质汞难以被烟气净化设备捕集,排至大气中可随风长距离迁移扩散,沉降在广域的陆地和水体中。因此,需要重点控制烟气中的气态单质汞。

通常情况下,控制气态单质汞(Hg^0)的原理是将其转化为易被去除的氧化态汞。煤炭燃烧时,汞的氧化程度受燃烧设备结构、燃烧温度、烟气成分、降温速率、飞灰浓度及组成等多因素影响。但有研究表明,影响最大的是烟气中氯(Cl)的含量。

当煤中 Cl 含量高时,可将气态单质汞快速转化为气态 $HgCl_2$,由于 $HgCl_2$ 易被飞灰和其他吸附剂吸附且可溶于水,因而易于在烟气净化设备中去除。此外,燃烧室出口温度影响单质汞与其他物质的反应程度。提高燃烧室出口温度、延长烟气在高温区的停留时间,均有利于单质汞的氧化,这对于汞的排放控制非常有效。

第五节 煤矸石自燃及其防控技术

一、煤矸石自燃的反应机理

煤矸石的燃烧是个极其复杂的物理化学反应。煤矸石中的可燃成分主要是其中残留的煤,故煤矸石自燃机理与煤炭自然发火机理两者大致相同。

(一)煤低温氧化机理

1. 煤低温氧化机理

煤低温氧化(100 ℃)是煤的自热和自燃的主要热源,同时也是温室气体排放的重要来源。目前的认识表明,这一过程包括消耗氧气、形成固体含氧配合物、固体含氧配合物的热分解和产生气体氧化产物。可用质量变化、放热、耗氧量、气相和固相氧化产物的形成等参数定性和定量地描述氧化过程。

根据从气相和固相中的氧化产物获得的信息,许多研究者提出了广泛的反应机制。通常,煤低温氧化过程同时发生直接氧化燃烧和吸附两个平行反应序列。吸附顺序如下:① 煤孔的表面化学吸附 O_2 并形成不稳定的碳-氧络合物,如过氧化物和氢过氧化物;② 不稳定的含氧中间体分解成气态产物和稳定的固体络合物,包括羟基(酚—OH)、羰基(—CO)和羧基(—COOH);③ 稳定配合物分解后产生煤氧化的新活性位点。煤的低温氧化反应路径如图 2-20 所示。

图 2-20 煤低温氧化过程中的反应路径

2. 煤低温氧化热量积累过程

煤矸石自燃是多孔的煤炭表面与氧分子在物理吸附和化学吸附共同作用下产生的结果。氧分子首先进入具有自燃倾向的煤体孔隙,在范德瓦耳斯力作用下与表面的煤分子发生物理吸附并伴随着放热,散热条件不良的情况下,煤不断积累热量。煤低温氧化机理将热量积累过程分为三个阶段:

(1) 在 0~80 ℃内,以物理吸附作用为主,吸附速度快且是可逆的,稳定一段时间后达到一种动态吸附平衡,主要吸附分子氧,吸附热较低。该阶段持续 15 min 至 20 h,每摩尔碳氧化释放出 272~293 kJ 热量。

(2) 当温度超过 80 ℃时,体系温度高于氧的沸点,物理吸附逐渐减弱,因氧分子撞击孔隙表面碳原子加剧,氧分子靠近固体表面时产生化学键合,氧分子与碳原子碰撞生成碳氧化合物($C[O]$),该过程属于化学吸附,吸附产生的热量较大,一般大于 4.186×10^4 kJ/mol。

(3) 当温度超过化学吸附的临界温度(140~160 ℃)时,开始出现煤和氧的化合反应,若是环境中有水分存在,会在高温下蒸发为水蒸气,进一步反应生成氢气:

$$C + 2H_2O \Longrightarrow CO_2 + 2H_2$$
$$C + H_2O \Longrightarrow CO + H_2$$
$$3C + 2H_2O \Longrightarrow 2CO + CH_4$$
$$C + O_2 \Longrightarrow CO_2$$

随着煤温急速上升,氧化速率加快,开始出现煤的干馏现象,产生多种可燃性气体,如芳香族的碳氢化合物、H_2、CO 等,随之煤进入自热期。自热期产生的热量不断累积并使温度升高,当温度超过燃点后,煤矸石自燃,生成大量烟雾,甚至出现明火。

(二) 煤低温氧化过程的影响因素

1. 煤的组成及物理性质

煤的组成及结构对煤氧化的影响非常复杂,煤的耗氧率随煤变质程度的增加而减少。黄铁矿的氧化产物如硫酸加速了煤基质中有机化合物的氧化速率,故黄铁矿在煤矸石氧化过程中可充当催化剂。

2. 煤中固有水

煤中固有水包括煤孔隙中物理或化学结合的水,它在氧化过程中起着重要作用。煤炭和 O_2 之间的相互作用需要的水最少约占煤 1%。煤氧化反应中,固有水可能具有催化剂和反应物的双重作用,此外,O_2 分子须通过煤颗粒外表面和孔隙中的自由水层进行扩散,高水负荷下氧的吸附自然受到抑制。

3. 煤的氧化程度

煤的氧化程度对煤与氧在低温下的反应有重要影响。据研究,风化或氧化煤的耗氧量远低于新采出的煤。这是因为煤孔内表面积累了含氧配合物,导致氧吸附反应中心失活,从而使煤的氧化过程中的耗氧量随时间呈指数下降。此外,煤的氧化也会导致化学反应部分堵塞一些微孔,从而煤颗粒的内表面积减小,同时降低孔隙中的传质速率。

4. 颗粒尺寸及温度

研究指出,由于氧气能迅速渗透小颗粒的内部,煤颗粒几百微米到几厘米范围内,其氧化速率随着颗粒尺寸减小而增加。较小颗粒的氧化速率基本上与粒径无关。温度对氧化过程有显著影响。通常考虑的温度范围为 100 ℃ 或 150 ℃。每升高 10 ℃,耗氧率几乎翻倍。

5. 气体介质的氧气分压及含水量

研究观察到煤的氧化速率与气相中的氧气浓度有关。当氧气浓度降低时,煤在间歇反应器中的耗氧速率下降,且耗氧速率与氧气分压不呈线性关系。在较高浓度范围内,耗氧率可表示为介质中氧气分压的幂指数关系。当气相中氧气浓度低于 2% 时,煤的氧化速率非常低。

气体介质的水分含量也会对煤氧化过程中的发热量或热消耗产生明显的影响。研究表明,当干煤样品与潮湿空气接触时,氧化过程中释放冷凝热、润湿热和化学反应热;当湿煤样品与干燥空气接触时,煤表面的水解吸热损失超过煤氧化的热增加,则可消耗热量,此时热量必然从环境转移到煤样。

（三）煤矸石自燃的特点

1. 不完全燃烧

煤矸石山中的空隙和孔道为黄铁矿和炭质可燃物的氧化提供空气,补给可燃物质燃烧所需的氧气。然而,由于煤矸石山的燃烧首先从中部开始,空气通过空隙和孔道输送的速度比较缓慢;空隙和孔道尺寸较小,导致氧气供应不充分。因此,煤矸石山自燃是在供氧不足情况下进行的,属于不完全燃烧。

2. 自燃过程中 SO_2 的排放

由于煤矸石中的可燃物未能得到足够的氧气供应,煤矸石的燃烧属于不完全燃烧。这种不完全燃烧会产生大量的有毒气体如 H_2S、SO_2、CO 等,严重污染大气环境,并易产生酸雨。若遇夏季暴雨冲刷,煤矸石山中的污染物会被带入水体,容易造成地下水污染问题。

3. 燃烧初期具有隐蔽性

在自燃初期,煤矸石燃烧的范围小,燃烧的强度与释放的热量也很小,处于缓慢的阴燃状态。随着燃烧范围的不断扩大,燃烧所产生的热量不断蓄积,燃烧区越来越大,当局部燃烧区达到一定温度时,燃烧区域会扩展到煤矸石山的表面,在残煤含量较高的山体,甚至会出现明火。

4. 燃烧区的扩散与蔓延主要与供氧机制有关

煤矸石山体深部氧气的供应主要包括分子扩散和空气对流两种方式。在煤矸石山自热的初始阶段以分子扩散为主,自燃后空气对流则起主要作用。随着供氧速率的增加,燃烧强度会逐渐变强,山体内部热量则主要通过热传导和空气对流释放。

二、煤矸石自燃过程中 SO_2 的生成与排放

煅烧是煤矸石利用的一个典型过程,伴随此过程是二氧化硫（SO_2）的排放。煤矸石在空气气氛下煅烧过程中 SO_2 的释放行为和纯黄铁矿煅烧过程中 SO_2 的演化有所差别。

（一）煤矸石自然过程中 SO_2 的生成

1. 黄铁矿硫的转化过程

煤矸石中的黄铁矿具有较强的还原性,其与空气中的 O_2 接触后会发生一系列氧化还原反应,反应释放出的热量在煤矸石内部积累,导致煤矸石温度不断升高。当温度达到炭

质的燃点后,整个煤矸石山便发生自燃。氧气充足条件下煤矸石中的黄铁矿发生的反应如表 2-8 所列。

表 2-8　反应的标准吉布斯自由能 $\Delta_r G^{\ominus}$　　　　　　　　　　单位:kJ/mol

反应	500 ℃	600 ℃	700 ℃
$FeS_2(s) \longrightarrow FeS_x(s) + (1-0.5x)S_2(g)$	34.259(x=1)	20.311(x=1)	6.383(x=1)
$S_2(g) + 2O_2(g) \longrightarrow 2SO_2(g)$	-610.785	-596.205	-581.660
$2FeS_x(s) + (1.5+2x)O_2(g) \longrightarrow Fe_2O_3(s) + 2xSO_2(g)$	$-1\,004.577$(x=1)	-976.188(x=1)	-948.230(x=1)
$2FeS_2(s) + 5.5O_2(g) \longrightarrow Fe_2O_3(s) + 4SO_2(g)$	$-1\,546.844$	$-1\,531.771$	$-1\,517.125$
$2FeS_2(s) + 7O_2(g) \longrightarrow Fe_2(SO_4)_3(s) + SO_2(g)$	$-1\,776.886$	$-1\,680.175$	$-1\,584.124$
$FeS_2(s) + 4O_2(g) \longrightarrow FeO_4(s) + 2SO_2(g)$	-823.684	-794.688	-765.978

2. SO_2 的生成

氧气不足时黄铁矿会释放出硫黄,硫黄的燃点在 200 ℃左右,这使得矸石山更易发生自燃,其反应如下:

$$4FeS_2 + 3O_2 =\!=\!= 2Fe_2O_3 + 8S$$

若反应中有水参与,则会生成硫酸,这促进黄铁矿的氧化作用并加速放热,放出的热量为氧气和水分不足时的 2 倍左右,所涉及的反应如下:

$$2FeS_2 + 2H_2O + 7O_2 =\!=\!= 2FeSO_4 + 2H_2SO_4$$
$$2SO_2 + O_2 =\!=\!= 2SO_3$$
$$SO_3 + H_2O =\!=\!= H_2SO_4$$

除此之外,由于黄铁矿氧化后其自身体积会增大,这对煤体产生胀裂作用。这种胀裂作用会导致煤体裂隙扩大和增加,从而增加了煤体与空气的接触面积,因而导致氧气渗入和促使煤的氧化。

(二)煤矸石自燃过程中 SO_2 的排放

SO_2 的生成反应速率 r 可表示如下:

$$r = \frac{dx}{dt} = k(T)f(x) \tag{2-17}$$

式中,x 是分数转换;$k(T)$ 是温度 t 下的速率常数;$f(x)$ 是机制函数。从整体形式上来说,得到了:

$$F(x) = \int_0^x \frac{dx}{f(x)} = k(T)t = k_0 \exp\left(\frac{E}{RT}\right)t \tag{2-18}$$

根据式(2-18),结合实验数据,可以得到一组 $1/t$ 和 $\ln k(T)$ 的数据。根据下列方程,可以导出活化能 E:

$$\ln k(T) = \ln A - \frac{E}{RT} \tag{2-19}$$

表 2-9 列出了不同温度下煤矸石自然过程中 SO_2 排放的动力学机理、函数和参数。与反应初期相比,CG1 的活化能在反应后期略有提高,而 CG2 的活化能则显著增加,说明 CG2 的扩散电阻有所提高。

表 2-9　不同温度下煤矸石自燃过程中 SO₂ 排放的动力学机理、函数及参数

反应模型			三维扩散模型				Jander 模型		
$F(x)$			$[1-(1-x)^{1/3}]^{1/2}$				$[1-(1-x)^{1/3}]^2$		
样本	$T/℃$	$t/\min$	R^2	$k_0/\min^{-1}$	$E/(kJ/mol)$	$t/\min$	R^2	$k_0/\min^{-1}$	$E/(kJ/mol)$
CG1	500	0～6	0.945 8	0.031 66	31	6～26	0.996 3	0.036 84	33
	600	0～5	0.921 9	0.057 55		5～12	0.991 8	0.074 36	
	700	0～3	0.909 1	0.085 06		3～8	0.991 2	0.105 88	
CG2	500	0～5	0.967 4	0.030 82	40	5～45	0.980 7	0.008 06	77
	600	0～3	0.952 0	0.060 69		3～16	0.989 5	0.044 24	
	700	0～2	0.954 7	0.111 26		2～9	0.997 1	0.092 1	

三、堆置方式对煤矸石自燃的影响

煤矿开采过程中产生的废弃煤矸石通常寻找空旷场地弃置堆放,不同堆放和处置方式会对煤矸石的自热氧化及自燃过程产生影响。

构建了 4 种典型的堆置方式,并对它们进行了堆积自热过程的模拟研究。模型 A 为松散无序的煤矸石堆,未进行自燃防治。模型 A 和 B 为锥形,高度为 3 m,底部周长约为 8 m,使用红土充填作为防渗层处理。在模型 A 中,煤矸石直接堆放在顶部。而在模型 B 中,黄土和煤矸石分层堆放,共 3 层。模型 C 同样为锥形,高度和底部周长与模型 A 相同,详见图 2-21。模型 D 与其他模型不同,除了类似的防渗层结构外,在边坡上覆盖了一层厚度为0.3 m、高度为 0.5 m 的黄土隔震层。

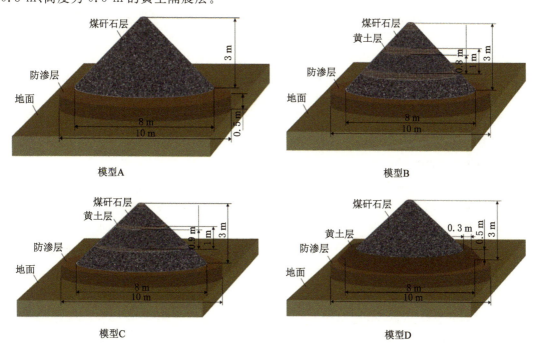

图 2-21　煤矸石的堆放模型

与其他模型相比,模型 A 的自热速率最快,其中层(1.4 m)的温度远高于上层(2.1 m)和底层(0.7 m)。这一现象可归因于煤矸石堆内的"烟囱效应"。温差导致煤矸石堆内的气流通过空隙进入内部,带走氧化产生的大部分热量,导致底层温度相对较低。上层暴露于环境中,因对流换热作用较大,温升速度相对缓慢。而模型 B 和 C 各层温度均稳定在 288 K以下,并且各层模型的温度变化也是相似的。此外 B 模型的温度增长率低于 C 模型,可见分层堆垛法可有效地抑制煤矸石堆存的自热过程,随着黄土厚度的增加,其抑制作用增强。模型 D 采用黄土隔震层覆盖在其下斜坡侧,限制了底部气流进入煤矸石堆内部,阻断了煤矸石氧化过程。D 模型温度稳定在 283~288 K 之间,表明黄土隔离法对煤矸石的自热有一定的抑制作用。

四、煤矸石自燃的防控技术

(一)煤矸石自燃的预防措施

煤矸石发生自燃须同时具备:① 煤矸石中含有可燃质可氧化放热,具有自燃倾向性;② 连续的供氧条件;③ 松散煤岩体以破碎状态存在,形成良好的蓄热环境。破坏任何一个条件,就不会发生自燃。煤矸石一旦自燃生火,灭火工作将十分困难,自燃过程往往要持续几年甚至几十年,而且治理后 3~5 年的复燃率较高。虽然有多种灭火方法,但耗资大且难以排除复燃的可能性。控制煤矸石自燃最有效的方法是在其自然孕育期采用有效的预防措施。

1. 脱硫选煤及预先风化

(1)脱硫选煤

煤矸石中的黄铁矿和炭质是导致煤矸石山自燃的主要因素。堆放之前需对煤矸石中的硫元素含量和碳元素含量进行严格检测,若矸石含硫量在 5% 以上,需对黄铁矿进行回收,含碳量在 20% 以上,需先对煤炭分选回收。

(2)预先风化

煤矸石在自然条件下风化会释放热量。当矸石山表层遭受风化侵蚀后,颗粒会变得破碎。对于山体底部的矸石大颗粒来说,它们的表面积增大,孔隙度和透气性也增加,为空气渗入矸石山内部提供了有利的条件。而山体顶部的矸石细颗粒因风化导致孔隙度减小,降低了矸石山的散热能力。煤矸石堆放前将其散放 4 个星期,让其尽量氧化风化,这样可以使其产生的热量逐渐耗散。

2. 采取适宜的堆放方式

新起堆的矸石山宜采取平面小堆重积或斜坡小堆薄层压实的堆放方法,参见图 2-22,以破坏自燃堆放时因粒度偏析而产生的空气通道,隔断氧气的供应。在堆放前,可先用矸石筑成大坝,再向大坝内倾倒煤矸石。另外,新堆放煤矸石与已风化煤矸石之间要做好隔离措施,避免新煤矸石被燃烧中的煤矸石引燃。

(二)煤矸石山自燃的预测技术

1. 红外测温技术

煤矸石山表面温度的监测,大多采用红外测温技术,其测温原理是通过探测目标物体自身的热辐射能量,将热辐射经过一系列处理转化为表面温度。然而,红外测温仅仅能够

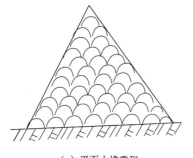

（a）平面小堆重积　　　　　　　　　　　　　（b）斜坡小堆薄层压实

图 2-22　预防煤矸石自燃的堆放方法

获取煤矸石山表面的温度信息,不能够达到定位热异常区域的目的,无法对矸石山表面热异常区进行精确定位。因此,通常利用现代测绘中的近景摄影测量技术获取矸石山的空间坐标信息,同时采集温度信息,进行信息融合处理。构建矸石山表面温度场,实现表面温度场四维信息的可视化表达,更利于人工解译、判读热异常区域。

2. 钻孔测温技术

钻孔测温技术是用钻孔机在矸石山体中多处沿垂直方向打孔,并插入热棒进行温度探测反馈的技术。这种技术存在一些限制,如测温点个数有限,钻孔深度和区域也受深部燃烧情况的限制。因此,在大面积深部燃烧探测中,应用此种技术存在一定的限制。煤矸石山深部较高热源温度引起表面温度热异常,需要与红外测温技术联用。

3. 气体参数检测技术

煤矸石自热过程与煤的自热过程相似。随着温度的升高,煤矸石中会生成各种氧化产物,如 CO、H_2、CO_2 和其他饱和/不饱和烃。这些氧化产物可作为评价煤矸石自热阶段的指标气体。通过对煤矸石自氧化过程中气体的测定,可以在自热过程的初始氧化阶段检测到 CO_2。由于 CO_2 易被吸附到煤矸石中,因此 CO_2 可能来自煤矸石的解吸过程。另外整个加热过程中检测到 H_2,但其浓度水平会随着温度的升高而波动。因此,如果在煤矸石堆内部检测到 CO,则表明煤矸石自热正在发展。此外,如果检测到 C_2H_4,则可推断煤矸石的温度已达到约 443 K。此外,如果 CO 和 C_2H_4 的浓度水平持续增加,这表明煤矸石自热进入加速氧化阶段。

（三）煤矸石山自燃的控制技术

1. 挖除火源与注水法

挖除火源法是最直接也是相当有效的方法。当着火范围不大且在表层时,可以通过挖出着火和发热的煤矸石来解决问题。挖出的煤矸石可以进行浇水冷却或者自然冷却后再回填。此法易于实施,成功率高。然而,对于燃烧范围广且燃烧强度大的煤矸石山,由于机械设备和人员都很难接近火区,这种方法的工作难度和工作量大且伴有一定的危险性,因此,只能用于矸石山的自燃初期或是作为其他灭火方法的辅助措施。

注水法灭火有两种方式:一种是在煤矸石山表面制作面积适宜的田块,依次将水注入其中,待其渗透一段时间后在表面覆土并进行碾压;另一种是采用钻机钻孔将水注入孔内或者直接在燃烧区表面喷水降温进行灭火。此法设备简单、易于操作,特别适用于较小矸石山的灭火,但其无法控制水在煤矸石山内部的流动方向,水会沿着内部空隙较大处的通道流淌,燃烧区或自热区不能有效得到灭火和降温,燃烧得不到控制。

2. 惰性物质覆盖法

惰性物质覆盖法指对煤矸石山自燃采用表面覆盖惰性物质或低温惰性气体的方法灭火。

表面覆盖法是指通过在煤矸石山表面覆盖惰性物质来避免空气进入,待内部空气消耗完后燃烧就会熄灭,防止自燃发生或熄灭燃烧的方法。最常用的惰性物质有黄土或湿润的黏性土。采用覆盖时须将覆盖物压实,使空气难以进入煤矸石山内部,最终使煤矸石山无法自燃。需要注意的是,如果烟囱效应已形成,若先覆盖燃烧部分,则火势将向其他未燃烧部分转移。此种情况下须在山顶堆积足够的泥土,使全部外露表面一次覆盖且对其压实。

低温惰性气体法是将液氮或固体二氧化碳等惰性气体注入煤矸石山自燃区进行灭火的方法,此法可以快速降温。在气体相变过程中,体积膨胀率极高,形成冷高压波,从注入点迅速扩散到整个自燃区,将煤矸石空隙中的高温气体挤出,并隔绝空气,从而达到灭火降温的双重效果。但对于大型煤矸石山的自燃,此法需耗用大量惰性气体,材料供应和成本控制成为制约因素。

3. 灌浆法

灌浆法是指将浆液用高压注入煤矸石山高温区,通过降温与隔氧两方面作用,来达到控火、灭火的方法。当灭火浆液与高温煤矸石接触时,浆液中的水分急剧蒸发,带走大量热量,使其温度得以降低。浆液中剩余的固体物质覆盖在煤矸石表面,并充填在缝隙中而阻隔空气。含碱性物质的浆液还可吸收一定量煤矸石燃烧释放的 SO_2,SO_3 等气体,减轻大气污染问题。

图 2-23 为灌浆法工程示意图。浆液多采用石灰、黏土、电石渣、粉煤灰等,表 2-10 是灌浆法浆液的成分及比例。灌浆法是目前使用最多的灭火方法,但在火区钻孔难度较大,灭火浆液蒸气从注浆孔内喷出甚至还会有蒸气爆炸的危险。

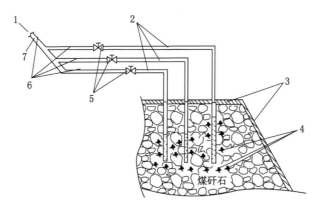

1—灌浆泵;2—灌浆分管;3—灭火材料(覆盖);4—自然区域(自燃点);5—分管闸阀;

6—灭火材料(灌浆);7—灌浆主管。

图 2-23 灌浆法工程示意图

表 2-10 灌浆法浆液的成分及其比例

材料	水	黄土	粉煤灰、石灰、阻燃剂、凝固剂等
用量	65%～73%	15%～20%	12%～15%

4. 注浆密闭和泡沫灭火法

注浆密闭和泡沫灭火法是将两种技术结合起来控制煤矸石自燃的方法。该方法利用注浆隔离火区,再使用泡沫灭火剂消灭明火。泡沫是由95%的惰性气体和5%的水组成的中等密度灭火剂,此联合方法能迅速吸收热量并降低温度,从而缩短灭火时间。与水相比,泡沫在煤矸石山中的流动更易于控制,且泡沫在着火煤矸石表面形成的膜可以保持较长时间。

（四）煤矸石山自燃防治实践案例

1. 黄土覆盖与泥浆灌注的综合治理技术

翟小伟等以白芨沟煤矿南四矸石山自燃火区为研究对象,根据矸石山的自燃特点,采用红外成像技术及远程温度监测技术对煤矸石自燃范围和程度进行了探测,根据测定的矸石山深孔及浅孔的温度分布,制定并实施了以"黄土覆盖与灌注泥浆"为主的综合治理措施,利用黄土覆盖抑制了煤矸石火区的供氧,阻止了火区的进一步扩展,灌注泥浆用于直接处理高温点,取得了良好的效果。具体的治理效果如图2-24所示。

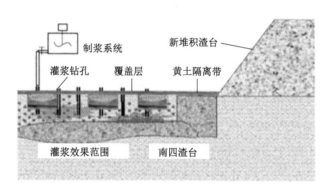

图 2-24 南四矸石山治理效果剖面示意图

2. 自燃控制系统及应用

已经研发出一种自燃控制技术系统,该系统由自燃区域检测、液态二氧化碳（LCD）的移动自燃灭火工艺、效果检测系统组成。工作时,系统首先检测煤矸石堆中的自燃区域,然后利用高压注入设备将LCD注入燃烧区域进行灭火降温,产生的气态二氧化碳将矸石山中的氧气排出。该系统已应用于玉泉煤矿煤矸石堆的自燃控制,检测结果发现,治理后煤矸石堆中指标气体CO和H_2S浓度分别低于$24×10^{-6}$和$6.6×10^{-6}$,内部温度低于70 ℃。该自燃控制系统控制煤矸石山自燃每平方米成本约为8美元,可经济有效地控制煤矸石山自燃,防止大气污染问题。

第六节 机动车污染与控制

一、机动车排放的主要污染物

(一)机动车排放的主要污染物

汽车作为现代化交通的主要工具,给人们的日常生活带来了极大便利,与此同时,汽车尾气排放的污染物,对大气环境造成了严重污染。汽车排放的污染物质主要包括:二氧化碳(CO_2)、一氧化碳(CO)、碳氢化合物(HC)、氮氧化合物(NO_x)、微粒物(由碳烟、铅氧化物等重金属氧化物等组成)和硫化物等。这些污染物由汽车的排气管、曲轴箱和燃油系统排出,分别称为尾气排放污染物、曲轴箱污染物和燃油蒸发污染物。

汽车排气的主要成分及参数如表 2-11 所列。

表 2-11 汽车排气的主要成分及参数

测定项目	空挡	加速	定速	减速
碳氢化合物(乙烷等)/10^{-6}	800	540	480	5 000
碳氢化合物范围(乙烷等)/10^{-6}	300～1 000	300～800	250～550	3 000～12 000
乙炔/10^{-6}	710	170	178	1096
醛/10^{-6}	15	27	34	199
氮氧化物(NO_2 等)/10^{-6}	23	543	1270	6
氮氧化物范围(NO_2 等)/10^{-6}	10～50	1 000～4 000	1 000～3 000	5～50
一氧化碳/%	4.9	1.8	1.7	3.4
二氧化碳/%	10.2	12.1	12.4	6.0
氧气/%	1.8	1.5	1.7	8.1
排气量/(m^3/min)	0.14～0.71	1.1～5.7	0.7～1.7	0.14～0.71
排气温度(消声器入口)	150～300	480～700	420～600	200～420
未燃烧料(乙烷等)/%	2.88	2.12	1.95	18.0

柴油机与汽油机主要排气污染物含量的对比如表 2-12 所列。其中,CO 和 NO_x 是汽油机尾气中的主要污染物,而排气微粒则是柴油机尾气中的主要污染物。柴油机的排气微粒主要由碳烟颗粒、可溶性有机成分(SOF)以及硫化物组成,其中可溶性有机成分主要来自未完全燃烧的碳氢化合物、机油及其中间产物。

表 2-12 柴油机与汽油机主要排气污染物含量

	柴油机	汽油机	柴油机/汽油机
CO/10^{-6}	<1 000	<10 000	<1:100
NO_x/10^{-6}	1 000～4 000	2 000～4 000	≈1:2
HC/10^{-6}	<300	<1 000	<1:3
PM/(g/m^3)	0.5	0.01	>50:1

研究表明,我国每年有 160 万人死于空气污染引起的疾病。汽车尾气是造成空气污染最重要的因素之一,也是导致死亡最凶残的"杀手"之一,因此,必须严格控制汽车的排放污染。

(二)机动车排放主要污染物的生成与危害

1. CO 的生成与危害

CO 是汽车尾气中有害物浓度最大的产物,主要是由发动机内燃油燃烧不充分导致的,是局部缺氧或者反应温度低而生成的中间产物。若以 R 代表碳氢根,则燃料分子 RH 在燃烧过程中生成 CO 的反应过程如下:

$$RH \longrightarrow R \longrightarrow RO_2 \longrightarrow RCHC \longrightarrow RCO \longrightarrow CO$$

CO 的生成主要受混合气浓度的影响。在空气过剩系数 $\alpha < 1$ 的浓混合气工况时,缺氧使燃料中的碳不能完全氧化成 CO_2,CO 作为其中间产物产生。在 $\alpha > 1$ 的稀混合气工况时,理论上不应有 CO 产生,但实际燃烧过程中,由于混合不均匀造成局部区域中 $\alpha < 1$ 而产生 CO;或者已成为燃烧产物的 CO_2 和 H_2 在高温时吸热,产生热离解反应生成 CO。另外,在排气过程中,未燃碳氢化合物 HC 的不完全氧化也会产生少量 CO。

CO 从呼吸道吸入后,通过肺泡进入血液,它和血液中的血红素蛋白(Hb)的亲和力比氧高 200~300 倍,很容易与之生成碳氧血红素蛋白(CO-Hb),使血液的输氧能力大大降低。同时碳氧血红素蛋白(CO-Hb)的解离速度比氧合血红蛋白的解离慢 3 600 倍,且碳氧血红素蛋白(CO-Hb)的存在影响氧合血红蛋白的解离,阻碍了氧的释放,导致低氧血症,引起组织缺氧,造成脑血液循环障碍,损害中枢神经系统。为保护人体不受伤害,国家标准规定大气环境中 24 h CO 平均浓度不超过 $(5 \sim 10) \times 10^{-6}$(体积比)。

2. HC 的生成与危害

汽车排放的 HC 的成分极其复杂,估计有 100~200 种,其中包括芳烃、烯烃、烷烃和醛类等,它们主要来自燃油的不完全燃烧以及挥发出来的汽油成分。不同排放法规对 HC 排放的定义有所不同,中国、日本和欧洲各国在内的大部分国家,都将总碳氢化合物(THC)作为 HC 排放的评价指标。HC 与 CO 一样,也是一种不完全燃烧的产物,与空气过剩系数 α 有密切关系。但即使 $\alpha > 1$ 的条件下,也会产生很高的 HC 排放,这是因 HC 化合物还有淬熄和吸附等生成原因。

HC 包含有烷烃、烯烃、苯、醛、酮、多环芳烃等 100~200 多种复杂成分。其中不饱和的非甲烷碳氢对环境和人类健康有较大的危害。烯烃对人体黏膜有刺激,经代谢转换变成对基因有毒的环氧衍生物,也是生成光化学烟雾的重要物质。醛类气体对眼睛、呼吸道和皮肤有强烈的刺激作用,当浓度超过一定指标后会引起头晕、恶心、贫血等。芳烃对血液和神经系统有害,其中多环芳烃及其衍生物(如苯并芘)是强烈的致癌物质。

汽车尾气中的 HC 与 NO 在紫外线作用下发生化学反应,生成臭氧(O_3),从而形成光化学烟雾。光化学烟雾因参与反应的污染物很多,其化学反应也很复杂。其主要产物是具有强烈氧化作用的氧化剂,其中臭氧占的比例最大,约为 85%,其次是各种过氧酰基硝酸酯(PAN),约占 10%,此外还存在其他物质,如甲醛、酮、丙烯醛等。近几年还发现了与 PAN 相近的过氧苯酰硝酸酯(PBN)。此外,如果大气中有 SO_2 存在,还会含有硫酸雾微粒。光化学烟雾对人体健康危害很大,并且能损坏植物生长。

3. NO_x 的生成与危害

汽油机燃烧过程中主要生成 NO,另有少量 NO_2,统称 NO_x,其中 NO 占绝大部分,约占 NO_x 总排放量的 95%。在经排气管排入大气后,缓慢地与 O_2 反应,最终生成 NO_2。

燃烧过程中产生的 NO 包括热力型 NO、燃料型 NO 和瞬时型 NO。燃料型 NO 的生成量极小,瞬时型 NO 的生成量也较少,热力型 NO 是主要来源。根据热力型 NO 反应机理,产生 NO 的三要素是温度、氧浓度和反应时间,即在足够的氧浓度条件下,温度越高和反应时间越长,则 NO 的生成量越大。目前被广泛认可的 NO 形成理论是捷尔杜维奇链反应机理,产生机理如表 2-13 所列。

表 2-13 NO 生成机理

生成途径	热力型 NO	瞬时型 NO
反应过程	$O_2 \longrightarrow 2O$	$C_nH_{2n} \longrightarrow nCH_2$
	$N_2+O \longrightarrow N+NO$	$CH_2+N_2 \longrightarrow HCN+NH$
	$N+O_2 \longrightarrow O+NO$	$CH+N_2 \longrightarrow HCN+N$
	$N+OH \longrightarrow H+NO$	$HCN \longrightarrow CN \longrightarrow NO$
		$NH \longrightarrow N \longrightarrow NO$
反应温度	$>1\ 600\ ℃$	—

在汽车发动机中主要生成的是 NO,NO 是无色气体,高浓度 NO 会造成中枢神经系统轻度障碍。NO 在大气中氧化生成 NO_2,对眼、鼻、呼吸道以及肺部都有强烈刺激作用。NO_2 与血红素蛋白(Hb)的亲和力比氧高 30 万倍,对血液输氧能力的影响远远大于 CO,当其浓度为 250×10^{-6} 时会使人因肺水肿而死亡。此外,NO_x 是形成酸雨的重要来源之一,也是形成光化学烟雾的主要成分,其与水反应生成的硝酸和亚硝酸也会破坏植被以及建筑。

4. 排气微粒的生成与危害

排气微粒的粒径分布与发动机的工况有很大关系,其粒径分布范围较为广泛。从粒径大小角度可分为积聚模态、凝核模态以及粗大模态三种形态,如图 2-25 所示。

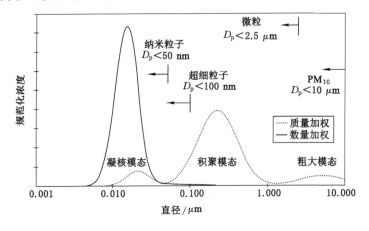

图 2-25 不同粒径范围排气颗粒的质量和数量分布

粒径在 0.1～0.3 μm 之间的颗粒呈现积聚模态,大部分颗粒物质量分布在积聚模态区域内。此区域内的颗粒主要包括积聚形态的碳化合物及其吸附的其他物质。

粒径在 0.005～0.05 μm 之间的颗粒物呈现凝核模态。凝核模态的颗粒物通常由挥发性的有机物以及硫化物组成,并含有少量固体碳和金属化合物。凝核模态的颗粒物主要形成于尾气稀释以及冷却的过程中,该模态的颗粒物占排气微粒总质量的 1％～20％,但数量占排气微粒总数量的 90％以上。

粒径大于 1.0 μm 的颗粒物呈现粗大模态。这类颗粒物占排气微粒总质量的 5％～20％,主要是由沉积在气缸壁以及排气管上的积聚模式的颗粒物再次飞散形成的。

排气微粒的结构与发动机转速和负荷有关。在高负荷不同转速下,排气微粒基本呈现核壳型结构。在低负荷低转速下,排气颗粒物粒径更大且不规则,而在低负荷高转速下,由于发动机内低的燃烧温度以及较短的燃烧时间,颗粒物呈现无序的结构。

汽车排气微粒粒径多小于 1 μm,这些微细颗粒物能够长时间弥散在空气中,是造成我国雾霾的主要元凶,严重影响人们的出行和交通。同时排气微粒粒径小,比表面积大,易携带重金属等有毒、有害物质,且可随气流长距离输送,一经吸入人体可直接进入肺泡甚至渗透血管进入血液,引发严重的呼吸道以及心血管疾病。

此外,汽车尾气中还含有铅化合物、硫化合物等有害成分。

二、我国机动车尾气污染严重的主要原因

我国机动车尾气污染严重的原因主要有:

(1) 随着经济的快速发展,我国汽车保有量迅速增加,尽管与一些发达国家相比并不算多,但是我国高污染的在用陈旧车辆过多,车辆维护保养差,在用车的污染特别严重。

(2) 我国汽车燃用的油品质量低劣。即使北京的油品质量已经高于全国其他城市的条件下,汽车尾气污染仍很严重。

(3) 由于我国经济发展过于集中,大中城市不断扩容,道路交通建设滞后,交通拥堵加剧等,不利于机动车尾气扩散,汽车尾气集中在城市中心区域。汽车处于怠速时,排放污染最严重,远超过正常行驶工况。而交通拥堵进一步加剧了汽车尾气污染状况。

(4) 我国汽车排放标准与汽车工业发达国家存在差距,我国的排放标准无论从限值及执行时间上,都落后于欧洲排放标准,不利于控制技术的提高和排放污染的控制。

(5) 我国汽车尾气污染防治法律法规体系不完善、政府监管能力不足、汽车尾气检验和维修(I/M)制度未有效落实、新能源汽车开发和推广力度不够、汽车尾气污染防治宣传不到位、社会对汽车尾气污染不够重视等都是造成汽车尾气污染的主要因素。

三、机动车尾气净化技术

目前,汽车尾气污染的情况日益突出,很多国内外研究人员在努力开发具有良好净化效果的尾气处理技术。现有的较为常用的汽车尾气处理技术大致可以归纳为三类:发动机内部净化处理技术、发动机外部净化处理技术、燃料的改进和替换技术。

(一) 发动机内部净化处理技术

发动机内部净化处理技术主要是根据尾气中有害物质的生成原因对发动机内部结构进行改进和调整,以达到减少尾气中污染物含量和控制燃烧的目的,其主要是通过提高燃

料质量和改善燃料的燃烧条件来减少污染物的生成。较为常用的发动机内部净化技术有燃烧室系统优化、推迟点火提前角、废气再循环、改善汽车动力装置系统和燃油系统、清洁空气装置以及低温等离子体技术。

燃烧室系统的优化是通过改进燃烧室的设计使其更紧凑,以减少燃烧室的面容比,使燃料能够在燃烧室内快速燃烧,以缩短燃烧时间,从而控制有害物质的生成,该方法是较为传统的方法,效果不是太显著。

推迟点火提前角可以使 NO、CH 减少。但不能过迟,否则由于燃烧速度缓慢使 CH 增多。点火提前角对缸温、缸压以及燃气混合比等都有一定的影响,推迟点火提前角是目前较普遍采用的发动机内部净化处理技术,通过改进点火系统来实现对污染物的控制。

废气再循环技术对降低 NO_x 具有显著的效果,它通过将废气中的一部分重新引入燃烧室,降低燃烧室内的含氧量。因为含氧量较低,燃烧温度和燃烧速度都有所降低,NO_x 的生成量也随之降低,从而减少了汽车尾气中 NO_x 的含量。

改善汽车动力装置系统和燃油系统主要是通过改良发动机的动力系统和燃油系统以得到最佳的空燃比,从而降低汽车尾气中污染物的含量。目前应用最广的就是发动机控制单元,通过控制进入发动机中的气体比例,可以显著减少有害尾气的排放并减少燃油消耗。

（二）发动机外部净化处理技术

发动机外部净化处理技术是指在发动机外部安装各种净化装置,排气系统中的烟气经过净化装置时,该装置能够通过物理或者化学的方法,将其中的有害气体转变成无害的气体排放到空气中,减少了对空气的污染。

常见的发动机外部净化措施中催化净化系统的种类如表 2-14 所列,共有四种系统。其一是三效催化净化系统,通过氧传感器把三效催化净化器入口的空燃比控制在理论比附近,使有害的三种成分（HC、CO、NO）同时减少;其二是催化氧化净化系统,使进入催化器入口的空燃比保持为可氧化条件,以减少 HC 和 CO 排放;其三是还原催化净化系统,这种系统利用氧化铜 CuO 等金属氧化物及贵金属作为催化剂,在较浓混合气时利用 CO、HC 将 NO 还原为 N_2、NH_3 等;其四为吸藏还原净化系统,主要用于稀薄混合气发动机的氮氧化物的净化。由于全世界的排气法规日益严格,日本、美国、欧洲大部分的汽车都安装了三效催化净化系统。

表 2-14　催化净化系统的种类

系统特征	空燃比控制方法	催化剂的种类	降低排放的对象
三效催化净化系统	反馈控制	三效催化剂	CO、HC、NO_x
催化氧化净化系统	开环控制	氧催化剂	CO、HC
还原催化净化系统	开环控制	还原催化剂	NO_x
吸藏还原净化系统	反馈控制	吸藏还原催化剂	NO_x

1. 三效催化净化技术

（1）三效催化净化技术原理

三效催化净化技术是一种应用广泛、技术成熟且可靠性高、净化效果好的汽车尾气净化的技术。其净化原理是:将贵金属三效催化剂附着于蜂窝状陶瓷载体上,制成净化装置并安装在汽车排气管上,当尾气通过净化装置时,催化剂与尾气中的 CO、NO_x 和 HC 发生氧化还原反应而转化为无害或低害物质排出。三效催化净化装置及其载体如图 2-26 所示。

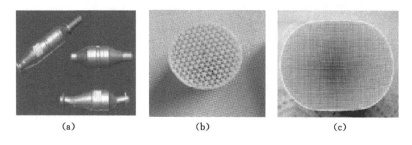

(a)　　　　　　　　(b)　　　　　　　　(c)

图 2-26　三效催化净化装置及其载体

三元催化转化器用铂(Pt)、钯(Pd)、铑(Rh)三种贵金属做催化剂,通过催化技术加速汽车废气中 CO、HC 和 NO_x 的氧化还原反应,使大部分污染物转化为 CO_2、H_2O 和 N_2,起到净化汽车尾气的作用。三元催化转化器内部的各种反应,按照反应类型可分为氧化反应、还原反应、水蒸气重整反应和水煤气变换反应四类。

氧化反应

$$2CO+O_2 \longrightarrow 2CO_2$$
$$2H_2+O_2 \longrightarrow 2H_2O$$
$$4CH+5O_2 \longrightarrow 4CO_2+2H_2O$$

还原反应

$$2CO+2NO \longrightarrow 2CO_2+N_2$$
$$2CH+4NO \longrightarrow 2CO_2+2N_2+H_2$$
$$2H_2+2NO \longrightarrow 2H_2O+N_2$$

水蒸气重整反应

$$2CH+2H_2O \longrightarrow 2CO+3H_2$$

水煤气变换反应

$$CO+H_2O \longrightarrow CO_2+H_2$$

（2）三元催化转化器的结构

三元催化转化器的结构如图 2-27 所示,主要包括:

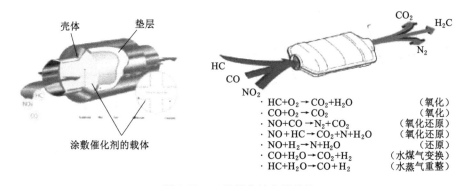

图 2-27　三元催化转化器结构

① 壳体。三元催化转化器壳体材料和形状是影响其转化效率和使用寿命的重要因素。壳体多由含 Ni、Cr 的不锈钢板材制成,许多三元催化转化器壳体采用双层结构,两层壳体之间用隔热层来保证催化剂的反应温度。

② 垫层。垫层装在壳体和载体之间,由于发动机排气温度变化大,壳体和载体的热膨胀系数相差较大,为了缓解载体热应力,需要在壳体和载体之间安装垫层。垫层还起到减振、固定载体、保温和密封等作用。

③ 载体。催化剂附着在载体上,尾气通过与在载体上的催化剂相互作用,加速污染物的化学反应。目前市场上的载体主要有陶瓷蜂窝载体和金属载体。据统计,世界上车用催化器载体的 60% 是陶瓷蜂窝载体,其余为金属载体。陶瓷蜂窝载体具有热膨胀系数小、结构紧凑、压力损失小、加热快、背压低以及设计不受外形和安装位置限制等优点。金属载体于 20 世纪 80 年代中后期在轿车上开始使用,突出的优点是加热速度快、阻力小、热容小、导热快,但成本高,可靠性较差。目前金属载体主要用作前置催化器,用来改善催化转化器的冷启动性能。

④ 涂层。通常在载体孔道的壁面上涂有一层多孔的活性水涂层。涂层主要由 $\gamma\text{-}Al_2O_3$ 构成,具有较大的比面积($>200 \text{ m}^2/\text{g}$)。涂层的粗糙多孔表面可使载体壁面实际催化反应的表面积扩大 7 000 倍左右。在涂层表面散布着作为活性材料的贵金属,以及用来提高催化剂活性和高温稳定性的助催化剂。

⑤ 催化剂。汽车催化剂主要由两部分构成:主催化剂(活性组分)和助催化剂。主催化剂(活性组分)以贵金属为代表,一般为铂(Pt)、铑(Rh)和钯(Pd),将汽油车排放污染物中 CO、HC、NO_x 快速转化为 CO_2、H_2O、N_2;助催化剂多由铈(Ce)、钡(Ba)、镧(La)等稀土贵金属材料组成,起到提高催化剂活性和高温稳定性的作用。

(3)三元催化剂的组成及原理

三元催化技术的关键是催化剂的选择。三元催化剂主要由载体、活性组分和助催剂三部分组成。目前常用的催化剂载体一般应具有较大的比表面积,因此蜂窝状结构的陶瓷材料备受青睐。涂层主要以 $\gamma\text{-}Al_2O_3$ 为主,涂层表面的活性组分主要为铂、铑和钯,助催剂常用的为钡或者镧。以常用的催化剂为例,简述三元催化剂的催化反应原理如图 2-28 所示。

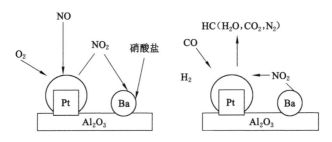

图 2-28　催化反应原理

汽车尾气中的高温 CO、CH 和 NO_x 进入三元催化器以后,在涂层表面的活性组分 Pt 的催化作用下,NO 与 O_2 发生反应生成 NO_2,并以硝酸盐的形式被吸附在稀土金属的表面,随后 CO、CH 和 H_2 等还原性气体与析出的 NO_2 反应,生成 CO_2、H_2O 和 N_2,使碱土金属得到再生。同时部分 CO 和 CH 被氧气氧化为二氧化碳和水排出催化器。

（4）催化转化器的类型

根据催化剂所起的作用不同,催化转化器可分为以下几种类型:

① 氧化型催化转化器。内装氧化催化剂,主要对 CO 和 HC 起氧化作用。

② 三元催化转化器。对 CO、HC 起氧化催化作用,对 NO 起还原催化作用,因而能显著降低三种污染物的排放量。

③ 贫氧双床催化转化器。由两个串联的催化转化器组成,在浓混合气状态下运行。

④ 富氧双床催化转化器。用于稀薄燃烧汽油机,由选择性还原催化转化器和氧化催化转化器串联而成。

⑤ NO_x 吸附催化转化器。用于转化稀燃和直喷式汽油机尾气中的 NO_x。

（5）催化转化器的性能评价指标

催化转化器的性能评价指标主要有:转化效率、空燃比特性、起燃特性、空速特性、流动特性和耐久性等。

① 转化效率。汽车发动机排出的废气在催化器中进行催化反应后,其有害污染物得到不同程度的降低,转化效果用转化效率来评价。催化器的转化效率(η)定义为:

$$\eta_i = \frac{C_{i1} - C_{i2}}{C_{i1}} \times 100\%$$

式中　η_i——排气污染物 i 在催化器中的转化效率;

　　　C_{i1}——排气污染物 i 在催化器入口处的浓度;

　　　C_{i2}——排气污染物 i 在催化器出口处的浓度。

② 空燃比特性。催化转化器转化效率的高低与发动机的空燃比(或空气过剩系数)有关。转化效率随空燃比的变化称为空燃比特性。发动机的混合气必须保持在空气过剩系数(α)＝1(或空燃比＝14.7)附近区域内才能使催化转化器对 CO、HC、NO_x 的转化效率同时达到最高(图 2-29)。这个区间被称为"窗口"。

③ 起燃特性。在催化转化时,催化剂只有达到一定温度时才能开始工作。催化转化器的起燃特性有起燃温度特性和起燃时间特性两种表示方法。

④ 空速特性。空速是指每小时流过转化器的排气体积流量与转化器容积之比,转化效率随空速的变化称为转化器的空速特性。

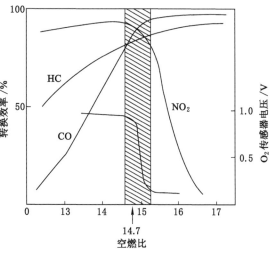

图 2-29　空燃比特性

⑤ 流动特性。催化转化器的流动特性包括转化器载体流动截面上的速度分布均匀性和压力损失。流速分布不均匀,不仅影响流动阻力,还会导致载体中心区域流速及温度过高,进而导致催化剂沿径向的劣化程度不均匀,缩短了催化剂的使用寿命。转化器的流动阻力增加会增加发动机的排气背压。背压过大会使排气程的功率消耗增加,降低发动机的

充气效率,导致燃烧热效率下降。这些因素会导致发动机的经济性和动力性降低。而试验表明,催化转化器流动阻力 90% 以上是尾气通过催化器载体时产生的。因此,在催化转化器载体设计和选用时,流动特性优化是非常重要的一个方面。

⑥ 耐久性。催化剂经长期使用后,其性能将发生劣化,也称为失活。影响催化剂寿命的因素主要有高温失活、化学中毒、结焦与机械损伤四类。

2. 放电等离子体汽车尾气处理技术

从 20 世纪 90 年代中期开始,我国利用脉冲放电进行汽车尾气处理。这种技术通过使用高压脉冲放电处理电子束照射或高电压放电产生非平衡等离子体,其中含有大量的高能电子、离子、激发态粒子和具有很强氧化还原性能的自由基等活性粒子。它们与尾气中的污染物发生一系列气相化学反应,使有害气体最终转化成无害或低害物质。该技术的核心技术主要包括低温等离子体放电电源的设计与反应器的制造两部分。能否进一步优化设计、降低能耗是该项技术走向工业化的关键。典型的放电等离子体汽车尾气处理系统如图 2-30 所示。

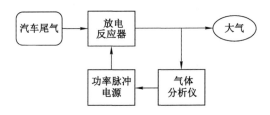

图 2-30　放电等离子体汽车尾气处理系统典型结构

在气体中放电产生的等离子体表现出非常复杂的现象,涉及各种静态和动态物理化学过程的综合作用。而且其形成依赖于很多因素,例如放电方式、电极极性、气体的其他特性等。不同的科技工作者对实验结果有不同的解释,本书只是归纳出了一些可能的反应途径。利用脉冲放电产生的等离子体中含有大量高能电子、离子、激发态粒子和具有很强氧化性的自由基。它们相互作用时,一方面,高能粒子可直接打开气体分子键进而生成一些单原子分子和固体微粒如 C 等;另一方面,会产生—OH、—O 等自由基和氧化性很强的 O_3。

$$2NO_2 + 2e(快) \longrightarrow N_2 + 2O_2 + 2e(慢)$$

在上述等离子体化学反应中,电子仅在反应开始时起到激发作用,而在真正的放电化学中,离子的化学反应也起着非常重要的作用。一方面,放电增强了物(粒)种的活性,引发了化学反应(甚至一些常温常压下没有催化剂很难或根本就不能发生的化学过程);另一方面,离子诱发了悬浮微粒(气溶胶粒子)的形成,使其沉降速度较中性粒子快几倍甚至几十倍,气体/粒子表面间多相异质反应增强,提高了有害气体脱除效率和副产物的收集效率。

反应器的电极结构直接关系到放电等离子体的形成和放电能量的利用效率,研究电极结构可为脉冲放电等离子体化学过程的应用提供参考。脉冲电晕放电反应器的结构按电极形状不同可分为针-针、针-板、线-线、线-板、线-网、线-筒等。针对处理汽车尾气的实际应用要求,设计了线-筒电极形式的低温等离子体反应器。线-筒式反应器的结构特点是极板电极为金属圆筒(常用铜管或不锈钢管),电晕线用直径很细的镍铬线。反应器截面如

图 2-31所示,由三层筒形电极和 31 根线电极组成,线电极和筒电极分别接高压脉冲电源的正极和负极,相邻电极的间距为 10 mm。整个反应器直径 100 mm,长 120 mm。这种结构的反应器优点是结构坚固、放电面积大,并且为气体流动提供了良好的通路。

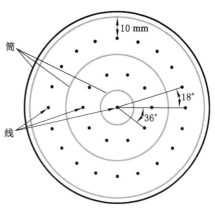

图 2-31　放电等离子体反应器截面图

目前放电等离子体尾气处理所面临的主要问题有:

(1) 大功率、窄脉冲、长寿命的高压脉冲电源的技术尚不成熟;

(2) 由于负载的特殊性,电源和反应器的有效匹配还没有有效解决;

(3) 副产物收集中的黏结问题也没有得到有效解决;

(4) 能耗较高;

(5) 采用蜂窝状载体降低了催化剂的气流阻力,但低温等离子体发生器的结构所造成的阻力仍比较大。

(三) 燃料的改进和替代技术

1. 燃料的改进技术

(1) 采用无铅汽油

采用无铅汽油,以代替有铅汽油,可减少汽油尾气毒性物质的排放量。有铅汽油中加入了一种抗爆剂四乙基铅,它具有很高的挥发性,甚至在 0 ℃时就开始挥发,而挥发出的铅粉末,以蒸气及烟的形式存在,会影响大气环境。而无铅汽油是用甲醛树丁醚做掺合剂,它不仅不含铅,而且汽车尾气排出的一氧化碳、氮氧化合物、碳氢化合物均会减少。因铅是一种蓄积毒物,它通过人的呼吸、饮水、食物等途径进入人体,对人体的毒性作用是侵蚀造血系统、神经系统以及肾脏等。2000 年我国已全面淘汰了含铅汽油。

(2) 掺入添加剂,改变燃料成分

汽油中掺入 15% 以下的甲醇燃料,或者采用含 10% 水分的水-汽油燃料,都能在一定程度上减少或者消除 CO、NO_x、CH 和铅尘的污染程度。当甲醇比例占 30%～40% 时,汽车尾气排出的污染物可基本消除。

(3) 选用恰当的润滑油添加剂——机械摩擦改进剂

在机油中添加一定量(比例为 3%～5%)石墨、二硫化钼、聚四氟乙烯粉末等固体添加剂,可节约发动机燃油 5% 左右。此外,采用上述固体润滑剂可使汽车发动机汽缸密封性能大大改善,汽缸压力增加,实现完全燃烧。尾气排放中,CO 和 CH 含量随之下降,可减轻对大气环境的污染。

2. 燃料的替代技术

目前,采用清洁的燃料替代传统的汽油和柴油的方法已受到广泛的关注。采用替代燃料可以节约能源,改善能源结构以及减少气态和颗粒态污染物的排放。代用燃料通常要比汽油和柴油便宜,这也使得代用燃料在经济上更具有吸引力。

（1）采用清洁的气体燃料

采用液化石油气、压缩天然气、工业煤气等这些清洁的气体燃料,与汽油相比,具有较短的分子碳链,较高的含氢量和热值,可以减少燃气用量,提高混合气质量,减少污染物排放。我国天然气资源丰富,作为石油副产品的液化石油气及煤气来源也很多,所以结合我国使用气体燃料的成熟技术,气体燃料替代汽油燃料使用前景是广阔的。

（2）采用清洁液体燃料

清洁液体燃料主要是指甲醇（CH_3OH）或乙醇（C_2H_5OH）,它们是一种可再生的燃料。醇类燃料的特点是,都是相对分子质量较小的单一物质,燃烧产物中基本没有炭烟,NO_x 的排放浓度很低,且甲醇辛烷值高,可以与不添加四乙基铅的汽油混合,减少排气中的铅污染。

如果按照1∶9的乙醇汽油配比,用20万t乙醇,可配出约200万t的乙醇汽油,200万t的乙醇只消耗粮食70万t。因此,开发、发展使用专用乙醇汽油既可解决储存粮食的转化问题,又可以在一定的程度上代替汽油,缓解我国原油供应的紧张状况。

（3）采用氢作为替代燃料

氢是一种理想的清洁燃料。虽然在自然界里氢的含量与氧相比要少得多,但含氢的化合物在自然界中非常多。因而,它是一种有希望取代石油燃料的新能源。氢燃烧反应的生成物为 H_2O,不存在排气中 CH、CO 的污染问题。氢的燃烧热能极高,即使以稀薄燃料混合物作为汽车燃料,也能适应发动机的动力要求。同时,使用氢做燃料可以使用过量的空气,因而降低了发动机气缸温度,减少了 NO_x 的排放量。

氢的资源丰富,制取技术也成熟,但制取成本较高。目前,制取氢的方法研究已蓬勃开展,因此,将氢作为清洁燃料应用于机动车上已成为可能。

（4）燃料电池

燃料电池由燃料（氢、煤气、天然气等）、氧化剂（氧气、空气、氯气等）、电极（多孔烧结镍电极、多孔烧结银电极等）组成。只需要不断地加入燃料和氧化剂,燃料电池就会不断地产生电能,产生的废料只是水和热量。燃料电池的优点是无须充电,比能量高（达 200 W·h/kg）。其缺点是成本高,燃料的储运较为困难。近几年,燃料电池在研制、开发和商品化方面取得了显著进展。

第三章　颗粒物污染控制技术基础

从气体中去除或捕集固态或液态颗粒物的技术称为除尘技术,用以实现这一去除过程的设备则称为除尘装置或除尘器。

除尘过程是在多相流体运动状态下进行的。颗粒物在气流中的分离、沉降涉及许多复杂的物理过程与原理,这与颗粒物的物理性质、运载颗粒物的气体物理性质和流动状态以及气流与颗粒之间相互作用等有着密切关系。粉尘的粒径分布及物理性质、粉尘颗粒在流体中的阻力与重力沉降速度以及除尘器性能等是颗粒物污染控制技术的基础,也是正确设计、选择和应用除尘器的必要基础。

第一节　粉尘的粒径及粒径分布

粉尘颗粒的大小不同,其物理、化学特性也不同。这种差异不仅表现出对人和环境的危害程度不同,还对除尘器的除尘性能产生重大影响。因此粉尘的大小是除尘技术中的基本特性。对粉尘大小的意义及表示方法要有明确的定义。

一、粉尘颗粒的形状表征

粉尘由于产生的方式不同而具有不同的结构与形状。

（一）单颗粒的结构形态

粉尘颗粒通常呈不规则形状,只在少数情况下呈圆球形(植物花粉、孢子等)或其他规则形状。不规则形状的尘粒分为以下三类:

（1）各向线性尺度相同的粒子——如正多边形、正立方体等。

（2）平板状粒子——两个方向上的长度比第三个方向上的要长得多,如薄片状、叶片状、鳞片状。

（3）针状粒子——一个方向上的长度比另两个方向上的要长得多。

表 3-1 定性地描述了粉尘颗粒的形状。

表 3-1　粉尘颗粒的形状

形　状	形状描述	形　状	形状描述
针　状	针形体	片　状	板状体
多角状	具有清晰边缘或有粗糙的多面形体	粒　状	具有大致相同量纲的不规则形体
结晶状	在流体介质中自由发展的几何形体	不规则状	无任何对称形的形体
枝　状	树枝状结晶	模　状	具有完整的、不规则形体
纤维状	规则的或不规则的线状体	球　状	圆球形体

（二）聚合体的形状

聚合体一般都是由两个或两个以上乃至几百万个颗粒聚合而成的。原生粉尘颗粒越小，聚合体在气体中出现越明显。随着原生颗粒粒径的减小，颗粒发生随机布朗运动而凝聚的可能性增大，凝聚后聚合体强度也增高，抗紊流扩散的作用也增强。一般来说，高分散度的原生颗粒系统都聚成聚合体，作为单一颗粒继续存在的很少。聚合体的形状一般为各向同长、线状链两类。

（三）球形系数

在确定颗粒群的平均粒径和研究颗粒的空气动力学行为时，一般皆将颗粒假定为球形进行分析。对于非球形的不规则颗粒，通常采用"球形系数"的概念来表示它们与球形颗粒不一致的程度，或用来对按球形颗粒得到的理论公式进行必要的修正。

球形系数 ϕ_s 系指同样体积球形粒子的表面积与实际表面积之比。对于球形粒子 $\phi_s=1$，而对于非球形粒子，ϕ_s 永远小于 1。例如，正八面体 $\phi_s=0.846$，正立方体 $\phi_s=0.806$，正四面体 $\phi_s=0.670$，正圆柱体 $\phi_s=2.62(l/d)^{2/3}(1+2l/d)$，其中 d 表示圆柱体直径，l 表示圆柱体长度。由实验测得的某些物料的 ϕ_s 值列于表 3-2 中。

表 3-2　颗粒的球形系数 ϕ_s

物料	ϕ_s	物料	ϕ_s
沙子	0.543～0.628	碎石	0.630
铁催化剂	0.578	二氧化硅	0.554～0.628
烟煤	0.625	粉煤	0.696
次乙酰塑料圆柱	0.861		

二、粉尘的粒径

（一）单一颗粒的粒径及测量方法

粉尘颗粒的形状一般是很不规则的，只有少数呈规则的结晶体形状或球形。对于球形颗粒，可以用球的直径作为颗粒大小的代表性尺寸，并称为粒径；对于不规则形状的颗粒，则需根据测定方法确定一个表示颗粒大小的最佳代表性尺寸，作为颗粒的粒径。

粒径的测定和定义方法可以归纳为两类：一类是按颗粒的几何性质直接测定和定义的，如显微镜法和筛分法；另一类是根据颗粒的某种物理性质间接测定和定义的，如沉降法和光散射法等。颗粒的测定和定义方法不同，得到的粒径数值也不同，很难进行相互比较。实际应用中多是根据应用目的来选择粒径的测定和定义方法的。

在使用显微镜观察粉尘颗粒的投影尺寸时，可用定向径 d_F、等分面积径 d_M 或等圆投影面积径 d_A 等方式来表示；而在筛分法分析时，所指的颗粒粒径是指颗粒能通过的筛孔宽度。此外几何当量径还包括等体积径、等表面积径、周长径等，它们都是以与之相对应的球形粒子的直径为等效关系的表示法。

在常见的粒径测量方法中，沉降粒径和空气动力学粒径应用最普遍。

1. 沉降粒径 d_s

沉降粒径 d_s 系指在同一流体中与颗粒的密度相同、沉降速度相等的圆球的直径，也称斯托克斯(Stokes)粒径。在颗粒雷诺数 $Re_p \leqslant 1$ 条件下,根据斯托克斯公式,得到沉降粒径定义式

$$d_s = \sqrt{\frac{18\mu u_s}{(\rho_p - \rho)g}} \qquad (m) \tag{3-1}$$

式中 μ——流体的黏度,Pa·s;

   ρ——流体的密度,kg/m³;

   ρ_p——颗粒的真密度,kg/m³;

   u_s——在重力场中颗粒在该流体中的终末沉降速度,m/s;

   g——重力加速度,m/s²。

2. 空气动力学粒径 d_a

空气动力学粒径 d_a 系指在空气中与颗粒的沉降速度相等的单位密度($\rho_p = 1$ g/cm³)的圆球的直径。由于 $\rho_p \geqslant \rho$,$\rho_p = 1$ g/cm³,在其他物理量的单位换为相应的厘米克秒制单位时,则有

$$d_a = \sqrt{\frac{18\mu u_s}{g}} \qquad (cm) \tag{3-2}$$

因此可以得到空气动力学粒径 d_a 与沉降粒径 d_s(单位用 μm)两者的关系为

$$d_a = d_s \rho_p^{1/2} \tag{3-3}$$

式中,颗粒真密度的单位是 g/cm³,空气动力学粒径的单位是 μm。

沉降粒径和空气动力学粒径是除尘技术中应用最多的两种粒径表示方法,原因在于它们与颗粒在流体中的动力学行为密切相关。

(二)颗粒群的平均粒径

粉尘是由粒径不同的颗粒所组成的颗粒群。在除尘技术中,为了简明地表示颗粒群的某一物理特性或其与除尘器性能的关系,往往需要采用粉尘的平均粒径。粉尘颗粒群的平均粒径的计算方法和应用如表 3-3 所列。

表 3-3　粉尘颗粒群的平均粒径的计算方法和应用

名　　称	表达公式	物理意义	物理、化学现象
算术平均粒径	$\overline{d}_L = \dfrac{\sum n_i d_i}{\sum n_i}$	第 i 个粉尘直径 d_i 与其个数 n_i 乘积的总和除以颗粒总个数	蒸发、各种尺寸的比较
平均表面积粒径	$\overline{d}_S = \left(\dfrac{\sum n_i d_i^2}{N}\right)^{\frac{1}{2}}$	粉尘表面积总和除以粉尘颗粒数,再取其平方根	吸收
体积(或质量)平均粒径	$\overline{d}_m = \left(\dfrac{\sum n_i d_i^3}{N}\right)^{\frac{1}{3}}$ $= \left(\dfrac{6}{\rho\pi N}\sum m\right)^{\frac{1}{3}}$	各种粒径体积的总和除以颗粒总数开立方或者按颗粒总质量除以真密度和颗粒总数 N,再乘以 6/π(按球体计直径)	气体输送、燃烧
线性平均粒径	$\overline{d}_l = \dfrac{\sum n_i d_i^2}{\sum n_i d_i}$	各种粒级表面积总和除以各粒级总长度	吸附

此外,后面给出的中位粒径 d_{50} 和众径 d_{d} 也属于平均粒径,且是除尘技术中常用的平均粒径参数。

三、粒径分布

(一)粒径分布的表示方法

粉尘的粒径分布是指某种粉尘中各种粒径的颗粒所占的比例,也称粉尘的分散度。若以颗粒的个数表示所占的比例时,称为个数分布;若以颗粒的质量表示所占比例时,称为质量分布。除尘技术中多采用质量分布。表示粒径分布的方法有如下几种。

1. 频率分布 ΔD

粒径 d_{p} 至 $(d_{p}+\Delta d_{p})$ 之间的粉尘质量(或个数)占粉尘试样总质量(或总个数)的百分数 $\Delta D(\%)$,称为粉尘的频率分布。

2. 频度分布 f

频度分布(图 3-1)是指粉尘中某粒径的粒子质量(或个数)占其试样总质量(或个数)的百分数($\%/\mu m$),即

$$f = \Delta D/\Delta d_{p} \tag{3-4}$$

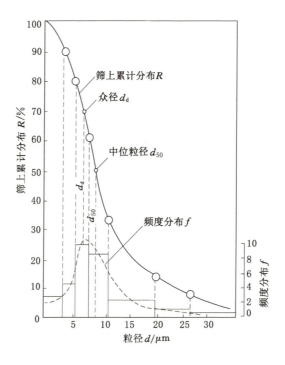

图 3-1　频度分布和筛上累计分布

3. 筛上累计分布 R

筛上累计分布 R(图 3-1)是指大于某一粒径 d_{p} 的所有粒子质量(或个数)占粉尘试样总质量(或个数)的百分数,即

$$R = \sum_{d_p}^{d_{pmax}} \left| \frac{\Delta D}{\Delta d_p} \right| \Delta d_p$$

或

$$R = \int_{d_p}^{d_{pmax}} f \, \mathrm{d}d_p = \int_x^\infty f \, \mathrm{d}d_p \qquad (3\text{-}5)$$

反之,将小于某一粒径 d_p 的所有粒子质量或个数占粉尘试样总质量(或个数)的百分数称为筛下累计分布 D,因而有

$$D = 100 - R \qquad (3\text{-}6)$$

图 3-1 中有关数据如表 3-4 所列。

表 3-4　粒径分布列表举例

粒径范围/μm	0	3.5	5.5	7.5	10.8	19.0	27.0	43.0
粒径幅度 Δd_p/μm		3.5	2	2	3.3	8.2	8	16
频数 ΔR/%		10	9	20	28	19	8	6
频度分布 $f = \dfrac{\Delta D}{\Delta d_p}$		2.86	4.5	10	8.5	2.3	1	0.38
筛下累积分布 D/%	0	10	19	39	67	86	94	100
筛上累积分布 R/%	100	90	81	61	33	14	6	0
平均粒径 d_p/μm		1.75	4.50	6.50	9.15	14.9	23	35

筛上累计分布与频度分布之间的关系:

$$f = -\frac{\mathrm{d}R}{\mathrm{d}d_p} \qquad (3\text{-}7)$$

由累计频度分布定义可知:

$$D + R = \int_0^\infty f \, \mathrm{d}d_p = 100 \qquad (3\text{-}8)$$

即粒径频度分布曲线下面积等于1。

粒径分布的 $D = R = 50\%$ 时对应的粒径 d_{50} 称为中位粒径。对于图 3-1 中给出的粒径分布,中位粒径 $d_{50} \approx 8.5\ \mu$m。粒径分布中频度分布 f 达到最大值时对应的粒径 d_d 称为众径,因而众径发生的条件是:

$$\frac{\mathrm{d}f}{\mathrm{d}d_p} = \frac{\mathrm{d}^2 D}{\mathrm{d}d_p^2} = -\frac{\mathrm{d}^2 R}{\mathrm{d}d_p^2} = 0 \qquad (3\text{-}9)$$

在分布曲线上,众径对应于曲线的拐点,图 3-1 中的众径 $d_d \approx 6.8\ \mu$m。

（二）粒径分布函数

采用某种数学函数来描述粒径分布曲线,应用时更方便。据大量粉尘粒径分布数据的统计分析表明,对数正态分布函数、罗辛-拉姆勒(Rosin-Ramler)分布函数等适用面较广,下面即进行简要介绍。

1. 对数正态分布函数

对数正态分布函数是应用最广的一种函数,适用于描述大气中的气溶胶和各种生产过程排出的粉尘粒径分布。对数正态分布函数是应用正态分布函数以变量 $\ln d_p$(或 $\lg d_p$)代

替变量 d_p 后得到的。其筛下累计频率函数的表达式为

$$D(d_p) = \frac{1}{\sqrt{2\pi}\ln\sigma_g} \int_{-\infty}^{d_p} \exp\left[-\left(\frac{\ln\frac{d_p}{d_g}}{\sqrt{2}\ln\sigma_g}\right)^2\right] d(\ln d_p) \tag{3-10}$$

式中 d_g——几何平均粒径。

d_g 在数值上等于中位粒径，即 $d_g = d_{50}$。σ_g 为几何标准差，依照正态分布标准差的定义，可得到 σ_g 的定义式：

$$\ln\sigma_g = \left[\frac{\sum n_i(\ln d_{pi} - \ln d_g)^2}{\sum n_i - 1}\right]^{1/2} \tag{3-11}$$

对式(3-10)进行微分，可以得到频率密度的表达式：

$$f(d_p) = \frac{1}{d_p\sqrt{2\pi}\ln\sigma_g} \exp\left[-\left(\frac{\ln\frac{d_p}{d_g}}{\sqrt{2}\ln\sigma_g}\right)^2\right] \tag{3-12}$$

对数正态分布函数 $D(d_p)$ 或 $f(d_p)$，在其特征数 d_g 和 σ_g 确定后即确定了。在粒径分布数据处理中，最方便的是采用对数概率坐标纸，粒径坐标采用对数刻度，累计频率采用正态概率刻度。在这种坐标系中，符合对数正态分布的累计频率曲线为一直线，直线斜率仅与几何标准差 σ_g 值有关，如图 3-2 所示。由分布直线可查出任意粒径 d_p 下的 D 值或任意 D 值对应的 d_p 值。因此，由图 3-2 可查出 D 为 50%、15.9% 和 84.1% 时对应的粒径 d_{50}、$d_{15.9}$ 和 $d_{84.1}$，并计算出几何标准差：

$$\sigma_g = \frac{d_{84.1}}{d_{50}} = \frac{d_{50}}{d_{15.9}} = \left(\frac{d_{84.1}}{d_{15.9}}\right)^{1/2} \tag{3-13}$$

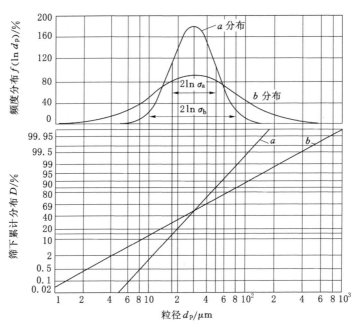

图 3-2 对数正态分布曲线和特征值

对数正态分布的一个重要特性是,如果某种粉尘的粒径分布符合对数正态分布,则以颗粒的个数或颗粒质量或颗粒表面积表示的粒径分布,皆符合对数正态分布,并具有相同的几何标准差 σ_g。因此,它们的累计频率分布曲线绘在对数概率坐标上为互相平行的直线,各直线间的水平距离,可按中位粒径确定。若设 d'_{50} 为个数分布的中位粒径,d''_{50} 为表面积分布的中位粒径,d_{50} 仍为质量中位粒径,则三者换算关系为:

$$\ln d'_{50} = \ln d_{50} - 3\ln^2\sigma_g \tag{3-14}$$

$$\ln d''_{50} = \ln d_{50} - \ln^2\sigma_g \tag{3-15}$$

由中位粒径和几何标准差还可计算出各种平均粒径,如算术平均粒径:

$$\ln \overline{d_L} = \ln d_{50} - \frac{5}{2}\ln^2\sigma_g \tag{3-16}$$

2. 罗辛-拉姆勒分布函数

罗辛-拉姆勒分布函数,简称 R-R 分布函数,适用于描述破碎、研磨、筛分等过程产生的分布很广的各种粉尘及雾滴的粒径分布。筛上累计频率函数形式为:

$$R(d_p) = 100\exp(-\beta d_p^n) \tag{3-17}$$

或

$$R(d_p) = 100 \times 10^{-\beta' d_p^n} \tag{3-17a}$$

式中　n——分布指数;

β, β'——分布系数,并有 $\beta = \ln 10\beta' = 2.303\beta'$。

对式(3-17a)两端取两次对数可得

$$\lg\left(\lg\frac{100}{R}\right) = \lg\beta' + n\lg d_p \tag{3-18}$$

在以 $\lg d_p$ 为横坐标、以 $\lg\left(\lg\frac{100}{R}\right)$ 为纵坐标的图上,式(3-18)为一条直线。直线的斜率为指数 n,直线在纵坐标上的截距为 $d_p = 1~\mu\mathrm{m}$ 时的 $\lg\beta'$ 值,即

$$\beta' = \lg\left[\frac{100}{R_{(d_p=1)}}\right] \tag{3-19}$$

若将中位粒径 d_{50}($R = 50\%$对应的粒径)代入式(3-17)中,得到

$$\beta = \frac{\ln 2}{d_{50}^n} = \frac{0.693}{d_{50}^n} \tag{3-20}$$

再将 β 表达式代入式(3-17)中,便得到一个常用的 R-R 分布函数表达式

$$R(d_p) = 100\exp\left[-0.693\left(\frac{d_p}{d_{50}}\right)^n\right] \tag{3-21}$$

例 3-1　根据粒径分布测定结果得知,粉煤燃烧产生的飞灰遵从以质量为基准的对数正态分布,中位径 $d_{50} = 21.5~\mu\mathrm{m}$,$d_{15.9} = 9.8~\mu\mathrm{m}$。试确定以粒数和表面积为基准的对数正态分布的特征数,并绘出相应的累计频率曲线。

解　对数正态分布的特征数是中位径和几何标准差。由于飞灰遵从对数正态分布规律,故以质量、粒数和表面积为基准时几何标准差相等。由式(3-13)得几何标准差

$$\sigma_g = \frac{d_{50}}{d_{15.9}} = \frac{21.5}{9.8} = 2.19$$

由式(3-14)得 $d'_{50} = \dfrac{21.5}{\exp(3\ln^2 2.19)} = 3.4~(\mu\mathrm{m})$

由式(3-15)得 $d''_{50}=\dfrac{21.5}{\exp\ln^2 2.19}=11.6$（$\mu$m）

由相应特征值即可绘制出相应的累计频率曲线如图3-3所示。

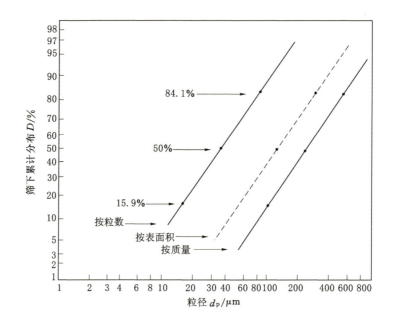

图 3-3　按质量、粒数和表面积表示的累计频率曲线

第二节　粉尘的理化性质

　　除形状和粒径大小外，粉尘还具有许多不同的理化性质。除尘净化系统的设计和运行操作，在很大程度上取决于粉尘的理化性质和气体的基本参数是否选取得恰当。因此，充分利用对除尘过程有利的粉尘物性，或采取某些措施改变对除尘过程不利的粉尘物性，则可以有效地提高除尘净化效果，保证设备运行可靠。本节将对粉尘的几个主要理化性质加以简要介绍。

一、粉尘的密度

　　粉尘的密度分为真密度和堆积密度。由于尘粒表面不平和内部有孔隙，所以尘粒表面和内部吸附着一定的空气。设法将吸附在尘粒表面和内部的空气排除以后，测得的粉尘自身的密度称为粉尘的真密度 ρ_p（kg/m³ 或 g/cm³）。固体磨碎而形成的粉尘，在表面未氧化前，其真密度与母料密度相同。粉尘的真密度在通风除尘中有广泛用途，对机械分离过程影响大。粉尘的真密度大，容易分离。自然堆积状态下的粉尘，由于粉尘间存在空隙，因此其总体密度要比粉尘的真密度小。将包括粉尘粒子间气体空间在内的粉尘密度称为堆积密度 ρ_b。堆积密度主要用于贮仓或灰斗容积及气力输送粉料方面的设计。

　　将粉尘粒子间的空间体积与包含空间的粉尘的总体积之比称为孔隙率 ε，则粉尘的真密度 ρ_p 与堆积密度 ρ_b 之间关系为

$$\rho_b = (1-\varepsilon)\rho_p \tag{3-22}$$

某些粉尘的真密度和堆积密度列入表 3-5 中。

表 3-5 几种工业粉尘的真密度与堆积密度

粉尘名称 或尘源	真密度/ (g/cm³)	堆积密度/ (g/cm³)	粉尘名称 或尘源	真密度/ (g/cm³)	堆积密度/ (g/cm³)
滑石粉	0.75	0.59~0.71	烟灰(0.7~56 μm)	2.2	1.07
烟灰	2.15	1.2	硅酸盐水泥(0.7~91 μm)	3.12	1.5
炭黑	1.85	0.04	造型用黏土	2.47	0.72~0.8
硅砂粉(105 μm)	2.63	1.55	烧结矿粉	3.8~4.2	1.5~2.6
硅砂粉(30 μm)	2.63	1.45	氧化铜(0.9~42 μm)	6.4	2.62
硅砂粉(8 μm)	2.63	1.15	锅炉炭末	2.1	0.6
硅砂粉(0.5~72 μm)	2.63	1.26	烧结炉	3~4	0.7
电 炉	4.5	0.6~1.5	转 炉	5.0	0.2
化铁炉	2.0	0.8	铜精炼	4~5	~0.3
黄铜熔解炉	4~8	0.25~1.2	石 墨	2	1.0
亚铅精炼	5	0.5	铸物砂	2.7	~1.2
铅精炼	6	—	铅再精炼	~6	0.13
铝二次精炼	3.0	0.3	墨液回收	3.1	
水泥干燥窑	3	0.6			

二、粉尘的流动和摩擦性质

(一)粉尘的安息角与滑动角

1. 粉尘的安息角

粉尘通过小孔连续地下落到水平板上时,堆积成的锥体母线与水平面的夹角称为安息角(也叫静止角或堆积角)。测定安息角的方法有如图 3-4 所示的几种。

由于测定方法和装置尺寸不同,测得的结果有些差别。安息角是粉尘(或粉体)的动力特性之一,与粉尘的种类、粒径、形状和含水率等因素有关。许多粉尘安息角的平均值为 35°~40°,对同一种粉尘,粒径大、含水率低、表面光滑和接近球形,安息角变小。安息角是设计除尘设备(如贮灰斗的锥体)和管道(倾斜角)的主要依据。

2. 粉尘的滑动角

粉尘在倾斜的光滑平面上开始滑动的最小倾斜角,称为滑动角,可用 φ_s 表示。它表示粉尘与固体壁面间的摩擦性能。对于非黏性的粉尘,一般要求滑动角小于安息角。滑动角在设计灰斗、溜槽及气力输送系统中有重要作用。为了使粉尘可自由流动,必须要求灰斗底部设计成圆锥状或方锥体,且其锥顶角要小于(180°−2φ_s);气力输送管线与铅垂线之间的夹角也要小于(90°−φ_s)。

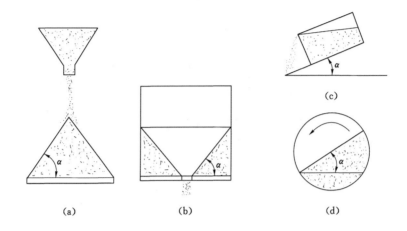

图 3-4　粉尘安息角的测定方法

（二）粉尘的摩擦性质

1. 磨损性

粉尘对器壁的磨损是很重要的问题，这种磨损主要有两类：

（1）粒子直接冲击器壁所引起的磨损。粒子以 90°直冲器壁时此类磨损最为严重，对硬度高的金属尤为严重。这类磨损是由粒子冲击导致金属产生渐次变形引起的。所以针对此类情况宜采用韧性好的钢材。

（2）粒子与器壁摩擦所引起的磨损。当其以 30°冲角冲击器壁时此类磨损最为严重，30°～50°次之，冲角 75°～85°时就不存在这类磨损了。这类磨损是粒子与器壁间摩擦时发生的微切割作用所致，故此类情况需要采用硬度高的材料为宜。常见粉尘颗粒与钢之间的摩擦系数列于表 3-6。

通常，粗尘的磨损以第二种类型为主，而细粉尘则第一种类型占相当的比例。此外，尘粒与器壁材料的硬度差别也很重要，尘粒比钢软时，磨损不严重；当尘粒的硬度是钢的 1.1～1.6 倍时，磨损最严重。粉尘的磨损性还与其速度的 2～3 次方成正比。气流中粉尘浓度大，对器壁（如管道）的磨损性也大。

在设计除尘管道时，除保证粉尘不在管道内沉积外，还必须考虑其摩擦性，对摩擦系数大的粉尘，应适当降低管内流速，并在弯头处增加管道的耐磨层，做成耐磨弯头。

2. 内摩擦角

在容器内，经容器底部孔口下流的流动粉尘与堆积粉尘之间形成的平衡角称为内摩擦角，也是孔口上方一圈停滞不动的粉尘的边缘与水平面所形成的夹角，它往往要大于安息角。粉尘颗粒间摩擦系数见表 3-6。粉尘颗粒间摩擦系数大，形成的内摩擦角也大。

（三）粉尘的黏附性

粉尘附着在固体表面上，或尘粒彼此相互附着的现象称为黏附。附着的强度，也就是克服附着现象所需的力称为黏附力。

粉尘的黏附是一种常见现象。由于黏附力的作用，粉尘相互碰撞会导致尘粒凝并，这种凝并作用有助于各类除尘器捕集粉尘。在电除尘器和袋式除尘器中，黏附力的影响更为突出。因为除尘效率很大程度上取决于收尘极板上或滤袋上清除粉尘的能力。此外,粉尘的黏附性对除尘管道及除尘器的运行管理也有很大的影响,需要防止粉尘在壁面上黏附过度,堵塞管道或设备。

表 3-6　松堆粉料的摩擦性能

粉料	摩擦系数	
	颗粒间	颗粒与钢之间
硫黄粉	0.8	0.625
氧化镁	0.49	0.37
磷酸盐粉	0.52	0.48
氯化钙	0.63	0.58
萘粉	0.725	0.6
无水碳酸钠	0.875	0.675
细氯化钠	0.725	0.625
尿素粉末	0.825	0.56
过磷酸钙(颗粒)	0.64	0.46
过磷酸钙(粉末)	0.71	0.7
硝酸磷酸钙(颗粒)	0.55	0.4
水杨酸(粉末)	0.95	0.78
水泥	0.5	0.45
白垩粉	0.81	0.76
细砂	1.0	0.58
细煤粉	0.67	0.47
锅炉飞灰	0.52	—
干黏土	0.9	0.57

俄罗斯根据用垂直拉断法测出粉尘层的断裂强度将粉尘分为 4 类,见表 3-7。

表 3-7　粉尘黏性强度的分类

粉尘类型	I	II	III	IV
粉尘黏性	不黏性	微黏性	中等黏性	强黏性
黏性强度/Pa	0～60	60～300	300～600	>600
实际粉尘举例	干矿渣粉 石英粉	飞灰、焦粉、高炉灰	泥煤灰、金属粉、黄铁矿粉、水泥、锯木	石膏粉、熟料灰、纤维尘

三、粉尘的荷电性和导电性

(一)粉尘的荷电性

粉尘在其产生和运动过程中,由于碰撞、摩擦、放射线照射、电晕放电及接触带电体等原因,几乎都带有一定的电荷。粉尘荷电后,将改变其某些物理性质,如凝聚性、附着性及其在气体中的稳定性等,对人体的危害程度也将增强。粉尘的荷电量随温度升高、比表面积增大及含水率减小而增大,还与其化学成分有关。

（二）粉尘的比电阻

粉尘的比电阻是表示粉尘导电性的重要指标,比电阻用 ρ 表示为

$$\rho = V/(J \cdot \delta) \tag{3-23}$$

式中　ρ——比电阻,$\Omega \cdot cm$;

V——通过粉尘层的电压,V;

J——通过粉尘层的电流密度,A/cm^2;

δ——粉尘层厚度,cm。

粉尘的比电阻不仅与粉尘颗粒自身的导电性有关,而且与颗粒物堆积的松散度、含水量和温度等因素有关,并且还与载体中导电气体的存在情况有关。

四、粉尘的化学性质

（一）粉尘的成分

粉尘的成分十分复杂,各种粉尘均不相同。所谓粉尘的成分主要是指化学成分,有时指形态。表 3-8 和表 3-9 分别为大同矿区某燃煤锅炉和重油锅炉粉尘的成分。一般来说,烟尘化学成分常影响到燃烧、爆炸、腐蚀和露点等,而形态成分则影响其除尘效果。

表 3-8　大同矿区某燃煤电厂锅炉烟尘成分　　　　　单位:%

煤种	SiO_2	Al_2O_3	Fe_2O_3	CaO	MgO	Na_2O	K_2O	TiO_2	SO_3	MnO_2	其他
设计煤种	50.23	37.67	3.08	2.04	0.63	0.43	0.6	1.23	1.94	0.02	2.13
实际煤种	54.34	31.46	2.12	2.08	0.55	0.55	0.89	1.43	0.74	0.1	5.74

表 3-9　重油锅炉烟尘成分　　　　　单位:%

取样位置	固定碳	灰分	挥发分	H_2O	SO_2
除尘器中	62.7	6.6	18.4	1.9	10.4
除尘器后	34.6～28.7	24.1～20.6	24.1～20.6	14.5～9.5	26.3～32.3

（二）粉尘的润湿性

粉尘颗粒能否与液体相互附着或附着难易程度的性质称为粉尘的润湿性。当尘粒与液体接触时,接触面趋于扩大而相互附着的粉尘称为润湿性粉尘;如果接触面趋于缩小而不能附着,则称为非润湿性粉尘。

粉尘的润湿性与粉尘的性质、尘粒的大小和表面状况等因素有关。一般来说,大颗粒和球形颗粒容易润湿。例如,小于 5 μm 特别是 1 μm 的尘粒,很难被水润湿。这是由于细尘粒和水滴表面皆存在着一层气膜,只有在两者之间以较高相对速度运动时,才能冲破气膜,相互附着凝并。此外,粉尘的润湿性还随温度升高而减小,随压力升高而增大,随液体表面张力减小而增强。

根据粉尘能被液体润湿的程度可将粉尘大致分为两类:容易被水润湿的亲水性粉尘;难以被水润湿的疏水性粉尘。粉尘的润湿性可用液体(通常用水)对试管中粉尘的润湿速度来表征。润湿时间通常取 20 min,根据其润湿高度 H_{20},按下式计算出湿润速度:

$$v_{20} = \frac{H_{20}}{20} \quad (\text{mm/min}) \tag{3-24}$$

根据 v_{20},将粉尘的润湿性划分为 4 类,如表 3-10 所列。

表 3-10　粉尘润湿性的分类

粉尘类型	I	II	III	IV
润湿性	绝对疏水	疏水	中等亲水	强亲水
v_{20}/(mm/min)	<0.5	0.5~2.5	2.5~8.0	>8.0
实际粉尘举例	石蜡、聚四氯乙烯、沥青等	石墨、煤尘、硫黄尘等	玻璃微球、石英粉尘等	锅炉飞灰、石灰尘等

在除尘技术中,各种湿式洗涤器的除尘机制主要靠粉尘被水的润湿作用。

粉尘的润湿性是选用湿式除尘器的主要依据之一。对于润湿性好的亲水性粉尘,可选用湿式除尘;对于润湿性差的疏水性粉尘,一般不宜采用湿式除尘器。在采用湿式除尘器时,为了加速水对粉尘的浸湿,可加入某些浸湿剂(如皂角等)以减少固液之间的表面张力,增加粉尘的亲水性。

某些粉尘,如水泥、熟石灰、白云石砂等,虽是亲水性的,但它们一旦吸水后就形成了不溶于水的硬垢。一般将粉尘的这一性质称为水硬性。由于水硬性粉尘会造成除尘设备和管道结垢或堵塞,所以不适宜采用湿式除尘器。

(三)粉尘的爆炸性和自燃性

1. 粉尘的爆炸性

有些粉尘分散在空气或其他助燃气体中达到一定浓度时,若遇着能量足够的火源,可发生爆炸,这种性质称为粉尘的爆炸性。

引起粉尘爆炸的条件一是可燃粉尘悬浮于空气中的浓度达到一定数量,二是存在着能量足够的火源。能引起爆炸的粉尘浓度称为爆炸浓度。能够引起爆炸的最低含尘浓度称为爆炸下限,最高浓度称为爆炸上限。气体与粉尘混合物的爆炸危险性是以其爆炸下限 (g/m³) 来表示的。爆炸上限的浓度太高,如糖粉的爆炸上限为 13 500 g/m³,在大多数场合都不会达到,所以没有实际意义。

粉尘混合物的爆炸下限不是固定不变的,其变化与粉尘的分散度、湿度、温度,火源的性质,混合物中可燃气含量与氧含量,惰性粉尘和灰分等因素有关。一般来说,粉尘分散度越高,可燃气体和氧的含量越大,火源强度和原始温度越高,湿度越低,惰性粉尘及灰分越少,爆炸浓度范围也就越大。粉尘爆炸性与粉尘粒度有密切关系,粉尘爆炸性随着粒度的减小而增加,不同粒径粉尘的爆炸下限浓度见表 3-11。粒径大于 0.5 mm(即 500 μm)的粉尘很难爆炸,粒径小于 100 μm 的粉尘很容易爆炸。粒径越小,爆炸过程越短促。

表 3-11 不同粒径粉尘的爆炸下限浓度

粉尘样品	粒径	爆炸下限浓度/(g/m³)
镁粉	100 nm	20
	200 nm	30
	400 nm	30
	1 μm	30
	22 μm	50
	74 μm	90
	125 μm	160
	0～20 μm	90
	20～37 μm	90
	37～74 μm	120～130
		130
	74～105 μm	270
	105～125 μm	330
	125～149 μm	500
	149～177 μm	900
	150 nm	40～50
	≤20 μm	50
	<45 μm	60
	<150 μm	60

根据粉尘爆炸性及火灾危害程度可将其分为四类,如表 3-12 所列。

表 3-12 粉尘爆炸性分类

粉尘类型	爆炸下限浓度/(g/m³)	自燃温度/K	粉尘举例
爆炸危险性最大的粉尘	15		砂糖、泥煤、胶木粉、硫及松香等
有爆炸危险性的粉尘	16～65		铝粉、亚麻、页岩、面粉、淀粉等
火灾危害程度最大的粉尘	>65	低于 523	烟草粉等
有火灾危害的粉尘	>65	高于 523	锯末等

2. 粉尘的自燃性

可燃性粉尘在没有外部火源的作用时,仅因受热或自身发热并蓄热所产生的自然燃烧的性质称为粉尘的自燃性。

根据自燃的诱发原因,可将粉尘的自然性分为三类,如表 3-13 所列。

表 3-13　粉尘的自燃性分类

自燃类型	粉尘举例
由空气作用自燃	褐煤、煤炭、木炭、炭黑、干草、锯末、胶木粉、锌粉、铝粉、黄磷等
在水作用下自燃	钾、钠、碳化钙、碱金属碳化物、硫代硫酸钠、生石灰等
互相混合时自燃	各种氧化剂

第三节　粉尘的流体阻力与沉降分离机理

除尘过程的机理是,将含尘气体引入具有一种或几种力作用的除尘器中,使颗粒相对其运载气流产生一定的位移,并从气流中分离出来,最后沉降到捕集表面上。颗粒的粒径大小和种类不同,所受作用力不同,颗粒的动力学行为亦不同。颗粒捕集过程所要考虑的作用力有外力、流体阻力和颗粒间的相互作用力。外力一般包括重力、离心力、惯性力、静电力、磁力、热力、泳力等;作用在运动颗粒上的流体阻力,对所有捕集过程来说,都是最基本的作用力;颗粒之间的相互作用力,在颗粒浓度不很高时可忽略。本节主要介绍粉尘的流体阻力和粉尘在重力场中的沉降分离机理。离心力、静电力等力场中颗粒的沉降规律则并入后续除尘器相关章节中加以介绍。

一、粉尘的流体阻力

(一)粉尘的流体阻力

在不可压缩的连续流体中,运动的颗粒必然受到流体阻力的作用。这种阻力是由两种现象引起的。一是颗粒具有一定的形状,运动时必须排开其周围的流体,导致其前面的压力较后面的大,从而产生形状阻力。二是颗粒与其周围流体之间存在着摩擦,导致了所谓摩擦阻力。这两种阻力的大小决定于流体绕过粉尘时的流动状态,即流体是层流还是紊流。在层流时,粉尘主要是克服摩擦阻力;在紊流时,粉尘主要是克服动压阻力(即动力阻力)。

粉尘所受流体阻力可表示如下:

$$F_D = C_D A_p \frac{\rho u^2}{2} \qquad (3\text{-}25)$$

式中　C_D——流体的阻力系数;

　　　A_p——粒子在流动方向上的投影面积,m^2,对球形粒子 $A_p = \frac{1}{4}\pi d_p^2$;

　　　u——粒子对流体的相对速度,m/s。

由相似理论可知,粒子在流体中运动的阻力系数 C_D 是 Re_p 的函数,可近似地表示如下:

$$C_D = \frac{k}{Re_p^\varepsilon} \qquad (3\text{-}26)$$

式中,系数 k 及指数 ε 值取决于相应的 Re_p 值,即尘粒周围的流动状态。而 $Re_p = u d_p \rho / \mu$,其中 μ 为流体的黏度(Pa·s)。

1. 层流区

当 $Re_p \leqslant 1$ 时,颗粒运动处于层流状态,$k=24$,$\varepsilon=1$,C_D 与 Re_p 近似呈直线关系:

$$C_D = \frac{24}{Re_p} \tag{3-27}$$

对于球形颗粒,将式(3-27)代入式(3-25)中,得到层流区阻力计算公式:

$$F_D = 3\pi\mu d_p u \tag{3-28}$$

上式即是著名的斯托克斯(Stokes)阻力定律。通常还将 $Re_p \leqslant 1$ 的层流区域称为斯托克斯区域。

2. 紊流过渡区

当 $1 < Re_p \leqslant 500$ 时,颗粒运动处于紊流过渡区,C_D 与 Re_p 呈曲线关系,C_D 的计算式有几种,如奥仑(Allen)公式,$k=10$,$\varepsilon=\frac{1}{2}$,则

$$C_D = \frac{10}{(Re_p)^{1/2}} \tag{3-29}$$

3. 紊流区

当 $500 < Re_p < 2\times10^5$ 时,颗粒运动处于紊流状态,C_D 几乎不随 Re_p 变化,近似取 $C_D \approx 0.44$,为通常所说的牛顿区域。流体阻力计算公式则为

$$F_D = 0.055\pi\rho d_p^2 u^2 \tag{3-30}$$

（二）滑动修正

当颗粒粒径小到接近于气体分子运动平均自由程时,微粒在气体介质中运动,它与气体分子间的碰撞就不是连续发生的,有可能与气体分子有相对滑动。在这种情况下,粒子在运动中实际受到的阻力就比按连续介质考虑的阻力［即按斯托克斯公式(3-28)计算值］小。肯宁汉(Cunningham)提出了对这一影响的修正。对于在空气中运动的粒子,只有当粒径约为 $1.0\ \mu m$ 或更小时,这种修正才有重要意义。因此,只有当 Re_p 数很小的流动状态才会进行修正。

肯宁汉因数 C 值取决于克努森(Knudsen)数 Kn（$Kn=2\lambda/d_p$）,可用戴维斯(Davis)建议的公式计算:

$$C = 1 + Kn\left[1.257 + 0.4\exp\left(-\frac{1.10}{Kn}\right)\right] \tag{3-31}$$

气体分子平均自由程 λ 可按式(3-32)计算:

$$\lambda = \frac{\mu}{0.499\rho\bar{v}} \tag{3-32}$$

式中,$\bar{v}$ 为气体分子的算术平均速度。

$$\bar{v} = \sqrt{\frac{8RT}{\pi M}} \tag{3-33}$$

式中 R——通用气体常数,$R=8.314\ \mathrm{J/(mol \cdot K)}$;

T——气体温度,K;

M——气体的摩尔质量,kg/mol。

肯宁汉因数 C 与气体的温度、压力和粒径大小有关,温度越高、压力越低、粒径越小,C 值越大。作为粗略估算,在 293 K 和 101.33 kPa 下,$C=1+0.165/d_p$,其中粒径 d_p 单位为 μm。

考虑到滑动修正,则式(3-28)修正成为:

$$F_D = \frac{3\pi \mu d_p u}{C}$$ (3-34)

二、粉尘的沉降分离机理

(一) 重力沉降机理

粒子的沉降速度是粒子动力学最基本的特性。在静止流体中的单个球形颗粒,在重力作用下沉降时,所受到的作用力有重力 F_G、流体浮力 F_b 和流体阻力 F_D。根据牛顿运动定律,颗粒向下的净加速度 du/dt 与其质量 m_p 之积应等于所受各力之和,因此有

$$m_p \frac{du}{dt} = F_G - F_b - F_D = g(m_p - m) - \frac{1}{2}C_D A_D \rho u^2$$ (3-35)

对于球形颗粒,颗粒质量 $m_p = \pi d_p^3 \rho_p / 6$,颗粒取代的流体质量 $m = \pi d_p^3 \rho / 6$,代入上式整理后得到

$$\frac{du}{dt} = \frac{g(\rho_p - \rho)}{\rho_p} - \frac{3C_D \rho u^2}{4\rho_p d_p}$$ (3-36)

当颗粒所受的 3 个力平衡时,颗粒的加速度 $du/dt = 0$,则颗粒达到了一个稳定的垂直向下的运动速度 u_s,并称为颗粒的终末沉降速度,即

$$u_s = \left[\frac{4d_p(\rho_p - \rho)g}{3C_D \rho} \right]^{1/2}$$ (3-37)

对于斯托克斯区域的颗粒,代入阻力系数 C_D 得到

$$u_s = \frac{d_p^2 (\rho_p - \rho)g}{18\mu}$$ (3-38)

当流体介质是气体时,$\rho_p \geqslant \rho$,则终末沉降速度公式可简化为

$$u_s = \frac{d_p^2 \rho_p g}{18\mu}$$ (3-38a)

对于小颗粒,应进行肯宁汉修正,则上式变为

$$u_s = \frac{d_p^2 \rho_p g C}{18\mu}$$ (3-38b)

对于紊流过渡区的颗粒,将式(3-29)代入式(3-37)中得到

$$u_s = \left[\frac{4}{225} \cdot \frac{(\rho_p - \rho)^2 g^2}{\mu \rho} \right]^{1/3}$$ (3-39)

对于牛顿区域的颗粒,代入 $C_D = 0.44$ 得到

$$u_s = 1.74 \left[\frac{d_p(\rho_p - \rho)g}{\rho} \right]^{1/2}$$ (3-40)

斯托克斯公式(3-29)或式(3-38)的应用范围是 $Re_p < 1$,但在实际工程中,当 $Re_p \leqslant 2$ 时,斯托克斯公式仍可近似采用。

在实际计算中,一般仅知尘粒的直径 d_p 和密度 ρ_p,尚无法求得 Re_p 数,不能判断是否能用斯托克斯公式。为此,将式(3-38a)中的 u_s 代入 Re_p 数的计算式中,并令

$$Re_p = \frac{u_s d_p \rho}{\mu} = \frac{d_p^3 \rho_p \rho g}{18\mu^2} \leqslant 2$$

当空气压力为 101.33 kPa 和温度为 298 K 时，$\mu=1.84\times10^{-5}$ Pa·s，$\rho=1.185$ kg/m³，代入上式，化简后得

$$d_p \leqslant \frac{1.015\times10^{-3}}{\rho_p^{\frac{1}{3}}} \quad (\text{m}) \tag{3-41}$$

已知粉尘的真密度 ρ_p，即可用式（3-41）计算出层流运动（$Re_p\leqslant2$）时最大粒径 d_p。例如，当 $\rho_p=1\,000$ kg/m³，$d_p=100$ μm，$\rho_p=2\,000$ kg/m³，$d_p\approx80$ μm，$\rho_p=3\,000$ kg/m³，$d_p=70$ μm；$\rho_p=5\,000$ kg/m³，$d_p\approx60$ μm。可见对于粒径小于 60 μm 的尘粒，即使密度很大，一般也不超出层流范围。而气体除尘的主要对象是粒径小于 60 μm 的粉尘，所以对于在气体除尘中所遇到的粉尘，一般皆可用斯托克斯公式计算沉降速度。

例 3-2 已知粉尘颗粒的真密度为 2.25 g/cm³。试计算粒径为 0.25 μm、5 μm 和 10 μm 的球形颗粒在 293 K 和 101.33 kPa 空气中的终末沉降速度。

解 首先计算肯宁汉修正系数。在给定条件下 $\lambda=0.066\,7$ μm，对于 $d_p=0.25$ μm 时，$d_p/\lambda=3.75$，由式（3-31）得

$$C=1+\frac{2}{3.75}[1.257+0.4e^{-0.55\times3.75}]=1.70$$

当 $d_p=5$ μm 时，$C=1.034$；$d_p=10$ μm 时，$C=1.017$。

在 $\mu=1.84\times10^{-5}$ Pa·s，$\rho=1.185$ kg/m³ 时沉降速度公式（3-38b）简化为：

$$u_s=29\,609\rho_p d_p^2 C$$

当 $d_p=0.25$ μm 时，$u_s=29\,609\times2\,250\times(0.25\times10^{-6})^2\times1.70=7.07$（μm/s）

当 $d_p=5$ μm 时，$u_s=29\,609\times2\,250\times(5\times10^{-6})^2\times1.034=0.172$（cm/s）

当 $d_p=10$ μm 时，$u_s=29\,609\times2\,250\times(10\times10^{-6})^2\times1.017=0.677$（cm/s）

验算流动状态是否处在层流区

$$Re_p=\frac{u_s d_p\rho}{\mu}=\frac{0.006\,77\times10\times10^{-6}\times1.185}{1.84\times10^{-5}}=0.004\,36<2$$

可见，三种粒子沉降情况全处于层流状态，可以应用斯托克斯公式计算沉降速度。

（二）离心沉降机理

旋风除尘器是应用离心力进行尘粒分离的一种除尘装置，也是造成含尘气流旋转运动和旋涡的一种体系。

随气流一起旋转的球形颗粒，所受离心力 F_c 可用牛顿定律确定，即

$$F_c=\frac{\pi}{6}d_p^3\rho_p\frac{v_\theta}{R} \tag{3-42}$$

式中 R——旋转气流流线的半径，m；

$\quad\quad v_\theta$——R 处气流的切向速度，m/s。

在离心力的作用下，颗粒将产生离心的径向运动（垂直于切向）。若颗粒运动处于斯托克斯区，则颗粒所受向心的流体阻力为 $F_d=3\pi\mu d_p v$。当离心力 F_c 和阻力 F_d 达到平衡时，颗粒便达到了离心沉降的终末速度 v_r。

$$v_r=\frac{d_p^2(\rho_p-\rho)}{18\mu}\frac{v_\theta^2}{R}\approx\frac{d_p^2\rho_p}{18\mu}\frac{v_\theta^2}{R}=\tau_p a_c \tag{3-43}$$

式中 a_c——离心加速度，$a_c=u_q^2/R$。

对于微粒而言,颗粒的运动处于滑动区,v_r 应乘以肯宁汉修正系数。

（三）电力沉降机理

电力沉降包括自然荷电粒子和外加电场荷电粒子在电力作用下的沉降两类情况。

过滤式除尘器和湿式除尘器中的捕尘体(如纤维、水滴等)及颗粒都可能因各种原因(如与带电体接触、摩擦,宇宙射线的照射等)而带上电荷。由于捕尘体和颗粒所带电荷性质的不同,会发生异性相吸、同性相斥作用,从而影响颗粒在捕尘体上的沉降。

在外加电场中,例如在电除尘器中,若忽略重力和惯性力等的作用,荷电颗粒所受作用力主要是静电力(即库仑力)和气流阻力。静电力 F_e 为

$$F_e = q \cdot E \tag{3-44}$$

式中　　q——颗粒的荷电量,C;

　　　　E——颗粒所处位置的电场强度,V/m。

对于斯托克斯区域的颗粒,颗粒所受气体阻力 $F_d = 3\pi\mu d_p u$,当静电力 F_e 和阻力 F_d 达到平衡时,颗粒便达到静电沉降的终末速度,习惯上称为颗粒的驱进速度,并用 ω 表示

$$\omega = \frac{qE}{3\pi\mu d_p} \tag{3-45}$$

同样,对于处于滑动区的微粒运动,ω 应乘以肯宁汉修正系数。

（四）惯性沉降机理

通常认为,气流中的颗粒随着气流一起运动,很少或不产生滑动。但是,若有一静止或缓慢运动的捕尘体(如液滴或纤维等)处于气流中时,则成为一个靶子,使气体产生绕流,并使某些颗粒沉降到上面。颗粒能否沉降到靶上,取决于颗粒的质量及相对于靶的运动速度和位置。图 3-5 中所示的小颗粒 1,随着气流一起绕过靶;距停滞流线较远的大颗粒 2,也能避开靶;距停滞流线较近的大颗粒 3,因其质量和惯性较大而脱离流线,保持自身原来的运动方向而与靶碰撞,继而被捕集。通常将这种捕尘机制称为惯性碰撞。颗粒 4 和 5 因质量和惯性较小而不会离开流线。这时只要粒子的中心是处在距靶表面不超过 $d_p/2$ 的流线上,就会与捕尘体接触而被拦截捕获。

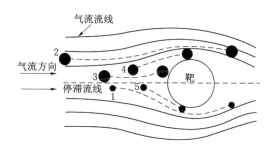

图 3-5　运动气流中接近靶时颗粒运动的几种可能情况

1. 惯性碰撞

惯性碰撞的捕集效率主要取决于气体流速在捕尘体(即靶)周围的分布、颗粒运动轨迹和颗粒对靶的附着三个因素,其中颗粒对靶的附着通常假设为 100%。

（1）气体流速在捕尘体(即靶)周围的分布

它随气体相对捕尘体流动的雷诺系数 Re_D 而变化。捕尘体流动的雷诺数 Re_D 定义为

$$Re_D = \frac{v_0 \rho D_c}{\mu} \qquad (3\text{-}46)$$

式中　v_0——未被扰动的上游气流与捕尘体之间的相对流速,m/s;

　　　　D_c——捕尘体的定性尺寸,m。

在高 Re_D 下(势流),除了靠近捕尘体表面附近的区域外,气流的流型与理想气体一致;然而,在较低 Re_D 时,气流受到黏性力支配,即为黏性流。

(2)颗粒运动轨迹

它取决于颗粒的质量、气流阻力、捕尘体的尺寸和形状以及气流速度等。描述颗粒运动特征的参数,可以采用斯托克斯数 S_t(也称为惯性碰撞参数),它定义为颗粒的停止距离 x_s 与捕尘体直径 D_c 之比。对于球形的斯托克斯颗粒,有

$$S_t = \frac{x_s C}{D_c} = \frac{v_0 \tau_p C}{D_c} = \frac{d_p \rho_p v_0 C}{18 \mu D_c} \qquad (3\text{-}47)$$

图 3-6 给出了不同形状的捕尘体在不同 Re_D 下的惯性碰撞分级效率 η_{S_t} 与 $\sqrt{S_t}$ 的关系。也有人提出了如下 η_{S_t} 与 S_t 的关系($S_t > 0.2$):

$$\eta_{S_t} = \left(\frac{S_t}{S_t + 0.35} \right)^2 \qquad (3\text{-}48)$$

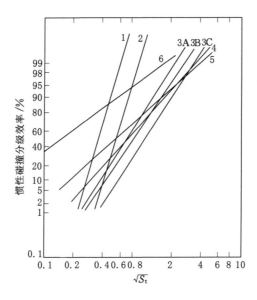

1—向圆板喷射;2—向矩形板喷射;3—圆柱体;4—球体;5—半矩形体;6—聚焦;

A—$Re_D = 150$;B—$Re_D = 10$;C—$Re_D = 0.2$。

图 3-6　惯性碰撞分级效率与 $\sqrt{S_t}$ 的关系

2. 拦截

拦截作用一般用量纲为 1 的拦截参数 R 来表示其特性,其定义为:

$$R = \frac{d_p}{D_c} \qquad (3\text{-}49)$$

当 $S_t \to \infty$ 时,惯性大沿直线运动的颗粒,除了在直径为 D_c 的流管内的颗粒都能与捕尘

体碰撞外,与捕尘体表面距离为 $d_p/2$ 的颗粒也会与捕尘体表面接触。因此,靠拦截引起的捕集效率的增量 η_{DI} 可以表示为:

(1) 对于圆柱体捕尘体

$$\eta_{DI} = R \tag{3-50}$$

(2) 对于球形捕尘体

$$\eta_{DI} = 2R + R^2 \approx 2R \tag{3-51}$$

当 $S_t \to 0$ 时,惯性小且沿流线运动的颗粒,其拦截效率计算可分为以下 4 种情况:

(1) 对于绕过圆柱体的势流

$$\eta_{DI} = 1 + R - \frac{1}{1+R} \approx 2R \quad (R < 0.1) \tag{3-52}$$

(2) 对于绕过球体的势流

$$\eta_{DI} = (1+R)^2 - \frac{1}{1+R} \approx 3R \quad (R < 0.1) \tag{3-53}$$

(3) 对于绕过圆柱体的黏性流

$$\eta_{DI} = \frac{1}{2.002 - \ln Re_D}\left[(1+R)\ln(1+R) - \frac{R(2+R)}{2(1+R)}\right] \approx \frac{R^2}{2.002 - \ln Re_D}$$
$$(R < 0.07, Re_D < 0.5) \tag{3-54}$$

(4) 对于绕过球体的黏性流

$$\eta_{DI} = (1+R)^2 - \frac{3(1+R)}{2} + \frac{1}{2(1+R)} \approx \frac{3R^2}{2} \quad (R < 0.1) \tag{3-55}$$

上述公式表明,拦截参数 R 越大,即 d_p 越大,D_c 越小,拦截效率越高。

(五)扩散沉降机理

1. 均方位移和扩散系数

很小的微粒受到气体分子的无规则撞击,使它们也像气体分子一样做无规则运动,称为布朗运动;布朗运动促使微粒从浓度较高的区域向浓度较低的区域扩散,称为布朗扩散。微粒的布朗运动可用爱因斯坦(Einstein)方程来描述。在一定时间 t 内,粒子沿 x 轴的均方位移 $\Delta \overline{x^2}$ 为:

$$\Delta \overline{x^2} = 2kBTt = 2Dt \tag{3-56}$$

式中　k——玻耳兹曼常数,$k = 1.38 \times 10^{-23}$ J/K;

　　　B——粒子的迁移率,即在黏性介质中粒子的运动速度与产生该速度作用力的比值,[m/(N·s)];

　　　T——含尘气体的温度,K;

　　　D——颗粒的扩散系数,m^2/s。

颗粒的扩散系数 D 由气体的种类、温度及颗粒的粒径确定,其数值比气体扩散系数小几个数量级,可由两种理论方法求得。

对于粒径约等于或大于气体分子平均自由程($Kn \leqslant 0.5$)的颗粒,可用爱因斯坦公式计算:

$$D = \frac{kT}{3\pi\mu d_p}C_u \tag{3-57}$$

对于粒径大于气体分子但小于气体分子平均自由程($Kn > 0.5$)的颗粒,可有朗缪尔

（Langmuir）公式计算：

$$D = \frac{4kT}{3\pi d_p^2 p} \sqrt{\frac{8RT}{\pi M}} \tag{3-58}$$

式中 p——气体的压力，Pa；

R——摩尔气体常数，$R = 8\,314\ \text{J}/(\text{kmol} \cdot \text{K})$；

M——气体的摩尔质量，kg/kmol。

表 3-14 给出了颗粒在 293 K 和 101 325 Pa 干空气中的扩散系数的计算。

表 3-14 颗粒的扩散系数（293 K，101 325 Pa）

粒径 $d_p/\mu m$	Kn	扩散系数 $D/(\text{m}^2/\text{s})$	
		爱因斯坦公式	朗缪尔公式
10	0.013 1	2.41×10^{-12}	—
1	0.131	2.76×10^{-11}	—
0.1	1.31	6.78×10^{-10}	7.84×10^{-10}
0.01	13.1	5.25×10^{-8}	7.84×10^{-8}
0.001	131	—	7.84×10^{-6}

表 3-15 给出了单位密度的球形颗粒在 1 s 内由于布朗扩散的平均位移 x_{BM} 和由于重力作用的沉降距离 x_G。由表可见，随着粒径的减小，在相同时间内布朗扩散的平均位移比沉降距离大得多。

表 3-15 在标准状态下 1 s 内布朗扩散的平均位移与重力沉降距离的比较

粒径 $d_p/\mu m$	x_{BM}/m	x_G/m	x_{BM}/x_G
0.000 37[①]	6×10^{-3}	2.4×10^{-9}	2.5×10^6
0.01	2.6×10^{-4}	6.6×10^{-8}	3 939
0.1	3.0×10^{-5}	8.6×10^{-7}	35
1.0	5.9×10^{-6}	3.5×10^{-5}	0.17
10	1.7×10^{-6}	3.0×10^{-3}	5.7×10^{-4}

注：① 表示一个"空气分子"的直径。

2. 扩散沉降效率

扩散沉降效率取决于捕尘体的质量传递皮克莱（Peclet）数 Pe 和捕尘体雷诺数 Re_D。皮克莱数 Pe 定义为：

$$Pe = \frac{v_0 D_c}{D} \tag{3-59}$$

皮克莱数 Pe 是由惯性力产生的颗粒的迁移量与布朗扩散产生的颗粒的迁移量之比，是捕集过程中扩散沉降重要性的量度。Pe 值越大，扩散沉降越不重要。

对于黏性流，朗缪尔提出的计算颗粒在孤立的单个圆柱形捕尘体上的扩散沉降效率为：

$$\eta_{BD} = \frac{1.71 Pe^{-\frac{2}{3}}}{(2 - \ln Re_D)^{\frac{1}{3}}} \tag{3-60}$$

纳坦森(Natanson)和弗里德兰德(Friedlander)等人也分别导出了类似的方程。在他们的方程中分别用系数 2.92 和 2.22 代替了上述方程中的系数 1.71。

对于势流,速度场与 Re_D 无关,在高 Re_D 下,纳坦森提出了如下方程:

$$\eta_{BD} = \frac{3.19}{Pe^{1/2}} \tag{3-61}$$

从以上方程可以看出,除非是 Pe 非常小,否则颗粒的扩散沉降效率将是非常低的。此外,从理论上讲,$\eta_{BD} > 1$ 是可能的,因为布朗扩散可能导致来自 D_c 距离之外的颗粒与捕尘体碰撞。

对于孤立的单个球形捕尘体,约翰斯坦(Johnstone)和罗伯特(Roberts)建议用下式计算扩散沉降效率:

$$\eta_{BD} = \frac{8}{Pe} + 2.23 Re_D^{\frac{1}{8}} Pe^{-\frac{5}{8}} \tag{3-62}$$

例 3-3　试比较靠惯性碰撞、直接拦截和布朗扩散捕集粒径为 $0.001 \sim 20 \ \mu m$ 的单位密度球形颗粒的相对重要性。捕尘体为直径 $100 \ \mu m$ 的纤维,在 293 K 和 101 325 Pa 下的气流速度为 0.1 m/s。

解　在给定条件下捕尘体雷诺数 Re_D 为:

$$Re_D = \frac{d_p \rho u}{\mu} = \frac{100 \times 10^{-6} \times 1.205 \times 0.1}{1.81 \times 10^{-5}} = 0.66$$

所以必须采用黏性流条件下的颗粒沉降效率公式,计算结果列入表 3-16 中,其中惯性碰撞效率 η_{S_t} 是由图 3-6 估算的,拦截效率 η_{DI} 用式(3-54)计算,扩散沉降效率 η_{BD} 用式(3-60)计算。

表 3-16　例 3-3 计算结果

$d_p/\mu m$	S_t	$\eta_{S_t}/\%$	R	$\eta_{DI}/\%$	Pe	$\eta_{BD}/\%$
0.001	—	—	—	—	1.28	108
0.01	—	—	—	—	1.90×10^2	3.86
0.2	—	—	—	—	4.52×10^4	0.10
1	3.45×10^{-3}	0	0.01	0.004	3.62×10^5	0.025
10	0.308	3	0.1	0.5	—	—
20	1.23	37	0.2	1.5	—	—

由上例可见,对于大颗粒的捕集,布朗扩散的作用很小,主要靠惯性碰撞作用;反之,对于很小的颗粒,惯性碰撞的作用微乎其微,主要是靠扩散沉降。在惯性碰撞和扩散沉降均无效的粒径范围内(本例中为 $0.2 \sim 1 \ \mu m$),捕集效率最低。

类似的分析也可以得到捕集效率最低的气流速度范围。

(六) 其他沉降机理

除了前述机理外,粒子在气流中的其他沉降机理还有泳力(扩散泳、热泳、光泳)、磁力、声凝聚等,这些机理相对于前述机理是次要的。

1. 扩散泳沉降机理

扩散泳是气体混合物存在浓度梯度所引起的粒子运动。

气体介质中存在着水滴或水膜时,会产生液相水分子的蒸发或气相水分子的冷凝现象。蒸发出的水分子会带动气体介质分子向离开水面方向运动;反之,发生冷凝作用的气相水分子则会带动气体介质分子向着水面方向运动。这种由于气体介质中挥发性液体的冷凝或蒸发所引起的向着或离开液体表面的气体分子的流动,称为斯蒂芬流。

处于斯蒂芬流混合气体中的粒子,其相对两面受到的气体分子的碰撞作用是不相同的,并将引起粒子的迁移,迁移方向与斯蒂芬流的方向相同。斯蒂芬流对粒子的沉降产生影响,如用喷水雾清除粉尘粒子,当水蒸气未饱和时,蒸发引起的斯蒂芬流阻碍水滴对粒子的捕获;当气相中水蒸气达到饱和时,冷凝引起的斯蒂芬流有助于水滴对粒子的捕获。

戈德史密斯(Goldsmith)等给出的 $0.005\sim0.05~\mu m$ 粒子在空气-水蒸气系统的扩散泳速度 v_D 为

$$v_D = -1.9 \times 10^{-1} (\frac{\Delta p}{\Delta x_D}) \tag{3-63}$$

式中　$\Delta p/\Delta x_D$——水蒸气压力梯度,$10^2~Pa/cm$;

　　　　v_D——粒子在空气-水蒸气系统的扩散泳速度,cm/s,v_D 为正值时表示粒子向液面迁移;

　　　　Δx_D——边界层厚度,对球形粒子,可用下式估算:

$$\Delta x_D = \frac{D_c}{2 + 0.557~Re_D^{0.5}~Sc_w^{0.375}}$$

式中　Sc_w——水滴的施密特数,$Sc_w = \mu/(\rho_p D)$;

　　　　D——水蒸气在空气中的扩散系数。

2. 热泳沉降机理

气体分子具有一定的热运动速度,因此有一定的动能,并随温度而变化。处于温度梯度场中的粒子,其热面受到气体分子的作用力比冷面大,于是产生了对粒子的推力,推动粒子从高温侧向低温侧移动。粒子移动过程中与捕尘体相遇即被捕集。这种由于温度梯度对粒子所产生的推力称为热泳力。

沃尔德曼(Waldman)和施密特(Schmitt)给出的在多种原子理想气体中,处于自由分子体系的球形粒子($Kn > 10$)的热泳速度 v_T 为

$$v_T \approx -\frac{6\mu}{(8+\pi)T\rho}\frac{\Delta T}{\Delta x_T} \tag{3-64}$$

$$\Delta x_D = \frac{D_c}{2 + 0.557~Re_D^{0.5}~Pr^{0.375}}$$

式中　T——粒子表面温度;

　　　　Δx_T——热泳能够通过其发生的有效边界层厚度;

　　　　ΔT——通过 Δx_T 的温差,即冷面温度减热面温度;

　　　　Pr——普朗特(Prandtl)数,$Pr = c_p\mu/\lambda$,λ 为气体热导率,c_p 为气体比定压热容。

v_T 为正值时,表示粒子向冷侧迁移。

对粒径大于自由分子体系的较大粒子($Kn < 10$)和热导率较大的粒子(如金属粒子),热

泳速度可用含有瓦赫曼（Wachmann）传热系数值的布鲁克（Brock）公式估算，即

$$v_{\mathrm{T}} \approx -\frac{6.6\lambda\mu}{\rho d_{\mathrm{p}}T}\frac{\Delta T}{\Delta x_{\mathrm{T}}} \tag{3-65}$$

式中　λ——气体分子平均自由程。

在过滤式或湿式除尘器中，捕尘体虽然可通过多种机制捕集粒子，但很少有全部机制同时起作用的情况，通常只有两三种机制是重要的。在一种除尘器中，两三种机制常联合作用。一般，根据某一粒子被某一机制捕集后不再被捕集的原则，可按下式计算单个捕尘体多种捕尘机理的联合捕集效率 η_{T}，即

$$\eta_{\mathrm{T}} = 1-(1-\eta_{S_{\mathrm{t}}})(1-\eta_{\mathrm{DI}})(1-\eta_{\mathrm{BD}}) \tag{3-66}$$

第四节　微粒的凝并技术及其进展

细微颗粒物污染的治理已引起公众的广泛关注，并成为除尘领域的重点攻关方向。《环境空气质量标准》(GB 3095—2012)增设了 $PM_{2.5}$ 的浓度限值，重点污染行业的环保标准也随之进行了修订。《火电厂大气污染物排放标准》(GB 13223—2011) 已开始执行 30 mg/m³ 的粉尘控制要求，大气污染物的排放标准也全部更新，全面趋严。微粒的捕集，无论是过滤技术、湿式技术，还是机械式技术、电除尘技术，因微粒的粒径小、重量轻，捕集效率受到限制。微粒凝并是指微粒由于相对运动彼此发生碰撞、接触而黏着并融合成较大微粒的过程。凝并可作为除尘的预处理阶段。微粒凝并的结果是微粒的数目减少而体积增大。在除尘器前增设预处理装置使 $PM_{2.5}$ 在物理或化学作用下，碰撞凝并为较大颗粒，能够有效提高常规除尘装置的效率。目前的凝并预处理包括声凝并、化学团聚凝并、蒸汽相变凝并、电凝并、磁凝并、脉动排气凝并等。

一、微粒凝并理论

（一）布朗运动与扩散

悬浮在流体中的微粒会表现出一种无规则运动，这种运动被称为布朗运动。流体分子不停地做无规则的运动，不断地随机撞击悬浮微粒。当悬浮的微粒足够小时，由于来自各个方向的流体分子的撞击作用不平衡，微粒在某一瞬间可能会受到某一个方向上较强的撞击作用，从而向该方向运动，这样就引起微粒的无规则运动，即布朗运动。

微粒的布朗运动可以用 Einstein-Brown 平均位移公式进行描述，即

$$\overline{x} = \left(\frac{RTt}{3N_0\pi r\mu}\right)^{\frac{1}{2}} \tag{3-67}$$

式中　μ——分散介质黏度；

$\quad\quad N_0$——阿伏伽德罗常数，$6.02\times10^{23}\ \mathrm{mol}^{-1}$；

$\quad\quad r$——颗粒半径；

$\quad\quad \overline{x}$——t 时间内粒子的平均位移。

扩散是指在有浓度梯度存在时，物质粒子因热运动而发生宏观上的定向迁移，可以用 Fick 扩散第一定律对其进行描述，即

$$\frac{\mathrm{d}n}{\mathrm{d}t} = -DA_{\mathrm{s}}\frac{\mathrm{d}s}{\mathrm{d}x} \tag{3-68}$$

在一定温度下,在浓度差作用下,单位时间内向 x 方向扩散,通过截面积 A_s 的物质的量 dn/dt 正比于浓度梯度 dc/dx 与 A_s 的乘积,这个比例系数 D 称为扩散系数。由 Stocks-Einstein 方程可知:

$$D = \frac{RT}{6\mu N_0 \pi r} \qquad (3-69)$$

式中　R——热力学常数,8.314 J/(mol·K);

　　　T——温度;

　　　μ——分散介质黏度;

　　　N_0——阿伏伽德罗常数,6.02×10^{23} mol^{-1};

　　　r——颗粒半径。

由于颗粒粒径较小,细颗粒在气溶胶中的运动过程中,在热扩散和布朗力作用下对抗重力作用或静电斥力作用相互碰撞并粘连在一起形成大颗粒,使得颗粒的数量减小,平均粒径增大。部分细颗粒和粗颗粒碰撞后被粗颗粒捕集并附着在其上,随粒径增大,重力作用逐渐占主导地位,最终导致颗粒物沉降而被去除。

（二）微粒的凝并增长

在微粒凝并理论中,一般假设粒子的每一次碰撞接触均可以有效地导致凝并,凝并理论的目标是描述粒子的数目浓度及粒径大小随时间的变化。为了便于理解,在此我们假设碰撞的两粒子为球形颗粒。

Smoluchowski 的经典理论研究表明,理想条件下单一介质中两球形颗粒的碰撞凝并速率可以用下式表示:

$$\frac{dn}{dt} = -\frac{1}{2} k_0 n^2 \qquad (3-70)$$

式中　n——单位体积参加碰撞的颗粒数;

　　　k_0——凝并常数,$k_0 = 4\pi(D_1 + D_2)(r_1 + r_2)$;

　　　D_1, D_2——两颗粒的扩散系数;

　　　r_1, r_2——两颗粒半径。

根据碰撞凝并速率公式,可对粒子数目浓度随时间的变化公式进行推导,当 $t=0$,则式(3-70)的解为:

$$\frac{1}{n} - \frac{1}{n_0} = \frac{1}{2} k_0 n^2 \qquad (3-71)$$

将其改写为:

$$n = \frac{n_0}{1 + \frac{1}{2} k_0 n_0 t} = \frac{n_0}{1 + \frac{t}{t_b}} \qquad (3-72)$$

式中,n_0 表示粒子原始浓度;$t_b = 2/k_0 n_0$ 称为粒子数目浓度的半值时间。

如果在凝并过程中单位体积中气溶胶粒子的质量不变,由粒子数目浓度随时间的变化公式,可得到粒径随时间的变化公式为:

$$\frac{d(t)}{d_0} = \left[\frac{n_0}{n(t)} \right]^{\frac{1}{3}} \qquad (3-73)$$

即

$$d(t) = d_0 \left(1 + \frac{1}{2} n_0 k_0 t\right) \tag{3-74}$$

式中，$d(t)$ 为凝并 t 时刻的粒径；d_0 为粒子凝并前的初始粒径。

上述粒径随时间的变化公式可以准确描述液滴的凝并过程，对于形状不规则的固体粒子也可以近似地加以说明。

（三）影响微粒凝并的因素

1. 颗粒间的作用力

气溶胶颗粒在彼此的碰撞过程中会受到颗粒之间的分子势力影响，尤其当气溶胶颗粒带电、带磁等情况，其彼此之间的电场力或磁场力会大大地影响颗粒之间的碰撞。

2. 颗粒的回弹

当固体颗粒彼此之间发生碰撞时，并不是所有发生碰撞的颗粒都会发生凝并现象。在碰撞过程中，颗粒的动能会逐渐转化成变形能（包括塑性变形能和弹性变形能）。当颗粒促使回弹的弹性变形能大于颗粒的黏着能时，颗粒就会发生回弹，最终彼此分开。

3. 颗粒的自身属性

在颗粒的凝并过程中，颗粒的自身属性对颗粒的凝并有很大影响。颗粒的碰撞频率函数只与颗粒的温度、体积、密度以及扩散系数等有关，而与颗粒的弹性模量、颗粒表面的粗糙程度、泊松比以及颗粒的表面能等参数无关。在实际的凝并过程中，颗粒的弹性模量、表面粗糙度、表面能以及泊松比等因素都会对其产生很大的影响。

4. 外力场

外力场如声场、磁场、电场等都会对凝并速率产生显著的影响。由于布朗凝并的速率过慢，所以在实际应用中为了加快凝并速率通常会采用外加力场的方式提高凝并效率，根据外加条件的不同可以将凝并分为电凝并、化学凝并、蒸汽相变凝并、声凝并、磁凝并等。

二、微粒凝并技术及其进展

（一）电凝并

1. 电凝并方法

微粒电凝并是指将带有异极性电荷的颗粒物引入加有高压电场的凝并区中，荷电尘粒在交变电场力作用下产生往复振动，造成颗粒间的相对运动以及异性电荷的相互吸力，使得粒子相互碰撞和凝并的现象。

目前电凝并方法主要包括直流电场中异极性荷电粉尘的凝并、直流电场中同极性荷电粉尘的凝并、交变电场中同极性荷电粉尘的凝并以及交变电场中异极性荷电粉尘的凝并，其中异极性荷电粉尘在交变电场中的凝并是提高电凝并速率相对有效的方法，其凝并后的颗粒进入电除尘器更易被捕集。

2. 交变电场中异极性荷电粉尘的凝并

交变电场中异极性荷电粉尘的凝并技术也被称为微粒预荷电增效捕集技术。通常采用正、负高压电源对微细粉尘进行分列电荷处理，使相邻两列粉尘带上不同极性电荷，然后通过扰流装置的扰流作用，使不同粒径粉尘产生速度和方向上的差异，增加正、负粒子的碰撞机会，形成容易捕集的大颗粒后进入电除尘器顺利捕获。该技术设备压力损失≤250 Pa，粉尘排放浓度≤20 mg/m³，$PM_{2.5}$ 分级效率≥97%。目前主要应用于大型燃煤电厂锅炉烟气微粒的增效捕集。

交变电场中异极性荷电粉尘的凝并装置主要由三大部分组成:第一部分是荷电段的荷电本体系统,主要实现气体电离粉尘荷电;第二部分是静电凝并段的本体系统,用于实现荷电粉尘的相互凝并;第三部分是双极荷电和静电凝并装置的供电控制系统,分别用于向荷电段电极提供高压脉冲直流电源和向静电凝并段交变电场提供交变电压。

还有一些新的荷电方式,比如脉冲荷电。脉冲放电提供的高能电子足以克服微粒表面的势垒能,从而轰击荷电微粒表面。这样可以使微粒的荷电量超过场饱和荷电的极限,从而显著提高微粒的荷电量。

(二)化学凝并

1. 化学凝并方法

化学凝并是实现燃煤烟气超净排放的有效技术之一。化学凝并是指通过添加具有吸附作用、胶结作用及絮凝作用等的化学物质使细颗粒物团聚凝并结合成更大颗粒物,达到能够被常规除尘方法除去的颗粒粒径级别的方法。

通常,在电除尘器入口烟道喷入化学团聚剂溶液,利用带有极性基团的高分子长链以"架桥"方式将多个 $PM_{2.5}$ 连接,促使 $PM_{2.5}$ 团聚长大。化学凝并对于现有除尘器的运行参数影响不大。根据化学团聚剂的添加位置,化学凝并分为微粒生成过程中团聚凝并和微粒生成后团聚凝并。这里主要探讨微粒生成后的团聚凝并。

2. 化学凝并机理与工艺

(1)化学凝并机理

化学团聚剂对微粒的团聚体现在两方面:一方面团聚剂通过双流体雾化喷嘴喷入团聚室,由于雾化液滴表面具有较高的吸附活性,雾化液滴和飞灰颗粒在碰撞过程中黏结在一起,喷雾过程加强雾化液滴在烟气中的碰撞作用;另一方面,由于烟气本身温度较高(一般高于100 ℃),雾化液滴快速蒸发,通过硬团聚作用,雾化液滴中大分子链状结构捕集到细颗粒并紧密地团聚凝并在一起。微粒在团聚凝并前后的 SEM 如图 3-7 所示。

图 3-7 微粒团聚凝并前后的 SEM

通过微粒团聚凝并前后形貌的对比,化学团聚剂对微米级微粒的团聚捕集机理可解释为:一是柔性分子链边缘与金属阳离子配位结合的负水分子可以与吸附核形成氢键;二是在飞灰外表面上,由 Si—O—Si 键断裂形成的 Si—OH 基可以与晶体外表面的吸附分子相互结合形成共价键;三是团聚剂加热导致配位水失去,并形成电性吸附中心,产生电荷不平衡。同时,化学团聚室内液滴的蒸发及烟气湿度的增加提供了均相凝结生成固态颗粒的场所,从而减少亚微米颗粒物的数量。

(2) 化学凝并系统

化学凝并系统一般设置在烟气净化系统中除尘器之前,由团聚剂添加系统和团聚室组成,如图 3-8 所示。团聚剂添加系统由团聚剂配制、团聚液输送系统、压缩空气输送系统、雾化喷嘴等组成。化学团聚凝并室上部设置双流体雾化喷嘴,保证团聚剂液滴在团聚室与烟气充分接触。团聚剂溶液除高分子聚合物外,一般还包括适量润湿剂、pH 调节剂等成分。

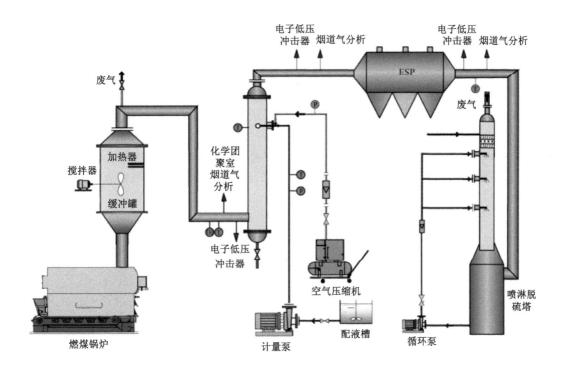

图 3-8　化学团聚凝并系统

3. 化学凝并协同脱除 SO_3 机理

燃煤发电厂是中国细颗粒物排放的主要来源。因此利用化学团聚来减少细颗粒物排放的新技术被应用于石灰石-石膏湿法烟气脱硫(WFGD)工艺,以提高细颗粒的去除效率。研究表明,化学团聚凝并除了能够针对烟气中亚微米级超细颗粒起到凝并预处理之外,还能够对烟气中 SO_3 起到协同脱除作用。化学团聚对 SO_3 的脱除主要有两方面作用:一是雾化液滴的蒸发降低了烟气的温度,增加了烟气的湿度,为 SO_3 形成 H_2SO_4 蒸气创造了条件;二是在化学团聚剂促进细颗粒的团聚过程中,SO_3 酸雾吸附在颗粒物表面,降低了烟气中 SO_3 的含量。根据 DLVO 理论,细颗粒和液滴之间存在能量势垒,颗粒间若发生团聚,必须存在足够的能量去打破势垒,才能进一步靠拢。若势垒很小,则粒子间的相对运动动能完全可以克服势垒。由于雾化团聚剂表面极性较强,H_2SO_4 雾滴会降低细颗粒的疏水性,细颗粒只要接触雾化团聚剂表面就会黏附在一起。团聚后的细颗粒流经电除尘器时,由于 SO₃ 酸雾吸附在颗粒物表面,比电阻必然会有显著降低,SO₃ 酸雾和细颗粒物就会被电除尘器捕集。另外烟气中 SO₃ 为电负性气体,可以被电晕电场产生的电子俘获,形成负离子。进一步降低烟气中 SO₃ 浓度,SO₃ 能使细小颗粒相互黏附并产生凝结,形成较大的颗粒,如图 3-9 所示。

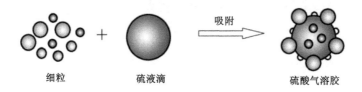

细粒　　　　硫液滴　　　　　　　硫酸气溶胶

图 3-9　SO₃ 酸雾在微粒上的凝结机理

4. 化学团聚对粉煤灰粒径凝并的研究案例

研究者在 WFGD 过程中,采用四种聚合物进行了化学团聚实验研究。为了研究脱硫塔化学团聚后粉煤灰的粒径变化,其中模拟分析了 PAM 溶液中粉煤灰的化学团聚特性。结果表明,加入 PAM 前后溶液中颗粒的尺寸分布如图 3-10 所示。粒径分布的峰值分别约为 1 μm 和 16 μm。当 PAM 加入水中时,粉煤灰粒子大幅度增大,同时峰值移向较大一端。团聚前后粉煤灰粒径中值分别为 12.78 μm 和 29.00 μm,浆液中团聚前后粉煤灰细颗粒(<10 μm)的比例由 41.65％降至 23.76％。

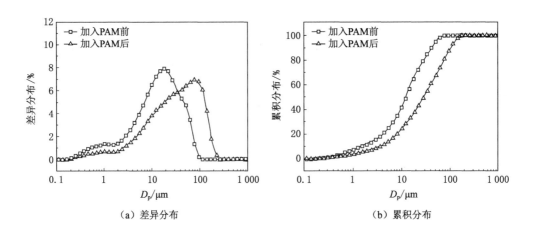

（a）差异分布　　　　　　　　　　（b）累积分布

图 3-10　加入 PAM 前后水中飞灰的粒度分布

图 3-10 表明,PAM 的加入有利于烟气和脱硫浆液中的细颗粒同时增大。推测的机理是,PAM 分子与溶液中颗粒之间的液体桥梁是通过氢键的作用形成的。当 PAM 分子将溶液中的两个或多个颗粒连接起来时,颗粒尺寸就增大了。这些结果表明,所提出的加入 PAM 化学团聚技术可以显著促进烟气中细颗粒的生长,通过添加化学团聚剂降低 WFGD 工艺后的细颗粒物排放是一种可行的工艺。

（三）蒸汽相变凝并

1. 蒸汽相变凝并方法

蒸汽相变促使微粒增大的机理是：在过饱和蒸汽环境中，蒸汽以 $PM_{2.5}$ 微粒为凝结核发生相变，使微粒粒度增大、质量增加，并同时产生扩散泳和热泳的作用，促使微粒迁移运动，相互碰撞接触，从而使 $PM_{2.5}$ 微粒凝并长大。

与外加声场、磁场、电场等预调节措施相比，在以下场合应用蒸汽相变原理具有明显的技术经济优势：① 高温、高湿的 $PM_{2.5}$ 排放源，如油、天然气燃料中因氢元素含量高，燃烧产生的烟气湿度大。② 安装湿法或半干半湿法脱硫装置、湿式洗涤除尘装置的 $PM_{2.5}$ 排放源。目前，湿法脱硫已成为主要的脱硫工艺，占 80%～85%，湿式洗涤除尘也是主要的除尘技术，但上述工艺均需喷水或添加蒸汽，使烟气相对湿度显著提高。③ 设置烟气冷凝热能回收装置的 $PM_{2.5}$ 排放源。在烟气冷凝过程中，蒸汽以 $PM_{2.5}$ 微粒为凝结核发生相变，促使微粒质量增加、粒度增大。

2. 蒸汽相变凝并技术的关键

（1）鉴于细颗粒凝结长大后形成的含尘雾滴会在外表面覆盖一层液膜，因此需与可脱除雾滴的设备配套使用。在这方面，高效除雾器是最适宜的设备之一，它对粒径在 $3\sim5\ \mu m$ 以上的雾滴有较佳的脱除效果。

（2）烟气相对湿度对细颗粒脱除效果有重要影响。适宜的烟气相对湿度应在 90% 以上，而此湿度范围与燃煤烟气湿法脱硫系统出口烟气相对湿度正好接近。蒸汽添加位置及添加量、烟气对喷距离等对细颗粒物相变脱除效果均有一定影响，由于加入蒸汽后烟温上升及过饱和水汽凝结的非平衡效应，细颗粒物脱除效果并不是随蒸汽添加量的增加而持续提高。

（3）将撞击流技术与蒸汽相变凝并技术相结合是高效脱除燃煤湿法脱硫净烟气中细颗粒物的重要途径之一。利用蒸汽相变凝并技术与撞击流技术相结合，可望强化水汽在细颗粒物表面凝结及促进表面凝结水膜的细颗粒进一步碰撞凝并长大，进而提高细颗粒的脱除效率。

（4）通过向撞击流相变室中注入粒度合适的雾化水滴，可极大地增加撞击流相变室撞击区液滴数浓度，强化细颗粒碰撞凝并效应。但蒸汽在雾化水滴表面的竞争凝结会减弱倾斜撞击流相变室中喷雾聚并对细颗粒的脱除作用，因此，其促进作用不明显。

（四）声凝并

1. 声凝并方法

声凝并是指利用声场中的声波带动空气振动，使具有不同粒径、密度的颗粒发生不同振幅的振动，使得振幅较大的小粒子与振幅较小的大粒子相互碰撞并发生凝并的方法。此外，在声辐射压作用下，粒子还会在声驻波波腹上沉积凝并。此法适宜处理浓度较高且颗粒粒径较大的含尘气体；但对低浓度、含呼吸性粉尘的气体，处理时间长、能耗大且效率不高。

2. 声凝并作用机理

目前的研究认为声凝并主要机理分为同向团聚作用和流体力学作用两种。声凝并过程如图 3-11 所示。

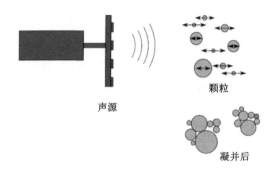

图 3-11　声凝并过程示意图

（1）同向团聚作用

根据声波夹带理论,处于声场中的细颗粒物会受到声波的夹带作用而发生往复振动。粒径与密度较大的颗粒由于惯性较大,其振幅较小;与此相反,粒径与密度较小的颗粒则具有较大的振幅。这种由于声波对不同粒径和密度颗粒的夹带程度不同而引起的凝并现象称为同向团聚。

（2）流体力学作用

流体力学作用是指基于伯努利方程的流体力学作用力和颗粒周围流场的非对称性产生的颗粒相互作用。流体力学作用机理能够存在于间距大于声波夹带位移的颗粒之间,同时被认为是单分散颗粒凝并的主要原因,又可分为声尾流机理和互辐射压力机理。

① 声尾流机理

声尾流作用是由 Ossen 流中运动颗粒周围流场的非对称性引起的。两个距离较近的颗粒受声波夹带而发生运动时,前一颗粒之后形成尾流效应,后一颗粒受此影响速度增加,在往复运动中靠近、接触,进而凝并在一起。

② 互辐射压力机理

声辐射压力是由于声波向颗粒传递动量对颗粒产生的非线性效应。在声辐射压力作用下,颗粒向驻波声场的波腹或波节点漂移,漂移方向取决于颗粒粒径和密度。互辐射压力是指由原入射波和散射波的非线性效应引起的相邻两颗粒的相互作用。由于互辐射压力使颗粒靠近并凝并在一起的机制被称为互辐射压力作用机理。

（五）声凝并的联合作用

1. 声场与电场联合作用

图 3-12 所示为管式凝并室内声场与电场联合作用下颗粒凝并示意图,电晕极置于管中心,声场沿管轴线方向传播。未施加电场时,随着声凝并的进行和颗粒团聚体的形成,颗粒数目浓度降低,颗粒间距增大,颗粒间相互作用减弱。引入电场后,颗粒在电场力的作用下向集尘极运动,进一步发生凝并;同时,颗粒声凝并而形成的团聚体表面积更大,更易于荷电,

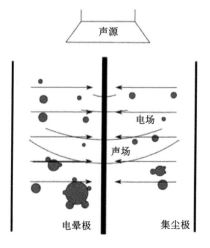

图 3-12　声场与电场联合作用
下颗粒凝并示意图

饱和荷电量也更大,更有利于在电场力作用下向集尘极运动而被捕集。

2. 声场与蒸汽联合作用(液桥力作用)

在蒸汽含量高的含湿气氛中,颗粒之间存在液桥力。作为短程作用力,液桥力的数量级远大于范德瓦耳斯力和静电力,它是颗粒发生碰撞后凝并形成颗粒团聚体的原因。在液桥力作用下,颗粒团聚体更加结实,不易破碎,而且团聚体之间还能继续相互架桥形成更大的团聚体。液桥力作用下颗粒的凝并过程如图 3-13 所示。此外,当蒸汽含量达到饱和含湿量时,通过降低烟气温度,促使蒸汽在颗粒表面发生异质核化凝结,能够使 $PM_{2.5}$ 在数秒时间内成长为粒径较大的含尘液滴,起到增大颗粒粒径的作用,从而提高声凝并效果。

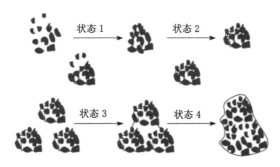

图 3-13　液桥力作用下颗粒的凝并过程

目前,我国燃煤锅炉普遍安装湿法脱硫系统。由于湿法脱硫装置出口烟气为接近饱和状态的高湿烟气,为利用声场与蒸汽相变联合作用预处理技术脱除 $PM_{2.5}$ 创造了有利条件。

3. 声场与湍流射流联合作用

声场与湍流射流联合作用在声凝并室内引入湍流后,会增强流场的扰动程度,进一步促进颗粒间的相对运动,从而提高颗粒间的碰撞和凝并的概率。声场与湍流射流联合作用下颗粒凝并情况如图 3-14 所示。

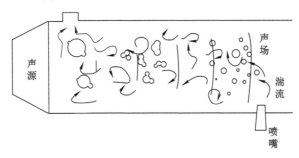

图 3-14　声场与湍流射流联合作用下的颗粒凝并情况

声场与湍流射流的联合作用虽然能提高脱除效果,但脱除效率相对较低,而且由于湍流自身的复杂性,难以建立完整的理论模型解释,将限制声场与湍流射流联合作用在工程实际中的应用。

4. 声场与离心力联合作用

声凝并后形成的颗粒团聚体在旋风除尘器的离心力作用下,被抛向器壁而与气流分离,再沿壁面落至锥底的排灰口。声凝并后颗粒的粒径变大,而离心力对大颗粒的作用效果明显,基于这一原理,两者的联合作用可提高颗粒的脱除效果。声场与离心力联合作用下颗粒凝并如图 3-15 所示。

声场与离心力联合作用下颗粒脱除效率可达到97.5%。考虑到旋风除尘器目前主要用于工业炉窑烟气除尘、工厂通风除尘、工业气力输送系统气固两相分离与物料回收等领域,在这些应用场合中,采用声场和离心力联合作用可以提高除尘效率和物料分离回收率。然而,这种联合作用不适用于燃烧源 $PM_{2.5}$ 排放控制领域。

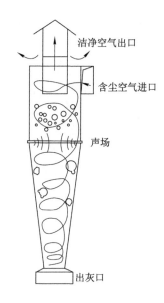

图 3-15　声场与离心力联合作用下颗粒凝并

(六)脉动排气凝并

1. 脉动排气凝并

脉动排气凝并是指利用机动车燃机排气脉动的特点,通过气溶胶脉动带动微粒发生相对运动和碰撞凝并的过程。目前脉动排气凝并主要针对污染相对严重的柴油机进行控制技术研究。

2. 影响脉动排气凝并的因素

(1)微粒运动速度的影响

脉动的排气主要通过影响不同粒径微粒的运动速度来影响微粒的凝并。不同粒径微粒在脉动排气中受到的各种作用力大小不同,这反映在微粒速度上产生差异。图 3-16 给出了不同粒径微粒的运动速度在脉动排气中的变化情况。

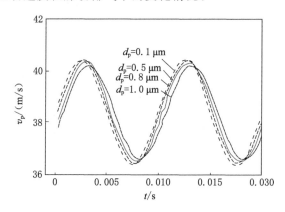

图 3-16　不同粒径微粒速度的变化

由图 3-16 可知,由于排气脉动,微粒速度也随之脉动。微粒粒径越大,则其脉动速度的幅值越小、相位滞后越多。微粒粒径差别越大,脉动速度的幅值和相位的差别越明显。柴油机微粒粒径可以相差几个数量级。正是由于脉动气流中不同粒径微粒的速度和相位的差异加剧了微粒相互碰撞的机会,使得脉动排气中微粒的凝并成为可能。

(2)微粒粒径的影响

图 3-17 给出了不同粒径微粒的凝并系数随微粒粒径的变化情况。从图中可以看到,微

粒粒径相差越大,则微粒的凝并系数也越大。若微粒粒径逐渐接近,由于微粒的运动规律也逐渐接近,相对速度减小,碰撞概率降低,凝并系数也随之减小。一般柴油机排气中的微粒粒径相差极大,这非常有利于脉动的柴油机排气中的各种不同粒径微粒的凝并。

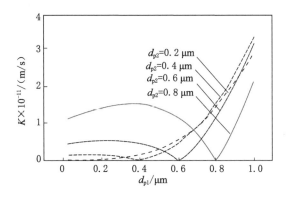

图 3-17　微粒的凝并系数随微粒粒径的变化

（3）排气速度的影响

图 3-18 给出了柴油机排气平均速度对微粒凝并系数的影响。当其他参数一定时,脉动排气的平均速度越高,则相应的凝并系数越大,即微粒碰撞凝并的机会相应地增加。当平均速度超过 40 m/s 时,凝并系数急剧增加。在柴油机排气速度的变化范围内,凝并系数可以相差几倍。平均速度对不同粒径微粒的凝并系数的影响不同,粒径差别越大,平均速度对凝并系数的影响越显著。提高气流速度是增强微粒凝并效果的一项非常有效的技术手段。

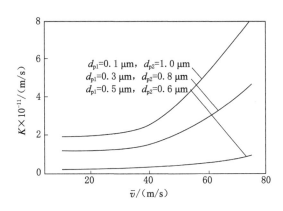

图 3-18　排气平均速度对微粒凝并系数的影响

（4）排气脉动速度及脉动频率对微粒凝并的影响

柴油机的间歇排气使排气具有一定的脉动。柴油机的缸数越少,排气脉动越大。图 3-19 给出了柴油机排气脉动速度大小对微粒凝并系数的影响。

通过图 3-19 得出,当脉动排气其他参数一定时,排气脉动速度越高,不同粒径微粒速度的差别越大,因此微粒凝并系数越大,微粒碰撞凝并机会也越高。凝并系数几乎随排气脉动速度的增加而线性增加。排气脉动速度同样对粒径差别较大的微粒的凝并系数的影响较为显著。

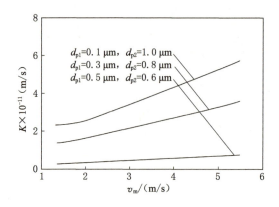

图 3-19　排气脉动速度对微粒凝并系数的影响

　　排气速度的脉动频率也对微粒凝并产生影响,柴油机排气的脉动频率主要与柴油机转速和缸数有关。柴油机转速越高,缸数越多,则排气的脉动频率越高。图 3-20 给出了排气脉动频率对不同粒径微粒的凝并系数的影响。由于假设排气脉动按简谐规律变化,在柴油机排气脉动频率的变化范围内,微粒凝并系数有一定程度的波动,图 3-20 中的凝并系数是指凝并系数变化趋势的平均值。当脉动排气其他参数一定时,排气脉动频率越高,微粒的凝并系数越大,因此越有利于不同粒径微粒的碰撞凝并。同样,凝并系数的大小受不同微粒粒径大小的影响。

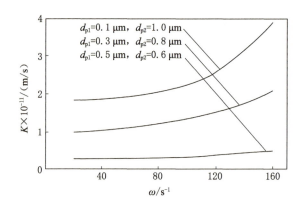

图 3-20　排气脉动频率对微粒凝并系数的影响

　　排气脉动有利于机动车排气微粒的碰撞凝并,从而改善微粒的捕集条件。在机动车烟气微粒捕集系统中,创造条件促使微粒凝并可有效提高其微粒的捕集效率,这具有重要的意义。

第五节　集气罩的捕集机理

　　废气在从生产工艺的产生点到达处理装置的过程中,是通过密闭的管道进行输送的。而废气在产生点的收集须设计适合于粉尘性质和产尘点环境特点的集气罩。空气污染物依附于气流运动而扩散,对于生产过程中散发的各种污染物,只要能控制室内二次气流的运动,就可以控制污染物的扩散和飞扬,达到改善车间内外空气环境质量的目的。研究集气罩罩口气流运动规律,是合理设计、使用集气罩和有效捕集污染物的基础。

一、局部排气净化系统的组成与集气罩的功能

局部排气通风方法就是对局部污染源设置集气罩,把产生的污染空气捕集到集气罩内,通过风管输送到净化设备,经净化后排至室外,这是控制空气污染最有效、最常用的一种方法。

(一)局部排气净化系统的组成

局部通风除尘系统是煤炭加工和利用企业常见的粉尘污染控制设施,局部排气净化系统通常由集气罩、风管、净化设备、通风机和烟囱等五部分组成,如图 3-21 所示。

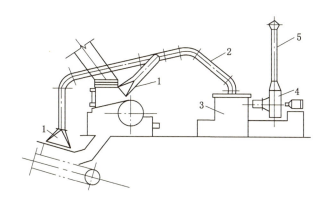

1—集气罩;2—风管;3—净化设备;4—通风机;5—烟囱或排气筒。

图 3-21　局部排气净化系统示意图

(二)集气罩的功能

集气罩性能对局部排气净化系统的技术经济指标有直接影响。性能良好的局部集气罩如密闭罩只需要较小的风量就可以获得良好的工作效果。由于生产设备和工艺的不同,集气罩的形式是多种多样的,主要有防尘密闭罩、柜式排风罩、外部吸气罩、接收式吸气罩、吹吸罩等多种形式。集气罩的形式主要根据产尘设备形状和工作原理以及对操作者的要求等进行选择。

罩口气流流动的方式只有两种:一种是吸风口的吸入流动;另一种是吹气口的吹出流动。

集气罩对气流的控制,以这两种罩口气流运动规律为基础。

二、吸风口的气流运动规律

一个敞开的管口就是一个最简单的吸风口,当吸风口吸风时,周围空气从管口吸入,管口附近便形成负压。离吸风口越近,压力越低,流速则随距离的增加而急剧减少,这种特殊的空气吸入流动称为空气汇流。

当吸风口面积很小时,可以视为"点汇流"。吸风口的中心点叫极点,周围空气从四面八方流向吸风口,空气流动不受任何界壁限制,这就叫"自由点汇流"。如果吸风口的空气

流动受到界壁限制,则叫"有限点汇流",如设置在墙面、屋顶或地面的吸风口。如果吸风口的吸气流动范围只在壁面外部半个空间内进行,这种点汇流叫"半无限点汇流"。

（一）自由点汇流

自由点汇流吸入流动的作用区是以极点为中心的球体,如图 3-22(a)所示。

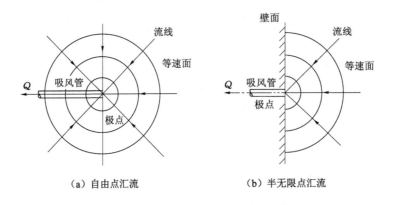

（a）自由点汇流　　　　　（b）半无限点汇流

图 3-22　点汇流模型图

在作用区内,以极点为中心的所有不同半径的球面都是点汇流的等速面。由于通过每个等速面的空气量相等,即等于吸风口的流量,假设点汇流吸风口的流量为 Q,等速面的半径分别为 r_1 和 r_2,相对应的气流速度为 v_1 和 v_2,则有

$$Q = 4\pi r_1^2 v_1 = 4\pi r_2^2 v_2 \tag{3-75}$$

即

$$v_1/v_2 = (r_2/r_1)^2 \tag{3-76}$$

由上式可知,点汇外某一点的流速与该点至吸风口距离的平方成反比。吸风口吸入气流速度衰减很快,因此在设计时,应尽量减少罩口到污染源的距离,以提高吸风效果和捕集效率。

（二）半无限点汇流

若吸风口设置在墙面上,如图 3-22(b)所示,吸风的范围减半,其等速面为半球面,则吸风口的吸风量为

$$Q = 2\pi r_1^2 v_1 = 2\pi r_2^2 v_2 \tag{3-77}$$

比较式(3-75)和式(3-77)可以看出,在同样的距离上,如果达到同样的吸气速度,即实现相同的吸风效果,那么自由点汇流的吸风量比半无限点汇流的吸风量大一倍。即在相同吸风量、相同的距离上,半无限点汇流的吸风口吸风速度比自由点汇流的吸风口吸风速度大一倍。因此,外部集气罩设计时,应尽量减少吸风的范围以增强控制效果。

实际使用的集气罩都是有一定面积的,不能视为点汇,而且气体流动也是有阻力的。吸风区气体流动的等速面不是球面而是椭球面,因此不能把点汇流气体流动规律直接用于集气罩的计算。为此,一些研究者对圆形和矩形吸风口的吸入流动进行了大量的试验,根据试验数据,绘制了吸风区内气流流域的速度分布图,如图 3-23、图 3-24 和图 3-25 所示,这些图称为吸气流谱,直观地表示了吸风速度和相对距离的关系。

当离开吸风口的距离 x 与吸风口直径 d_0 的比值 $x/d_0 > 1$ 时,可以近似看作点汇流,吸

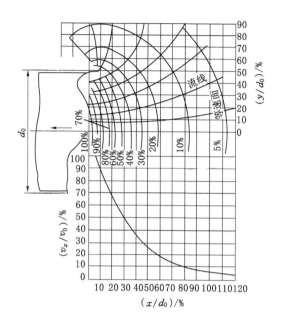

图 3-23　四周无障碍的圆形或矩形吸风口的速度分布图

（宽长比大于或等于 0.2）

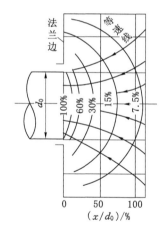

图 3-24　四周有边的圆形或矩形
吸风口的速度分布图

（宽长比大于或等于 0.2）

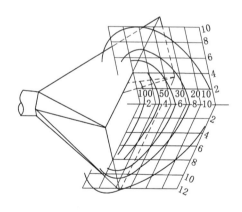

图 3-25　宽长比为 1：2 的矩形吸
风口的速度分布图

风量可以按式（3-75）计算；当 $x/d_0 < 1$ 时，应根据有关气流衰减公式计算。

由图中可以看出，吸风口气流速度衰减较快，当 $x/d_0 = 1$ 时，该点的气流速度已经降至吸风口流速的 7.5% 左右。对于结构一定的吸风口，不论吸风口风速大小如何，其等速面形状大致相同；而吸风口结构形式不同，其气流衰减规律则不同。

假设无边圆形吸风口直径 d_0 为 150 mm，其吸风口平均流速 v_0 为 2 m/s；而尘源只有在吸入速度为 0.5 m/s 的作用下才会吸入吸风口。需要我们判断吸风口离开尘源距离 x

为 150 mm 时,尘粒能否被吸入。我们可利用吸气流谱图(图 3-23),查出相对距离 $x=d_0$ 时,轴心流速 $x=7\%v_0$。则 $v_x=0.07\times2=0.14$ (m/s)。此时,$v_x<0.5$ m/s 的尘粒不能被吸入集气罩内。由分析可知,只有距离吸风口 75 mm 以内的尘粒才能被吸入。因此,实际操作中吸风口应尽量靠近产尘点。

三、喷吹口的射流运动规律

空气从孔口吹出,在空间形成一股气流被称为吹出气流或射流。射流在通风工程中得到了广泛的应用。吸风口空气流动的情况与射流运动时气流扩散的情况是完全不同的。因此,对射流运动规律进行研究是很有必要的。

(一)射流的分类

(1)按喷射口的形状不同,射流可以分为圆射流、矩形射流和扁射流。

(2)按空间界壁对射流的约束条件,射流可分为自由射流(无限空间)、受限射流(有限空间)和半受限射流。

(3)按射流内部温度变化情况,射流可以分为等温射流和非等温射流。射流出口温度和周围空气温度相同的射流称为等温射流;非等温射流是沿射程被不断冷却或加热的射流。

(4)按射流产生的动力,射流可以分为机械射流和热射流。

(二)空气射流运动的特性

实际空气射流的特性相当复杂,无法精确地进行描述。为了便于研究,需进行一些假定将问题简化。由于射流流速比较高,可以假定射流流动都属于紊流;紊流运动出口断面上各点的速度都几乎是均匀一致的,因此,可以假定射流在喷口断面上的速度分布也是一致的。此外,最重要的假定是射流各断面的动量相等,即空气射流的动力学特性完全遵循动量守恒定律。

根据上述简化假定分析,空气射流运动具有如下特性:

1. 卷吸作用

由于紊流的横向脉动,射流中的空气质点会碰撞靠近射流边界原来静止的空气质点,并带动其一起向前运动。射流的这种"带动"静止空气的作用就是卷吸作用。

2. 射流范围不断扩大

由于射流的卷吸作用,周围的空气不断地被卷进射流范围内,因此射流范围不断扩大。以等温圆射流为例,等温圆射流是自由射流中的常见流型,其结构如图 3-26 所示。

假设喷射口速度是完全均匀的,从孔口喷出的射流范围不断扩大,其边界是圆锥面。圆锥的顶点称为极点,圆锥的半顶角称为射流的扩散角,其计算公式见表 3-17。

由图 3-26 可以看出,射流内的轴线速度保持不变并等于喷射速度 v_0 的一段,称为射流核心区(图中 AOD 锥体)。由喷射口至核心被冲散的这一段称为射流起始段。以起始段的端点 O 为顶点,喷射口为底边的锥体中,射流的基本性质(速度、温度、浓度等)均保持原有特性。射流核心消失的断面 BOD 称为过渡断面。过渡断面以后称为射流基本段。

3. 射流核心呈锥形不断缩小

射流与周围静止空气的相互混合是由外向里进行的,在开始一段范围内,射流中心部

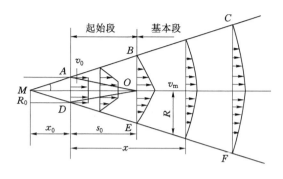

图 3-26　射流结构示意图

分还没来得及被影响到,将仍然保持射流的初速度向前运动。这个保持初速度的中心区称为射流核心区。从图 3-26 可见,射流核心区是一个不断缩小的圆锥形,圆锥的顶点为临界断面的中心点。射流核心区消失以后,从临界断面开始,射流轴心速度则随射程的增加而减小,最后衰减为零。对于扁射流,距喷射口的距离 x 与喷射口高度 $2b_0$ 的比值等于 2.5 以前为核心段,核心段轴线上射流速度保持喷射口的平均速度 v_0。

表 3-17　等温圆射流和扁射流基本段参数计算公式

参数名称	符号	圆射流	扁射流
扩散角	α	$\tan \alpha = 3.4\alpha$	$\tan \alpha = 2.44\alpha$
起始段长度	s_0/m	$s_0 = 8.4R_0$	$s_0 = 9.0b_0$
轴心速度	$v_\mathrm{m}/(\mathrm{m/s})$	$\dfrac{v_\mathrm{m}}{v_0} = \dfrac{0.996}{\dfrac{ax}{R_0}+0.294}$	$\dfrac{v_\mathrm{m}}{v_0} = \dfrac{1.2}{\sqrt{\dfrac{ax}{R_0}+0.41}}$
断面流量	$Q_x/(\mathrm{m/s})$	$\dfrac{Q_x}{Q_0} = 2.2\left(\dfrac{ax}{R_0}+0.294\right)$	$\dfrac{Q_x}{Q_0} = 1.2\sqrt{\dfrac{ax}{b_0}+0.41}$
断面平均速度	$v_x/(\mathrm{m/s})$	$\dfrac{v_x}{v_0} = \dfrac{0.1915}{\dfrac{ax}{R_0}+0.294}$	$\dfrac{v_x}{v_0} = \dfrac{0.492}{\sqrt{\dfrac{ax}{b_0}+0.41}}$
射流半径或半高度	R 或 b/m	$\dfrac{R}{R_0} = 1+3.4\dfrac{ax}{R_0}$	$\dfrac{b}{b_0} = 1+2.44\dfrac{ax}{b_0}$

4. 射流各断面动量相等

根据动量方程式,单位时间通过射流各断面的动量应相等。

5. 射流的静压分布

射流中的静压与周围静止空气的压力相同,射流范围内每点的压力与射流是否存在无关。因为射流中各个方向的静压力相互抵消,外力之和等于零,使射流处于平衡状态,所以射流中各点的静压力是一致的,并且都等于周围静止空气的压力。

6. 射流各断面速度分布的相似性

射流中任一点的速度是一个随机变量,特别是射流主体段;虽然各断面的速度值不同,但是速度分布规律是相似的,较好地服从对数正态分布,轴心速度大于边界层的速度。射流参数的计算,可采用表 3-17 所列公式进行。

四、吸入流动和射流的比较

(一)送风口和吸风口气流速度的衰减

射流由于卷吸作用,沿射流前进方向流量不断增加,射流作用区呈锥形;吸入流动作用区的等速面呈椭球面,通过各等速面的流量相等,且等于吸入口的流量。

射流轴线上的速度基本上与射程成反比,而吸入流动区气流速度与离开吸风口距离的平方成反比。所以,吸风口的能量衰减很快,其作用范围较小。送风口和吸风口气流速度衰减情况如图 3-27 所示。

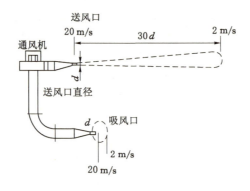

图 3-27　送风口和吸风口气流速度衰减情况

总之,吸入气流与射流的流动特性是不同的。射流能够在较远处保持高能量密度,而吸入气流则在离吸风口不远处能量密度急剧下降。也就是说,射流流动的控制能力大,而吸入气流则更适合接收物质。因此,在实际应用中,可以利用射流作为动力,把污染物输送到吸风口进行捕集;或者利用射流阻挡、控制污染物的扩散。这种利用各自的优点进行配套,把射流和吸入流动结合起来的集气方式称为吹吸气流。

(二)吸风口和喷射口气流的流动状况

吹吸气流是两股气流组合而成的合成气流,其流动状况随喷射口和吸风口的尺寸比以及流量比(Q_2/Q_1,Q_3/Q_1)而变化。

图 3-28 是三种最基本的吹吸气流形状。图中 H 表示吸风口和喷射口的距离;D_1、D_3、F_1、F_3 分别表示喷射口、吸风口的大小尺寸及法兰边宽度。

Q_1、Q_2、Q_3 分别表示喷射口的喷射风量、吸入室内空气量和吸风口的总排风量;v_1、v_3 分别为喷射口和吸风口的气流速度。从图可以看出,喷射口的宽度越大,抵抗以箭头表示的侧风、侧压的能力就越大。所以现在已把 $H/D_1 < 30$ 定为吹吸式集气罩的设计基准值。从图中还可以看出,当喷射风量 Q_1 一定时,图 3-28(a)的喷射口宽度最小,喷射速度比图 3-28(b)、图 3-28(c)大,动力消耗也大,而且噪声、振动也大。当排风量 Q_3 一定时,图 3-28(b)的吸风口宽度最小,吸入速度比图 3-28(a)、图 3-28(c)大,动力消耗大,亦不理想。因此,通过这三个图不同喷射口、吸风口情况下呈现出气流流动形状的比较,可知图 3-28(c)的流动形式最理想。

吹吸气流的断面形状各种各样,可按实际工程需要加以选用,进行合理设计。

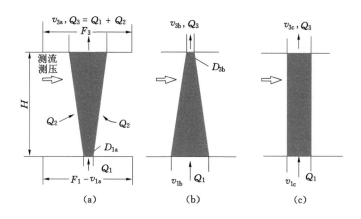

图 3-28 吹吸气流的形状

注:① $H/D_1 < 30$,一般 $2 < H/D_1 < 15$;② v_1、v_2 越小越好,但是 $v_1 > 0.2$ m/s;③ F_3 越小越好;
④ $F_1 = D_1$ 最好;⑤ 采用经济设计式,使 Q_3 或 $(Q_1 + Q_3)$ 最小。

第四章 煤矿地面粉尘控制技术

第一节 煤矿地面粉尘概述

一、煤矿地面粉尘典型粉尘源

煤矿粉尘主要来源:一是露天煤矿生产性粉尘,属于地面粉尘;二是井工煤矿生产性粉尘,主要包括开采、运输、储存、分选等过程中产生的粉尘,既涉及地面粉尘,也有井下粉尘。煤矿井下开采过程的粉尘控制将在第五章阐述,本章重点阐述煤矿地面粉尘的主要来源、控制技术及典型案例。

(一)露天煤矿粉尘来源

1. 表土剥离

目前国内露天煤矿的表层黄土剥离工作主要采用外包合作方式,其使用的采掘、运输设备大多为小型设备,且数量较多,所以在挖掘、拉运过程中会产生大量粉尘。由于露天煤矿粉尘控制方面投入不足等现实问题,表土剥离是当前我国露天煤矿主要产尘源之一。

2. 生产工艺环节

(1)钻机打孔

穿孔工作是露天煤矿开采中的重要工序,用于在钻孔中安装炸药,以便进行后续爆破工作。在穿孔作业中,潜孔钻和牙轮钻在钻头冲击、回转或研磨孔底煤岩时会产生大量的粉尘。尽管钻机配有除尘设备除尘,或采取加湿措施防止粉尘外溢飞扬,但处理效果并不理想,仍有大量粉尘随风逸散到空气中。

(2)爆破

在矿山爆破过程中,炸药起爆后会产生高温、高压气体,这些气体迅速膨胀形成巨大爆炸力。这种力量会对炮孔壁及其作用半径内的矿岩骤然实施以压力和剪切力,导致岩石瞬间被压碎、压缩和破碎。受力最大的岩石的粉化程度最高,同时岩石在位移过程中产生剧烈的相互冲击碰撞,进一步加剧了粉化程度。被粉化了的矿岩就会随着爆炸波所形成的气浪以高速充满爆区及附近地区的整个空间。煤矿上,岩层松动爆破中产生的粉尘量是巨大的,爆炸形成的粉尘柱高达数十米,爆破瞬间产尘量可达每立方米数千至数万毫克,对周围环境造成显著的污染。

(3)采掘

使用电铲挖掘机进行作业时,岩石滑落、摩擦、碰撞均会产生大量粉尘,电铲和推土机进行打扫作业时同样也会产生大量粉尘。经过实测数据调查显示,电铲挖掘机在没有进行防尘措施下,其粉尘产生量占所有采煤设备粉尘产生量的40%以上,成为粉尘产生量最大的生产设备之一。

（4）道路运输

运输卡车进出矿区时会产生大量粉尘，成为露天煤矿重要的产尘源。当卡车在露天矿运输道路或者平盘运输通路上行驶时，会产生扬尘。这是因为汽车经过时会对路面上的粉尘施加挤压、振动和气流等影响，使粉尘无规则运动，并产生二次扬尘。

（5）排土场卸料

卡车进行排土作业时，岩石滑落、摩擦、碰撞均会产生大量粉尘；推土机作业时，岩土因为重力滑落也会产生大量扬尘；因为排土场的绿化率低，在自然风力下会产生大量粉尘，污染矿区环境。

（二）井工矿地面粉尘源

1. 选煤厂

选煤厂的主要产尘环节为破碎、筛分及存在高落差的皮带转载点等。在选煤厂的生产过程中，皮带运输系统与各个生产环节密不可分。作为一种爬坡能力强、运输连续、生产率高、运输距离短且成本低的运输方式，带式输送机是选煤厂使用较为广泛的连续动作式运输设备，尤其对于选煤厂不同车间高差较大的情况，带式输送机的优越性更为显著，但也构成了选煤厂最为主要的产尘环节。

2. 翻车间

翻车机作为火车车厢卸料设备，在煤矿翻车间广泛使用。在使用翻车机进行卸料时，运料火车车厢里面的煤炭通过翻车机的旋转将物料从车厢下方的落料口落入料斗中，煤炭降落过程中在气流的作用下瞬间产生大量的粉尘，同时翻车机在翻转车厢时也会漂浮大量的粉尘，这些粉尘通过扩散和漂浮弥漫整个卸料车间，严重影响了车间工人的身体健康，还会影响电机、行车等设备的维护和使用寿命。

3. 储煤场

露天煤炭储煤场由于物料流动、现场装卸作业、风力扰动等，煤尘、土等粉尘在空气中弥漫，严重污染了现场作业环境，影响现场作业人员身心健康。煤炭物料一般都为粉粒状，粒度分布较宽，既有较大的颗粒，也有很小的颗粒。由于露天堆放煤炭数量比较大，在风力作用下，产生大量的粉尘。堆场表面的静态起尘主要与物料表面含水率、环境风速等关系密切。目前煤矿很少沿用露天储煤场，通过建设、使用封闭煤仓，使粉尘得到较好的控制。

二、国内外煤矿地面粉尘控制技术发展沿革

随着煤矿产业的不断发展，环境问题也日益凸显。世界各国对煤矿粉尘治理的重视程度不断提高，并进行了不断探索。如今在钻孔粉尘防治、爆破粉尘防治、道路运输粉尘防治、选煤厂粉尘防治等方面有了综合防尘技术体系。

（一）钻孔粉尘防治

露天矿厂一个非常重要的尘源即为钻孔扬尘。钻机司机及其助手接收的尘量最大，极易罹患尘肺病。因此，国外很多露天矿对钻孔作业制定了严格的粉尘标准（$0.1\sim0.5\ mg/m^3$）。通常，露天矿钻机粉尘控制方法有干式捕尘、湿式捕尘。干式捕尘一般采用负压袋式除尘，所以通常除尘效率优于湿式捕尘。干式捕尘对于设备密闭性有很高要求，所以设备后期维护投入时间、资金成本相对较高；湿式捕尘后期维护相对简单便捷，但其应用受地区水资源

状态、温度等因素制约。

1. 干式捕尘

一般由捕尘罩、除尘器、抽尘软管、风管及风机组成。露天矿干式捕尘除尘设备主要为布袋除尘器和旋风除尘器。除尘效果比较好的干式捕尘系统最后一级用布袋除尘器。2CBⅢ-200型牙轮钻机干式捕尘系统如图4-1所示。

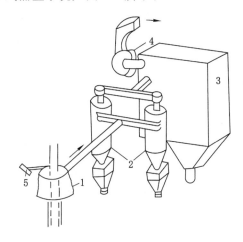

1—捕尘罩;2—旋风除尘器;3—布袋除尘器;4—风机;5—固定手柄。

图4-1 干式捕尘系统

2. 湿式除尘

由于风-水混合物凿岩时产尘量小,设备简单,基本上解决了粉尘的二次飞扬问题,所以在国外,早在加拿大亚当斯铁矿的50R牙轮钻机上就开始使用这种方法,并取得了良好的效果,其工作系统如图4-2所示。

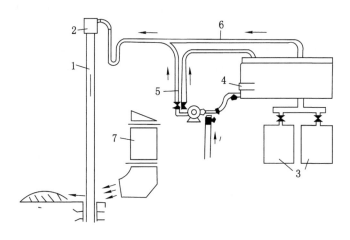

1—钻杆;2—风水接头;3—压气泵;4—管式电加热器;5—软水管;6—风管;7—风机。

图4-2 孔底风-水混合除尘系统

为了控制水量,美国试验了在牙轮钻机上应用电子计算机控制水量的方法。为了提高钻头的寿命,有国外研究机构在牙轮钻头通向轴承的风沟中设逆止阀,防止矿浆堵塞风沟或直接进入轴承。也有国外研究机构试验了在离孔底一定距离的钻杆上开孔喷水,形成水幕除尘的方法。加拿大亚当斯铁矿在 50R 牙轮钻机上使用保温水箱,其中装设两台功率为 6 kW 的电加热器,使水温维持在 80 ℃。同时,在 50R 牙轮钻机上,与水泵入水管并联一个容量为 30 L 的酒精罐。当停钻或交接班时,关闭入水管阀门,使酒精进入水泵并清洗整个给水系统,防止管路冻结,解决了冬季结冰的问题。

据美国劳工部矿山安全与健康管理局(MSHA)资料显示,对露天矿钻机除尘器效率能达到约 90%。此外,为提高湿式钻孔效率和粉尘控制效率,MSHA 也研究了一种新技术——旋转湿润层除尘器,原理如图 4-3 所示。滤层是旋转型的而不是固定型,其他结构均类似湿式过滤除尘器。旋转湿润层除尘器的过滤层由聚丙烯和金属丝网组成,这种结构既可以提高除尘效率,同时还能实现有效除雾。但是旋转湿润层除尘器也存在某些缺点,即运转维护较复杂。

我国在露天矿钻孔粉尘控制领域的研究始于 20 世纪 60 年代,当时我国开始研发并使用湿式除尘器,对中粒径为 5 μm 的粉尘的除尘效率可达到 54.4%。随后 70 年代马鞍山矿山研究院研制了湿式旋流除尘风机,该风机包括湿润凝聚、旋流、脱水及整流四部分,大幅度提高了除尘效率,达 90%~95%,耗水量在 3 L/min 左右。目前,我国露天矿钻机除尘设备的型号、作业工艺及设备(表 4-1)已经相对完备,但在使用中仍存在漏风、密闭性不好等问题。

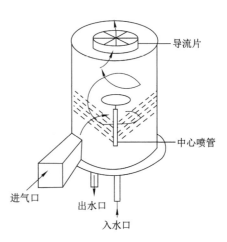

图 4-3 旋转湿润层除尘器原理图

表 4-1 露天矿钻机除尘方式及除尘效率

型号和作业方式	除尘方式及设备	排放浓度/(mg/m³)	除尘效率/%
KY310 型牙轮钻湿式作业	湿式除尘器	136.2	95.4
KY-0 型牙轮钻湿式作业	湿式除尘器 旋风除尘器	117.4	97.1
78-φ200 潜孔钻干式作业	旋风除尘器 布袋除尘器	36.6	96.1
YQ-150A 潜孔钻	YJ 除尘器	<10.0	96.1
HYZ-250B 牙轮钻干式作业	旋风除尘器 布袋除尘器	45.0	97.4
HYZ-250B 牙轮钻干式作业	布袋除尘	20.0	97.1

(二)爆破粉尘防治

露天矿进行爆破作业时产生的粉尘以爆破点为中心迅速向四周逸散,其爆破瞬间的产尘量可达每立方米数千甚至数万毫克。目前爆破防尘广泛采用湿式除尘技术,湿式降尘最为普遍。湿式降尘措施主要有矿体注水、爆堆洒水、水封爆破降尘、水塞炮孔降尘、泡沫覆盖降尘等。矿体注水是在爆破前期,在爆破位置打孔、高压注水,以尽可能增加岩体或煤层的湿润程度,从而提高减尘效果。爆堆洒水是对爆破松动的爆堆进行洒水润湿处理。法国最早研发了水封爆破降尘技术,该技术使用装满水并保持一定压力的聚氯乙烯塑料水封袋,在爆炸时袋内水被释放出来,实现抑尘。水塞炮孔降尘是将盛有水、溶液或固体的容器放入炮孔之中,通过爆破时的冲击力使容器内的物质扩散从而达到降尘目的。泡沫覆盖降尘多用于狭窄封闭的地下采矿区,是通过产生的泡沫覆盖巷道表面来减少尘埃的扩散。

Alfred 提出了一种简易防尘塞,可以有效防止爆破时的冲击力对粉尘的扩散,但大部分的防尘塞都是防止爆破粉尘爆炸设备的附属品,所以其对粉尘的控制范围和控制效果较弱。Mines 对润湿剂在采矿业的爆破防尘进行了应用研究,主要用润湿剂在爆破前润湿矿体实现减尘。Bhattacharyya 使用低浓度的丙烯酰胺和丙烯酰胺-丙烯酸共聚物对矿区爆堆进行喷洒,共聚物与颗粒物接触后形成大小不超过 $1~\mu m$ 乳化包裹粉尘,取得了良好的抑尘效果。

我国河北省地质矿产勘查开发局第八地质大队于 1959 年就对爆破过程中产生的粉尘污染问题进行了分析讨论,其主要防治措施有湿式凿岩法、喷洒水雾以及加强通风,并在开展防尘工作时,将管理和加强教育与加强技术防尘相结合。20 世纪 90 年代,袁玉华首次提出对矿山爆破粉尘采取合理通风、润湿矿体表面、水封爆破等处理措施。王海宁等人提出了利用表面活性剂去除矿山粉尘的方法,他们通过使用表面活性剂改变水的表面张力,并将其作为炮孔填料,以降低爆破粉尘的浓度。这一方法为爆破除尘研究提供了新的理解和思路。牟振山等人利用注满水的 HTO 袋堵塞炮孔的方式,提出了一种针对普通矿山的"清洁爆破"技术。杜翠凤等人研制了一种以物理吸附为主的富水胶冻炮泥,并对爆破粉尘的控制机理进行了分析和实验室研究。汪旭光等人研究了水预湿爆破体降尘法的降尘机理,提出了水预湿法降尘机理能够更有效地吸附粉尘。管仁生通过现场试验利用水袋得到单位体积水的最佳用药量,以达到最佳防尘效果。

(三)道路运输粉尘防治

1957 年加拿大等国家研发了一种 25% 浓度的木质磺酸钙盐的水溶液,用于处理矿石碎石路面。该溶液的有效防尘期与天气条件如季节、气温、降水量等有关,通常可持续三周。在美国亚利桑那州某铜矿中,路面使用 5%～10% 的沥青乳液,首先将碎石、砾石路面平整压实,而后喷洒该乳液,待干涸 2 h 后再进行一次表面处理,而第二次处理是在一星期后。1963 年,苏联在矿山路面铺设了一种由粒状氯化钙与小碎石混合后压实的表层,以形成有效的防尘路面。氯化钙的用量为 $0.6~kg/m^2$,防尘有效期可达 45～90 d,该技术适用于空气相对湿度较高的地区。20 世纪 80 年代西方工业发达国家在碎石、砾石路面或未铺路面上采用的路面防尘技术措施,主要以上述各类抑尘剂为主。2000 年以来,国外在矿山防尘路面抑制剂的研制与更新方面取得了快速发展,已从采用沥青、重油和无机盐类物质开始向有机高分子黏性聚合物发展,从单纯依赖其物理作用向深入利用其物理化学作用综合抑尘发展。

当前我国露天矿路面抑尘方法主要有道路洒水、道路喷洒抑尘剂、道路铺设过程掺入抑尘剂。在我国北方地区,由于干旱少雨且蒸发量大,道路洒水的频次应加强,喷淋强度应大于或等于该地区水量的蒸发强度,这样才能达到有效的抑尘效果。目前我国大部分露天矿都采用这种方式进行路面抑尘。该法操作简单,但缺点是用水量大,有效抑尘期短。道路喷洒抑尘剂通常是喷洒吸湿性极强的钙盐或镁盐溶液,以延长有效抑尘期。试验结果表明:在非阴雨天气里,对路面喷洒 15%、25%、35%的氯化钙溶液可有效抑制粉尘 2~5 昼夜,喷洒 45%的氯化钙溶液可有效抑尘达 10 昼夜。道路铺设过程掺入抑尘剂是指路表铺设过程中掺入粉末状或者颗粒状的氯化钙,利用固态氯化钙与水的结合作用起到抑尘效果,该法的缺点是容易被雨水冲刷,不适合降雨量较大的地区。王坪龙、吴超提出利用具有优良的重复吸水、保水性能的聚丙烯酸钠溶胶作为路面喷洒抑尘剂,能够使尘土保持较高的含水率,抑尘效果显著。陈昕通过淀粉和丙烯酸接枝反应产生高分子聚合产物,调节 pH 值后与一定比例的 CMC-Na、HPMC 进行复配,制备出目标抑尘剂。艾封年从 12 种相关的抑尘剂原材料中优选出了醋酸钙镁盐作为吸湿剂、三乙醇胺作为保湿剂、羧甲基淀粉钠作为黏结剂以及木质素磺酸钠作为表面活性剂在道路上喷洒,取得了有效的降尘效果。

（四）选煤厂粉尘防治

德国、日本等国家较早开始要求煤炭生产单位选煤厂粉尘浓度控制在 50 mg/m³。为了满足这一要求,德国鲁奇公司开发了 BS780 系列电除尘器、日本开发了 ESCS 宽极距电除尘器,这些设备均成功应用于选煤厂等工作车间的除尘。澳大利亚新南威尔士州煤矿选煤厂采用了布袋除尘技术并使用 Dralon-T 布袋材料,取得了良好的除尘效果。2013 年美国采用 Blue-Max-CRF/70 处理方法成功应用于玻璃纤维滤布除尘。

20 世纪 90 年代以来,我国除尘技术发展迅速,并广泛应用于煤炭、化工等行业。李子英、李建利明确提出溜槽的结构改进能够在很大程度上降低粉尘浓度,提出在传统溜槽内部添加缓冲装置来降低煤流速度,可改变煤流对溜槽的冲击,从而降低粉尘浓度,但该法不适用于高落差的煤流线。石常省、谢广元开展了对选煤厂粉尘综合治理方案的研究。贾慧燕、马云东等针对选煤厂输煤系统转载点粉尘产生规律,设计了一种弓形导料槽,控尘效果良好;并指出溜槽与输送带之间的密封性能对有效控尘很重要。荆德吉针对粉尘颗粒在皮带受料处的运移规律创新性地提出了闭环回旋控尘方法。樊文涛针对不同产尘地点,优化选择出不同的治理设备,形成了一套适用于大型选煤厂粉尘在线监测与防治技术体系。

第二节 煤矿开放源控尘技术

由第一节内容可知,无论是露天煤矿还是井工煤矿在开采、运输、储存、分选等过程中,尤其是道路爆破、运输及分选等控制粉尘难度较高的开放性产尘源环节,都会逸散大量粉尘,对周边环境和相关工作人员的身体健康均造成严重威胁。本节针对煤矿开放源粉尘的化学抑尘、密闭抽尘、湿式降尘等技术原理、技术种类进行阐述。

一、化学抑尘

（一）露天煤矿运输道路抑尘技术

1. 抑尘机理

抑尘作用主要包括润湿和凝并。通过在溶剂（如水）中加入一定量的吸湿、保湿、渗透、浸润、捕尘等多种化学药剂,可以改善水的保湿、渗透、捕尘特性。在水中加入一定量的渗透剂可以降低水的表面张力,加快水对微细粉尘的浸润速度。另外在水中加入一定量的保湿、浸润剂可以增强物料的吸水性,使其能吸附周围环境(大气、土壤等)中的水分,从而使抑尘总用水量大大地降低,取得延长抑尘时间的效果。特别是在水里加入无机类化学抑尘剂后,水溶液中会产生大量的正负离子,对带电性粉尘粒子具有很强的吸引力,有一定的捕尘作用,从而增加了道路抑尘效果。

2. 抑尘剂种类与效果

传统的化学抑尘剂主要有润湿型化学抑尘剂、黏结型化学抑尘剂、凝聚型化学抑尘剂等三大类。此外,随着生产技术的不断进步以及人们对环保要求的不断提高,又出现了复合型化学抑尘剂、生态环保型化学抑尘剂及特殊型化学抑尘剂。

(1) 润湿型化学抑尘剂

润湿型化学抑尘剂通过提高水的润湿能力来增强水的捕尘能力,从而提高抑尘效果。相比单纯的洒水抑尘方法,路面细微尘粒往往具有疏水特性,难以被水润湿,因此抑尘效果不佳。相关文献表明:水对 $2~\mu m$ 粉尘的捕获率为 $1\%\sim28\%$。润湿型化学抑尘剂是一种由吸湿性化学物质和表面活性剂配制而成的混合剂,其中吸湿性化学物质是主料,表面活性剂为辅料。

润湿型化学抑尘剂是通过改善道路物料的渗透能力达到抑尘效果的。此类抑尘剂对疏水型道路扬尘的抑制效果较好。有效抑尘期一般为 $5\sim10~d$,超出有效抑尘期后,需要重复喷洒,防控二次扬尘。

(2) 黏结型化学抑尘剂

黏结型化学抑尘剂主要通过固结机理,在路面表面形成一层具有一定强度和硬度的固结层,以抵抗风力等外力因素的破坏,实现道路抑尘效果。煤矿使用较多的黏结型化学抑尘剂主要有:俄罗斯的乌尼维尔辛乳状液,美国的 Coherex 型黏结剂,英国 Wesling 公司研发成功的 Wesling-120 抑尘剂以及许多国家用废重油、沥青、废渣组成的黏尘剂。

(3) 凝聚性化学抑尘剂

凝聚性化学抑尘剂利用凝并作用将细小的扬尘颗粒凝聚成大粒径颗粒,以促进其快速沉降,从而实现抑尘的目的。凝聚型化学抑尘剂的主要成分为吸湿剂,它能使扬尘保持较高的含湿量,从而抑制粉尘飞扬。按照所用材料的不同可分为吸湿型无机盐抑尘剂和高倍吸水树脂抑尘剂。

① 吸湿型无机盐抑尘剂

吸湿型无机盐材料众多,如 $NaCl$、$CaCl_2$、$MgCl_2$、$AlCl_3$、Na_2CO_3、Na_2SiO_3、活性氧化铝和硅胶等,这些材料都具有很强的吸湿保水特性,能提高粉尘的含湿量,从而抑制粉尘飞扬。中南工业大学吴超等在 $CaCl_2$、$MgCl_2$ 中添加碱性氧化物 CaO 和 MgO,在一定程度上解决了卤化物施用后偏酸性的问题;后又将卤化物与水玻璃复合,不仅使黏尘功能进一步增强,而且其溶液的弱酸性得到进一步降低,取得了良好的效果。但吸湿型无机盐具有较强的腐蚀性,而且最近有研究发现它对路边土壤和植物也有一定的危害。2006 年,金龙哲等在吸湿型无机盐中加入了一种阻蚀剂,结果发现该抑尘剂能够减少对钢铁等材料的腐蚀,在解决吸湿型无机盐抑尘剂的腐蚀方面取得了新的进展。

② 高倍吸水树脂抑尘剂

高倍吸水树脂是一种具有特殊功能的高分子材料,它不仅可以吸收比自身质量大几倍甚至几千倍的水,而且保水能力强,在很大的压力作用下也不脱水,具有良好的吸水、保水、吸湿、放湿等特性。

研制成功的 MC(由氯化镁＋丙三醇组成)、MPS(由氯化镁＋聚丙烯酰胺＋羧甲基纤维酸钠组成)型抑尘剂,就是湿润和凝并机理联合应用的结果,路面平整板结后也有固结机理。其特点是使路面材料始终保持湿润,并且使路面粉尘凝固成团,重新生成不易飞扬的较大粒径颗粒(使易飞扬粉尘含量低于 2%)。这种化学药剂是无色、无味、无毒、不带刺激性、无腐蚀性的高分子有机物。因药剂用量很小,仅为原料质量的 1/1 000～1/10 000,故对原料的性质不会造成影响。MPS 抑尘剂中的 P、S 物质吸水能力是自重的近千倍,可使路面保持湿润(含水量大于 2%)而不扬尘;可溶性高分子有机物本身又具有保湿作用,通过分子间作用力可阻止水分子蒸发,降低其蒸发速度,从而达到保水目的;另外,高分子聚合物(可溶于水是必要条件)有很强的黏结性能,它能将粉尘与路面材料等黏(聚)结在一起;在适当条件下,P 物质中的一些活性基团能与土壤或碎石中的某些离子发生物理化学反应,这不但可控制粉尘的产生,而且能大大降低微细粉尘的含量,更能改善路面质量。该抑尘剂通过这些机理达到防尘之目的。

(4)复合型化学抑尘剂

复合型化学抑尘剂由两种或两种以上抑尘剂通过物理或化学作用复合而成,能够将润湿、黏结、凝并、吸湿保水等功能合为一体。

张文案等合成了一种具有网状结构的复合型抑尘剂,该抑尘剂具有较好的保水性、黏结性及抑尘效果。肖红霞等采用预乳化法,以甲基丙烯酸甲酯和丙烯酸正丁酯合成复合型抑尘剂,喷洒在堆料、路面上,能在尘面形成一层大相对分子质量的黏性油膜,既有黏性又有很好的耐蒸发性,吸湿性较强,具有较好的吸水保水能力,其成本比洒水低。董波等研究了一种新型复合型抑尘剂,该抑尘剂能够在 −5～40 ℃ 的温度范围内正常使用,固化时间短,固化层厚度均匀,固化效果好,具有实际应用价值。

(5)生态环保型化学抑尘剂

近年来,科研工作者不断利用生物有机高分子材料及可降解环保材料开发出了生态环保型化学抑尘剂,具有绿色环保、无二次污染等特点。生态环保型化学抑尘剂主要是指利用工业副产品或天然生物质为原料制备的抑尘剂,此类抑尘剂具有可持续性的特点,而且能够变废为宝;也有使用可降解高分子材料来制备生态环保型抑尘剂的,但价格昂贵。

(6)特殊型化学抑尘剂

特殊型化学抑尘剂是指为满足一些特殊场合的抑尘需求或用于特别时期的抑尘剂,如防火、耐酸、耐碱、耐雨水、抗高温、抗冻等。

(二)露天矿爆破粉尘凝并降尘技术

爆破过程中起尘源点处产尘量最大,所以爆破粉尘控制一直是难点。通常,爆破粉尘污染的控制包括爆破前粉尘控制和爆破过程中粉尘控制。本部分介绍的露天矿爆破粉尘凝并降尘技术主要由爆破前预湿抑尘技术和爆破中水封爆破降尘技术两部分组成。

1. 爆破前预湿抑尘技术

爆破前预湿抑尘技术主要是指进行爆破前,配制凝聚性化学抑尘剂喷洒溶液,通过喷洒或通过钻孔向矿体内高压注入的方式,提高矿岩湿度,以达到降尘的目的。为了减少地面和坡体上的粉尘在爆破的冲击力下产生扬尘,国外有些矿山还使用了各种自动通风洒水装置来进行爆破后的空气除尘,这种装置每小时能将 3～3.5 m³ 的水喷成水雾,从而降低爆破时产生的烟尘。另外,通过提前预湿爆破体表面,利用尘粒间较大的液桥力促使尘粒间的凝聚,使小尘粒积聚成大尘粒,加速尘粒的沉降,从而起到抑尘作用。

2. 爆破中水封爆破降尘技术

爆破中水封爆破降尘技术是将炸药装入放凝并剂专用爆破袋中,利用炸药的冲击力使凝并剂充分雾化,从而达到降尘的目的。爆炸作用下液体抛撒成雾的过程属于液体的抛撒雾化,这是一个非常复杂的物理及化学过程,它涉及炸药的爆炸、冲击力、爆轰气体与运动以及与液体的相互作用、空气中液体的运动及破碎等各方面的知识。凝并剂在爆炸动能的冲击力作用下可以相对均匀地分散、雾化。粉尘在爆破后的扩散过程中越靠近起尘点,粉尘量的减少速度越快,粉尘控制效果越明显。爆破中水封爆破降尘过程如图 4-4 所示。

图 4-4　爆破中水封爆破降尘过程

现场应用结果表明,使用爆炸的冲击力使凝并剂在瞬间扩散出去,雾化效果均匀,凝并剂在瞬间的扩散能力强,能够满足捕捉粉尘的需求。由于现在使用的炸药具有防水保障,并且可以通过雷管铺设来实现爆炸时间的可控,这为采用延时爆破提供了有利条件。为了提高对粉尘浓度的控制效率,露天矿爆破现场多采用延时爆破和抑尘剂水封爆破降尘技术相互结合,如图 4-5 所示。

延时爆破就是在爆破区的周围设置水封爆破点,在水袋爆破时,水袋会向四周扩散,通常将水袋架在 2 m 高的支架上,以增加雾化范围。爆破袋中的炸药通过雷管连接到爆破时间控制

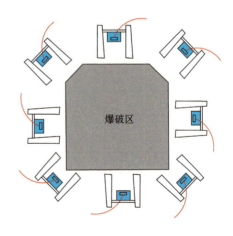

图 4-5　水封爆破示意图

中心,在爆破前几秒,先进行爆炸水封带,在爆破区周围形成雾化场,再进行爆破区矿体爆破,爆破瞬间,炮孔中的凝并剂会阻挡一部分粉尘扩散出来。爆破区表面的颗粒物在炸药的冲击力下会迅速扩散,当颗粒物扩散出来时,会被雾化场周围的液滴捕集,从而减少粉尘的扩散。

二、密闭抽尘

密闭抽尘系统是指将产尘过程的各设备封闭,借助风机将密闭空间内的含尘空气经风筒抽到除尘器进行净化的防尘装置。这种系统被广泛用于选煤厂的各个生产环节。选煤是提高煤炭质量最重要的手段,是煤炭工业的重要生产环节。同时选煤厂也是煤炭生产环节中煤尘污染较为严重的地方。一般选煤厂的主要尘源为:筛分破碎车间、跳汰系统筛分破碎车间、毛煤仓上、毛煤仓下、转载点、皮带运输走廊,上述产尘环节也是选煤厂粉尘治理的重点部位。本部分主要介绍密闭抽尘技术在选煤厂粉尘控制中应用,包括煤仓仓顶落煤系统密闭抽尘技术和煤仓仓顶落煤系统密闭抽尘参数优化技术。

（一）煤仓仓顶落煤系统密闭抽尘技术

1. 煤仓仓顶落煤过程粉尘析出机理

煤仓仓顶落煤过程是一个典型的高落差落煤过程,其产尘机理是落料破碎、空气冲击波风流和诱导风流的共同作用。煤仓仓顶生产系统示意图如图 4-6 所示。

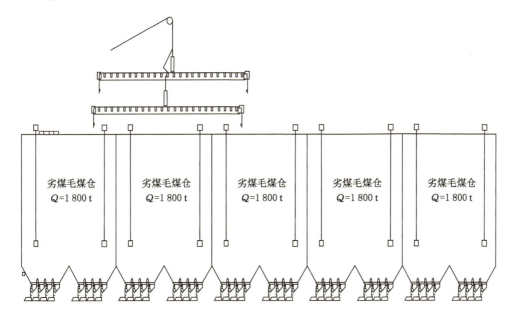

图 4-6　煤仓仓顶生产系统示意图

（1）当煤流从仓口下落时,因高落差导致落地速度过快,冲击仓内煤炭使原煤碎裂,产生大量粉尘。

（2）当煤流从仓口下落时,相对于仓内周围气流,高速下落的煤流表面会形成负压层。在负压层负压和气体黏性力作用下,周围空气随煤流共同向下运移,形成诱导风流。由于诱导风流和煤流存在速度差,吸附在煤块表面上的粉尘在摩擦力作用下剥离飞扬,使诱导风流中含有大量的粉尘。

（3）当煤流从仓口高落差下落时,会产生很大的空气冲击波压力与上升气流。这一气流会与下落的物料相遇,并对物料进行冲击、剥离,使物料散化。这个过程会重新激活大量细小颗粒的原煤粉尘。

在高落差落料的空气冲击波压力作用下,上述三种尘源会随上升气流向仓口运移。当其中一个或两个落煤口有煤料落下而其他落煤口敞开时,大量高浓度粉尘将从落煤口涌出,在毛煤仓顶部作业空间扩散,形成粉尘污染。

2. 煤仓仓顶落煤系统粉尘运移规律

为直观表征煤仓仓顶粉尘运移规律,根据实际浓度情况,可以选择采用粉尘运移耦合 Euler 稠相模型或 Euler 稀相模型。输入边界条件后,通过大型通用流体计算软件 FLUENT 中气固两相流模型和自编程序相结合的方式,采用 Simple 算法,计算出整个污染空间内风速、压力和煤尘浓度分布规律。数值模拟结果通过和现场实测数据进行对比检验,结果检验正确后,通过彩色数字图形内的风速、压力和煤尘浓度分布规律,获得各产尘区域的粉尘运移规律。以国内某选煤厂煤仓仓顶粉尘运移规律数值模拟结果为例,假设仓顶有 4 个落煤口,其中,1 个落煤,3 个实施封堵,模拟结果如图 4-7 所示。

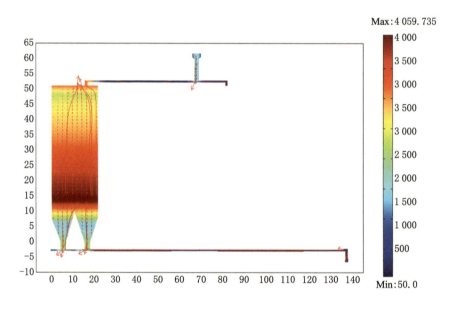

图 4-7 煤仓仓顶粉尘运移规律数值模拟结果

3. 煤仓仓顶落煤系统密闭抽尘技术

煤仓仓顶作业空间的粉尘污染包括煤仓落煤粉尘污染和仓顶水平皮带转载点粉尘污染。治理毛煤仓仓顶作业空间的粉尘污染,必须从上述两个不同的产尘过程入手,根据产尘的具体原因和特点,分别采取针对性技术措施,进行综合治理。

对于煤仓落煤过程产尘的治理,封堵其他落煤口是有效的措施。但是封堵以后,落煤空气冲击波和落煤体积增加,煤仓内将形成正压。针对上述粉尘生成机理和特点,提出封堵-泄压相结合的降尘方案,泄压口加装负压封闭抽尘装置。

煤仓仓顶水平皮带转载点粉尘污染控制,可在落料管转载点和机头转载点两个部位采取局部密闭控制、消除正压、负压引导的治理措施。按照上述思路,提出仓顶水平皮带机头、机尾和落煤管转载点密闭抽尘技术,即对仓顶水平皮带机头、机尾和落煤管转载点处实施密闭,三处均设置负压除尘器。方案实施前后,作业空间煤尘浓度分布模拟结果分别如图 4-8、图 4-9 所示。

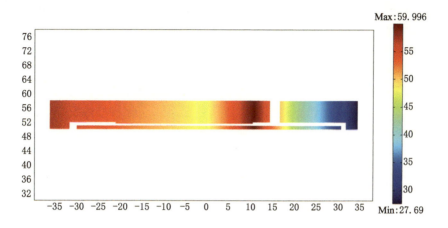

图 4-8　煤仓仓顶粉尘浓度分布规律（采用密闭抽尘技术之前）

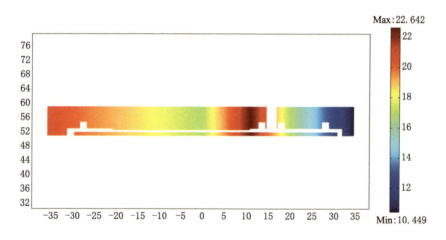

图 4-9　煤仓仓顶粉尘浓度分布规律（采用密闭抽尘技术之后）

由上图可见，采用密闭抽尘技术之前，在压力和风速的作用下，皮带产生的煤尘会向皮带头处运动，大大减少了向作业空间溢出的粉尘。然而，由于导料槽存在缝隙，在转载点冲击作用下，煤尘通过导料槽漏缝及导料槽出口向作业空间内扩散，导致作业空间的煤尘浓度大于 20 mg/m³。采用密闭抽尘技术之后，通过导料槽的封闭作用和除尘器的负压作用，大量的煤尘被封闭在导料槽内，并被除尘器除去，几乎消除了煤尘向作用空间逸散的可能性。

（二）煤仓仓顶落煤系统密闭抽尘参数优化技术

煤仓仓顶粉尘治理技术参数优化主要集中在仓顶转载点处的粉尘治理技术参数上，主要优化的参数包括除尘器的合理位置及导料槽的合理长度。

1. 转载点粉尘治理技术参数优化原理

优化采用下料管煤流下落时的空气冲击波计算理论。管道内的气体、颗粒群输送到一定距离需要能量供给；气体、颗粒群在运行中必须克服由黏性、摩擦等产生的阻力，将本来要沉降的颗粒群悬浮起来,如果还要向上提升颗粒群,就需要为其提供能量。这些能量来源于气体由高压向低压沿程降落过程中所做的功。因此,合理设计气固颗粒两相混合物的输送系统需要对整个系统的压降等参数进行分析。

2. 除尘器位置优化

落煤管落煤时冲击波沿导料槽长度方向衰减很快,所以沿长度方向风速同样衰减很快。尽管如此,下料形成的冲击波在 10 m 长的导料槽内边界风速仍可达 0.35 m/s,且风流方向向外,同样可将煤尘传输到导料槽外。所以要使风流在导料槽内反向,必须在适当位置安设除尘器来消除冲击波引起的正压作用。

采用数值模拟的方法,可以表征出导料槽长度范围内的压力分布,确定高压区范围,同时根据导料槽内部风速模拟结果,确定高风速区域,选择设置 LFD-35 卧式扁袋除尘器,其合理安装位置范围为高风速区域之外的高压区内。经过按 0.1 m 步长进行大量的计算机数值计算与模拟对比分析,能够准确得出除尘器的最佳安装位置。

落煤管 2 台除尘器设置在两侧的 2.3 m 处,导料槽内压力和速度分布模拟结果如图 4-10 所示。可以看出,在两侧除尘器向外的区域内,相对压力值小于 0,已处于负压状态,已实现了风流的反向。

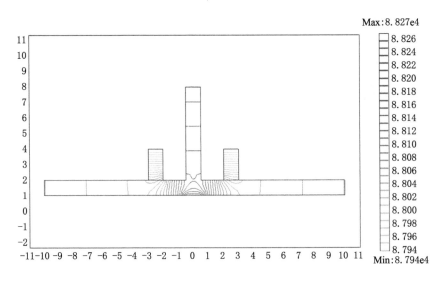

图 4-10　下料冲击波导料槽内的压力分布

采用同样技术确定仓顶水平皮带两端机头除尘器的合理安装位置范围及最佳安装位置。综合落煤管两侧除尘器位置优化结果,制定煤仓仓顶封闭抽尘技术除尘器的具体安装方案,如图 4-11 所示。

3. 导料槽长度优化

通过大量的计算机数值计算与模拟对比分析,按 1 m 步长进行计算,得出中部导料槽的合理长度以 9.2～11.5 m 为宜。当导料槽的长度为 10 m 时,导料槽内的压力和速度分布的数值模拟结果如图 4-12 所示。由图 4-12 可以看出,除尘器负压不仅可以使两侧导料槽外的风速反向,而且边界风速为 0.35 m/s,可以有效控制裸露皮带的逸尘。

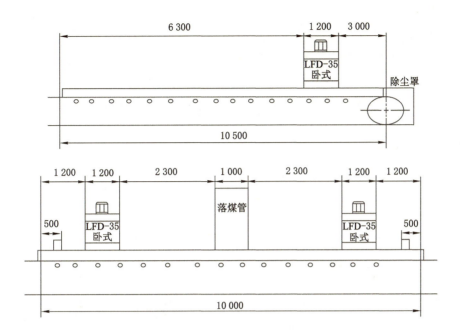

图 4-11 煤仓仓顶封闭抽尘技术除尘器的安装方案示意图

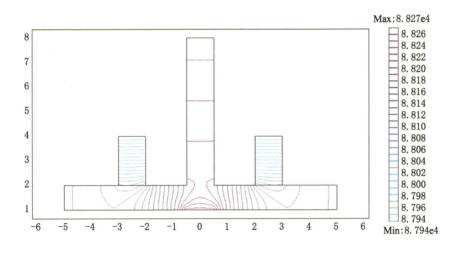

图 4-12 下料冲击波在 10 m 长导料槽内的压力分布

三、湿式降尘

(一)湿式降尘机理与特点

喷雾降尘是指将水分散成雾滴或液膜喷向尘源起到抑制和捕捉粉尘的方法和技术,是国内外矿山粉尘防治工作中应用最为广泛的措施。喷雾降尘的作用体现在抑尘和捕尘两个方面。抑尘的本质是提前润湿煤岩体,使粉尘无法向空气中逸散;捕尘是利用雾流捕捉悬浮在空气中粉尘,使其沉降(图 4-13)。抑尘作用发生在粉尘逸散之前,而捕尘过程发生在粉尘逸散之后。

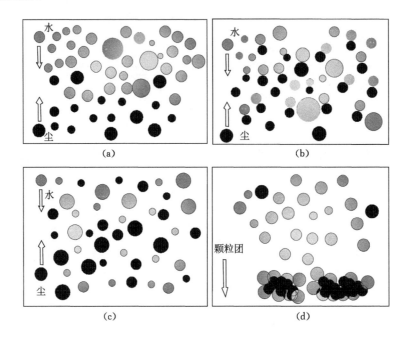

图 4-13　水雾对粉尘的捕捉机理

湿式除尘系统的优点:除尘设备构造较简单,初期投资较低,净化效率较高;湿式除尘器在除尘的同时,还能吸收含尘气体中的其他有害成分,并对热害防治有一定作用;能够处理相对湿度高、有腐蚀性的含尘气体。其缺点是:耗水量大,排出的含尘污水必须设置污水处理设施进行二级处理;受自身雾化机制制约,传统湿式降尘技术对细微粉尘控制效率不理想;总体能耗较高,日常维护操作费用较高;传统湿式降尘系统受煤岩体性质影响较大,同时在高寒地区必须注意防冻。

按照煤炭行业未来绿色、高效及智能发展的要求以及《煤矿安全规程》对煤矿职业健康标准不断提高的要求,煤矿地面防尘领域对除尘高效、能耗低、节水多且能有效控制细微粉尘的除尘技术需求越来越迫切。本部分重点介绍具备前述优点的干雾降尘技术。

(二)翻车机干雾降尘技术

1. 干雾抑尘机理

干雾抑尘技术本质上属于湿式降尘技术类型,具有显著节水、低能耗、雾化细微等优点。干雾抑尘原理基于欧美科学家的研究理论成果,即当水雾颗粒与尘埃颗粒大小相近时,它们之间的吸附、过滤、凝结的概率最大。当含尘粒的气流绕过雾滴时,雾滴捕捉住气流中尘粒的概率与雾滴的直径有关。如果雾滴较大,尘粒仅仅是随着气流绕过雾滴而未被捕捉。然而,当雾滴与尘粒直径相近时,它们更易于相撞而捕捉住尘粒。微米级干雾正是应用这一原理利用粒径在 5 μm 以下、与超细的粉尘粒径相近的雾滴来有效捕获粉尘的。由于雾滴微细,部分雾滴会在空气中迅速蒸发,使局部空间中的相对湿度迅速饱和,饱和后的水汽会以尘粒为核心凝聚,使尘粒直径不断增大,直至降落。

2. 干雾抑尘系统组成

干雾抑尘装置通常采用模块化设计技术，由微米级干雾机、主控机、空压机、储气罐、喷嘴、高压水泵、蓄水箱及水气连接管线、电伴热带和控制信号线等部分组成。

（1）水源、气源供给设备

在微米级干雾抑尘装置组成中，空气压缩机为系统提供持续稳定的高压气源，储气罐则用于减缓空压机排出气流的脉动；蓄水箱存储的水源经过过滤网过滤后，由高压水泵加压到 0.5 MPa 左右，为微米级干雾抑尘装置提供高压水源。

（2）微米级干雾机

微米级干雾机主要负责控制高压水路与高压气路的启停以及过滤、反冲洗等操作。微米级干雾机采用水路与气路一备一用方式设置，可实现自动切换，以保证干雾抑尘设备持续稳定运行。此外，整个微米级干雾抑尘装置的气路与水路管道均配置了伴热带和保温层，以保证在冬季低温条件下，干雾抑尘设备的正常使用。

（3）喷雾器

喷雾器是整个微米级干雾抑尘装置的核心设备，主要由喷雾箱和内置喷头组成。高压水与高压空气在喷头处混合，在高压空气与高压水源的共同作用下，水被充分雾化，形成 10 μm 以下的微细水雾颗粒。喷雾箱作为"干雾的发生器"，应直接安装在需要进行抑尘的区域内。

（4）水路、气路连接管线

水路、气路的连接管线将干雾机、喷雾箱、空气压缩机、储气罐、水源等连接在一起。微米级干雾抑尘系统结构如图 4-14 所示。

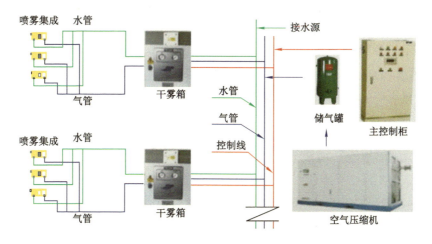

图 4-14　微米级干雾抑尘系统结构图

3. 翻车机干雾降尘技术

以某煤矿电厂翻车机室一翻车机为例，干雾抑尘系统的设计气流量与水流量应满足一套翻车机工作时的最大用水量与用气量。根据情况设计如下：在料池四周安装 16 个 SLB-8B 喷雾箱喷雾器总成（每个 SLB-8B 喷雾箱喷雾器总成含有 8 个 SLB03 型喷头），其中翻车机前侧安装 6 个 SLB-8B 喷雾箱喷雾器总成，翻车机两端各安装 2 个 SLB-8B 喷雾箱喷雾器总成,翻车机后侧安装 6 个 SLB-8B 喷雾箱喷雾器总成。喷雾箱喷雾器总成的安装高度、安装角度均可调,可根据现场情况调节其喷雾方向,以便达到最好的抑尘效果。设计喷雾时间约为 25 s,具体翻车机抑尘系统布置如图 4-15 所示。

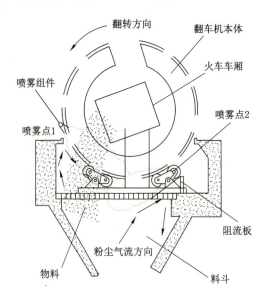

图 4-15　翻车机抑尘系统布置示意图

第三节　露天煤矿粉尘控制案例

在煤矿生产中,溜槽溜料、破碎机破碎等环节是粉尘产生量较大的关键环节,这些环节是煤矿粉尘防治的重点关注领域,同时也是目前煤矿粉尘防治技术需要不断强化的领域。本节主要介绍煤矿溜槽减尘技术、破碎站系统防尘技术两个案例。

一、溜槽减尘技术案例

溜槽运输系统是矿坑回填工程中产尘量最大、浓度最高的排放源,导致矿区及周边大气环境污染。由于溜槽受多种因素影响且运动规律复杂,如何从溜槽参数及溜料性质等因素考虑,以减少粉尘产生量,成为当前煤矿地面粉尘防治研究的新方向。

（一）溜槽粉尘产生机理

在溜槽溜放物料过程中,物料自上向下高速运动,产生的气流主要有物料运行牵引流、降落诱导空气流和剪切压缩气流。粒径较小的颗粒在这几种气流作用下脱离原来的运行轨迹逃逸到空气中形成粉尘,因此,物料的流速和物料的基本属性是粉尘质量浓度大小的主要影响因素。在溜槽出口处,物料脱离溜槽体的支撑,在离心力的作用下,夹带着空气落到转载平台上,物料间隙中的空气被猛烈挤压出来,产生四周向上的剪切气流,当这些气流向外高速运动时,带动细小粉尘一起逸出,便造成了大量粉尘飞扬。溜槽工艺产生的大量粉尘是在这几种气流的共同作用下产生的。

（二）溜槽减尘技术的主控因素

1. 粉岩质量分数对粉尘浓度的影响

在溜槽运输过程中，在物料运行牵引流、降落诱导空气流和剪切压缩气流等气流及颗粒间相互碰撞力的作用下，大部分物料颗粒沿着原运动轨迹运动到溜槽底部，少量颗粒可能脱离原运动轨迹逸散到空气中。这与物料颗粒大小密切相关，大颗粒物料若脱离原来的运行轨道，逸散到空气中，在重力作用下将在短时间内自然沉降。细小颗粒脱离原来的运行轨道逸散到空气中很难沉降，在空气中的停留时间过长，即使已经沉降下来，在来料的冲击下又将进入空气中成为二次污染。因此，粉岩质量分数是溜槽粉尘逸散的主要影响因素。有研究表明，溜槽溜料产生粉尘质量浓度均随粉岩质量分数增大而增大。溜槽底部粉尘质量浓度受粉岩质量分数影响高于溜槽中部和上部。

2. 溜放物料含水率对粉尘浓度的影响

中部和上部粉尘质量浓度变化幅度不大。这可以推断出含水率对粉尘析出和扩散有较大影响。溜放物料中的水分本身对粉尘能够起到凝聚作用，对小粒径的粉岩颗粒效果比较显著，可以使小颗粒粉岩受到有效的水雾包络作用，增加其表面吸引力和重力，使其与其他物料紧密结合而不易飞扬，加速粉尘颗粒的沉降速度。同时，试验过程也发现，当含水率超过 6.5％时，溜放物料与溜槽表面吸附力增大，物料很难下滑，而黏附在溜槽表面，导致监测到的粉尘质量浓度几乎为 0。从环保角度考虑，物料含水率越大越好，但是从溜槽物料运移角度考虑，含水率超过一定值时会影响溜槽的正常运行。相关研究表明，随着物料含水率增加，溜槽上、中、底各位置粉尘质量浓度均随之逐渐减小；其中，溜槽底部的粉尘质量浓度下降迅速，含水率由 2.5％增加到 6.5％，底部粉尘质量浓度由 1 028 mg/m³ 下降到 135 mg/m³，含水率为 6.5％时对应的粉尘质量浓度不到含水率为 2.5％时的 1/5。

3. 溜槽倾角对粉尘颗粒逸散的影响

溜槽各位置粉尘质量浓度均随着倾角的增加缓慢增大，底部浓度变化明显，中部和上部变化较小。溜槽的角度增大，导致物料溜放速度增加，溜槽倾角影响重力势能的转化，倾角越大，物料切向下滑作用力越大，而法向压力越小，重力势能更多地转化为物料的动能。溜槽较短时，诱导气流随溜槽倾角变化的幂指数较小，随溜槽长度增加，特别对于矿用大高差溜槽，诱导气流随溜槽倾角变化的幂指数不断增大。物料在转运末期下滑速度较快，物料间的排布间距增大，更多的物料在溜槽表面产生滑动，阻力相对减小，同时物料排布间距增大使物料与空气的接触面积增大，物料对气流的拖曳作用力增强，诱导气流在运行后期加速，导致更多的粉尘逸散到空气中。对于矿用大高差溜槽，溜槽倾角对粉尘逸散的影响效果放大，是影响粉尘质量浓度大小的重要参数。

此外，相关研究通过正交试验表明：溜槽主控因素对试验指标的影响主次顺序为含水率影响最大，其次是粉岩质量分数，倾角影响最小。

（三）溜槽减尘主要措施

（1）含水率对粉尘扩散影响很大，含水率越高，粉尘质量浓度降低越大。为了保证溜槽运输系统的正常运行并能有效控制粉尘的逸散，将溜放物料含水率控制在 5％～6％比较合适，当物料水分低于 4.5％时，在物料受料口处设置喷雾装置，但不可使溜放物料含水率过高，以免造成设备的堵塞，降低工作效率。

（2）在保证溜槽工艺正常运行的前提下,选择溜槽倾角越小越有利于控制粉尘污染。

（3）根据溜槽出口处粉尘产生量大、尘源比较集中但不能封闭的特点,采用湿式降尘系统控制粉尘扩散是比较有效的。湿式降尘系统是指向尘源喷洒能够抑制或捕捉粉尘的液体,可以在溜槽出口安装水雾喷头,使出口的物料湿度加大。如果粉岩质量分数较大,可以适当加大出口处喷水量。

（四）溜槽减尘技术及优化

1. 传统溜槽减尘技术

传统卸料溜槽的结构如图 4-16 所示。由于溜槽与皮带机导料槽之间、导料槽与皮带面之间很难实现完全密封,在从上游提升机到下游皮带机的卸料过程中,由于卸料高差的存在,细粉状物料会与空气混合形成含尘气体,并从各种缝隙中泄漏出来造成粉尘污染。在对现有的技术基础改进设计的基础上,采用一种可降低输送块状物料时粉尘外扬的卸料溜槽,减少连续物料输送设备向下级受料设备转运块状物料时的粉尘外扬,从而控制对环境造成的污染。

2. 溜槽减尘技术优化

具体优化技术方案是在卸料溜槽进料口垂直正下方底板加装带有重锤式卸料阀的细粉状物料分离管。带有细粉状物料的块状物料从溜槽的入料口进入,在向出料口运动过程中,细粉状物料通过筛格板进入集料斗,从集料斗通过带有重锤式卸料阀的细粉状物料分离管进入下级受料设备,块状物料从溜槽出料口进入下级受料设备,如图 4-17 所示。从而将块状物料中的细粉状物料分离单独卸料,减少了粉尘外扬,降低了对环境造成的污染。

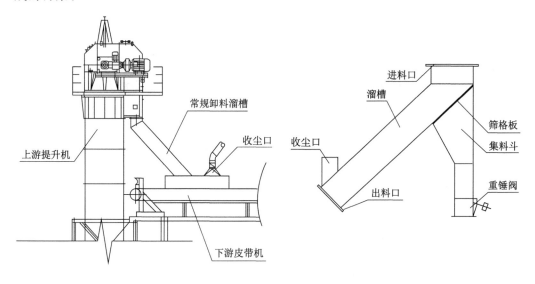

图 4-16　传统溜槽结构示意图　　　　图 4-17　加装细颗粒物分离板的
溜槽结构示意图

为了保证物料的卸料顺畅,筛孔长边方向应与物料料流方向一致,筛格板部分可采用扁钢并排构成,筛孔的宽度即扁钢之间间距根据块状物料的粒度合理确定,间距应小于块状物料平均粒径。积料斗进口大小须大于筛格板大小,以避免细粉状物料的泄漏,如

图 4-18 所示。

　　为使卸料溜槽倾斜角大于物料静止时与槽体的摩擦角,溜槽需具有一定的垂直高度。当溜槽垂直高度比较高时,可以采用多个细粉状物料分离管并排布置,如图 4-19 所示,从而提高了细粉状物料的分离效率。卸料溜槽出料口上方设置有收尘口。收尘口直接与收尘器收尘管道相连接。块状物料中夹带的细粉状物料先进行分离,避免了一部分细粉状物料直接进入收尘器,从而减小了收尘器的循环负荷,再通过出料口上方的收尘口将块状物料运动到出料口时产生的粉尘直接吸收,减少由于下级受料设备密封不严密所造成的粉尘外扬。

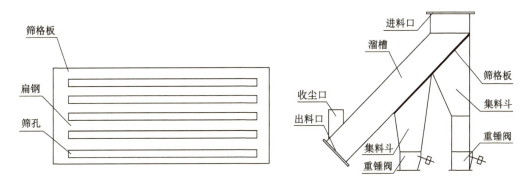

图 4-18　细颗粒物分离板示意图　　　　图 4-19　多个细粉状物料分离
　　　　　　　　　　　　　　　　　　　　　　　　管溜槽结构示意图

　　优化降低粉尘外扬的卸料溜槽实质是将细粉状物料与块状物料分开下料,通过控制重锤阀,减少了细粉状物料的下料高度。同时,在出料口上方设置收尘口,可以在物料到下级受料设备的卸料区形成更好的负压环境,避免了粉尘外扬。与传统溜槽相比,降低粉尘外扬的卸料溜槽可以将细粉状物料与块状物料混合卸料过程中产生的粉尘控制在最低程度。

二、煤矿破碎站系统防尘技术案例

　　我国某露天煤矿所处地区属典型的干旱荒漠区,属于严重缺水地区。原煤在穿爆采剥、车辆运输、破碎加工等生产环节中产生的煤尘治理难度极大。原煤直接用卡车运至坑内破碎站,经初级破碎后通过坑下煤仓直接进入斜巷和密闭输煤系统,在很大程度上降低了卡车运输产生的粉尘。随着生产能力的不断提高,坑内破碎站原安设的除尘系统已不能满足需求,煤尘污染愈发严重,经实地监测,煤尘污染最严重时破碎站 50 m 半径范围内浓度高达 156 mg/m³,煤尘治理迫在眉睫。为实现原煤清洁生产,杜绝环境污染事件的发生,通过对产尘因素及治理技术的分析和研究,提出破碎站粉尘控制技术改造方案。

　　(一)破碎站产尘机理

　　1. 冲击气流产尘

　　卡车将原煤卸入破碎站受料仓时,煤流在快速下落过程中被卸料仓底部的板式给料机突然阻断,煤的迅速堆积挤压卸料仓内空气,产生很大的反向冲击气流带起煤尘。

　　2. 煤体破碎产尘

　　在生产作业过程中,破碎机对煤块的挤压、破碎产生的煤尘,随破碎机运转过程中形成的诱导风流向四周扩散造成扬尘。

（二）除尘技术分析与应用

目前,具有我国自主知识产权的"长袋低压脉冲袋式除尘技术"已成为除尘工程的主导技术。该技术具有清灰能力强、喷吹压力低、滤袋长、过滤速度高、设备阻力低、投资少、运行能耗小、换袋方便等诸多优点,在各工业领域均取得良好效果,其关键部件脉冲阀的性能近年来也得到快速提高,具有更好的清灰效果。此外,脉冲阀膜片的寿命大幅度延长,带式除尘器设备迅速大型化。鉴于此,为了有效控制坑内破碎站的煤尘污染,选择使用了 1 套 CD-I-2360 型长袋低压脉冲袋式除尘系统。经卡车卸料和破碎机作业产生的煤尘在风机的负压作用下,通过风筒进入长袋低压布袋除尘器。其中,大颗粒的煤尘会落入灰斗,而较小颗粒的煤尘则进入滤袋室被阻留在滤袋外侧,净化后的气体汇集到滤袋内,经风道排出。滤袋内设有骨架,由于吸附作用,煤尘吸附在滤袋表面,随着厚度的增加,设备阻力上升,达到设定的清灰时间,脉冲喷吹装置工作,附着在滤袋表面的煤尘被高压气流吹落到灰斗,经输送机回收送入煤流系统。坑内破碎站除尘系统工艺示意如图 4-20 所示。

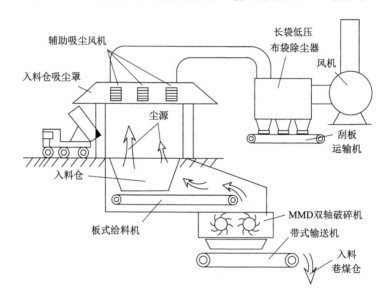

图 4-20　坑内破碎站除尘系统工艺示意

1. 除尘系统工作原理

在卸料仓上部安设吸尘罩,卡车卸煤位置有东、南、北 3 个方向。为防止煤尘四处飘逸提高除尘效率,将卸料仓至吸尘罩的四周进行适当封闭(采用橡胶软挂帘)。本系统采用 G4-73-No20D 风机配 450 kW 电机作为动力源,由风机通过吸尘罩及管路将卸料仓和破碎机内产生的煤尘吸入除尘器内,煤尘被除尘器里的滤袋阻隔并附着在滤袋表面,过滤后的洁净气体通过除尘器进入风机由风筒排入大气。附着在滤袋表面的煤尘由脉冲高压气体喷吹落入除尘器灰斗内,经插板阀、卸料器落入刮板机内,输送到转载皮带进入缓冲煤仓。

2. 系统组成

CD-I-2360 型长袋低压离线脉冲除尘器由上箱体、中箱体、灰斗及支架、喷吹装置、防堵塞装置和电气控制系统等部件组成。除尘器有 4 个仓室,单列布置,各仓室进风口设有手动蝶阀,出风口设有气动停风阀,可实现除尘器的离线清灰和单室停风检修。每仓室安设 168 条滤袋,采用 12×14 布置,滤袋尺寸为 $\phi160$ mm×7 000 mm,选用防静电覆膜涤纶针刺毡作为滤袋材料,既易于清理煤尘,又确保排尘浓度小于 30 mg/m³。滤袋采用特定的方法加工,使滤袋各加工缝隙紧密,提高了滤袋的铺尘效果。CD-I-2360 型长袋低压离线脉冲除尘器主要技术参数及结构性能见表 4-2。

表 4-2 除尘器主要技术参数及结构性能

参 数	取值
过滤面积/m³	2 360
滤袋数量/条	672
滤袋规格/mm	$\phi160×7\,000$
滤袋材质	防静电覆膜涤纶针刺毡
除尘器室数	4
除尘效率/%	＞99.5
设备阻力/Pa	1 200～1 500
漏风率/%	＜3
电磁脉冲阀/套	3″DC24V 48
离线阀气缸/套	4 DC24V
喷吹压力/MPa	0.2～0.3
离线阀气缸用压力/MPa	0.4～0.5
星形卸灰阀	YJD-16A 1.5 kW/380 V

3. 脉冲清灰系统

脉冲清灰系统由喷吹管、气包、电磁脉冲阀、电动脉冲控制仪等组成。由喷吹孔喷出的高速射流产生二次诱导风,二次诱导气流量大致为一次喷吹气流量的 2～3 倍,为提高压缩空气的利用率和压力稳定性,同时为防止喷吹气流发生偏离中心的现象,在喷管上安装了引射喷嘴诱导器。脉冲阀采用通道阻力低、能耗小、寿命长的淹没式低压脉冲阀。淹没式低压脉冲阀的膜片把阀体分为前后两个腔,当接通压缩空气时,压缩空气通过节流孔进入后气室,此时后气室压力将膜片紧贴在阀体的输出口,脉冲阀处于"关闭"状态。当脉冲喷吹控制仪发出电信号后,电磁衔铁带电吸合,阀体后气室放气孔被打开,后气室迅速失压,膜片后移,压缩空气通过阀体输出口喷出,脉冲阀处于"开启"状态,此时,高压气体迅速完成 1 次喷吹清灰工作。当控制仪失电衔铁复位,后气室关闭,脉冲阀又处于"关闭"状态。淹没式低压脉冲阀技术参数如下:

适应环境:温度－10～＋55 ℃;相对湿度不大于 85%。

工作介质:清洁空气。

喷吹气源压力:0.3～0.6 MPa。

喷吹气量:250 L/次。

电磁先导阀:DC24 V、0.8 A。

4. 电动脉冲控制系统

电动脉冲控制系统是实现除尘器有效喷吹清灰的核心装置,设计采用了 DTMKB-12254C 型电动脉冲控制仪,其工作原理如图 4-21 所示。

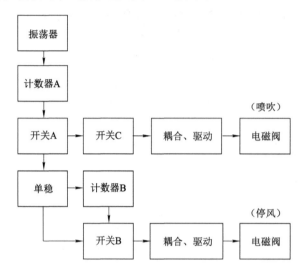

图 4-21 电动脉冲系统工作原理

振荡器产生的脉冲信号激发计数器 A 动作,控制开关 A 的通断,当振荡器产生的第 n 个脉冲信号经过开关 A 触发单稳电路,其暂稳态输出到计数器 B 控制开关 B 和 C,并通过开关 B 耦合电路、驱动电路,使相应工作室停风电磁阀工作,关闭该室阀门。振荡器产生的第 $n+1$、第 $n+2$ 个脉冲信号,则相继通过开关 A、C 及耦合驱动电路,使相应气室电磁脉冲阀工作,进行喷吹清灰工作。静停一段时间,单稳态电路返回原状态,该相应气室阀门打开,清灰过程结束,再经过一定时间,对该室相邻气室进行上述工作。脉冲控制仪脉冲宽度(输出 1 个信号的持续时间)在 0.03~0.25 内可调,脉冲间隔(输出 2 个信号之间的时间间隔)在 130 s 范围内可调,脉冲周期(输出电信号完成 1 个循环所需要的时间)在 130 min 内可调。

5. 吸尘罩

吸尘罩是除尘系统中的重要部件,其工作原理是通过罩口的抽吸作用,即在距离吸气口一定位置的粉尘散发点(即控制点)上造成适当的空气流动,从而将粉尘吸入罩内。根据坑内破碎站具体情况,在破碎站受料仓上部距离仓口 5 m 的位置安装长 8 m、宽 6 m 的矩形伞形吸尘罩。由于飞扬的煤尘是不具有浮力的,因而不会自动流向吸尘罩内,必须利用风机在罩口形成一定的负压,即在煤尘飞扬点造成一定的上升风速,以便将煤尘吸入吸尘罩,因此确定吸尘罩的吸气量是设计整个除尘系统的关键。要确定伞形吸尘罩的吸气量,吸尘罩的罩口风速(v_n)是设计的关键数据。依据吸尘罩罩口平均速度取值条件(扬尘低速飞散,有较小干扰气流)v_n 取 0.75 m/s,则吸尘罩罩口吸风量为:

$$Q = 60 \times (l + 0.5h) \times (w + 0.5h) \times v_n = 4\ 016.25\ \text{m}^3/\text{min} \qquad (4\text{-}1)$$

式中 Q——吸尘罩吸风量,m^3/min;

        l——受料仓口长度,m;

w——受料仓口宽度,m;

h——受料仓口距罩口的距离,m;

v_n——罩口平均速度,m/s;

6. 辅助吸尘风机

由于受到工艺条件的限制,原煤在卸料破碎过程中无法实现完全密封,且吸尘罩受条件限制只能安装于尘源上方 5 m 左右的位置,同时除尘器吸风量受到布袋及系统阻力的影响,吸程受到较大影响。为提高除尘效果,在吸尘罩内安设了 6 套辅助吸尘风机(FBCNO 4.0/5.5 矿用抽出式风机),主要用于将远离吸尘罩的煤尘送入到除尘系统,同时克服由于横向自然风对除尘效果的影响。

7. 电气控制系统

电气控制系统采用西门子系列 PLC 程序控制器作为系统控制核心,负责对整个数据进行采集和处理。配套的电脑控制系统,以可编程控制器为机芯,配备了各种传感器件,抗干扰能力强,工作可靠,可在供电电压波动、环境温度变化、粉尘影响等条件下长期正常工作,还可对除尘器和管路的压力、压差、风量、温度等参数监测控制。系统设置机房控制箱和控制柜,由二次仪表显示除尘系统主要工作部件的工作状态,系统控制可以根据实际情况用手提编程器在线修改参数及操作。

(三)应用效果

CD-I-2360 型长袋低压脉冲除尘器在坑内破碎站投运后,使周边环境得到有效改善,现场监测破碎站 5 m 范围内在正常生产作业时呼吸性吸粉尘加权平均浓度为 2.3 mg/m³,总粉尘加权平均浓度为 3.9 mg/m³,均低于国家标准限值。煤尘捕集率大幅提高,捕集率达 95% 以上,回收的煤尘直接进入煤流系统,提高了资源利用率,创造了较好的经济效益。除尘器运行可靠,维修工作量小,运行成本低,在经济效益和除尘效率上取得了很好的成效。

第五章 煤矿井下粉尘控制技术

第一节 煤矿井下粉尘控制概述

一、煤矿井下典型粉尘源及影响因素

(一)煤矿井下粉尘及表征

煤矿粉尘按其存在状态分为浮尘和积尘。浮尘是指悬浮在空气中的矿尘,它与空气共同构成一种分散体系,分散相为固体粒子,分散介质为空气,该分散体系称为气溶胶。浮尘的悬浮时间不仅与尘粒的大小、质量和形状有关,还与空气的速度、湿度有密切关系。浮尘直接威胁矿井的安全生产和井下人员的健康,因此是矿井防尘的主要对象。从空气中沉降下来的矿尘称为积尘,积尘是诱发矿井连续爆炸的最大隐患。浮尘和积尘在不同环境下可以相互转化。

为评价矿井作业环境的劳动卫生状况和防尘技术效果,一般采用矿尘浓度和矿尘沉积量分别作为评价浮尘和积尘的指标。矿尘浓度是指单位体积空气中所含浮尘量,是衡量矿井作业环境的劳动卫生状况和评价防尘技术效果的主要指标。其表示方法有两种:一种为计重表示法,即以单位体积空气中矿尘的质量(mg/m^3)表示;另一种是计数表示法,即以单位体积空气中粉尘的颗粒数(粒$/m^3$)表示。矿尘沉积量是指单位时间在巷道表面单位面积上所沉积的矿尘量,单位为$g/(m^2 \cdot d)$。这一指标用来表示巷道中沉积矿尘的强度,是确定岩粉撒布周期的重要依据。

(二)煤矿井下粉尘来源

矿尘的产生通常伴随着矿岩的破碎过程,包括采掘作业、支护作业、爆破作业、装载和运输作业等。一般以产尘强度作为矿尘产生量大小的评价指标。产尘强度又称为绝对产尘强度,是指生产过程中单位时间内的矿尘产生量,单位为 mg/s。与其相对应的是相对产尘强度,是指每采掘 1 t 或 1 m^3 矿岩所产生的矿尘质量,单位为 mg/t 或 mg/m^3。井巷掘进工作面的相对产尘强度也可按每钻进 1 m 钻孔或掘进 1 m 巷道计算。在煤炭的开采中,开采 1 t 煤产生呼吸性粉尘 200～3 000 mg。

1. 采掘破碎产尘

采掘工作面采掘机械破碎作业的产尘机理是截割煤岩产尘,即采煤机割煤和掘进机掘进破碎煤岩产生粉尘。截割破煤岩的产尘过程可分为三步:① 刀头、截齿附近的应力集中点形成破碎区;② 宏观裂缝发育并发生切向运动;③ 切应力导致分裂、破碎进一步发展。

国内外学者对采掘机械截割煤岩过程产尘量的影响因素进行了较为深入的研究后发现:采掘机械截齿形状及排列、截齿穿透煤体的深度、滚筒的转动速度和牵引速度等结构参

数和作业参数都直接影响着矿尘的产生量。目前应用于采掘机械的截齿主要有刀形截齿和镐形截齿两种。两种截齿的截割产尘过程如图 5-1、图 5-2 所示。

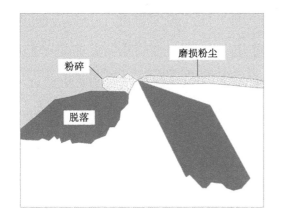

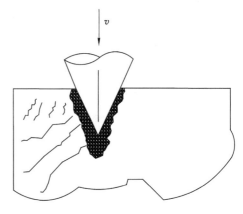

图 5-1　刀形截齿破煤岩的产尘过程　　　　图 5-2　镐形截齿破煤岩的产尘过程

　　通常,采煤工作面采煤机割煤作业时,对于裂隙较发育的脆性硬煤,镐形截齿比刀形截齿产尘少;对于裂隙不发育的硬煤,刀形截齿比镐形截齿产尘量少得多。适当减少截齿数量、增大截齿截深,可使采出煤的块煤率增大,因此能够降低浮尘的产生量。就截齿的布置方式而言,切向截齿同径向截齿相比,可使粉尘产生量减少 30%～50%。除了截齿形状外,滚筒的转速对割煤时产尘量的影响也较大,在采煤机牵引速度和截深不变的情况下,降低滚筒转速可使煤尘生成量减少 15%～30%。

　　此外,割煤作业时风流的方向也会对产尘量有影响。割煤作业按采煤工作面风流方向与采煤机推进方向的关系,可分为顺风割煤和逆风割煤。研究结果表明,顺风割煤时的粉尘浓度略高于逆风割煤。对于综采工作面来说,割煤作业的产尘量占综采工作面总产尘量的 60%～80%,综采面干式割煤时粉尘浓度最高可达 3 000～8 000 mg/m³,兖州矿区实测机组割煤时的粉尘浓度见表 5-1。

表 5-1　兖州矿区实测机组割煤时粉尘浓度统计值

生产工序	测尘点位置	平均粉尘浓度/(mg/m³)
机组割煤	机组回风侧 10 m 处	1 916.3～3 346.8
	司机处	1 216.0～2 329.0

　　机掘工作面的粉尘浓度与掘进机的种类和掘进煤层条件有关。综掘机掘进速度快,煤岩体破碎程度加剧,因而机掘工作面产尘强度大,空气中粉尘浓度高。煤巷和半煤岩巷掘进时的粉尘平均浓度为 500～800 mg/m³,最高可达每立方米数千毫克。淮南潘一矿半煤岩巷掘进过程中掘进机司机处的粉尘平均浓度为 758 mg/m³;淮南潘三矿岩巷掘进过程中掘进机司机处的粉尘浓度平均为 1 103 mg/m³。

　　2. 钻凿破碎产尘

　　钻凿破碎产尘指的是使用凿岩机、风镐或煤电钻等机具在掏槽打眼的过程中产生的粉尘。凿岩机、风镐和煤电钻打眼产生粉尘的原理及过程非常相似。冲凿破岩产尘的具体过程大致为：① 压碎岩面的微小不平；② 弹性变形；③ 在刀具下方形成压实体；④ 沿着剪切或拉伸应力迹线形成大体积崩裂，或所谓的跃进式破碎，产生粉尘(图5-3)。

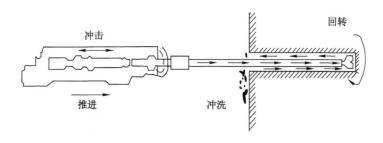

图 5-3 凿岩机凿岩示意图

凿岩打眼作业主要有干式打眼和湿式打眼两种方式。干式打眼在钻进过程中使用压风冲洗钻孔时产生大量的粉尘，其产尘量占掘进总产尘量的80%～90%；湿式打眼使用水对碎屑进行湿润，碎屑呈浆状从钻孔中排出，其产尘量占掘进总产尘量的40%～60%。凿岩打眼作业时粉尘浓度的高低主要与生产强度等因素有关。工作面生产强度越大，则使用的凿岩机台数越多，粉尘的浓度就越高。经实测，岭东矿钻眼时粉尘平均浓度为68.1 mg/m³，双鸭山矿钻眼时粉尘平均浓度为58.4 mg/m³。

3. 爆破破碎产尘

爆破破碎产尘指的是爆破落煤和爆破掘进过程中进行煤岩爆破作业时产生的粉尘。由于爆破煤岩时易于通过调整炮眼位置和装药量的方法控制爆破岩石的块皮、限制围岩的破坏范围，因此爆破作业在采煤及掘进特别是硬岩掘进中得到广泛应用。爆破作业所使用的炸药的爆炸反应是一个高温、高压和高速的过程。炸药爆炸后产生的高温、高压的爆生气体和强大的冲击波，是岩体遭到破坏的外力根源。药包爆炸时的强烈冲击波对煤岩产生压裂作用，并在岩体内部形成辐射状裂隙，如图5-4所示。压裂作用和裂隙的发展使得以爆

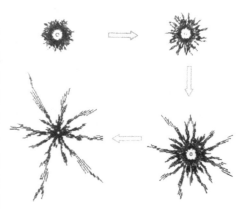

图 5-4 爆破过程中岩体裂隙发育过程

破钻孔为中心的岩体受到强烈破坏，在爆破冲击波的作用下大量的煤、岩块被抛出，粉尘被高压气流吹散在空气中。

对于采煤工作面而言，爆破作业的产尘量占整个采煤面的60%～75%。炮采工作面采用干式爆破作业时，工作面粉尘浓度最高可达300～500 mg/m³。经实测，德国曼斯菲尔德矿爆破开采时粉尘浓度达483 mg/m³。对于掘进工作面，岩巷爆破作业时，每破碎单位体积岩石消耗的炸药量越大，则每次产生的粉尘量也越大，如图5-5所示。经实测，牛心台矿掘进面爆破1 min内粉尘平均浓度为741.2 mg/m³，邢台矿掘进爆破10 min后粉尘平均浓度为97.2 mg/m³。根据计算，干式作业爆破工序产尘量可占掘进总产尘量的15%～25%。二次爆破会使粉尘浓度剧增，这就要求采用适当的采矿方法尽量减少二次爆破。

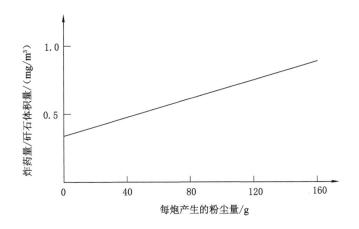

图 5-5　每破碎单位体积岩石所消耗的炸药量与产生粉尘量的关系

4. 支护作业产尘

井巷和工作面掘进出空间后,一般都要进行临时支护或永久支护,以防止围岩的破坏。目前,锚喷支护方式在掘进巷道中使用较多,液压支架和单体液压支柱在回采工作面使用较多。

锚喷支护是一种联合使用锚杆和喷射混凝土或喷浆支护围岩的方法。它在提高巷道掘进速度、降低成本、确保工程质量和施工安全、减轻劳动强度等方面具有突出的优势,但是这种支护方法的产尘问题较突出。锚喷支护作业的产尘环节主要为打锚杆眼和喷射混凝土。其中,打锚杆眼产尘与采掘过程中冲凿煤岩产尘的原理及过程基本相同。喷射混凝土物料时,压缩空气产生高速紊动射流会破坏黏结的混凝土团粒,形成小质量的粉尘颗粒。

支架(柱)支护方式主要指的是液压支架支护和单体液压支柱支护。其中,液压支架支护是综采工作面及综放工作面的主要支护方式,单体液压支柱支护是普采工作面和炮采工作面的主要支护方式。安置的支架越多,支架的屈服载荷越大,则产生的粉尘量就越大。在进行液压支架或单体液压支柱支护作业时,反复的降架、移架和升架过程会形成连续尘源。具体的产尘过程为:① 升架过程中,顶板岩层或煤层被挤压破碎;② 降架过程中,堆积在支架顶梁上的破碎煤岩落下;③ 移架过程中,顶梁和掩护梁上的碎矸从架间缝隙中掉下、顶板冒落或碎矸移动导致粉尘的大量产生。支护作业产尘可以通过安装宽网格顶板横梁或减振装置加以改善,用薄片状的柔性材料将邻近的顶棚连接起来也可以减少顶板粉尘的产生。综采工作面移架时粉尘平均浓度一般可达 $100 \sim 600$ mg/m³,占综采面总产尘量的 $10\% \sim 15\%$。经实测,鲍店矿综采面移架时移架操作处粉尘平均浓度为 321.7 mg/m³,南屯矿综采面移架时移架操作处粉尘平均浓度为 146.0 mg/m³。一般,移架时粉尘浓度分别可达升架时和降架时的 2 倍和 8 倍左右。

5. 装载运输产尘

煤岩的装载和运输也是煤矿井下主要的产尘工序,煤岩的装载运输过程的主要产尘环节包括装载、传送和转载等。

装载作业的粉尘主要来自采掘过程的岩石堆积物以及装载时粉碎的岩块,装载机在对煤岩体进行装载时与底板的摩擦、铲斗与物料之间的碰撞都是装载过程中的尘源。影响装岩时粉尘生成量的因素除了装岩方式和风量外,还有一些客观条件,例如破碎后岩石的湿度、装料时底板的平整情况、刷帮的工作量以及操作人员的熟练程度等。这部分二次飞扬粉尘在干式作业条件下,可占掘进工作面总浮尘量的 5%~10%。为了控制装载点的产尘量,应确保装载机不受扰动并尽量减少装载机与底板间的摩擦。

传送带运转时,皮带两侧的气流在皮带运动的作用下会随着煤流运动形成牵引风流。由于气体的黏滞性,皮带上的煤流与牵引风流存在速度梯度,吸附在煤块表面上的粉尘在摩擦力的作用下与煤流产生相对运动从煤流上剥离飞扬,在皮带上方产生一定量的粉尘。当传送带经过滚筒时,传送装置表面的粉尘可能会由于振动而再次进入空气。从传送带上溢出的煤岩块落到传送带底部后,若不及时对其进行清理,会受到滚筒的碾压也产生粉尘。

井下胶带运输转载点数量很多,是煤矿运输过程中的关键产尘点之一。在各皮带转运点处,物料下落而激起的紊乱空气流使得吸附在煤块上的细小煤粉四处飘逸。我国部分煤矿运输巷道及转载点测得的运输巷道粉尘浓度值为 $100\sim500$ mg/m³,如岱庄煤矿带式输送机转载点粉尘浓度达 $180\sim225$ mg/m³,中梁山矿北井工作面平巷刮板输送机转载点粉尘浓度为 $160\sim450$ mg/m³。

目前,国外煤矿和国内一些较为先进的煤矿越来越多地使用柴油内燃机车进行煤炭运输,柴油不完全燃烧会产生柴油微粒物(DPM),柴油微粒物一般为直径小于 1 μm 的圆形颗粒。研究人员使用显微镜对柴油微粒物进行观察和分析时发现,柴油微粒物有时会因为凝聚成簇而呈现葡萄串形。柴油微粒物的基本成分为碳,但柴油微粒物常常会吸附其他化合物,如多环芳香烃(PAHs)等,该物质被认为具有致突变和致癌的潜在风险。柴油微粒物因其粒径较小而长期悬浮在空气中并可深入人体肺泡,因此在煤矿井下这种较为封闭的环境中,柴油微粒物对人体造成的危害尤为严重。目前国内外仍未颁布煤矿井下柴油机排放的相关法规。

(三)产尘影响因素

1. 煤岩的物理性质

煤矿井下的粉尘主要来自采掘、运输和装载、喷锚等作业,这一系列作业都伴随着煤岩体的破碎过程,而煤岩的硬度、含水量及脆性等物理性质对煤岩破碎过程中矿尘的产生量有较大的影响。相关研究人员将从现场获取的不同煤岩样品切成边长均为 5 cm 的立方体块并测定出各样品的硬度系数 f,然后使用同型号钻机在固定的工作参数下分别破碎多组样品小块,同时对其产尘量进行了测定,测定结果见表 5-2。硬度系数 f 逐渐增大,破碎时总产尘量越来越大,并且呼吸性粉尘占全尘比例也越来越大。

表 5-2 不同硬度系数的煤岩破碎产尘数据

煤岩类型	硬度系数 f	全尘浓度/(mg/m³)	呼吸性粉尘浓度/(mg/m³)	呼吸性粉尘占全尘比例/%
煤	1.2~2.2	4.45~13.75	0.35~2.33	6.11~24.52
半煤岩	2.5~3.2	9.31~15.48	1.00~2.87	7.09~30.87
岩石	5.4~6.7	17.95~27.94	3.97~9.58	10.42~46.80

对于煤而言,其产尘能力与含水量有很大的关系。相关研究表明,煤的产尘能力随着煤的水分含量的增大而降低,即煤的水分含量越高,煤体内粉尘相互之间的黏结性越大,原

生粉尘就越少,煤的产尘能力就越低。在其他条件相同的情况下,如果环境温度低且空气湿度又较大,煤岩体会相对潮湿,即使作业时产生了大量的矿尘,但因水蒸气和水滴的吸湿作用,矿尘飞扬不起来,悬浮在空气中的矿尘浓度也会相对减少。综合防尘技术中的喷雾洒水等湿式除尘措施就是根据这一点降低产尘量达到防尘目的的。此外,井下生产过程中常采用煤层注水等方法预湿煤体,减少开采过程中的产尘量。煤是非均质、具有不同孔隙和裂隙的多孔介质,当煤的吸附水分能力接近临界值时,说明煤已经达到了饱和水分含量。为此,可以把煤的饱和水分含量确定为煤的最佳水分含量指标。

2. 作业点通风状况

矿尘浓度的大小与作业地点的通风方式、风速及风量密切相关。当井下实行分区通风、风量充足且风速适宜时,矿尘浓度就会降低;反之如果采用串联通风,含尘污风再次进入下一个作业点或风量不足、风速偏低时,矿尘浓度就会逐渐增高。保持产尘点的良好通风状况,关键在于选择既能使矿尘稀释并排出,又能避免落尘重新飞扬的最佳风速。此外,风向和风量也对矿尘浓度有影响。在允许的最佳排尘风速中,风量越大,矿尘浓度就越小。为了减少矿尘的飞扬和扩散,在可能的条件下应该尽量使尘流和风流方向保持一致。

3. 地质构造及煤层的赋存条件

在地质构造复杂、断层褶曲发育、受地质构造运动破坏强烈的地区,原生粉尘较多,岩石破碎严重,开采时产尘量大,矿尘颗粒细,呼吸性矿尘含量高。此外,若井田内有火成岩侵入,使煤体变脆变酥,坚固性系数增大,则产生量也将增加。煤层的倾角、厚度等赋存条件也对产尘量有明显影响。在同样的技术条件下,开采急倾斜煤层比开采缓倾斜煤层的产尘量要大,其原因在于急倾斜煤层中开采下来的煤主要是从高处以相当大的速度靠自身重力沿底板滑下的,因此在滑落过程中会产生大量的粉尘;开采薄煤层比开采厚煤层矿尘产尘量要大,其原因是,在同样的钻眼爆破、装载及运输条件下,薄煤层要比厚煤层工作空间小。

4. 开采方法及生产集中和机械化程度

在相同煤层条件下,采煤方法不同其产尘量也不相同。例如,急倾斜煤层采用倒台阶采煤法开采比用水平分层开采的产尘量要大;全部垮落法管理顶板采煤法比充填法管理顶板采煤法产尘量要大得多;其他一些针对具体情况而采取的非正规的采煤方法,例如,高落式采煤方法、斜坡采煤方法,其产尘量更大。就减少产尘量而言,旱采又远不及水采。

采掘工作面的产尘量随着采掘机械化程度的提高和开采强度的加大而急剧上升。产尘量除受机械化程度的影响外,还与开采强度(工作面产量)密切相关。一般情况下,无防尘措施时,产生的矿尘量为采煤量的 $1‰\sim3‰$,有的综采面甚至达到了 $5‰$ 以上。

由于煤矿生产条件比较复杂,井下矿尘的产生量除了受上述因素影响外,还受到多种偶然因素甚至未知因素的影响。因此各个矿井矿尘的产生量是不同的,需要根据现场情况测定评价。

二、国内外煤矿井下粉尘控制技术及发展

自 1803 年英国发生有史记载的最早一起煤尘爆炸事故和 1866 年德国学者提出"尘肺"概念以来,国内外各采矿国家为防治矿尘灾害进行了艰苦卓绝的探索,经过上百年的发展,国际上已经形成了涵盖煤层注水减尘、通风除尘、喷雾降尘、泡沫降尘、个体防尘、阻隔爆技

术、矿尘检测与监测的综合控尘技术体系。

（一）煤层注水减尘

20世纪40年代，苏联为解决由于机械化采煤中的粉尘问题，首次开展了煤层注水减尘的试验，并取得较显著效果，煤层注水技术被列入煤矿作业规程。自20世纪50年代起，波兰、英国、比利时和美国等主要产煤国都开展了煤层注水试验研究与推广，煤层注水成为采煤工作面的一项基本防尘措施。为提高煤层注水的减尘效果，苏联研制出能自动调节注水参数的注水泵，德国研制出注水恒定流量控制阀和动压多孔注水控制技术，美国矿业局研制出一种高效和低成本的注水钻孔封孔器。2000年以来，我国比较重视煤层注水技术的研发。于之江开展了煤层注水试验及逐渐推广工作。金龙哲等研发了NCZ-1注水湿润黏尘棒并进行了试验测定。程卫民、张明川等成功研制了第一台煤层预注水泵，之后各种型号的注水泵、2YY-501型自动封孔器，在水泥砂浆、化学合成材料封孔等技术方法研究领域也有较大突破。辽宁工程技术大学刘贵友、齐庆杰等人进行了煤层注水联合高压喷雾控制双鸭山东荣煤矿井下粉尘的综合技术研发，研究表明煤层注水效果受煤层的裂隙和孔隙的发育程度制约，对于孔隙率低于4％的煤层，注水效果较差。中煤科工集团重庆研究院、北京科技大学等单位进行了添加湿润剂或渗透棒以及磁化水注水的研究，以提高煤层注水效果。目前，煤层注水已成为世界上采煤国家适宜注水煤层广泛采用的一项成熟技术。

（二）通风除尘

通风除尘包括通风排尘、通风控尘及通风除尘器。通风排尘是矿井通风最基本的任务之一。德国人格奥尔格·阿格里科拉（Georgius Agricola）在1556年完成第一部涉及采矿的著作《矿冶全书》中，首次对通风排尘作用进行了描述，以后经过不断发展，形成了较完善的矿井通风理论。通风控尘是配合通风排尘和通风除尘器使用的控风设施，包括附壁风筒、风幕和挡尘帘等。附壁风筒是由德国学者克·雷内尔提出的一种利用对流附壁效应的风筒，用于改变掘进面的风流状态，现主要与通风除尘器配合使用，以保障含尘风流能有效进入到通风除尘器中。马云东、葛少成、张大明等研究了巷道通风排尘风速，并优化了技术参数。新汶等矿区研制并应用了湿式振弦除尘风机，效果显著。施式亮、刘荣华等研究了煤矿井下空气幕隔尘技术，较好地控制了综采工作面煤尘的逸散。

（三）湿式降尘

20世纪90年代初，美国开始强制使用内喷雾系统，目前内喷雾技术在世界范围内受到广泛关注，被认为是能够大幅降低呼吸性粉尘浓度的关键技术。近年来，北京科技大学、西安科技大学等院校进行了高压喷雾降尘技术的研究，并在综采、综掘工作面得到了应用，取得了较好的降尘效果。中煤科工集团重庆研究院等单位试验了声波雾化喷雾降尘技术、磁化水喷雾降尘技术和预荷电喷雾降尘技术。山东科技大学等单位还探索了湿润剂喷雾降尘技术；刘邱祖等设计了润湿剂复配方案。针对细微粉尘难以碰撞捕集的问题，辽宁工程技术大学赵晓亮等人研究了气泡雾化机制下雾滴与细微粉尘之间的粒径耦合规律，并研发了综采工作面气泡雾化降尘系统。刘荣华、王鹏飞等研究了高压喷雾降尘技术。夏伟研究了新型磁化雾喷喷雾降尘技术，效率达到71％，较好地解决了粉尘难润湿问题。山东能源集团有限公司与中国矿业大学合作开发出综放工作面采煤机二次负压联合湿式降尘技术，该技术在新汶、潞安、淮南等矿区得到了进一步扩展与应用，粉尘治理效果显著。

针对现有防尘降尘技术的不足,中国矿业大学王德明等人围绕泡沫降尘理论与技术进行科技攻关,研发出了一套适于煤矿井下的高效泡沫降尘技术,包括开发出一种具有高发泡性和润湿能力的绿色环保发泡剂,发明了射流负压式旋流发泡装置和紧密包裹尘源的弧扇形泡沫喷头与可调节安装支架。应用该技术实现了小流量发泡剂的低比例准确添加、泡沫的低阻高效发泡和泡沫对尘源的有效包裹与抑尘,提高了泡沫制备的可靠性并降低了使用成本,现场应用表明,对总粉尘和呼吸性粉尘的降尘效率分别达到 85% 和 80% 以上,较喷雾降尘提高 30 个百分点以上,耗水量降低了 60%~80%,成为矿井降尘的一项新型高效技术。喷雾降尘、泡沫降尘是目前煤矿井下粉尘治理重要的湿式降尘技术。

当前我国煤矿井下粉尘控制技术有了长足的发展,从总体上看,矿尘问题仍然比较突出,对矿工的健康和矿井的安全构成了严重的威胁,与其他主要产煤国家相比还存在很大的差距。澳大利亚、美国、德国、英国等国都已有效地控制了矿尘危害,如澳大利亚煤矿尘肺病发病率已长期低于 0.5% 以下、美国也仅为 2.8%,我国煤矿的尘肺病发病率逐年上升,病死率已超过 20%;近 20 年(2001 年—2019 年),我国尘肺病的发展进程大致分为 4 个时期:① 缓慢增加期(2001—2007 年)。随着我国加入 WTO,经济发展较为迅速,对矿产的需求量逐步上升,职业病及尘肺病患病人数表现出曲折上升的趋势。② 急剧上升期(2008—2011 年)。经济的迅速发展,促进了矿产资源产量逐步提升,使得尘肺病患病人数激增。③ 平稳过渡期(2012—2015 年)。面对职业病尤其是尘肺病新增人数不断增加,职业病的危害情况受到全社会广泛的关注,2011 年我国修订了《中华人民共和国职业病 防治法》,相关的诊断及防治技术也不断更新。④ 缓慢下降期(2016—2019 年)。随着我国《国家职业病防治规划(2016—2020 年)》的出台及全面贯彻落实《"健康中国 2030"规划纲要》的相关要求,尘肺病仍将是我国危害最大的职业病。

因此,持续深入开展对粉尘发生、运移及致灾规律的研究,充分挖掘现有防尘技术的潜能,不断发展智能、高效、多种技术联合的粉尘防治新技术,对于促进我国煤矿井下粉尘防治理论与技术体系的发展具有重要意义。本章针对煤矿井下粉尘的常规技术不再详述,根据技术可行性、经济合理性、区域适应性、实施可能性等指标综合较新、较好的原则,重点介绍空气幕控尘技术、气泡雾化降尘技术、泡沫降尘技术及二次负压联合湿式降尘技术。

第二节　煤矿井下通风除尘技术

通风除尘是指利用井下通风或除尘设备降低作业场所粉尘浓度的方法与技术。根据对风流中矿尘的处理方式,将通风除尘分为通风排尘、通风控尘和除尘器除尘三方面内容。通风排尘是指利用矿井自然通风或者机械通风方法将含尘气流排出的方法,它是排除粉尘最基本、经济和有效的方式,也是早期矿井粉尘治理的主要方式。通风控尘是指通过控尘设备,如附壁风筒、空气幕以及挡尘风帘等,控制含尘气流的运移路径和流动范围的方法,它一般与除尘设备联用,可保障和提高除尘设备的降尘效果。除尘器除尘是指在产尘集中的局部地点,仅依靠通风排尘或其他防尘措施难以满足作业环境的风流质量要求时,将含尘风流吸入到除尘器中,通过干式或湿式除尘技术除去风流中的粉尘,实现对空气净化的方法。本节重点介绍空气幕控尘技术。

一、通风排尘

矿井通风是为井下工作人员提供新鲜空气，同时排走作业过程中产生矿尘的工序，因此通风排尘是矿井通风的目的之一。

能促使呼吸性矿尘保持悬浮状态，并随风流运动的最低风速，称为最低排尘风速。在实验室和矿井巷道中，对最低排尘风速进行专门的实验研究，结果认为，巷道平均风速为 0.15 m/s 时，能使 5～7 μm 的矿尘在无支护巷道中保持悬浮状态，并使随风流运动的矿尘在断面内均匀分布。因此，《煤矿安全规程》规定，运输巷、采区进回风巷、采煤工作面、掘进中的煤巷和半煤岩巷最低风速为 0.25 m/s；掘进中的岩巷、其他通风人行巷道最低风速为 0.15 m/s。排尘风速逐渐增大，矿尘浓度不断降低，说明增加风量，稀释作用是主要的。当风速增加到一定数值时，矿尘浓度可降低到一个最低值，此时风速称为最优排尘风速；风速再增大时，矿尘浓度将随之再次增大，因为沉积在巷道底板等处的矿尘，当受到较高风速的风流作用时，能再次被吹扬起来形成矿尘的二次飞扬。一般来说，掘进工作面的最优风速为 0.4～0.7 m/s，机械化采煤工作面的风速为 1.5～2.5 m/s。《煤矿安全规程》规定，采掘工作面最高允许风速为 4 m/s。

（一）掘进巷道通风排尘

掘进巷道通风排尘以局部通风机为原始动力，以风筒或者巷道为传输工具。根据局部通风机通风的供风方式不同，排尘的方式和效果也不尽相同，掘进巷道通风排尘可分为压入式、抽出式和抽压混合式通风排尘。

1. 压入式通风排尘

压入式通风是煤矿巷道掘进中采用的主要通风方式，其特点是风筒将局部通风机压入的新风导入工作面，污风则通过掘进巷道排出。为防止含有瓦斯的风流进入机电设备中，煤巷、半煤岩巷和有瓦斯涌出的岩巷掘进通风方式应采用压入式，不得采用抽出式，如果采用混合式必须制定安全措施。有瓦斯喷出区域和煤（岩）与瓦斯（二氧化碳）突出煤层的掘进通风方式必须采用压入式。压入式通风主要适用于掘进巷道距离短、产尘量大的综掘工作面，在其他炮掘工作面也可以使用，尤其适合以排除瓦斯为主的煤巷、半煤巷的掘进。

2. 抽出式通风排尘

抽出式通风排尘是新鲜空气由巷道进入工作面，乏风经风筒由局部通风机抽出，局部通风机安装在乏风侧距离巷道口 10 m 以外的位置。抽出式通风的有效吸程很短（1～3 m），只有当工作面距离迎头很近时，才能取得满意的排尘效果，如果不能保证风筒距离迎头在有效吸程之中，会造成粉尘在迎头集聚，难以排出；而且由于抽出式风筒内全部为负压，需要使用刚性或者带刚性骨架的可伸缩风筒，成本高，质量大，运输非常不方便；更为重要的是粉尘在风筒内非常容易沉积，通常需要在风机进口之前配备除尘器，投资费用较高，管理困难，安全性较差。抽出式通风在掘进巷道一般较少单独使用，通常配合压入式通风方式进行抽压混合式通风排尘。

3. 抽压混合式通风排尘

混合式通风排尘是指用两套局部通风设备，其中一套采用压入式通风，另一套采用抽出式通风，以实现排尘的方式，即压入与抽出两种通风方式的联合运用，兼有压入式和抽出式两者的特点，其中压入式向工作面供新风，抽出式从工作面排出污风。其布置方式取决于掘进工作面空气污染物的空间分布和掘进、装载机械的布置。按抽压风筒口的位置关系，分为前压后抽和前抽后压两种形式。

（1）前抽后压式通风排尘

前抽后压式风流状态是抽出式风流状态与压入式风流状态的叠加，风流通过压入式风筒口向掘进面提供新鲜风流，含尘风流通过抽出式风筒口被排出。压入式风流形成的射流作用区边界应在抽出式风筒口后侧，从而保证抽出式风流结构的完整性。抽出式风筒应尽可能靠近掘进面，防止涡流区的产生。当抽压风量匹配时，可以实现掘进面粉尘的快速排尘，不会污染掘进面后端巷道。

长压短抽式是前抽后压混合式通风中最常见的一种布置方式，如图 5-6 所示。新鲜风流经压入式长风筒送入工作面，工作面污风经抽出式通风除尘系统净化，被净化后的风流沿巷道排出。抽出式风筒吸风口与工作面距离应小于有效吸程，对于采用综合机械化掘进巷道，应尽可能靠近最大产尘点。压入式风筒出风口应超前抽出式出风口 10 m 以上，它与工作面的距离应不超过有效射程。压入式风机的风量应大于抽出式风机的风量。

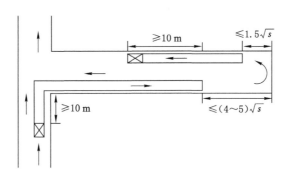

图 5-6　掘进巷道前抽后压通风排尘示意图

目前国内煤矿掘进通风实践表明，这种通风布置方式被认为是对粉尘防治有效的布置方式，适用于断面较大、有足够空间布置风筒、粉尘浓度较大的巷道。这种布置方式充分利用了压入式和抽出式风筒口的有效射程和有效吸程，粉尘从产生到被处理经过的时间和路程最短，使粉尘污染控制在最小的范围内。

（2）前压后抽式通风排尘

前压后抽-长抽短压布置方式对巷道空间要求较小，能适用于小断面巷道，其优点是作业面上排尘速度快，巷道处于新鲜风流有利于工人的作业和身体健康，压风风筒为软质风筒，且调整、移动方便。

综上所述，在掘进面有压入式、抽出式及混合式等几种不同的通风排尘方式，抽出式可将掘进面处粉尘迅速排出，防止污染掘进面后端巷道；压入式主要是依靠风流稀释作用，通过提供新鲜风流，将掘进面粉尘运移出掘进巷道，但会对掘进巷道整体造成粉尘污染；通过组合抽出式与压入式构成混合式通风，合理布置抽压风筒位置以及抽压风量，混合式通风可实现掘进面的快速排尘。

（二）采煤工作面通风排尘

增大采煤面供风量是降低工作面粉尘浓度的重要措施之一。由于采煤面产尘量较大，一般可通过增大风量来提高风速,将粉尘浓度稀释后排出。采煤工作面的粉尘污染源主要有 4 点:① 滚筒割煤产尘;② 移动支架产尘;③ 转载点破碎机产尘;④ 进风流粉尘污染。其中,进风流粉尘含量约占采煤面粉尘总产生量的 10%,净化进风流可一定程度降低采煤面粉尘污染。目前较为有效的净化方法是保持风流方向与煤流方向一致,新鲜的进风风流在到达工作面之前不会受到煤岩物料、块煤破碎机、转载机的运转和工作面刮板输送机转载点处等尘源的污染,降低进风中的粉尘浓度,使工作面的粉尘浓度达到标准。

在走向长壁工作面中,按工作面风流方向与煤层倾向的关系,可分为上行通风和下行通风。

上行通风是指当采煤工作面进风巷道水平低于回风巷道水平时,采煤工作面的风流沿工作面的倾斜方向由下向上流动,此时风流方向与煤流方向相反,易引起煤尘飞扬,污染采煤工作面;进风流与瓦斯自然流动方向一致,可较快降低工作面瓦斯浓度,避免瓦斯积聚;除浅矿井夏季外,进、回风流之间的自然风压和机械风压方向相同,有利于通风;发生火灾时不易发生风流紊乱,灾变的处理及人员逃生都较容易。

下行通风是指当采煤工作面进风巷道水平高于回风巷道水平时,采煤工作面的风流沿工作面的倾斜方向由上向下流动,此时风流方向与煤流方向一致,风流中煤尘含量较小,有利于工作面防尘;下行通风与瓦斯自然流向相反,不易出现瓦斯分层流动和局部积聚;除浅矿井夏季外,进、回风流之间的自然风压和机械风压方向相反,不利于通风,一旦发生火灾,主要通风机停止运转,工作面会出现风流逆转的可能,抗灾能力弱。

综上所述,下行通风有利于粉尘防治,但也有其不足之处。目前各国的安全规程对下行通风的使用仍采取谨慎态度。《煤矿安全规程》规定:有煤(岩)与瓦斯(二氧化碳)突出危险的采煤工作面不得采用下行通风。

二、通风控尘

目前,造成井下粉尘治理较为困难的主要原因是巷道供风沿轴向吹向工作面,风向单一,局部风流过大,特别是当采用压入式通风时,风筒出口速度大,极易引起沉积粉尘的二次飞扬。因此,为有效解决工作面的粉尘问题,须采取相应的控尘措施,改变工作点的风流形态。国内外煤矿采用较为行之有效的控尘方式有附壁风筒、空气幕和风帘控尘。

(一) 附壁风筒

附壁风筒利用的原理是风流的附壁效应。最初,罗马尼亚发明家亨利·康达在研究飞机飞行过程中流体运动规律时发现了"边界层吸附效应"。后来人们用亨利·康达的名字将这种效应称为康达效应,即流体(水流或气流)有离开本来的流动方向,改为沿着凸出物体表面流动的倾向。20 世纪 60 年代克·雷内尔发明了利用对流附壁效应的风筒,用于解决在掘进巷道得不到足够风速的通风问题。后来,附壁风筒作为一种较为常用的辅助通风设施与除尘设备联合使用,在西方国家尤其是德国应用较为广泛。我国于 80 年代引进了德国除尘技术,利用附壁风筒进行掘进面粉尘防治,并进行了推广。

附壁风筒又称康达风筒,其原理是在风筒壁面上开一个细的切口或多个小孔,顺着切口或小孔方向装上罩套,利用气流的附壁效应,将原压入式风筒供给机掘工作面的轴向风流改变为沿巷道壁的旋转风流(或径向风流),并以一定的旋转速度吹向巷道的周壁及整个巷道断面,不断向机掘工作面推进。附壁风筒形成一股具有较高动能的螺旋线状气流,在掘进机司机工作区域的前方建立起阻挡粉尘向外扩散的空气屏幕,封锁住掘进机工作时产生的粉尘,使粉尘在一定的空间内被喷雾净化处理或者除尘器吸收净化,从而提高了机掘工作面的收尘效率。

附壁风筒并未改变迎头的风量大小,但改变了迎头的风速分配,降低了风筒末端出风口处的风速,减缓了掘进机掘进时产生的粉尘向巷道后方扩散的速度,使得大量的粉尘在掘进机司机前方积聚,为除尘器有效捕获粉尘提供了条件。另外,由于附壁效应,风流沿风筒外的巷道壁面做回旋流动,能有效地排除顶板瓦斯层,有利于掘进安全生产。

1. 根据使用地点生产技术条件的差异

依据巷道断面的大小、供风量的大小、运输状况及掘进机类型等,附壁风筒可以设计为多种形式。根据风筒出风口风流形式,附壁风筒可分为4种类型:周向出口、径向出口、斜向出口、半圆形出口。

2. 附壁风筒的应用

实践证明,采用传统的防尘方式不可能从根本上控制和防止粉尘的漂移扩散,利用附壁风筒形成的旋流气幕配合抽尘净化装置形成的抽吸气流控制捕吸粉尘,则是一种可以控制粉尘扩散的有效方法。

我国《煤矿安全规程》中规定高瓦斯矿井、瓦斯矿井及高瓦斯区及异常区的煤巷和半煤岩巷道风筒末端距掘进工作面不大于5 m,距岩巷不大于8 m;瓦斯矿井煤巷和半煤岩巷道风筒末端距掘进工作面不大于8 m,距岩巷不大于10 m;附壁风筒的出口的位置也要按照《煤矿安全规程》布置使用。附壁风筒一般安装在压入式风筒出风口并吊挂在巷道顶板上,但对于部分体积大、笨重的附壁风筒,由于其移动不方便,可将附壁风筒由吊挂改为落地随机拖运,即把附壁风筒置于一落地小车上,随胶带机机尾前进而前进,便于前移和续接风筒。附壁风筒的使用可分为在压入式通风系统和在长压短抽系统中的使用。

(二) 空气幕

空气幕是一种利用连续空气流作为隔离介质的区域控尘方式,空气从喷口射出形成气幕,把粉尘限定在一定区域内,从而与周围空气隔离,以保证工作区的空气质量。空气幕最先于1904年由法国科学家Tephilus van Kemmel提出,苏联学者谢别列夫等最早将空气幕应用于隔断矿山巷道风流。我国的东北大学和中煤科工集团重庆研究院等单位先后开始对矿用空气幕进行试验研究,尤其是自2010年以来,中南大学刘荣华等人围绕空气膜控尘理论与技术进行了大量理论与应用研究。近年来,空气幕作为一种简便的局部控尘技术被广泛应用于采掘工作点控尘。

1. 空气幕控尘原理

空气幕是指通过从喷口喷射出一定速度的空气而形成的隔断气帘,利用隔断气帘的射流原理把污染源产生的粉尘封闭在一定区域内。这样可以将作业面释放出的高浓度粉尘与周围空气隔离,以保证工作区的卫生条件。空气幕控尘如图5-7所示。

空气幕控尘的作用不像固体壁阻挡粉尘的方式,它依靠空气射流的边界作用,不断卷吸气

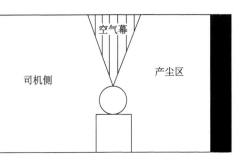

图 5-7　空气幕控尘示意图

幕两侧的空气,稀释和带走卷吸进来的含尘空气,使尘粒不能穿透空气幕。相当于空气幕在司机与煤壁之间形成一道无形透明屏障,其隔尘机制是在司机与煤壁间增加一个附加阻力层,以阻止粉尘从煤壁侧向司机处扩散,保证司机呼吸处空气的清洁,达到控尘目的。

煤矿井下气幕产生的源动力为压风,压风的来源主要有两种形式:一种是来自井下作业点的压风管路;另一种是专门的风机为其提供气源,需要在进风口添加粉尘过滤装置对气流进行净化处理。

2. 空气幕的应用

(1) 采煤面空气幕

空气幕控尘设备在采煤工作面应用时,要求空气幕必须安装在采煤机上,随采煤机运动,受采煤机机身外形尺寸的影响,要求空气幕体积小,不影响采煤机工作及司机的操作。综采工作面空气幕射流必须到达工作面顶板才能起到隔尘作用,同时空气幕射流的末端风速必须大于工作面风流的平均风速,使空气幕不受工作面风流的影响。根据以上要求,在采煤工作面采用无缝钢管作为主体导风筒,在钢管上加工狭缝,在狭缝出口安装导风筒,钢管一段与压风管路或者压风机连接。在采煤机工作的同时开启风幕,风幕拦截粉尘使之不向司机方向扩散。

冀中能源股份有限公司葛泉矿 1528 综采工作面上空气幕的布置如图 5-8 所示。葛泉矿

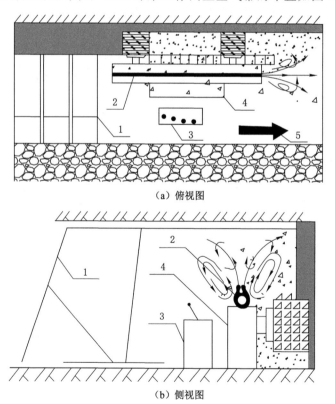

（a）俯视图

（b）侧视图

1—液压支架;2—空气幕;3—操作台;4—采煤机;5—风流方向。

图 5-8　采煤工作面空气幕安装布置图

1528 综采工作面采用走向长壁、下行垮落后退式采煤法采煤,走向长 520 m,倾斜长125 m,煤层倾角 8°～10°,平均采高为 3.0 m,属低瓦斯矿井,煤尘有爆炸危险;工作面采用上行通风,平均风速为 1.0 m/s。采用两台空气幕,每台空气幕送风长度均为 2.0 m,单台空气幕风量为0.2 m³/s,出口宽度为 20 mm,出口风速设计为 5.0 m/s,实测出口风速为 5.2 m/s。

测试了不同割煤方法情况下的空气幕对司机处粉尘的隔尘效果。顺风割煤时,空气幕的隔尘效率达到了 90.56%,逆风割煤时也达到了 83.59%,平均为 87.08%。顺风割煤的隔尘效率高于逆风割煤的主要原因是顺风割煤时上风侧滚筒割底煤,煤块下落所产生的冲击气流作用较小,煤壁侧的粉尘更容易被空气幕控制。

(2) 综掘面空气幕

空气幕控尘技术在综掘面的应用主要是配合除尘风机、高压喷雾或者泡沫降尘技术形成除尘系统。为了保护空气幕不被矸石砸坏和方便安装除尘风机,空气幕安装在掘进机司机和除尘风机集尘器口之间。如果空气幕与喷雾和泡沫降尘技术联合使用则安装位置可以适当前移。

兖矿集团鲍店煤矿 5305 综掘面空气幕在掘进机上的应用如图 5-9 所示。该综掘面断面形状为矩形,断面面积为 15.26 m²,采用长压短抽式通风方式,抽出式风筒的吸风口安装在综掘机上,吸风口下端距底板高度为 1.0 m,上端距底板高度为 1.7 m,前端距综掘工作面迎头的距离为 2.5 m。在综掘机机体上部和两侧共布置 26 个铜质喷嘴,喷嘴为圆形,孔径 1.5 mm,风源采用压缩风,供风压力为 0.1 MPa,空气幕风量为 20 m³/min。

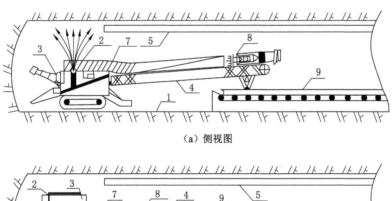

(a) 侧视图

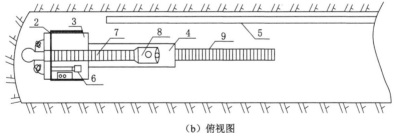

(b) 俯视图

1—巷道;2—空气幕;3—掘进机;4—转载机;5—风筒;6—气幕风机;7—风机风筒;
8—除尘风机;9—输送皮带。

图 5-9　掘进机载空气幕安装布置图

采用空气幕及相关防尘措施的实际效果如表 5-3 所列。

表 5-3　综掘工作面在不同防尘措施情况下的粉尘浓度

项　目	综掘面迎头		司机作业点	
	全尘	呼尘	全尘	呼尘
不采取防尘措施粉尘浓度/(mg/m³)	1 229.7	380.7	306.6	105.6
开启喷雾防尘措施粉尘浓度/(mg/m³)	563.5	187.8	87.1	29.0
采用空气幕和喷雾防尘措施粉尘浓度/(mg/m³)	221.5	75.4	16.5	5.3
开启喷雾防尘措施降尘效率/%	55.2	50.7	71.6	72.2
采用空气幕和喷雾防尘措施降尘效率/%	82.0	80.4	95.6	95.9

采用空气幕控尘措施工作面的降尘效率较高,均比只开启喷雾降尘的除尘效果要好。司机作业点处的全尘降尘效率为 95.6%,呼(吸性粉)尘的降尘效率为 95.9%,有效保障了司机作业处工作人员的职业健康。

空气幕具有操作简便、结构简单等优点,而且其介质为空气,不会影响视线,操作过程不受影响。但空气幕也存在一定缺陷,因井下环境复杂,很难设计出一种完全符合现场要求的空气幕,而且由于空气幕出口风速较大,风幕的卷吸作用增强,可能将本来已经沉降的浮尘再次扬起,引起二次污染。

（三）风帘控尘

风帘控尘是指在产尘区域或者粉尘扩散路径上设置风帘(风板),控制粉尘扩散或者改变粉尘运移路径的方式。风帘控尘在产尘较集中和对于作业人员较少、粉尘浓度较大的区域,如采煤面转载点、放煤口等地点使用,可以起到简便、快捷的控尘效果,目前在采煤工作面、综掘工作面均有一定的应用。风帘具有成本低廉、经济实用、实施性较强的特点,在不影响正常运输的前提下,可以大幅减少巷道内浮尘扩散,但也存在遮挡人员视线的弊端,其应用存在一定局限性,尤其是在作业空间较小、施工进度快的地点,实施风帘控尘困难,还会影响正常生产。根据风帘对粉尘的控制效果可分为风帘排尘和风帘隔尘。

1. 风帘排尘

风帘排尘是指通过风帘控制风流方向,增加作业点风量,利用通风排尘作用将作业点粉尘迅速排出的方式。较常见的应用为采空区风帘排尘。采空区风帘排尘的目的是减少运输巷道进入工作面的风流向采空区泄漏,提高工作面的有效风量。

2. 风帘隔尘

风帘隔尘是指在粉尘扩散路径处设置风帘,引导粉尘运移方向,防止粉尘对工作区域污染,实现对粉尘有效隔离的方式。风帘隔尘在产尘量较大的区域如采煤面及掘进面有一定的应用。采煤面风帘按照安放位置可分为转载点风帘和放煤口风帘。掘进面风帘按照现场需要可分为全隔离式风帘和半隔离式风帘。对于产尘量过大的掘进巷道,单独的风帘控制很可能难以发挥出优势,需要配套除尘器、喷雾等辅助除尘手段。

通风排尘主要依靠风流稀释粉尘浓度,将悬浮于空气中的粉尘排出,防止其过量积聚。控尘设备为辅助通风设施,可以改变含尘风流运行轨迹,对粉尘进行隔离阻挡,减少粉尘扩散。目前,针对煤矿井下产尘集中的局部地点,仅依靠通风排尘、通风控尘措施难以满足作业场所空气质量要求时,将含尘风流吸入到除尘器中,通过干式或湿式除尘装置除去风流中的粉尘,实现对空气的净化,除尘器除尘是矿井粉尘治理的方向之一。

第三节　煤矿井下工作面粉尘综合控制技术

近年来,随着综采放顶煤技术、综采一次采全高技术、大断面岩巷综掘技术等现代化开采技术的普遍推广以及矿井开采强度及开采深度的增加,煤矿井下作业场所的产尘量及呼吸性粉尘比重迅速增加,仅仅依靠单一传统的防尘技术已不能满足矿尘防治的现实需要,尤其是针对粒径≤5 μm 呼吸性粉尘的控制限值越来越严格。因此,当前煤矿井下粉尘的高效控制,需要依据粉尘产生时间序列、空间分布等客观条件,实施多种粉尘治理技术相互配合的综合控制技术与方案。

一、煤层注水减尘

国内外的实践证明,煤层注水是一种积极主动减少粉尘产生的有效方法。压力水渗入煤细微孔隙湿润煤体,不断沟通煤体裂隙网,破坏了煤体结构的完整性,改变了煤体的物理力学性质而软化煤体。针对现有开采矿井中煤层较硬、导水性较差、属极难注水煤层的特点,目前可以采用较为成熟且先进的厚煤层组合式注水技术,即根据不同注水工作面的具体情况,分别采用超前工作面静压区、动压区注水,静压注水和脉冲式动压注水相结合的多种组合式注水方式;在获取可靠技术参数的情况下,对煤层注水效果进行科学、准确判断,充分保障降尘防爆和职工的身心健康。

(一)煤层注水防尘的实质

煤层注水防尘的实质是用水预先润湿尚未采落的煤体,使其在开采过程中大量减少或基本消除浮游煤尘的发生。煤层注水是通过煤体中的注水钻孔将水压入煤体,使水均匀分布于煤层中无数细微的裂隙和孔隙之中。预先湿润的煤层能使浮游煤尘大量消除在产生之前,和其他捕集或稀释等防尘方法相比,它是一种最为积极有效的防尘技术,是一种治本的防尘方法,因此,在现代综合防尘技术中占有重要的地位。

(二)影响煤层注水效果的因素

1. 煤的裂隙和孔隙的发育程度

对于不同成因及煤岩种类的煤层来说,其裂隙和孔隙的发育程度不同,注水效果差异也较大。煤层形成过程中,由于内部应力的变化所产生的内生裂隙,以中等变质程度的煤层最为发育,而低变质和高变质的煤中则较少。在地质构造和开采形成的集中应力作用下产生的外生裂隙和内生裂隙,对于脆性较大的中等变质程度的煤层(如焦、肥煤等)较发育,而坚硬、韧性较大的长焰煤或无烟煤则较少。煤体的裂隙越发育越易注水,可采用低压注水(根据煤炭科学研究总院抚顺研究院建议:低压小于 2 943 kPa,中压为 2 943~9 810 kPa,高压大于 9 810 kPa);否则需采用高压注水才能取得预期效果。当出现一些较大的裂隙(如断层、破裂面等)时,注水易散失于远处或煤体之外,对预湿煤体不利。

煤的孔隙发育程度一般用孔隙率表示，系指孔隙的总体积与煤的总体积的百分比。煤的孔隙率与变质程度的关系紧密。根据实测资料，当煤层的孔隙率小于 4% 时，煤层的透水性较差，注水无效果；当孔隙率为 15% 时，煤层的透水性最高，注水效果最佳；而当孔隙率达 40% 时，煤层成为多孔均质体，天然水分丰富则无须注水，此多属于褐煤。对于 10^{-8} m 以下的细微孔隙，由于接近水分子的直径（2.6×10^{-10} m），因此不在注水湿润考虑范围之内。

2. 构造变动和采动因素

由于构造变动使煤层的产状和形态发生了变化，煤层发生变形和变位。若在煤层弹性范围内，煤不会有新的裂隙产生，原有的裂隙变化也不会过大。但是一般煤的弹性较小，当新的构造变动比较剧烈时，煤层的变形和变位超出了煤的弹性范围，因此将产生许多新的构造裂隙或断层，同时，煤层中原有的节理和裂隙发生变化，从而影响注水效果。断层附近褶曲两翼的水往往容易进入煤体。另外，在壁式采煤工作面，煤体在采落前要经受超前集中压力的作用，这会使煤体在集中地压附近发生变形。这样在工作面煤壁一侧的卸压带出现大量裂隙，并使煤体发生塑性变形，在该区内煤体较容易被润湿。

3. 上覆岩层压力及支承压力

地压的集中程度与煤层的埋藏深度有关。随着煤层埋藏深度的增加，煤层承受的地压也随之加大，煤层裂隙受压而变小，透水性降低。所以，一般情况下，煤层埋藏深度越大，注水就越困难。因而随着矿井开采深度的增加，要取得良好的煤体湿润效果，需要提高注水压力。在长壁工作面的超前集中应力带以及其他大面积采空区附近的集中应力带，因承受的压力增高，其煤体的孔隙率与受采动影响的煤体相比，要小 60%～70%，减弱了煤层的透水性。

4. 液体性质

煤的湿润能力是指煤体与水接触时，是否容易被水湿润。湿润能力较低的煤层，给注水带来很大困难，往往要加入一定量的湿润剂，才能取得良好效果。

煤是极性小的物质，水是极性大的物质，两者之间极性差越小，越易湿润。为了降低水的表面张力，减小水的极性，提高对煤的湿润效果，可以在水中添加表面活性剂。

5. 煤层内的瓦斯压力

煤层内的瓦斯压力是注水的附加阻力。水压克服瓦斯压力后才是注水的有效压力，所以在瓦斯压力大的煤层中注水时，往往要提高注水压力，以保证湿润效果。

6. 注水参数

煤层注水参数是指注水压力、注水速度、注水量和注水时间。注水量或煤的水分增量既是煤层注水效果的标志，也是决定煤层注水除尘效率高低的重要因素，如图 5-10、图 5-11 所示。通常，注水量或煤的水分增量变化在 50%～80% 之间。注水量和煤的水分增量都和煤层的渗透性、注水压力、注水速度和注水时间有关。

（三）煤层注水方法

煤层注水方法按照注水压力的数值高低可以分为低压注水、中压注水以及高压注水；按照水进入煤体的形式（即注水方式）可分为长钻注水、短钻注水和深孔注水三种；按照注水方式可分为静压注水、动压注水及脉动注水等。当前我国现有的煤层注水使用长钻孔方式较多，且主要以中、低压注水为主。注水实践中应根据煤层的具体构造特征，合理确定各

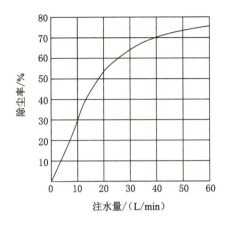

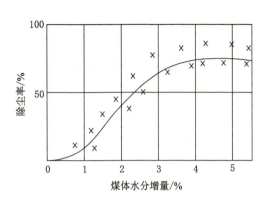

图 5-10　减尘率与注水量的关系　　　　图 5-11　减尘率与煤层水分增量的关系

项工艺参数,如钻孔的位置、倾角、长度、封孔长度以及注水的压力和流量等,注水过程中应依据现场的实际对注水情况进行监控和调控,同时还可采用添加湿润剂等技术措施,使注水效果得到改善。

目前,煤层注水减尘工艺参数的选择大多依赖于经验,不能有效确保煤层润湿均匀,影响注水效果。松软煤层、低渗透性煤层及高瓦斯煤层等特殊煤层的注水还存在问题,现实问题决定着煤层注水减尘技术有待继续发展。

二、湿式喷雾降尘

面对当前煤矿井下普遍采用湿式喷雾作为降尘方法的现状,细颗粒粉尘污染问题仍未能从根本上得到有效解决,严重制约降尘总效率。气泡雾化降尘技术可以很好地解决细颗粒粉尘污染的问题。综采工作面泡沫降尘技术体系完备,成果较为系统成熟,为缺水性的矿山开采研发了适用性很好的除尘方法。本部分重点阐述气泡雾化降尘技术与泡沫降尘技术。

(一)气泡雾化降尘技术

1. 气泡雾化过程

气泡雾化是一种不同于气爆雾化和气体辅助雾化的新型气动雾化方法。传统的雾化过程中气体或液体的动能直接决定了雾化的质量与效果。而气泡雾化方法则是通过将气液两路介质同时注入气泡雾化喷嘴内的混合腔体来实现的。通过气体的作用,液体形成由大量气泡组成的泡状流体,泡状流体在气体的载运作用下不断被加速并发生变形,在喷嘴出口处被挤压喷射。在极短的时间与距离内,由于喷嘴内外压力剧烈变化,压力迅速降低带来的扰动作用使气泡、液丝快速膨胀、爆裂,液丝、液线会形成大量的、更加细微的雾滴颗粒。气泡雾化气体的工作压力通常在 0.3~0.7 MPa 之间,在此低压范围内可产生第 1 级细水雾。

气泡雾化的产生是由于在喷嘴出口处气流与液体强烈的剪切扰动和喷嘴孔外气泡、液丝爆裂所引起的二次雾化作用。由于喷嘴孔喷出的气泡液膜很薄,所以气泡爆裂二次雾化所需的能量较低,最终形成的雾滴粒径很细。因此,气泡雾化过程在消耗最低能量的同时实现了最有效的雾化。气泡雾化过程如图 5-12 所示。

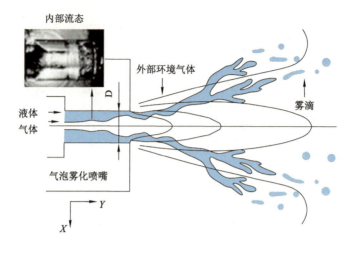

图 5-12 气泡雾化过程示意图

2. 气泡雾化流态化机理

气泡雾化是通过将气体低速注入喷嘴中,使气体通过一个有孔长管呈气泡状进入液体,从而形成两相流。根据不同的气液流量比,两相流在流过末端的喷口处会呈现三种不同的流动方式,随着气液流量比的增加,这三种方式依次为泡状流动、块状流动和环状流动。

（1）气泡雾化泡状流型

当气液流量比小于 25％时,气液两相流为泡状流。在小气液流量比下,气体的注入速度较低,在与液体混合的过程中容易形成均相的泡状流动。但是随着气液流量比的增大,气体通过注入孔的流速有所增大,与注入液体之间的相对速度增加,混合室内将形成存在两相滑移现象的环状流。即大部分气体携带着部分液体颗粒以较高的速度在管道中心向前流动,少部分的气液混合物则贴着管壁向前流动。

在喷嘴出口前部,随着截面积的急剧减小,高速气流的冲击和剪切作用会在此处形成较高湍流程度的泡状流体。此时混合腔内的流场比较稳定,没有脉动的产生,大部分的气泡仅仅只是堆积在一起,形成一个既相互独立又共同运动的整体。

因为整个流动结构是均匀稳定的,没有明显合并和气柱的产生,因此这里把它们都划归为泡状流型。液体泡状流型破碎模式见图 5-13。

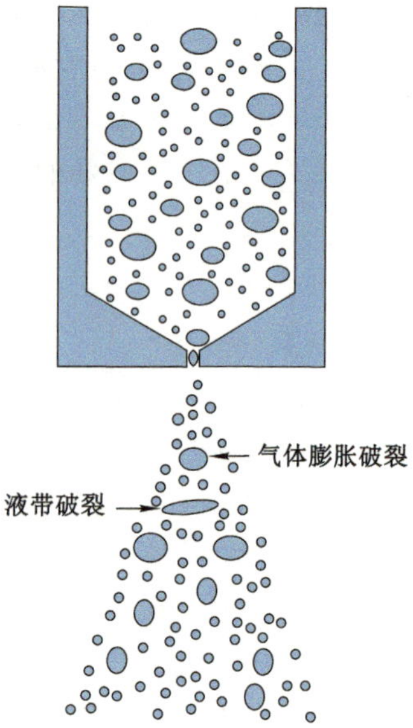

（2）气泡雾化块状流型

当气液流量比大于 25％且小于 29％时,两相流为过渡态流。当液体流量减小到一定程

图 5-13 泡状流型破碎模式

度时,由于气体流量的增大和截面含气率的增加,混合腔内部的两相流将不再能维持泡状的流动。部分气泡已经合并成了一个大的气块。可见此时混合腔内部的流型不再保持稳定,而是随着时间变化,属于泡状流型向后面环状流型转变的中间过渡态流型。此时混合腔内的两相流型比较类似于 Lefebvre 等人提到的块状流动,流型不稳定但也没有明显的周期性。虽然此时气体量不大,由于混合腔内压力过小,通常单个的气泡就已经占据了整个管道横截面,形成了块状流动,因而已经进入了过渡态流动的范围。

（3）气泡雾化环状流型

当气液流量比大于 29％且小于 40％时,两相流为环状流。继续减小液体流量时,气体从注气孔出来立即连接一起,混合腔内充满雾化气体,而液体则被挤压成薄膜贴附在混合腔的内壁上,呈现出湍动的环状流态。随着气液之间相对速度的增加,液膜的表面出现波纹。随着液体流量的持续减小,周期变得越来越长,也即环状流动的稳定时间增长,增大注气孔截面积使得混合腔内的泡状流态范围缩短。两相流型更趋于向过渡态发展,这主要是因为注气孔增大导致气体流量和产生的气泡体积增大,使得混合腔的截面更容易被单个的气泡所占据,但同时向环状流态发展的趋势也更快。适当的减小注气压力使得气体流量减小,泡状流态的维持范围更大,也更难以进入环状流态的范围。液体环状流型破碎模式见图 5-14。图 5-13 和图 5-14 是气泡雾化喷嘴垂直向下喷射情况时出口的雾化示意图。

根据气泡雾化流态化理论,为了实现对呼吸性粉尘的有效控制,雾化降尘设备应当在单位时间内喷出足够数量

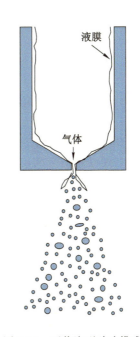

图 5-14　环状流型破碎模式

粒径细小、均匀的液滴,而获得雾化稳定、粒径细微、均匀雾场的前提是控制气泡雾化流型,因此,在后续的气泡雾化雾场特性、尘雾粒径耦合实验中,开展实验的前提条件是保持气泡雾化泡态流型。

3. 气泡雾化降尘原理

（1）空气动力学原理

根据空气动力学原理,当粉尘颗粒与气流一起碰到雾滴并做围绕运动时,由于粉尘自身惯性的作用,尘粒与气流流线发生不同程度的偏离,而粉尘与雾滴之间能否相互碰撞以及相互碰撞的状态一般是由尘液间的惯性碰撞、拦截、凝聚及扩散等作用效果共同决定的,其相应的碰撞概率与雾滴直径和粉尘受力情况有关。因此,在气泡雾化降尘过程中,对于大粒径液滴的捕尘机理可以采用空气动力学机理解释。

（2）"云"凝聚原理

气泡雾化在喷洒空间内喷出大量粒径微细的雾滴,在一定的空间与时间内,微细雾滴的迅速蒸发将导致该空间迅速达到湿度饱和,在具有大量细微粉尘的介质空间内,水蒸气将以细微粉尘为凝结核发生凝结,即环境化学领域内的"云内成雨"过程。该过程的存在导致空间混合性质的介质发生复杂运动,使粉尘颗粒与雾滴相互碰撞,进一步凝结,实现粉尘

颗粒的增重沉降。因此,微细雾滴的"云"凝聚对于亚微米级及微米级类呼吸性粉尘的凝结起着重要作用,它能提高粉尘亲水性,增大粉尘体积与重量。"云"凝聚过程如图 5-15 所示。

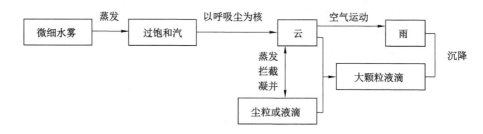

图 5-15　细颗粒粉尘"云"凝聚过程

（3）斯蒂芬流的输运原理

随着喷雾液滴的蒸发,会形成由液滴向外流动扩散的斯蒂芬流;同样,当蒸汽以粉尘为核发生凝结时,粉尘周围蒸汽浓度将不断降低,在粉尘附近区域内形成湿度梯度,形成由粉尘周围向凝结核的流体运动,即斯蒂芬流。斯蒂芬流有助于将存在于喷雾空间内的"呼吸性粉尘"颗粒向粉尘核输送,促进粉尘的接触、黏附并捕集在液滴上,实现对细微粉尘的捕集。

4. 气泡雾化实验装置

雾化实验装置是研究雾化的重要手段,本实验采用压缩空气作为雾化介质,雾化对象是水,液体压力则略低于气体压力,温度为室温。实验调节方法为:先固定液体流量不变,通过改变气体流量,达到改变气液流量比的目的。根据前文气泡雾化降尘机理研究,气体工作压力一般设定在 0.1～0.5 MPa 可调,气液流量比处于 0.02～0.2 之间,选用 H-5 型船用活塞式空气压缩机作为压缩空气来源和液体升压设备,其排气量为 0.81 m³/min。水通过自来水管道直接注入液体储罐中,并被压缩空气挤压至工作压力。

气泡雾化实验装置主要由输送系统、雾化空气系统、测量系统和管路系统等四个系统组成。

（1）输送系统

水输送系统主要由储液桶、柱塞泵、电磁流量计和连接管道等组成。该系统的主要功能是将水输送到雾化实验台喷嘴处,以供实验使用。为了应对管路堵塞等突发事件,该系统设计了一个旁路系统。水的流量通过电磁流量计(测量范围为 0～3 m³/h)测量。通过柱塞泵旁路阀调节控制流量。

（2）雾化空气系统

雾化空气由空气压缩机加压至额定压力,经流量调节阀和流量计进入喷嘴与水混合,实现雾化。液体转子流量计采用 LZB-1.0 玻璃转子型液体流量计,其量程为 0～160 L/h,最小刻度为 4 L/h。压缩空气流量由转子流量计测得。流量计的测量范围为 4～40 m³/h,工作压力为标准大气压,工作介质温度为 20 ℃,精度等级为 1.5 级。

（3）测量系统

为了能够全面了解和测量喷嘴的雾化性能,在测量室(雾化室)的两个方向分别开设了一扇玻璃测量窗,使得测量室同时具有测量雾化性能、雾炬照相及观察雾化状况等多项功能。雾化粒径的测量采用光学测量系统;雾化角采用数码照相机直接拍摄,并通过数字图像处理确定;收集法测量雾通量;径向分布方法测量流量分布。

(4)管路系统

管路系统包括水供应管路和雾化气体供应管路。水通过高压氮气进行加压,经过截止阀进入流量计,然后流入喷头,雾化气体经过减压阀和截止阀后经流量计进入喷头,两个流量计上均设计了针阀用于调节流体流量,喷头入口处安装了压力传感器以记录液体和气体的注入压力。根据实验喷嘴的流量范围、承压能力及保证整个实验系统内部清洁的需要,选用 1/2″的不锈钢管作为气、液工质的管道。由于实验喷嘴的气、液流量在实验过程中发生微小波动,因此需要对气、液流量进行微调,调节阀门采用通径为 20 mm 的针形调节阀。考虑到喷嘴的频繁拆装,在气、液管路与喷嘴之间采用塑料软管连接,管路使用内径为 8 mm 的塑料软管进行连接,整个系统的最大耐压为 1.0 MPa。液体储罐和气体储罐之间相互连通,通过两个球阀来调节两者的压力,这样的设计既可以保持两者的压力一致,也可以使两者的压力值不同,以便适应不同的实验工况。

5. 气泡雾化操作参数对雾化质量的影响规律

雾滴粒径是影响捕尘效率的关键因素。基于气泡雾化机理与降尘机理,测定气泡雾化雾场系统参数,并研究系统操作参数对雾化质量的影响规律,对于实现细颗粒粉尘与雾滴之间的最佳粒径对位配置,进而确定气泡雾化降尘喷嘴类型、数量、安装方式及最佳操作参数都十分必要。

(1)气液比对喷嘴雾化质量的影响

由气泡雾化机理可知,气液比(质量比)是一个重要的参数。它在保证雾化粒径的同时,决定着雾化气体的最小用量、气液质量比和雾化颗粒粒径。

气泡雾化的合理液滴粒径范围为 25 μm～50 μm。在小气液比时,气体的注入速度较低,在与液体混合的过程中容易形成均相的泡状流动,但是随着气液比的增大,两相流动中的流动速度增加,加强了气体对液体的剪切作用;其次,随着气液比的增大,两相流动中的气体体积空隙率增大,使气体在出口占有更大的截面积,加强了对液体的挤压作用,导致液体以更细、更薄的液膜形式喷出;另外,气体的增加会在液体中形成更多的气泡或泡沫,使气泡具有的总膨胀能增加,从而使雾化效果加强。

气泡雾化喷嘴的雾锥角比其他型喷嘴(如压力型喷嘴雾锥角为 40～120°)的雾锥角小。因此,在综采工作面喷雾降尘应用中应当采用多喷嘴联合喷雾降尘的安装方式,以保证雾场具有足够的雾锥角,增加空间雾场体积,提高降尘效率。

(2)气体压力对喷嘴雾化质量的影响

气体压力达 0.3 MPa 之前,增加气体压力可有效减小雾化液滴粒径;随着喷嘴孔径的增大,液滴粒径曲线不断地向 Y 坐标轴方向前移。随着气压的增加,液滴平均粒径迅速减小,A$_2$ 型喷嘴液滴粒径曲线减小趋势比较明显,变化范围较大。由于 A$_3$ 与 A$_4$ 型喷嘴孔径相同,混合室直径不同,A$_3$ 在压力较小的情况下喷出液滴平均直径范围为 25～38 μm,A$_4$ 获得同样液滴直径则需要较大的压力。根据气泡雾化降尘关键参数范围的分析可知,雾滴平均粒径在 25～50 μm 范围下气泡雾化降尘效果最佳,气泡雾化最佳气体压力条件应小于 0.3 MPa。

(3)液体流量对喷嘴雾化质量的影响

在相同的气液比下,当液体流量较大时,颗粒直径比流量较小时的颗粒直径小。这说明竖直喷射时,在气液注入压力稳定且液体流量小于 400 kg/h 的阶段,增加喷嘴的液体流量会提高喷嘴雾化效果。这主要因为在大流量下,喷嘴内部混合室内以及出口部分的两相流动近似呈均匀的泡状流型,气液之间不存在分层现象。

根据气泡雾化降尘机理可知,在保证雾化液滴粒径与煤炭含水率的前提下,适当增加液体流量可以增加单位体积空间内的雾滴数量,从而增加雾滴总表面积,提高粉尘与雾滴的碰撞概率,提高降尘效率。气泡雾化降尘喷雾系统的最佳液体流量应控制在 400 kg/h 以内。

(4) 混合室(中心管)直径对喷嘴雾化质量的影响

喷嘴混合室直径对雾化雾滴粒径的影响较大,相同流量相同气液比下,减小喷嘴混合室直径有助于降低喷出雾滴的粒径。

6. 气泡雾化雾滴与粉尘粒径耦合关系

雾滴与粉尘粒径耦合关系实验是降尘雾滴粒径对位配置的基础。通过气泡雾化降尘实验,能够拟合雾滴粒径与粉尘粒径之间定量耦合的变化规律,为确定综采工作面气泡雾化降尘最佳操作条件提供理论依据。

通过尘雾粒径耦合关系的实验与数值分析方法,可以得出雾滴平均直径与全尘降尘效率、粒径区间分级效率之间的定量关系。为根据产尘源粉尘粒径特点制定降尘雾滴粒径对位配置方案提供理论依据。

雾滴平均直径与 $\eta_{全尘}$、$\eta_{<2\ \mu m}$、$\eta_{2\sim5\ \mu m}$、$\eta_{5\sim10\ \mu m}$、$\eta_{>10\ \mu m}$ 之间的关系均符合二次抛物线趋势变化函数。随着雾滴平均直径的减小,$\eta_{全尘}$、$\eta_{<2\ \mu m}$、$\eta_{2\sim5\ \mu m}$、$\eta_{5\sim10\ \mu m}$、$\eta_{>10\ \mu m}$ 分别不断增大,当雾滴平均直径减小到一定值后,降尘效率增幅减小,直至降尘效率达最大值,之后随雾滴直径的减小开始不断降低。这主要因为粒径太小的雾滴在空气中的存活时间很短,从而降低降尘效率。

7. 气泡雾化在综采工作面降尘的应用

新安矿综采工作面采煤机割煤时落煤全尘浓度为 1 557~2 645 mg/m³,呼吸性粉尘浓度为 1 150~1 245 mg/m³。粉尘浓度均超过了《煤矿安全规程》规定的最高允许浓度限值,给矿井安全生产和工人的身体健康造成了很大的危害。通过对双鸭山矿区新安矿 18 层 5 号综采工作面的现场与实验测试,分析了粉尘运动规律与分布特征。基于气泡雾化的降尘机理,研究了气泡雾化降尘效率的关键参数、气泡雾化雾场特性以及气泡雾化雾滴与粉尘粒径的耦合关系,制定了针对新安矿 18 层 5 号工作面采煤机割煤、支架移架及回风巷粉尘粒径特点的降尘雾滴粒径对位配置、喷嘴配置及操作条件配置方案。

(1) 采煤机降尘雾滴粒径的对位配置

由于采煤机原有的内喷雾系统容易堵塞,除尘效果不佳,且采煤机内喷雾出厂之后难以改造,所以停止使用自带内外喷雾系统。这样一来,既可以节约用水,又降低煤的含水量。为了替代原有的内外喷雾系统,采用采煤机气泡雾化降尘系统。

新安矿 18 层 5 号工作面 2# 断面(采煤机后滚筒)处粉尘的微观学指标参数可近似认为采煤机割(落)煤产尘的参数。根据综采工作面粉尘沿程浓度、粒径分布测定结果表明,该处产尘 D50、雾滴平均直径分别为 6.8 μm、8.2 μm,即该处产尘的粒度较大、粒径组成的分散度较低。根据气泡雾化雾滴与粉尘粒径耦合实验的结论可知,针对采煤机割(落)煤处产尘粒度的特点,最佳的降尘雾滴粒径应为 35.7 μm 左右。

鉴于采煤机喷雾的主要作用是在截齿下的产尘区形成水膜,并覆盖尘源,增加煤层的含水率,抑制煤尘的产生。因此,雾炬的雾化程度不必太高,雾炬的锥角应小一些。依据气泡雾化雾场特性实验研究的结果可知,材质为铜、液体入口尺寸为 8 mm、气体入口尺寸为 25 mm、混合室直径为 12 mm、长度为 90 mm、喷嘴孔径为 1.5 mm 的 A3 型气泡雾化喷嘴适合于采煤机落煤的降尘。

依据气泡雾化雾场特性,气泡雾化系统产生 35.7 μm 粒径的雾滴,A3 型气泡雾化喷嘴的最佳操作条件为:液体流量为 400 kg/h,气液比为 0.03,气体压力为 0.14 MPa。

(2) 喷雾流量及喷嘴数目

产煤量决定喷雾系统的总用水量,为保证出煤质量,一般耗水量为 20～40 L/t,双鸭山矿区煤层含水量中等,可选取用水量为 30 L/t。

采煤机的两个截煤滚筒各设 8 个喷嘴孔径为 1.5 mm 的气泡雾化喷嘴,用于形成帷幕喷雾以对前后产尘点进行降尘。这种设计既可有效控制粉尘产生源头,又可以显著减少已产生的粉尘浓度。按气泡雾化雾场特性的结果可知,气液比为 0.03,液体流气体压力为 1.4 MPa,气泡雾化降尘喷雾实际流量为 400 kg/h,约相当于 6.7 L/min。确定采煤机实际设计总用水量为 250 L/min,可以满足采煤机的喷雾降尘与冷却需求。

(3) 喷嘴的布置

根据现场调试,气泡雾化喷嘴在采煤机上的布置如图 5-16、图 5-17 所示。前后共设两个喷雾架,每个喷雾架设径向、纵向两种喷嘴。

图 5-16　采煤机气泡雾化降尘系统喷嘴布置俯视示意图

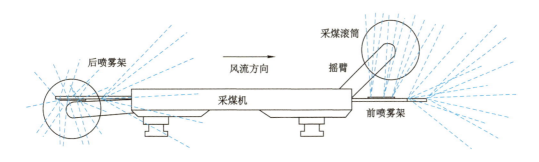

图 5-17　采煤机气泡雾化降尘系统喷嘴布置立面示意图

① 前喷雾架设 4 个径向喷嘴,4 个纵向喷嘴

在喷雾架中间布置 4 个扩散角为 20°～25°、喷嘴孔径为 1.5 mm 的 A₃ 型气泡雾化喷

嘴,有效射程不小于 3 m,分别向滚筒的上下左右四个方向喷雾,保证在摇臂处于不同角度时都能够覆盖滚筒,通过形成环状雾屏罩住滚筒,防止割煤产尘向外扩散。在前滚筒喷雾架的前方,纵向布置 4 个喷嘴孔径为 1.5 mm 的 A₃ 型气泡雾化喷嘴,有效射程不小于 3 m,形成煤壁高度相同的纵向雾屏,也可以防止内部径向喷雾蒸发,同时起到预湿煤壁的作用。

② 后喷雾架设 4 个径向喷嘴,4 个纵向喷嘴

后喷雾架使用的喷嘴及喷雾参数与前喷雾架相同,径向、纵向 4 个喷嘴布置相同,4 个纵向喷嘴喷雾形成一道雾屏。

③ 考虑到减小喷出雾流对原有风流的反抗边界流动作用,即减小"沸腾效应"扰乱风流的作用,设计把喷嘴布置在滚筒上风向,使径向喷嘴沿下风向与煤壁呈 70°～80° 喷雾,纵向喷嘴与煤壁呈 30°～40°喷雾,既引导风流,又预湿煤壁。

④ 喷雾架为不锈钢管,将供水管路保护在内。长度大致与摇臂长度相同,其中前、后喷雾架长度均为 1.6 m。为保证径向喷嘴始终能向滚筒方向喷雾,将其安装在一个喷雾架的旋转接头上,使其可以随着摇臂同步转动。

双鸭山新安矿 18 层 5 号工作面采用气泡雾化降尘系统进行回采工作面降尘,通过降尘雾滴粒径及操作条件的对位配置,工作面全尘降尘效率达到 80.4%～93.8%,呼吸性粉尘降尘效率达到 78.3%～92%,<2 μm 粉尘质量分散度降低了 76.71%,2～5 μm 粒径区间粉尘质量分散度降低了 59.33%。实现对综采工作面粉尘,尤其是呼吸性粉尘的有效治理。

(二)泡沫降尘技术

泡沫降尘是将发泡剂按一定比例与水混合形成发泡剂溶液,通过发泡器将空气引入发泡剂溶液并产生泡沫,利用喷头将泡沫喷射于尘源,实现对粉尘的控制和沉降。与水雾比较,泡沫具有接尘面积大、润湿粉尘能力强、吸附粉尘性能好的特点,同时具有出色的节水性能,显著提高降尘效果。本部分介绍泡沫基础特性及降尘原理、泡沫喷嘴装置。

1. 泡沫基础特性及降尘原理

(1)泡沫的形成

泡沫通常是指由液体薄膜隔离开的气泡聚集体。在液体泡沫中,液体和气体的界面起着重要作用。仅有一个界面的,称为气泡,具有多个界面的气泡的聚集体,则称为泡沫,即泡沫由无数小气泡聚集而成,气相被分隔在小气泡内,而液相构成的液膜之间相互连通。泡沫主要通过充气、搅拌等方式使气相分散在液相中产生。发泡的过程就是将机械能转化为气液界面的表面能,使体系内的界面面积增大。由于气、液两相形成的泡沫结构具有较高的表面能,在表面张力的作用下,界面会自动发生收缩,局部的气泡又在不断地发生破裂和生成,泡沫体系始终处于动态变化的过程中。

一般来说,纯水不会产生泡沫。要实现发泡,一方面要提供连续的起泡动力,通过增强气液混合强度来提高气泡产生速率,使新气泡产生的速率高于气泡破裂的速率,使整体上泡沫的体积和气泡的数量增长;另一方面由于在纯水中气泡产生后会在几秒钟内发生破裂,难以形成泡沫(图 5-18),因此需要向水中添加化学物质,减缓气泡的破裂速率。

向水中添加的化学物质被称为发泡剂,其主要成分是表面活性剂,加入很少量就能显著降低水的表面张力,由于它们被吸附在气液界面上,在气泡之间形成稳定的薄膜而产生泡沫。表面活性剂分子的一端为亲水基团,另一端为疏水基团,因此表面活性剂溶于水中后疏水基团受到水分子的排斥会吸附在气液界面上,亲水端伸入水中,疏水端伸入空气中。

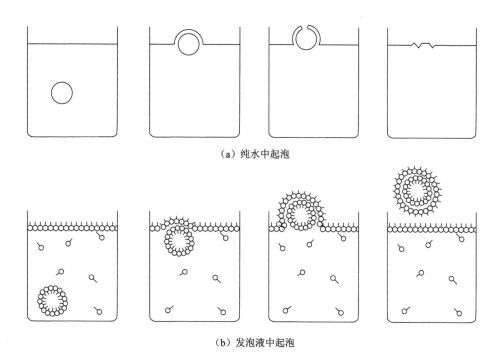

（a）纯水中起泡

（b）发泡液中起泡

图 5-18　不同介质中气泡现象

在气液界面被表面活性剂分子排满后多余的表面活性剂会形成胶束分散在溶液中,如图 5-18(b)所示。在气液混合时,产生的气泡在两相体系内形成了新的气液界面,分散在溶液中的表面活性剂分子会自发地运动到界面处形成新的单分子层。正是气液界面上形成了单分子层,使得界面表面张力降低、液膜具有了弹性,降低了破裂、收缩的速率,此外分散在溶液内部的发泡剂增大了液相的黏度,也是降低气泡破裂速率的重要原因。

当促使新气泡产生的动力消失后,没有新生的气泡补充到泡沫体系内,而现有的气泡在不断地发生破裂,随着时间的延长,泡沫的体积将逐渐减小,最后完全消失。气泡发生破裂有三种原因:一是在外部冲击力的作用下使液膜发生破裂;二是在重力和表面张力的作用下液膜内的液体排出;三是小气泡内的气体向相邻的大气泡中扩散,导致液膜面积减小。影响泡沫破裂的主要因素是液膜的强度。降尘泡沫对其稳定性的要求较低,这是为避免泡沫在井下作业空间的过多堆积而影响作业,通过提高泡沫发泡倍数等措施,使液膜变薄就能达到该目的。

（2）矿用降尘泡沫系统

针对井下条件和泡沫制备的需求,一般的矿用泡沫降尘系统如图 5-19 所示。系统所用动力源为井下作业点现有的压风和压力水,利用发泡剂添加装置将发泡剂按比例添加到水管路中,形成发泡液,空气与发泡液在泡沫发生器中,通过物理机械发泡产生高性能降尘泡沫,由泡沫分配器均匀分配至泡沫输送管路,最终通过喷射装置形成泡沫射流,喷洒至产尘点,进行泡沫降尘。

泡沫由水、发泡剂及空气经混合发泡而成,其中,水可直接取自井下防尘供水系统,防尘供水系统是矿井综合防尘最重要的基础部分,矿井供水的来源主要是地表水和矿井水,

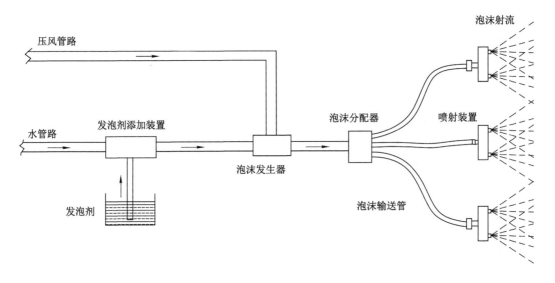

图 5-19　泡沫除尘系统示意图

也可以是工业或生活用水,一般井下防尘供水中的水质、流量和压力,经适当处理和调节,均可满足泡沫降尘系统供水要求;降尘泡沫所需空气一般由矿井压风系统提供,矿井压风系统是矿井必备的基础设施,由空气压缩机、压风管路、阀门等装置构成,空气压缩机通常放置在地面,通过压风管路将压缩空气输送到各个用风地点,对于没有压风管路的作业地点,可以采用泡沫制备装置自吸空气的方法。

　　泡沫降尘具有降尘率高、耗水量小的独特优点,尤其是对呼吸性粉尘具有很强的捕获能力,其技术优势的具体实现涉及降尘发泡剂性能、发泡剂的添加、泡沫的产生和泡沫的喷射(利用)四个关键问题。根据煤矿井下特殊的环境要求和应用条件,泡沫降尘制备必须具备以下特性:

　　① 发泡剂能够在低浓度时高性能起泡,发泡剂润湿性强,润湿粉尘速度快,发泡剂不含有毒有害组分,能够实现经济性、降尘效果和环保性三者的统一;

　　② 发泡剂的添加必须稳定可靠,添加装置简单、安全,易于操作,动力源应因地制宜利用采掘点已有的防尘供水条件,发泡剂可实现低比例下的自动连续添加,添加精度高,阻力损失小,添加装置工作所需压力低,受水压变化的影响小,抗干扰能力强;

　　③ 泡沫发生器具有高效发泡性能,产泡能力强,耗水量小,发泡倍数高,发泡过程阻力损失小,装置出口压力高,可实现泡沫在高驱动压力下的传输,泡沫发生器内部结构简单可靠,操作简单,维护方便,能够适应煤矿井下水质差、水压浮动的特殊要求;

　　④ 泡沫喷射装置喷出的泡沫不发生破裂雾化,泡沫喷射均匀,泡沫射流动量大,能对尘源进行有效的包裹与覆盖,泡沫喷射装置的安装要简单灵活,可适用于不同的采掘设备。

　　(3)泡沫降尘原理

　　泡沫对粉尘的作用可分为抑尘和捕尘。与水雾不同,泡沫为气液两相混合体,具有较大的气液界面面积,增大了与粉尘接触面积,而且泡沫中含有发泡剂成分,增强了泡沫的润湿性能,能够快速润湿粉尘,泡沫具有堆积性以及黏附性,可以在尘源处形成包裹层,抑制粉尘的产生,同时,泡沫喷射时形成的连续泡沫体,可通过有效包裹尘源而捕获和沉降已经产生的浮尘,因此,泡沫降尘的效果比喷雾降尘有显著的提高。依据泡沫抑尘和捕尘的作用机理,影响泡沫降尘效果的因素有两个:一是泡沫本身的特性,主要是液膜的表面积与湿润能力;二是降尘泡沫喷射过程中的射流工况参数,即射流的形状、流量和速度。

① 泡沫的抑尘作用

泡沫抑尘的本质是在粉尘及煤岩体的表面形成液膜,利用液相分子之间的吸引力使小颗粒粉尘相互凝聚并黏附在大块煤岩的表面,失去向空气中分散的能力。泡沫抑尘的作用对象为两种:一是沉积粉尘;二是新生粉尘。

沉积粉尘是因自重而沉降在产尘源附近区域的粉尘,一旦有风流或机械的扰动就会重新扩散到空气中,对于这类粉尘,只要使其保持湿润就能达到满意的抑尘效果。由于泡沫的液膜面积较大,又含有可大幅度降低水表面张力的表面活性剂,因此,泡沫对沉积粉尘的抑制效果比水雾效果好。新生粉尘是采掘机械或其他动力对煤岩的截割、破碎或爆破过程中产生的粉尘,这类粉尘具有可向空气中分散的初动能,利用水喷雾通常达不到满意的润湿效果,因为呈离散状态的雾滴粒径小、能量低,难以有效地作用在尘源处,但由于泡沫的体积大、润湿能力强、黏度大,可对尘源处的粉尘及扩散通道进行润湿与封堵。因泡沫由无数小气泡构成,泡沫的液膜形成了若干封堵层,即使粉尘颗粒具有较大的初始动能也难以穿透。因此泡沫能够大幅度提升对新生粉尘的抑制效果,甚至把粉尘完全抑制在产尘源处。图 5-20 为掘进过程中泡沫抑尘的实施效果图。

② 泡沫的捕尘作用

泡沫的捕尘作用主要发生在泡沫射流段,其作用机理如图 5-21 所示。当具有一定速度的泡沫(图 5-21 中 a)向粉尘运动(图 5-21 中 b)时,粉尘经过碰撞、截留和扩散等一系列作用后到达泡沫表面(图 5-21 中 c),被泡沫所黏附(图 5-21 中 d),由于液膜表面黏附的粉尘量不断增大,液膜内的液体聚集在粉尘表面,其他区域的液膜将变薄,并且由于受到空气摩擦力的作用,一部分泡沫将发生破裂,最终形成许多包裹粉尘的气泡(图 5-21 中 e),在重力作用下降落到地面,而未离开泡沫流的粉尘会跟随泡沫流运动,最终在重力的作用下沉降。

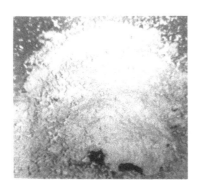

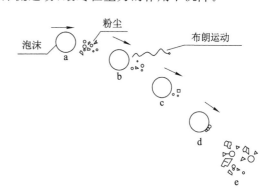

图 5-20　掘进机泡沫抑尘实施效果图　　　　图 5-21　泡沫捕尘原理

水雾捕尘依赖于空间中分散的雾滴来捕捉悬浮粉尘,其主要策略是通过降低雾滴粒径来增大捕捉粉尘的概率,但在喷雾距离较远时雾滴密度下降,捕尘能力减弱。在耗水量相等的条件下,泡沫流量可达水雾的几十倍,因此泡沫射流段能够在较远射程下仍有较高的捕尘能力,可对悬浮粉尘区形成连续的捕尘面。此外,泡沫对粉尘有较强的截留效应、惯性碰撞和扩散作用,并且泡沫具有比水滴大得多的液膜表面积、湿润能力与黏附能力,因而泡沫捕尘的效果优于常规的喷雾降尘技术。

泡沫的捕尘效果主要取决于泡沫射流段与浮尘的作用概率,只有当泡沫射流把悬浮粉尘封闭在尘源附近较小的空间内时,才能达到高效捕尘的目的。因此泡沫降尘效果还取决于泡沫喷射特性,主要是喷射速度、泡沫流量、气泡直径和射流形状这 4 个泡沫喷射参数。

a. 喷射速度

泡沫喷射的速度主要由喷嘴出口的直径和压力决定。由于喷嘴与尘源间存在一定的距离,喷射过程中泡沫流会受到空气阻力和重力的作用,如果喷射速度过低,则泡沫无法达到产尘点,而喷射速度过快将加剧空气阻力和摩擦力对泡沫流的作用,引起大量气泡在喷射过程中破裂甚至雾化,造成泡沫流的连续性变差,不利于在射流段形成捕捉悬浮粉尘的连续面。

b. 泡沫流量

为了提高泡沫射流与浮尘的作用概率,一般通过增大喷口面积的方式提高泡沫射流的厚度,从而增强射流段抵抗空气阻力和摩擦的能力,保证泡沫运动到尘源之前不发生明显的分散。喷口面积的增大意味着在相同的速度条件下需要更高泡沫的流量,若泡沫流量不足,将无法形成包围含尘气流的连续面,也无法使泡沫准确冲击截割产尘区域。而流量过大,不仅增大成本,而且会导致泡沫堆积,恶化工作环境。因此,泡沫流量必须根据现场实际情况进行调节。

c. 气泡直径

气泡大小是影响泡沫捕尘效果的关键,气泡直径受喷射速度影响显著,喷射速度越大,气泡拉伸变形越严重,大气泡越易破裂,小直径气泡越多,形成的泡沫包裹层越致密。泡沫流量一定时,相应的泡沫射流厚度也变薄,泡沫层对粉尘的隔断性有所降低。

d. 射流形状

泡沫射流的外形必须依据尘源的几何形状及位置进行专门的设计,包括实心锥、空心锥、平扇形、弧扇形等。泡沫形状的设计一方面要尽量保证在喷射过程中泡沫流保持较高的连续性,从多个喷嘴喷出的泡沫射流能够共同形成捕捉悬浮粉尘的封闭面,另一方面要实现泡沫对尘源的准确喷射和均匀覆盖,尽量使所有泡沫都用于填充、封堵粉尘逸散通道,降低泡沫射流的重叠率,充分提高泡沫利用率。

以上 4 个参数之间的关系并不是相互独立的,而是相互依赖、相互制约的。其中泡沫的流量由射流速度和喷口截面面积大小共同决定,而在设计喷射装置时必须同时考虑喷口的截面面积和泡沫流的形状。因此,在确定泡沫射流工况参数时要综合考虑上述 4 个方面的要求,使泡沫的利用率达到最高。

2. 泡沫喷射装置

泡沫喷射装置直接影响泡沫的降尘效果,是泡沫降尘系统的终端环节。泡沫喷射装置主要包括泡沫喷嘴及安装支架。其中,泡沫喷嘴是形成泡沫射流的主体部件,安装支架是辅助喷嘴使用的部件。喷射出的泡沫要达到高效抑尘和捕尘的目的,一方面要求泡沫能够准确达到尘源处形成连续的包裹层,另一方面要求在泡沫射流段形成封闭浮尘的连续捕尘面。因此必须根据产尘源情况对喷嘴及安装支架进行设计,要求喷嘴喷出的泡沫有效包裹和封闭尘缘,以保证降尘效果,并减少泡沫浪费。

(1) 泡沫喷嘴的类型

① 锥形喷嘴

锥形喷嘴是最为常用的一类喷嘴,它可分为实心锥和空心锥两种,如图 5-22 所示。由于其结构简单,加工方便,被广泛应用于各行各业,早期进行的泡沫喷射也曾采用该类喷嘴。

这类喷嘴的喷射流型较为单一,用于煤矿井下降尘泡沫喷射时存在以下主要缺陷:a. 泡沫是一种非牛顿流体,热力学性质不稳定,在经过锥形喷嘴时,由于过流断面形状的急剧变化和喷嘴出口直径很小,压力剧烈波动,导致泡沫破裂、雾化,泡沫的连续性受到破坏,不能满足泡沫降尘技术的要求;b. 锥形喷嘴的喷射流型为空心圆环或实心锥,喷射角度小,泡沫喷出后覆盖面积不足,泡沫浪费严重,难以对产尘点进行有效的包裹,导致大量粉尘从泡沫间隙中逃逸出去,满足不了降尘的要求。

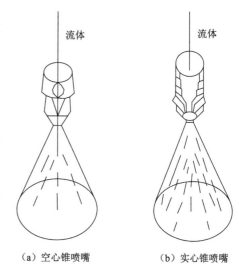

（a）空心锥喷嘴　　　　（b）实心锥喷嘴

图 5-22　锥形喷嘴

② 平扇泡沫喷嘴

为解决泡沫喷射易雾化、喷射角度小、覆盖区域有限的问题,课题组早期设计了一种平扇泡沫喷嘴。该喷嘴的内表面为半椭球面,头部有一个 V 形槽,V 形槽的两个斜面具有一定的圆弧,并关于喷头轴线对称,而且和内部椭圆球面相交,形成带有内凸圆弧状的狭长喷口。V 形槽面圆弧的作用:一方面避免了泡沫喷洒时出现中间厚两边薄的现象,另一方面增大了扩散角度,泡沫在压力驱动下从管道流入泡沫喷射喷头的壳体时,泡沫流在喷头内部被端头盖阻挡后,压力增大,流经喷嘴槽时,压力得以释放,由于喷嘴口中间窄,两边宽,且槽的开口深度大于端头盖的厚度,所以在泡沫喷出时,泡沫呈扇形向外扩散。该泡沫喷头克服了已有喷头技术中的不足之处,喷头结构简单,体积小,安装方便,泡沫喷洒均匀,扩散角度大,不产生雾化,性能可靠。

图 5-23 所示为加工制作出来的平扇泡沫喷嘴实物。平扇泡沫喷嘴的扩散角主要由喷嘴的结构尺寸(d_1,h,d_2,θ)决定,θ 一般为 $60°\sim90°$,最大可达 $120°$,通过喷嘴的泡沫流量,一方面取决于泡沫流的压力,另一方面取决于喷嘴的阻力。当泡沫流压力从 0.1 MPa 变化到 0.6 MPa 时,泡沫流量从约 2 m³/h 提高到约 10 m³/h,泡沫从平扇泡沫喷嘴喷出形成的泡沫流如图 5-24 所示。

平扇泡沫喷嘴解决了泡沫喷射过程的破裂雾化问题,使泡沫喷射更加均匀,覆盖范围更广。然而在采掘过程中,由于掘进机(采煤机)的滚筒多为圆形,平扇泡沫喷嘴的射流流型较难完全包裹滚筒,而且多个平扇泡沫喷嘴喷射时,泡沫射流之间的重叠率过高,存在较严重的泡沫浪费现象,影响泡沫降尘的效果和经济性。

③ 弧扇泡沫喷嘴

为达到高效降尘的目的,泡沫的喷射应达到以下三个标准:a. 泡沫应完全包围采掘设

图 5-23　平扇泡沫喷嘴

图 5-24　平扇泡沫喷嘴形成的泡沫流

备截割头,在粉尘逃逸方向上的泡沫厚度应达到能有效阻挡粉尘逃逸的最小厚度。b. 将粉尘控制在最小的范围内,泡沫喷射范围过大,不仅会在一定程度上影响喷射区域的可视性,还会造成泡沫使用量过大,提高降尘成本。由于截割头外形近似为圆锥台,最大的圆周位于圆锥台的根部,因此,为了在最小的范围内控制粉尘,喷嘴的喷射边界应紧贴截割头最大圆周。c. 喷射重叠区域少,最大限度避免泡沫的浪费,为此,应尽量选择重叠区域少的喷射流型,使所用泡沫的总量小。

若采用实心锥泡沫流进行降尘,要求喷嘴的数量多,泡沫的浪费量较大,并且在射流段无法形成连续的捕尘面,如图 5-25 所示。平扇泡沫喷嘴增大了泡沫喷射角度,提高了泡沫的覆盖范围,泡沫射流段捕尘的效果得到了改善,如图 5-26 所示。但由平扇泡沫喷嘴组成的泡沫流的横截面呈矩形,不能与环状产尘区域实现契合,同样造成了部分泡沫无法作用于产尘点,限制了泡沫利用率的提高。如果采用弧扇泡沫喷嘴,则产生的泡沫流在喷射段呈弧扇状,少量喷嘴的配合使用,就能实现对产尘区域的准确覆盖和泡沫的高效利用,如图 5-27所示。

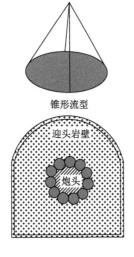

图 5-25　实心锥喷射效果

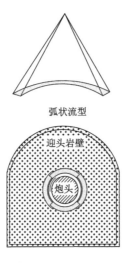

图 5-26　平扇喷射效果

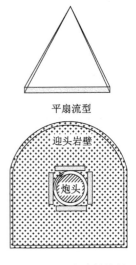

图 5-27　弧扇喷射效果

根据上述优选标准,中国矿业大学发明了一种弧扇泡沫喷嘴。喷嘴冲击端面为一弧状条带,整体呈弧扇体,通过多个弧扇喷嘴,可以在尘源周围形成与尘源几何特征相符的泡沫层,如图 5-28 所示。弧扇泡沫喷嘴主要包括喷嘴主体与导流体,其中导流体是一个半圆锥形,喷嘴主体内部设有入口段、渐变喉部、出口段,在出口段之后有一扩展段,它们顺序连接为一个统一体,入口段与出口段均为圆柱形管段,渐变喉部为入口段与出口段的过渡部分,其内径是渐变的。扩展段与导流体一起控制喷射流型,导流体可迫使降尘介质形成弧扇流型,而扩展段可以防止弧扇的两侧边缘不稳定,阻止分散的发生。

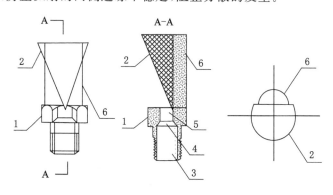

1—弧扇喷嘴主体;2—导流体;3—入口段;4—渐变喉部;5—出口段;6—扩展段。

图 5-28　弧扇泡沫喷嘴结构

图 5-29 为弧扇泡沫喷嘴的实物图,影响其喷射效果的主要有 4 个关键结构参数:喷孔孔径、导流体长、导流体长径和导流体短径。喷孔孔径是喷嘴设计时首先要确定的参数,喷孔的孔径决定着泡沫通量,孔径越大,泡沫通量也就越大,孔径越小,泡沫消耗越少,但喷嘴堵塞的风险逐渐增大。导流体长是泡沫射流在喷嘴轴线方向上受导流体作用的长度,导流体长越长,泡沫射流在离开喷嘴前受到的引导时间越长,越有利于弧扇泡沫射流的稳定形成,但导流体长过长时,喷嘴的保护就越发困难,因此,导流体长应在合理的范围内。导流体长径是导流体底面上的直边长度,导流体短径是导流体底面弧边上的点距直边的最大距离,导流体长径与短径是泡沫射流离开喷嘴前在长径、短径两个维度上扩展的最大长度,它们与导流体长共同控制着弧扇射流的产生,图 5-30 为弧扇泡沫喷嘴的喷射效果图。

图 5-29　外导流弧扇泡沫喷嘴

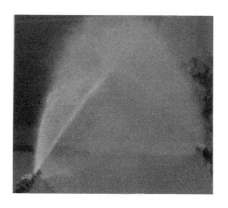

图 5-30　弧扇喷嘴喷射效果

（2）泡沫喷嘴的安装支架

喷嘴安装支架对泡沫降尘效果也起着重要作用，主要体现在两个方面：一是喷嘴安装支架的结构决定着喷嘴的布置位置，如果喷嘴安装支架的设计存在缺陷，将导致从各个喷嘴喷出的泡沫无法准确、均匀地覆盖尘源，从而造成降尘效果不佳及泡沫利用率低等；二是喷嘴安装支架决定着喷嘴能否得到有效的保护，这对于泡沫喷嘴的耐用性至关重要。但在泡沫降尘技术早期，安装支架的重要性没有得到充分的重视，泡沫喷嘴主要安装在外喷雾系统提供的安装孔上，无法实现各个喷嘴之间的紧密配合。

① 常规分段式支架

以综掘面泡沫降尘为例，掘进机用喷头支架一般是利用简易的金属焊接管将喷头通过螺纹、快速接头等方式连接，根据其外观形状分为弧状支架和杆状支架。喷头通过简易支架布置于掘进机外喷雾位置，由于悬臂下侧经常受到撞击，泡沫只能安装在悬臂上部和两侧，泡沫难以到达截割头下部区域，为粉尘的逃逸提供了较大的通道。此外，喷嘴及其支架安装后，喷嘴的喷射方向就已固定，无法根据喷嘴实际喷射效果对喷射方向进行调节，这就造成了一部分喷嘴将泡沫喷出后，泡沫并不能准确地作用于产尘点。

对于采煤机，泡沫喷嘴支架目前还没有固定的分类方式，它的设计一般需紧密结合采煤机的具体情况。图 5-31 为美国犹他州某矿采煤工作面开展的泡沫降尘实验中使用的一种管道式泡沫喷头支架。支架在主管路上根据滚筒的外形布置了多个分支短管，使多个平扇喷嘴整体配合，形成了包裹尘源的泡沫幕。该安装支架存在覆盖范围有限、包裹性不强的缺陷，喷射的泡沫很难形成对采煤机滚筒的有效包裹。

（a）泡沫喷射远视图　　　　　　　　　　（b）泡沫喷射近视图

图 5-31　管道式泡沫喷头支架在采煤机上的布置

② 可调式喷射支架

在泡沫喷嘴的使用过程中发现，无论是使用哪种喷嘴，喷嘴安装后，其喷射的方位都已固定，无法进行改变，因而导致泡沫的作用点与产尘点不能高度统一。其原因主要在于喷嘴安装角度的不可调节，使得泡沫的优势得不到最佳发挥。为解决这一问题，使泡沫喷射装置具有角度纠正功能，设计了一种用于矿井综掘面粉尘防治的可调式喷射支架，如图 5-32 所示。该可调式喷射支架由挡板、支撑板、快速接头、喷头安装箱体盒体、支管固定部、固定螺丝、调节螺母等构成，通过调节螺母实现了喷嘴喷射角度的可调。

这种可调式喷嘴安装支架的关键在于支架本体含有球形凹槽，当将泡沫喷嘴的进液端改造成球状后，喷嘴就可以在支架本体上进行转动，进而达到调节角度的目的。这种调节方式的好处是,喷嘴的安装角度调节范围比其他方法扩大很多,且简单易行。图 5-33 为带球头的弧扇喷嘴,喷嘴与支架装配完成后角度调节方式如图 5-34 所示。

图 5-32　可调式喷射支架

图 5-33　带球头的弧扇喷嘴

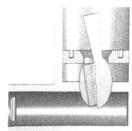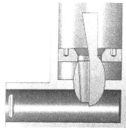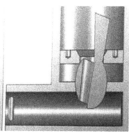

图 5-34　弧扇泡沫喷嘴安装角度的调节示意图

弧扇泡沫喷嘴的喷射流型如图 5-35 所示。可以看出,弧扇泡沫喷嘴喷射的泡沫流型符合掘进机(采煤机)截割产尘的形状,可调式喷射支架可提高泡沫喷射的准确度,能达到以泡沫较高利用率作用于产尘点并形成泡沫动态封闭环的目标。图 5-36 为弧扇泡沫喷嘴对掘进机截割部的包裹效果图。弧扇泡沫喷嘴实现了对尘源的全方位立体化包裹,阻断了粉尘扩散路径,由于泡沫具有可堆积性,喷射过程中能持续堆积于产尘点,达到湿润煤岩体和抑制粉尘产生的目的。喷嘴位置的合理布置能够发挥泡沫表面积与体积流量大和黏附湿润能力强的优势,对尘源进行包裹而高效降尘。

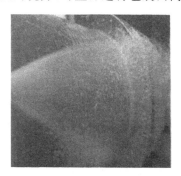

图 5-35　弧扇泡沫喷嘴的喷射流型

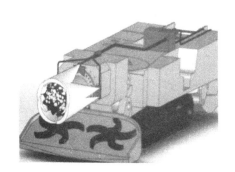

图 5-36　弧扇泡沫喷嘴对掘进机截割部的包裹效果图

（三）二次负压联合湿式降尘技术

当井下局部地点的产尘量大，依靠前述的通风除尘、煤层注水减尘及湿式喷雾措施难以满足作业环境的风流质量要求时，须对风流进行净化处理，将含尘风流吸入除尘器中进行除尘，这种直接除去局部地点风流中粉尘的装备称为除尘器。除尘器具有除尘效率高的特点，已逐渐成为煤矿井下重要的防尘手段，也是未来煤矿防尘技术的重要发展方向。如采煤机移动作业的回采工作面，可利用水射流产生的负压作为除尘动力源，将含尘气流吸入除尘器进行净化处理，因此，本部分简述湿式洗涤除尘装置类型中的二次负压联合湿式降尘装置。

1. 二次负压联合湿式降尘原理

二次负压联合湿式降尘技术属于湿式洗涤除尘技术。湿式洗涤除尘装置形式多样，在煤矿获得应用的有吸尘滚筒降尘装置、水射流式孔口除尘装置。

采煤机二次负压联合湿式降尘装置如图 5-37 所示，在采煤机机面上安装一个封闭引射风筒，装置共有 4 组高压喷嘴，风筒内 2 组喷嘴，每组 2 个，喷雾方向朝向各自端头，风筒两端各有 1 组辅助喷嘴，每组 2 个。使用时为两端交替吸风，吸风侧随割煤方向改变而改变。

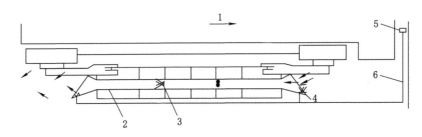

1—割煤方向；2—吸尘装置；3—引射喷嘴组；4—辅助喷嘴组；5—高压水泵；6—高压胶管。

图 5-37　采煤机二次负压联合湿式降尘装置示意图

如前滚筒制煤产尘时，即启用筒体内后滚筒侧的喷嘴组和前滚筒侧的辅助喷嘴组。此时装置的除尘作用有三个部分：① 高压喷雾引射作用在装置前滚筒进风端形成负压场，将割煤滚筒周围的含尘空气吸入风筒内，风筒内通过高压喷雾产生大量雾滴，含尘气流绕过雾滴时，尘粒由于惯性与雾滴相撞，进而被捕捉，通过粉尘与雾滴的惯性碰撞、拦截以及凝聚、扩散等作用实现捕捉，粉尘在风筒中经过湿润后沉降，从气流中分离；② 水雾与被净化空气形成的高速射流从装置后滚筒出风端射出形成负压场，可将后滚筒割煤时产生的粉尘进行净化处理；③ 装置前滚筒吸风端喷雾形成高压雾屏，使前滚筒的含尘气流不向人行道扩散，从而提高装置的降尘效果。

兖州矿区将负压二次降尘装置应用到采煤工作面，工作面采高为 3.1 m、截深为 0.62 m、牵引速度为 4 m/min、煤的硬度 f 为 4.7。采用高压水泵供水喷雾，水压为 17 MPa。采煤机司机处由使用除尘装置前全尘浓度为 1 200 mg/m³、呼尘浓度为 271 mg/m³ 分别降低到 25 mg/m³ 和 9.4 mg/m³，降尘效率分别为 97.9% 和 96.5%；工作面回风巷由使用除尘装置前全尘浓度为 1 195 mg/m³、呼尘浓度为 410 mg/m³，分别降低到 44.5 mg/m³ 和 18.5 mg/m³，降尘效率分别为 96.3% 和 95.5%。

2．二次负压联合湿式降尘装置及安装

采煤机二次负压联合湿式降尘布置在采煤机前后滚筒摇臂后，一般成对使用，用于采煤面降尘。除尘器包括高压喷嘴，喷嘴与进水管连通。喷嘴由管内向外喷雾时，前方的空气被源源不断的水雾推出去，后方形成负压，煤机端部及滚筒附近含尘浓度高的空气被吸入负压场，在喷管内，含尘气流受到水雾的洗涤净化，粉尘喷出管子后迅速沉降下来，被净化的空气与水雾形成高速混合射流，在喷出端形成负压，卷吸周围的含尘气流进入射流中，使水进一步雾化，对采煤机截割部位产生的粉尘进行有效的净化。二次负压降尘装置通过形成气雾流屏障和含尘气流净化系统，有效阻止和减少粉尘向外扩散，如图 5-38 所示。

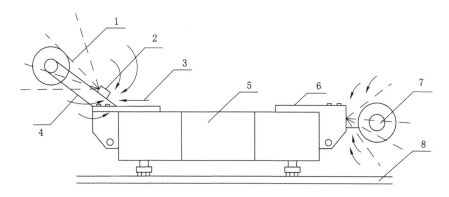

1—气雾水；2—除尘器；3—含尘气流；4—摇臂；5—采煤机机身；6—连接板；7—滚筒；8—轨道。

图 5-38　二次负压联合湿式降尘系统示意图

采煤机负压二次降尘系统主要由高压喷雾器 7、高压胶管 6、除尘器 4 等组成，如图 5-39所示。系统开启时，利用轨道平巷内的高压喷雾泵站，将井下的低压水转化成高压水，水压5～10 MPa，通过沿平巷至工作面铺设的高压胶管，将高压水输送到安装在采煤机两摇臂（或机身连接板）上的负压二次除尘器上，负压二次除尘器将供给的高压水转化成控制采煤机滚筒割煤产尘源、向外扩散的气雾流屏障和局部含尘风流净化降尘系统，实现对采煤机滚筒割煤产尘的就地净化，阻止和减少了粉尘向外扩散。

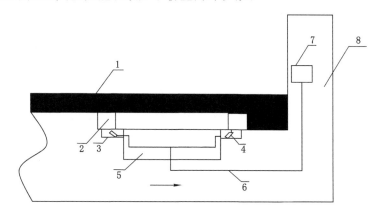

1—煤壁；2—滚筒；3—摇臂；4—除尘器；5—采煤机机身；6—高压胶管；7—高压喷雾器；8—巷道。

图 5-39　二次负压联合湿式降尘装置安装示意图

二次负压联合湿式降尘系统的性能指标见表 5-4。

表 5-4　二次负压联合湿式降尘系统的性能指标

项　目	参　数
耗水量/(m³/h)	4.5
水压/MPa	10
喷嘴孔径/mm	1～1.5
水滴直径/μm	120
气雾流张开角度/(°)	60
质量/kg	100
除尘器距离滚筒中心/m	1～1.5
除尘器外形尺寸/mm	$\phi100\times200$

三、其他物理化学控尘技术

(一) 磁化水除尘

改善喷雾降尘法来降低呼吸性粉尘的另一条技术途径是用物理方法改变水的性质，使水的雾化能力增大。磁化法是一种简单有效的方法。在磁水中添加润湿剂还可在此基础上提高降尘率 38% 左右。我国是从 20 世纪 80 年代末开始在井下进行相关试验研究的，现已在各矿井陆续推广应用。夏伟等(2015)系统研究发展了新型磁化雾喷雾降尘技术。

1. 磁化水降尘原理

磁性存在于一切物质中，并与物质的化学成分及分子结构密切相关，因此派生出磁化学。实践过程中又将其分为静磁学和共振磁学。目前国内外降尘用磁水器都是在静磁学和共振磁学理论基础上发展起来的。

磁化水是经过磁化器处理过的水，这种水的物理化学性质发生了暂时的变化，此过程叫作水的磁化。磁化水性质变化的大小与磁化器磁场强度、水中含有的杂质性质、水在磁化器内的流动速度等因素有关。磁化程度的好坏与磁化器的结构有关。

(1) 纯水的结构

水分子是由 2 个氢原子和 1 个氧原子组成的。在水分子中有 5 对电子(内部)位于氧核附近。其余 4 对电子：在氧核与每一个氢原子核间各有 1 对；另外 2 对是孤电子，在四面体上方朝向氢原子核相反方向。正是由于这 2 对孤对电子的存在，分子间产生了氢键联系。

从纯水的结构看，由于氢键的存在，水具有特殊而易变的结构。在各种外界因素作用下，如温度、压力、磁场等，水的结构会发生变化，导致氢键弯曲，O—H 化学键夹角也会发生变化。因此，采用磁场力是能够使水结构变化的，其变化的大小与磁场力的大小有关。

(2) 磁化处理水的特性

水是抗磁性物质，当对水施加一种外磁场时，水就要产生一个附加磁场，其方向与外磁场方向相反，由于外磁场与分子力的相互作用，削弱了分子间的内聚力，改变了水分子的氢键联系，迫使水的黏性下降从而改变水的表面张力，同时水中存在的杂质在流经磁场时也要被磁化，其中含电解质的离子磁化后产生的附加磁场的方向与外磁场方向相同，而非电解质的分子产生的附加磁场的方向与外磁场方向相反,这些磁力的相互作用最终促使水分子的内聚力下降,黏滞力减弱,从而不同程度地改变了水的基本结构,成为磁化水。由于黏度、表面张力降低,吸附、溶解能力增强,致使雾化程度得到提高,可以提高捕捉粉尘的概率。

试验证明,水被磁化后,其表面张力随磁场的增加,下降幅度也增加,当磁极化强度达到 450 mT 时,水的表面张力可下降 24%。水的黏度也有所下降,与磁极化强度的增大基本呈线性负相关关系。当磁极化强度达到 450 mT 时,动力黏度下降近 2.8%。粉尘被磁化水浸润的速度与磁极化强度呈正比关系。当磁极化强度达到 400 mT 时,磁化水对粉尘的浸润时间比清水缩短 31% 以上。

在此机理基础上研制的磁化喷嘴,可以实现对降尘用水的磁化作用,使水的成雾能力提高。据测定,普通清水喷雾后,雾粒大多大于 150 μm,中位径在 80~100 μm 左右。而用磁化喷嘴后,雾粒将大为变小,在切割水的最大磁极化强度为 600 mT、水压为 2.0 MPa 时,喷出的水雾的中位径一般为 72 μm 左右,最小为 37.5 μm,90% 以上的雾粒径小于 58.3 μm。实验室测定结果表明,相对清水而言,磁化水对总粉尘的降尘效率可提高 10%~20%;对呼吸性粉尘的降尘率提高 15%~25%。

2. 影响水系磁化的因素

(1) 可溶性杂质

一般水中都含有杂质。水中的杂质以不同形式影响水的结构乃至物理化学性质。水中杂质可分两大类:呈离子状态存在于水中的电解质和呈分子形式存在于水中的非电解质。水中的非电解质越多,水的结构越稳定,越不易磁化。相反,水中电解质越多,越易磁化。

(2) 水的特性

水具有许多明显的异常性质,如在不同温度下体积的变化、水具有的介电常数、水的溶解性等。改变水的结构和存在于水中杂质的形态,就可改变这些物理化学性质。一般情况,工业水较易被磁化。水的磁化效应是随时间而变化的,水被磁化后,其效应先是很快增高,而后变慢,经一定时间自动消失。

(3) 结构松弛性

据试验证明,利用多极设备在不同磁场强度下(23.8~200 kA/m 或 300~2 500 Ω)处理天然水,水晶格的松弛性变化高达 25%。结构的松弛性变化将影响电导率与表面张力的变化,松弛性越大,越有利于降尘。

(4) 磁化率

众所周知,纯水是反磁性的。在 20 ℃ 时,水的反磁化率为 −0.721 2×10⁻⁶。分子间键的削弱导致反磁性的增加。但是,许多离子是顺磁性的,有时超过水的反磁性。经过磁化处理的水,其磁化率大小既决定于水中杂质分子与离子的本质,也决定于它们与水相互联系的性质,所以磁化处理不同的水质,磁化率亦不同。

(二) 声波雾化降尘

该项技术利用声波凝聚、空气雾化的原理,以提高尘粒与尘粒、雾粒与尘粒的凝聚效率以及雾化程度来提高呼吸性粉尘的降尘效率。该项技术所研制的声波雾化喷嘴具有普通压气雾化喷嘴的特点,雾化效果好,耗水量低,雾粒密度大。同时,产生的高频高能声波可以使已经雾化的雾粒二次雾化,减小雾粒直径,提高雾粒与尘粒的凝聚效果。

雾粒粒径及分布是影响降尘效果的主要技术参数。雾粒平均粒径越大,对降尘效果的提高越不利;反之粒径越小,雾粒粒径分布指数越大,越能获得好的降尘效果,特别是能提高降低呼吸性粉尘的效果。而含液比和环境风速又是影响雾粒粒径及分布的主要因素。在风压为 $0.3 \sim 0.6$ MPa、耗水量小于 1.0 m³/min 时,雾粒平均粒径小于 30 μm,对呼吸性粉尘的降尘率大于 74%,对总尘的降尘率可以达到 88%。但缺点是声波雾化喷嘴产生的声波频率在可听范围内,声压级较高,噪声较大;此外,雾粒变小易受环境风流的影响,寿命较短。解决好这两个问题,该技术将取得更加令人满意的结果。

(三)预荷电高效喷雾降尘技术

对现场粉尘状况调查发现,悬浮尘粒大多带有电荷,于是提出了如何利用这一现象来降低呼吸性粉尘的思路,如果让水雾带有极性相反的电荷,就可以使雾粒和尘粒之间产生较强的静电引力,从而提高水雾对粉尘的捕获效果。基础研究的结果表明。荷电水雾对呼吸性粉尘的降尘效率是随水雾荷质比的提高而线性上升的,最高达到 75.7%,说明这一技术途径是可行的。实现这一目的的关键是能研制出耗水量小、雾化效果好、雾粒密度大而且水雾能够荷上足够多电荷的电介喷嘴。

试验研究结果还表明,总粉尘的降尘率是随着水压的上升而单调提高的,说明这主要是传统喷雾降尘机理作用的结果。而呼吸性粉尘降尘率则随着水雾荷质比的提高而提高,不随水压的上升而单调提高,这主要是电力作用机理的结果。在水压为 $1.0 \sim 1.5$ MPa 时,水雾荷质比和水压均较高,可获得最高的呼吸性粉尘降尘率。在实验室进行降尘试验时,水压在 $0.7 \sim 2.0$ MPa 下电介喷嘴进行预荷电喷雾,其呼吸性粉尘的降尘率均达到 60%以上。

在石炭井二矿暗主科井 1300 水平胶带机头和 1100 水平中采轨道石门放煤口采用该技术进行过现场应用试验。1300 水平胶带机的煤转载落到下一条胶带上时,风流沿放煤口吹向该巷道,致使粉尘蔓延,污染了该巷道回风侧的提升绞车司机室。虽然采用了传统的喷雾方法降尘,但效果不理想。而 1100 水平放煤口,由于放煤量大,产尘浓度高,严重污染了进风流。在这两处改用电介喷嘴后,获得了明显的降尘效果:胶带机头处总粉尘降尘率达到 85.17%,呼吸性粉尘浓度下降了 50.94%;放煤口处总粉尘和呼吸性粉尘的降尘率分别达到了 85.8% 和 85.48%,与原喷雾措施相比,总粉尘和呼吸性粉尘浓度分别下降了 44.97% 和 69.08%,效果显著。

第六章　燃煤烟气高效除尘技术

电除尘器和袋式除尘器作为高效除尘技术在燃煤烟气净化工程中得到了广泛的应用。电除尘器是利用高压电场产生的静电力,将粉尘从气流中分离出来的一种除尘设备,与其他除尘装置的根本区别是,分离力直接作用在粉尘上,而不是整个气流,因此电除尘时能耗较低,气流阻力较小。由于作用在粉尘上的静电力相对较大,电除尘器对微小粒子也能有效捕集,是捕集微细粉尘的主要除尘装置之一。整体而言,电除尘器具有压力损失小(一般200~500 Pa)、处理烟气量大(可达 $10^5 \sim 10^6$ m^3/h,甚至更高)、能耗低(0.2~0.4 kW·h/km^3)、对微细粉尘的捕集效率高(高于 99%)、能在高温或强腐蚀性气体下操作等优点。但电除尘器的应用受其一次性投资较高、占地面积大以及对尘粒的导电性有一定要求的限制。袋式除尘器是过滤式除尘器中常用的一种除尘器,利用多孔纤维材料制成的滤袋将含尘气流中的粉尘捕集下来,是一种干式高效除尘装置。该装置具有诸多优点,如除尘效率高(尤其对微米及亚微米级粉尘颗粒具有较高的捕集效率)、不受粉尘比电阻影响、对气体流量及含尘浓度适应性强、处理流量大、性能可靠等。电袋复合除尘器则是一种将电除尘和过滤除尘技术有机结合的高效率、高可靠性的新型除尘设备,广泛应用于电厂和烧结机尾部烟气净化。

第一节　电除尘器除尘机理及影响因素

一、电除尘器除尘机理

工业上应用的电除尘器种类、结构形式繁多,但都基于相同的工作原理。电除尘过程主要包括四个基本阶段:气体电离与电晕的产生,粉尘粒子荷电,荷电粒子在电场中的运动和捕集,被捕集粉尘的清除。通常,将产生电晕的电极称为电晕极(或放电极),供尘粒沉积的电极称为集尘极(或收尘极)。

(一)电晕放电机理

1.气体的电离

通常,空气中总存在着少量的自由电子和离子,但由于数量少可认为空气是不导电的。电除尘过程中,当在除尘器两电极施以直流电压时,两极间形成一非均匀电场。如图 6-1 所示,随着电压升高,电极间的离子和电子运动速度增加,电流随之增大(图 6-1 中曲线 *ab*段),由于气体的导电仅借助于气体中原有的少量自由电子和离子,因此电流增大的幅度并不高;当电压加大到一定数值,两极间的离子和电子全部参与极间运动,电流不再随电压升高而增大(图 6-1 中曲线 *bc* 段);电压继续升高,自由电子获得足够能量后撞击气体分子,使其开始电离,产生正离子和电子,此时电流随电压的升高而急剧增大,发生电晕放电(图 6-1 中曲线 *cd* 段);电压再升高,两极间气体全部电离,电场击穿,发生火花放电。电除尘器运行时应保持两电极间的气体处于不完全被击穿的电晕放电状态。

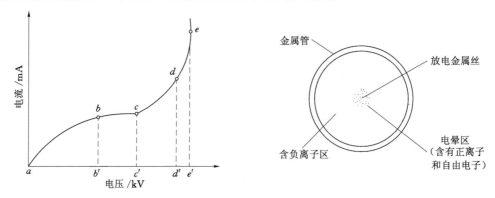

图 6-1 气体导电过程曲线　　　　　　图 6-2 电晕放电示意图

2. 电晕的产生

电晕放电机理可以借助图 6-2 电晕放电示意图来解释,假设电晕极是负极。在图 6-2 所示的非均匀电场中,从金属丝表面或附近放出的电子迅速向正极(或接地极)金属管运动。由于电晕极附近电场强度大,自由电子获得的能量较多,具有一定能量(超过电离能)的电子撞击气体分子,产生新的阳离子和自由电子。新产生的电子又被电场加速并撞击更多的分子,使气体进一步电离,通常将该过程称为"雪崩"过程。气体电离产生的阳离子被负极吸引,加速飞向负极,撞击负极表面,释放二次电子,使电离过程能继续维持。负极周围气体分子受激发电离产生紫外辐射后,出现蓝光,即为电晕。离负极稍远处,电场强度小,电子运动速度降低,不能使气体分子电离,所以电晕区范围是很小的。电子向电晕区外运动,因碰撞而附着在气体分子上,形成负离子,并继续向正极(或接地极)金属管运动。由于电晕区范围很小,只有少量尘粒在电晕区通过,获得正电荷,沉积在电晕极上。大多数尘粒在电晕区外通过,获得负电荷,最后沉积在金属管内壁(集尘极)上。通常,将这种以负极为放电极形成的电晕称为负电晕。

以正极作为电晕极也能形成电晕,此时称为正电晕。与负电晕相反,由于电离产生的自由电子向电晕极运动,所以空间电流是由正离子向电晕区外运动而形成的。由于离子的质量远大于电子,因此正离子运动速度较低,不能使气体分子碰撞电离。所以,正极放电主要是靠电晕辐射出的光子使电晕极附近气体电离,来维持电晕放电的。

工程实践中,当电晕电极与高压直流电源的阳极连接时,就产生正电晕,与高压直流电源的阴极连接时就产生负电晕。

(二) 起始电晕电压

电除尘过程中,许多因素影响电晕的发生及施加电压与电晕电流之间的关系。通常,将开始产生电晕电流时所施加的电压称为起始电晕电压(或起晕电压),对应电场强度称为起始电晕场强(或起晕场强)。以管式电除尘器为例,可简要说明如下。

管式电除尘器内任一点的电场强度可表示为:

$$E_r = \frac{V}{r \cdot \ln(b/a)} \tag{6-1}$$

式中　E_r——距电晕线中心距离 r 处的电场强度,V/m;

V——电晕极和集尘极之间的电压，V；

r——除尘器内任一点距电晕线中心的距离，m；

a——电晕线半径，m；

b——电晕极至集尘极的距离，m。

式(6-1)表明，施加的电压 V 增加，电晕线附近的场强亦增加，直至电晕发生。起始电晕电压与烟气性质和电极的形状、几何尺寸等因素有关。皮克(Peek)对电晕过程进行了广泛研究，提出了计算起始电晕场强 E_c 的经验公式：

$$E_c = 3 \times 10^6 k(\delta + 0.03\sqrt{\delta/a}) \tag{6-2}$$

式中　δ——气体的相对密度，定义为 $\delta = T_0 p / T p_0$，其中 $T_0 = 298$ K，$p_0 = 101\ 325$ Pa，T 和 p 分别为运行操作时的温度和压力；

k——电晕线光滑修正系数，$0.5 < k < 1.0$，对于清洁光滑的圆极线 $k = 1$，实际应用时可取 $0.6 \sim 0.7$。

由式(6-1)和式(6-2)可知，在 $r = a$ 时(电晕电极表面上)，管式电除尘器的起始电晕电压为：

$$V_c = 3 \times 10^6 ka(\delta + 0.03\sqrt{\delta/a})\ln\frac{b}{a} \tag{6-3}$$

可见，起始电晕电压可以通过调整电极的几何尺寸来实现。电晕线越细，起始电晕所需要的电压越小。

板式电除尘器的起始电晕电压可表示为：

$$V_c = 3 \times 10^6 ka(\delta + 0.03\sqrt{\delta/a})\ln\frac{d}{a} \tag{6-4}$$

式中　d——与电极距离有关的参数，m。

d 可按下式进行计算：

当 $b/c \leqslant 0.6$ 时，
$$d = \frac{4b}{\pi} \tag{6-5}$$

当 $b/c \geqslant 2$ 时，
$$d = \frac{c}{\pi e^{\pi b/2c}} \tag{6-6}$$

式中　c——两电晕极之间距离的一半，m。

当 $0.6 < b/c < 2.0$ 时，d 值按图 6-3 确定。

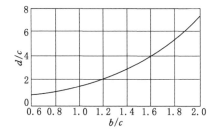

图 6-3　d/c 值与 b/c 值的关系

$(0.6 < b/c < 2.0)$

假设管式电除尘器的电晕线的半径为 1 mm，集尘圆管直径为 200 mm。运行时的气体压力为 1.0×10^5 Pa，温度为 573 K；光滑修正系数 k 取 0.7。我们可根据式(6-2)和式(6-3)，计算起始电晕场强度和起始电晕电压。

首先，起始电晕电场强度为：

$$E_c = 3 \times 10^6 \times 0.7 \times \left(\frac{298 \times 1.0 \times 10^5}{573 \times 1.013 \times 10^5} + 0.03 \times \sqrt{\frac{298 \times 1.0 \times 10^5}{573 \times 1.013 \times 10^5 \times 0.001}} \right)$$

$$= 2.51 \times 10^6 (\text{V/m})$$

$$= 25.1 (\text{kV/cm})$$

起始电晕电压则为：

$$V_c = 2.51 \times 10^6 \times 0.001 \times \ln \frac{0.1}{0.001}$$

$$= 1.16 \times 10^4 (\text{V})$$

$$= 11.6 (\text{kV})$$

由于电除尘器在运行过程中，两极间存在电晕电流，故实际操作电压比计算得到的电晕电压值要高。

电晕放电电场的电压与电晕电流之间的关系，通常称为电压-电流特性或简称为伏-安特性。伏-安特性决定了电除尘器操作过程的电学条件。在负电晕电场中，几乎全部自由电子都很快附着于负电性气体分子上形成负离子，离子迁移形成极间电流。因此，空间电流密度可表示为：

$$j = \rho_i K_i E_r \tag{6-7}$$

式中 j——空间电流密度，A/m^3；

ρ_i——空间电荷密度，c/m^3；

K_i——离子迁移率，$\text{m}^2/(\text{V} \cdot \text{s})$。

由于管式电除尘器中电场分布的对称性，通过各同心圆柱面的电流密度为：

$$j = \frac{i}{2\pi r} \tag{6-8}$$

式中 i——单位长度放电极线的电流强度，A/m。

离子迁移率与气体密度成反比，所以：

$$K_i = \frac{K_{i0}}{\delta} \tag{6-9}$$

式中 K_{i0}——标准状态($T_0 = 298$ K，$p_0 = 101\ 325$ Pa)下的离子迁移率(表 6-1)，$\text{m}^2/(\text{V} \cdot \text{s})$。

表 6-1　标准状态下气体离子迁移率

气体	离子迁移率/[$10^{-4}\ \text{m}^2/(\text{V} \cdot \text{s})$]		气体	离子迁移率/[$10^{-4}\ \text{m}^2/(\text{V} \cdot \text{s})$]	
	负离子	正离子		负离子	正离子
He	—	10.4	C_2H_2	0.83	0.78
Ne	—	4.2	C_2H_5Cl	0.38	0.36
Ar	—	1.6	C_2H_5OH	0.37	0.36
Kr	—	0.9	CO	1.14	1.10

表 6-1(续)

气体	离子迁移率/[10^{-4} m²/(V·s)]		气体	离子迁移率/[10^{-4} m²/(V·s)]	
	负离子	正离子		负离子	正离子
Xe	—	0.6	CO_2	0.98	0.84
干空气	2.1	1.36	HCl	0.62	0.53
湿空气	2.5	1.8	H_2O	0.95	1.1
N_2	—	1.8	H_2S	0.56	0.62
O_2	2.6	2.2	NH_3	0.66	0.56
H_2	—	12.3	N_2O	0.90	0.82
Cl_2	0.74	0.74	SO_2	0.41	0.4
CCl_4	0.31	0.30	SF_6	0.57	—

管式电除尘器圆管内的电场分布规律可用泊松(Poisson)方程表示：

$$\frac{\mathrm{d}E}{\mathrm{d}r} + \frac{E}{r} - \frac{\rho_i}{\varepsilon_0} = 0 \tag{6-10}$$

式中　ε_0——真空介电常数，8.85×10^{-12} F/m。

由式(6-7)、式(6-8)和式(6-10)可得：

$$rE\frac{\mathrm{d}E}{\mathrm{d}r} + E^2 - \frac{i}{2\pi K \varepsilon_0} = 0 \tag{6-11}$$

电晕区边界($r = r_0$)处场强为 E_c，按此边界条件对式(6-11)进行积分，得到管内距电晕线中心距离为 r 任一点的电场强度：

$$E_r = -\frac{\mathrm{d}V}{\mathrm{d}r} = \left[\left(\frac{r_0 E_c}{r} \right)^2 + \frac{i}{2\pi K \varepsilon_0} \left(1 - \frac{r_0^2}{r^2} \right) \right]^{\frac{1}{2}} \tag{6-12}$$

由于电晕区很小，可以认为 $r_0 \approx a$，因此再对上式在电晕极表面至集尘极表面范围积分，可得电晕极表面电压与电流的关系式：

$$V_a = aE_c \left\{ \ln\frac{b}{a} + 1 - \left[1 + \left(\frac{b}{aE_c} \right)^2 \frac{i}{2\pi K_i \varepsilon_0} \right]^{\frac{1}{2}} + \ln\frac{1 + \left(\frac{b}{aE_c} \right)^2 \frac{i}{2\pi K_i \varepsilon_0}}{2} \right\} \tag{6-13}$$

板式电除尘器内的电场分布情况比管式电除尘器电场复杂得多，因此电场伏-安特性表达式也很复杂。但在低电流的情况下，电晕电流与供电电压之间的关系可简单表示如下(式中各字母符号的意义同前)：

$$i = \frac{4V\pi\varepsilon_0 K_i}{b^2 \ln\frac{c}{a}}(V - V_c) \tag{6-14}$$

图 6-4 为正、负电晕运行的电晕电流-电压曲线。可以看出，负电晕运行时的起晕电压 V_0 低于正电晕运行时；在相同电压下，负电晕电流高于正电晕电流；负电晕电场的击穿电压 V_{sp} 也比正电晕电场高。因此，工业烟气除尘时常采用稳定性强、可以得到较高操作电压和电流的负电晕运行方式。由于正电晕在高场强区气体发生碰撞电离

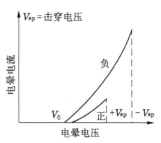

图 6-4　电晕电流-电压曲线

较少,产生的臭氧和氮氧化物量比负电晕少得多(约为负电晕的 1/10),因此正电晕常用于空气调节系统。

(三)影响电晕放电的主要因素

影响电晕放电的因素很多,包括放电极极性,气体成分,温度和压力,电压波形,电极形状和极间距,粉尘浓度、粒径和比电阻以及电极积尘情况等。

1. 气体成分

气体成分对电晕放电的影响,主要是因为不同气体分子对电子的亲和力不同以及不同气体负离子的迁移率不同。例如,惰性气体、H_2、N_2 等气体分子对电子没有亲和力,不能使电子附着而形成负离子;SO_2、O_2 等气体分子对自由电子的亲和力很大,易于形成负离子。此外,不同气体分子形成的负离子在电场中的迁移率(迁移速度与场强之比)也不同。因此,气体成分不同,电晕放电时的伏-安特性和火花电压也不同。

2. 温度和压力

气体的温度和压力既能改变起晕电压,又能改变伏-安特性。温度和压力的改变,一方面通过改变气体的密度来影响电子平均自由程、电子加速、起晕电压等,因此气体压力升高或温度降低时,气体密度增大,起晕电压增高;另一方面是使离子当量迁移率改变,从而改变电晕放电的伏-安特性。

3. 电压波形

如图 6-5 所示,电压波形对电晕放电特性也有很大影响。在工业上广泛采用全波和半波电压,直流电只用于特殊情况或实验室研究。对于异极距 10~15 cm 的电除尘器,典型的电晕电压峰值是 40~60 kV,相应的电晕电流密度为 0.1~1.0 mA/m²。

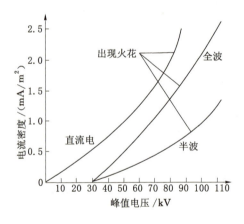

图 6-5 电压波形对电晕放电特性的影响

二、粉尘粒子荷电

粉尘粒子荷电是电除尘过程中非常重要的一步。粉尘粒子通过电晕放电电场时,尘粒与离子碰撞,离子附着于尘粒上,使其带电。尘粒荷电的机制主要有两种:一种是离子在电场作用下,沿电力线做有规则定向运动而与尘粒碰撞,并附着于尘粒表面使尘粒荷电,称为电场荷电或碰撞荷电。另一种是由于离子的无规则热运动而与尘粒碰撞、附着,使尘粒荷电,称为扩散荷电。该荷电过程依赖于离子的热能,而不依赖于电场强度。尘粒的主要荷电过程取决于粒径大小,对于粒径 $d_p>0.5~\mu m$ 的尘粒,以电场荷电为主;粒径 $d_p<0.15~\mu m$ 的尘粒,以扩散荷电为主;粒径 d_p 介于 $0.15\sim0.5~\mu m$ 的尘粒,则需要同时考虑上述两种荷电机制。

（一）电场荷电

1. 荷电量的计算

尘粒荷电后,对周围离子产生斥力,因此尘粒的荷电率逐渐下降,最终尘粒因荷电产生的电场与外加电场刚好平衡,这时尘粒荷电达到饱和。用经典静电学方法可以求得荷电率和饱和电荷,这里仅给出计算结果。

单个球形颗粒的饱和荷电量可由下式计算:

$$q_s = \frac{3\varepsilon\varepsilon_0\pi E d_p^2}{\varepsilon+2} \tag{6-15}$$

式中　q_s——粉尘粒子饱和荷电量,C;

　　　ε——粉尘粒子的相对介电常数,无量纲;

　　　E——电场强度,V/m;

　　　d_p——颗粒粒径,m;

　　　其他符号意义同前。

由式(6-15)可知,尘粒的荷电量主要取决于电场强度和尘粒粒径。电场强度越高,尘粒越大,饱和荷电量越大。

粉尘颗粒的荷电量与时间的关系可用下式表示:

$$q = q_s \cdot \frac{1}{1+\dfrac{\tau}{t}} \tag{6-16}$$

其中:

$$\tau = \frac{4\varepsilon_0}{eNK_i} \tag{6-17}$$

式中　t——荷电时间,s;

　　　τ——荷电时间常数,即粒子荷电率为 50% 时所需的时间,s;

　　　N——荷电区离子浓度,个/m³,实际运行工况下(150～400 ℃),为 $10^{14}\sim$ 10^{15} 个/m³;

　　　e——电子电量,$e=1.6\times10^{-19}$ C;

　　　其他符号意义同前。

将式(6-16)变形,可得到下面的关系式:

$$t = \tau\frac{q/q_s}{1-q/q_s} \tag{6-18}$$

由式(6-18)可知,τ 值越小,荷电时间越短。当 $t=\tau$ 时,$q=0.5q_s$。式(6-18)中的关系也可用图 6-6 中的曲线来表示,停留时间越长,荷电率越高。

当电场特性为:$\varepsilon=5$,$E=6\times10^5$ V/m,$N=5\times10^{14}$ 个/m³,$K_i=2.2\times10^{-4}$ m²/(V·s) 的条件时,我们可求粒径为 $1.0~\mu m$ 的粉尘颗粒在电晕电场中的荷电量:

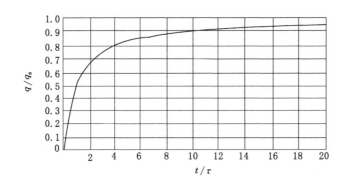

图 6-6　球形尘粒的荷电量随时间变化曲线

$$q_s = \frac{3\varepsilon\varepsilon_0 \pi E d_p^2}{\varepsilon + 2} = \frac{3 \times 5 \times 8.85 \times 10^{-12} \times 3.14 \times (1.0 \times 10^{-6})^2 \times 6 \times 10^5}{5 + 2} = 3.6 \times 10^{-17}\ (C)$$

通常粒子的电荷以电子电量的倍数 n_s 来表示，即：

$$n_s = q_s/e = 3.6 \times 10^{-17}/(1.6 \times 10^{-19}) = 225(电子电量)$$

其荷电时间常数：

$$\tau = \frac{4\varepsilon_0}{eNK_i} = \frac{4 \times 8.85 \times 10^{-12}}{1.6 \times 10^{-19} \times 5 \times 10^{14} \times 2.2 \times 10^{-4}} = 0.002\ (s)$$

2. 影响电场荷电的因素

从式(6-15)可以看出，影响尘粒电场荷电的主要因素包括尘粒粒径 d_p、相对介电常数 ε 及电场强度 E 等。对于大多数粉尘粒子而言，ε 在 1～100 之间，如硫黄约为 4.2，石英为 4.3，真空为 1.0，空气为 1.000 59，纯水为 80，而导电粒子为 ∞。大多数工业电除尘器的电场强度为 3～6 kV/cm，某些特殊设计有可能超过 10 kV/cm。由式(6-17)和式(6-18)可知，气体离子的迁移率对电场荷电也有重要影响。前已述及，不同气体的离子迁移率不同，同一种气体的正、负离子的迁移率也有差别。实验表明在海平面处，大气中离子的迁移率约 $2 \times 10^{-4}\ m^2/(V \cdot s)$。

一般情况下，达到饱和电场荷电量的时间小于 0.1 s，这个时间相当于气流在电除尘器内流动 10～20 cm 所需要的时间，所以对于一般的电除尘器，可以认为粒子进入除尘器后立刻达到了饱和电荷。

（二）扩散荷电

离子的无规则热运动促使其与气体中的尘粒碰撞，使尘粒荷电。外加电场促进尘粒荷电，但并非扩散荷电的必要条件，与电场荷电相反，并不存在扩散荷电的最大极限值，因为根据分子运动理论，并不存在离子动能的上限。扩散荷电与离子的热能、尘粒大小和在电场中的停留时间等因素有关。扩散荷电量可用下式进行计算：

$$q_d = \frac{2\pi\varepsilon_0 d_p k_0 T}{e} \ln\left(1 + \frac{d_p \bar{u} e^2 Nt}{8\varepsilon_0 k_0 T}\right) \tag{6-19}$$

其中：

$$\bar{u} = \left(\frac{8 k_0 T}{\pi m}\right)^{1/2} \tag{6-20}$$

式中　q_d——粉尘粒子扩散荷电量，C；

k_0——玻耳兹曼常数，1.38×10^{-23} J/K；

$\overline{u}$——气体离子的平均热运动速度，m/s；

m——离子质量，kg；

其他符号意义同前。

例 6-1　当气体温度 $T = 298$ K，离子密度 $N = 5 \times 10^{14}$ 个/m³，常压下空气 $\overline{u} = 467$ m/s，由式（6-19），可求得求粒径为 2.0 μm 的粉尘颗粒在电晕电场中停留 1 s 所获得的扩散荷电量：

$$q_d = 1.43 \times 10^{-12} d_p \ln(1 + 2.05 \times 10^{10} d_p t)$$

将 $d_p = 2 \times 10^{-6}$ m 和 $t = 1$ s 代入上式，即可得到：

$$q_d = 1.43 \times 10^{-12} \times 2 \times 10^{-6} \ln(1 + 2.05 \times 10^{10} \times 2 \times 10^{-6} \times 1) = 30.38 \times 10^{-18}$$

（三）两种荷电机制的综合作用

实际电除尘过程中，两种荷电机制是同时存在的，特别是对于粒径处于中间范围（0.15～0.5 μm）的尘粒，同时考虑电场荷电和扩散荷电机制是必要的。对于典型条件，电场荷电、扩散荷电和两种过程综合作用［鲁宾逊（Robinson）提出将两种荷电量直接叠加时，荷电量的理论值随尘粒粒径的变化如图 6-8 所示。从图 6-8 可以看出，对于粒径<0.15 μm 的尘粒，扩散荷电占主导作用；对于粒径>0.5 μm 的尘粒，以电场荷电为主，且粒径越大，电场荷电的主导作用越明显。多年来，人们一直认为休伊特（Hewitt）在 1957 年公布的试验结果是最可信赖和最为精确的。图 6-7 上的试验数据是在 $E = 3.6 \times 10^5$ V/m，$N = 10^{13}$ 个/m³ 的条件下得到的。从图 6-8 可以看出，该组试验数据与两种荷电过程综合作用下的直接叠加值基本一致。

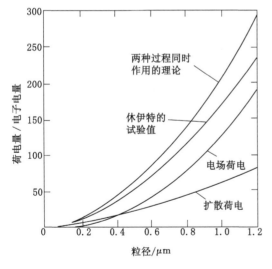

图 6-7　典型条件下尘粒的荷电量

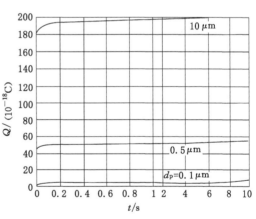

图 6-8　尘粒荷电量随时间和粒径的变

例 6-2　已知 $\varepsilon = 5$，$E = 3 \times 10^6$ V/m，$N = 2 \times 10^{15}$ 个/m³，$T = 300$ K，$\overline{u} = 467$ m/s。利用上述数据，试计算在电场荷电及扩散荷电综合作用下不同粒径（$d_p = 0.1$ μm，0.5 μm 和 1.0 μm）尘粒的荷电量随时间的变化。由式（6-15）得：

$$q_s = \frac{3\pi \times 5 \times 8.85 \times 10^{-12} \times 3 \times 10^6}{5 + 2} d_p^2 = 1.79 \times 10^{-4} d_p^2$$

同理，由式(6-19)可计算出：

$$q_d = 1.44 \times 10^{-12} d_p \ln(1 + 8.16 \times 10^{10} t d_p)$$

因此，在电场荷电及扩散荷电综合作用下尘粒的荷电量为：

$$q = q_s + q_d = 1.79 \times 10^{-4} d_p^2 + 1.44 \times 10^{-12} d_p \ln(1 + 8.16 \times 10^{10} t d_p)$$

将 $d_p = 0.1\ \mu m$、$0.5\ \mu m$ 和 $1.0\ \mu m$ 分别代入上式，即可求得两种荷电机制综合作用下三种不同粒径的尘粒荷电量随时间 t 的变化关系(图 6-8)。

三、荷电粒子的运动和捕集

(一)驱进速度

电除尘过程中，荷电尘粒受电场力作用，向与其电性相反的电极运动，并最终沉积在电极上。这一运动通常被称为驱进运动，运动速度称为驱进速度。荷电粒子在电场中运动时，除了受电场力作用外，还受到气体阻力的作用。当粒子的粒径为 d_p、质量为 m、荷电量为 q、驱进速度为 ω、电场强度为 E 时，根据牛顿第二定律，有如下关系式：

$$m \frac{d\omega}{dt} = qE - 3\pi\mu d_p \omega$$

式中 μ——流体的黏度系数；

t——粒子运动时间。

对上式进行积分并进行适当变换，可得：

$$\frac{-m}{3\pi\mu d_p} \ln(3\pi\mu d_p \omega - qE) = t + 常数$$

当 $t = 0$ 时，$\omega = 0$，则：

$$e^{-(\frac{3\pi\mu d_p}{m})^C} = -qE$$

因此，有：

$$-qE e^{-(\frac{3\pi\mu d_p}{m})t} = 3\pi\mu d_p \omega - qE$$

$$\omega = \frac{qE}{3\pi\mu d_p}\left[1 - e^{-(\frac{3\pi\mu d_p}{m})t}\right]$$

在所有电除尘器中，自然对数 e 的指数项 $\frac{3\pi\mu d_p}{m}$ 是一个很大的数值。例如，对于密度为 $1\ g/cm^3$、直径为 $10\ \mu m$ 的球形颗粒，在黏度系数为 $1.8 \times 10^{-5}\ Pa \cdot s$ 的空气中有：

$$\frac{3\pi\mu d_p}{m} = \frac{3\pi\mu d_p}{\frac{1}{6}\pi d_p^3 \rho} = \frac{18\mu}{d_p^2 \rho} = \frac{18 \times 1.8 \times 10^{-5}}{(10 \times 10^{-4})^2 \times 1} = 324$$

若 $t > 0.1\ s$，$e^{-(\frac{3\pi\mu d_p}{m})t}$ 完全可以忽略不计，表明荷电粒子在电场力作用下向集尘极运动时，电场力与气体阻力很快就能够达到平衡，并向集尘极做等速运动，此时粒子的驱进速度为：

$$\omega = \frac{qE}{3\pi\mu d_p} \tag{6-21}$$

由此得到的驱进速度是球形颗粒在层流情况下，仅受电场力和气体阻力作用的运动速度，称为理论驱进速度。实际电除尘器中尘粒的运动情况要复杂得多。此外，尘粒受到的气体阻力 $3\pi\mu d_p \omega$ 只适用于雷诺数 $Re < 1.0$ 的范围。当粒径较小时，尚需考虑乘以一个肯

宁汉修正因数 C，此时式（6-21）变为：

$$\omega = \frac{qEC}{3\pi\mu d_p}$$

（二）捕集效率方程

德意希（Deutsch）在1922年推导捕集效率方程式的过程中，作了一系列的基本假定，主要包括：除尘器中的气流处于紊流状态；在垂直于集尘极表面的任一横截面上粒子浓度和气流分布是均匀的；粉尘粒子进入除尘器后立即完成了荷电过程；忽略电风、气流分布不均、被捕集尘粒重新进入气流等因素的影响。在以上假定基础上，可做如下推导。

如图6-9所示，设除尘器内的气流沿 x 方向流动，气体和粉尘粒子在 x 方向的流速皆为 u（m/s），气体流量为 Q（m³/s），x 方向上每单位长度的集尘板面积为 a（m²/m），总集尘板面积为 A（m²），电场长度为 L（m），气体流动截面积为 F（m²），直径 d_{pi} 的粒子的驱进速度为 ω（m/s），其在气流中的浓度为 c（g/m³），入口浓度为 c_i（g/m³），出口浓度为 c_o（g/m³），则在 dt 时间内于 dx 空间所捕集的粉尘量为：

$$dm = a \cdot dx \cdot \omega \cdot c \cdot dt = -F \cdot dx \cdot dc$$

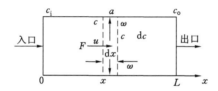

图6-9 捕集效率方程式推导示意图

将 $dx = u \cdot dt$ 代入上式得：

$$\frac{a\omega}{Fu}dx = -\frac{dc}{c}$$

将其由除尘器入口到出口进行积分，得：

$$\frac{a\omega}{Fu}\int_0^L dx = -\int_{c_i}^{c_o} \frac{dc}{c}$$

$$\frac{a\omega L}{Fu} = -\ln\frac{c_o}{c_i}$$

将 $Q = F \cdot u$，$A = a \cdot L$ 代入上式得：

$$\exp\left(-\frac{A}{Q}\omega\right) = \frac{c_o}{c_i}$$

则理论分级捕集效率 η_i 为：

$$\eta_i = 1 - \frac{c_o}{c_i} = 1 - \exp\left(-\frac{A}{Q}\omega\right) \tag{6-22}$$

式（6-22）就是著名的德意希（Deutsch）方程。德意希方程式能够概括地描述分级除尘效率与集尘极板面积、气体流量和粉尘驱进速度之间的关系，给出了提高电除尘器粉尘捕集效率的途径，因而被广泛应用在电除尘的性能分析和设计中。

但是，德意希方程式毕竟是根据一些假设的理想条件推导而来的，所以往往与事实不符。实际上，只有当粒子的粒径相同且尘粒驱进速度不超过气流速度的 $10\%\sim20\%$ 时，这个方程式理论上才成立。作为除尘总效率的近似估算，ω 应取某种形式的平均驱进速度。若驱进速度取粒径 d_{pi} 的函数，式(6-22)实际上表示了除尘器的分级效率。可以看出，100% 的捕集效率是不可能的，因为在该指数方程式中，$\dfrac{A}{Q}\omega$ 总是有限的。

（三）有效驱进速度

实践过程中，直接使用德意希方程式计算的捕集效率要比实际值高得多。因此，可以根据一定除尘器结构形式和运行条件下测得的捕集效率值，代入德意希方程式反算出相应尘粒的驱进速度，并称为有效驱进速度（ω_p）。有效驱进速度可用来表示工业电除尘器的性能，并作为类似除尘器设计时的基础。通常，将用有效驱进速度表达的捕集效率方程式称为安德森-德意希方程式：

$$\eta = 1 - \exp\left(-\frac{A}{Q}\omega_p\right) \tag{6-23}$$

在工业用电除尘器中，有效驱进速度大致在 2~20 cm/s 范围内。表 6-2 列出了一些工业窑炉用电除尘器的电场风速和有效驱进速度值。

表 6-2 一些工业窑炉电除尘器的电场风速和有效驱进速度

主要工业窑炉的电除尘器			电场风速/(m/s)	有效驱进速度/(cm/s)
热电站锅炉飞灰			1.2~2.4	5.0~15.0
纸浆和造纸工业黑液回收锅炉			0.9~1.8	6.0~10.0
钢铁工业	烧结炉		1.2~1.5	2.3~11.5
	高炉		2.7~3.6	9.7~11.3
	吹氧平炉		1.0~1.5	7.0~9.5
	碱性氧气顶吹转炉		1.0~1.5	7.0~9.0
	焦炭炉		0.6~1.2	6.7~16.1
水泥工业	湿法窑		0.9~1.2	8.0~11.5
	立波尔窑		0.8~1.0	6.5~8.6
	干法窑	增湿	0.7~1.0	6.0~12.0
		不增湿	0.4~0.7	4.0~6.0
	烘干机		0.8~1.2	10.0~12.0
	磨机		0.7~0.9	9.0~10.0
	熟料算式冷却机		1.0~1.2	11.0~13.5
都市垃圾焚烧炉			1.1~2.4	4.0~12.0
接触分解过程			—	3.0~11.8
铝煅烧炉			—	8.2~12.4
铜焙烧炉			—	3.6~4.2
有色金属转炉			0.6	7.3
冲天炉(灰口铁)			15	3.0~3.6
硫酸雾			0.9~1.5	6.1~9.1

（四）捕集颗粒重返气流

前面分析颗粒沉积和推导捕集效率方程式时,假定颗粒沉积到集尘极表面后,不会重新被气流带走。实际上,粉尘沉积在集尘极表面后,会有一部分重新返回到气流当中,导致除尘器捕集效率下降。引起捕集尘粒重返气流的原因主要有:

（1）颗粒接触集尘极后,带上与集尘极电性相同的电荷,在静电斥力作用下重返气流。对于粒径较小的颗粒,分子引力起主要作用,沉积后能保持稳定;对于大粒径颗粒,静电斥力起主要作用,颗粒不易稳定沉积。

（2）颗粒撞击集尘极后回弹,并扰动集尘极表面已沉积的其他颗粒,导致部分颗粒重返气流。颗粒越大,撞击速度越快,这一作用越明显。

（3）气流处于激烈紊流状态,受射流、涡流等冲刷作用,沉积颗粒脱离集尘极表面,重返气流。这一作用引起的捕集效率下降程度与沉积颗粒的黏着性和沉积物的整体密度有关。

（4）振打电极,积尘层崩解,散落的颗粒可能被气流带走。振打强度越大,振打频率越高,重返气流的颗粒越多。

（5）气流窜入除尘器下方灰斗,使落入灰斗的尘粒上返形成尘云而被带出,重新进入气流。这一作用与灰斗设计配置的挡板形式、灰斗中的灰位高度等因素有关。

（6）其他原因如火花放电、存在反电晕或突然停电等情况,也会促使颗粒重返气流。

四、被捕集粉尘的清除

将被捕集的粉尘及时从除尘器中清除,也是电除尘的基本过程之一。被捕集的粉尘分别沉积在电晕极和集尘极上,粉尘层厚度达几毫米,甚至几厘米。粉尘沉积在电晕极上会影响电晕电流的大小和均匀性;集尘极上粉尘层较厚时会导致火花电压降低,电晕电流减小,而且被捕集的尘粒易被气流卷起,重新回到气流中,从而影响除尘效率。因此,应认真对待被捕集粉尘的清除过程,对捕集下来的粉尘必须及时地进行清除,保证电除尘过程的连续、稳定运行。

对于沉积在电晕极上的粉尘,一般通过对电极采取振打清灰,使电晕极上的粉尘很快被振打干净,保持电晕极表面清洁。

集尘极清灰方法在干式和湿式电除尘器中是不同的。在干式电除尘器中,沉积的粉尘可由机械撞击或电极振动产生的振动力进行清除,目前多采用电磁振打或锤式振打进行清灰,振动器只在某些情况下用来清除电晕极上的粉尘。干式清灰便于处置和利用可以回收的干粉尘,其主要问题是振打过程中的二次扬尘。振打强度的大小至关重要,振打强度太小难以清除积灰,太大可能会引起过多的二次扬尘,且容易造成电极不稳固或损坏。因此,振打系统必须高度可靠,既能产生高强度的振打力,又能调节振打强度和频率。合适的振打强度和振打频率一般通过现场调节来确定。

在湿式电除尘器中,通常用水冲洗集尘极板,使极板表面经常保持着一层水膜,尘粒降落在水膜上时,随水膜流下,从而实现清灰目的。采用湿式清灰方式可有效减少或避免被捕集粉尘重返气流,改进了电除尘器的操作,同时还可以净化部分有害气体,如 SO_2、HF、Hg 等。但湿式清灰也存在极板腐蚀和污泥处理等问题。

第二节　电除尘器结构与供电

为了满足气体粉尘性质、周围环境、捕集效率、安装空间等需要,实际应用的电除尘器的基本类型、本体结构及供电设备是多种多样的。

一、电除尘器的类型

(一)管式和板式电除尘器

根据除尘器集尘极的形式,可分为管式电除尘器和板式电除尘器,如图 6-10 所示。管式电除尘器的集尘极一般为多根并列的金属圆管(或呈六角形),适用于气体量较小、含雾滴气体或需要水冲刷电极的场合。板式电除尘器采用各种断面形状的平行钢板做集尘极,极板间均布电晕线,是工业上应用的主要类型,气体处理量一般为 $25\sim50$ m³/s。

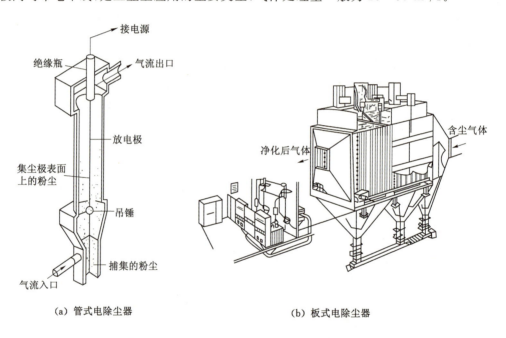

(a) 管式电除尘器　　　　　　　　　　(b) 板式电除尘器

图 6-10　管式电除尘器和板式电除尘器示意图

(二)单区和双区电除尘器

根据粒子荷电段和捕集段的空间布置不同,可分为单区电除尘器和双区电除尘器,如图 6-11 所示。静电除尘的四个过程都在同一空间区域完成的叫作单区电除尘器,而荷电和捕集分设在两个空间区域的称为双区电除尘器。双区电除尘器的前区称为电离区,后区称为收尘区。双区电除尘器的电压等级较低,通常采用正电晕放电,主要用在通风空气的净化和某些轻工业部门。单区电除尘器主要应用于控制各种工业尾气和燃烧烟气污染,是目前应用最为广泛的一类电除尘器。

(三)立式和卧式电除尘器

根据含尘气体进入除尘器方向的不同,可分为立式和卧式电除尘器两种。管式电除尘器都是立式的,板式电除尘器也有采用立式的。在工业废气除尘中,卧式的板式电除尘器应用较为普遍。

(四) 干式和湿式电除尘器

根据捕集颗粒的清除方式,可分为干式和湿式电除尘器。如前所述,干式电除尘器便于处置和回收利用干粉尘,但振打清灰时存在二次扬尘等问题。

湿式电除尘器采用水力清灰,用喷淋方式使集尘极表面形成一层水膜,从而将捕集到极集尘板上的尘粒清除,粉尘最终以泥浆的形式排出。与干式电除尘器相比,湿式电除尘器取消了振打清灰系统,加装了喷淋系统。运行时可有效避免

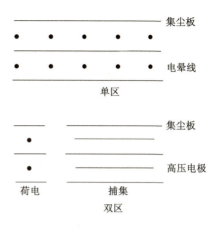

图 6-11　单区电除尘器和双区电除尘器

粉尘二次飞扬,不受粉尘比电阻影响,取消了振打运动部件,可靠性高,节约电耗。但湿式电除尘器必须有足够强的喷淋水,以保证黏附在集尘极、放电极上的粉尘有效地被冲洗下来,同时要设置废水处理设备并采取较好的防腐措施。一般适用于含尘浓度低、除尘效率要求高的场合。

(五) 常规和宽间距电除尘器

根据电极距离大小,可分为常规电除尘器和宽间距电除尘器。常规电除尘器的同极间距一般为 250~300 mm。宽间距电除尘器的同极间距超过 300 mm,在工业中运用的宽间距电除尘器,大部分同极距在 400~600 mm,也有的超过 800 mm。宽间距电除尘器除了间距加大外,在本体结构上与常规电除尘器没有根本上的区别。但由于间距的加大,供电机组的电压升高,有效电场强度增大,板电流密度均匀,荷电尘粒的驱进速度提高,有利于净化高比电阻粉尘,是目前电除尘器发展的一个新趋势。

二、电除尘器的本体结构

所有电除尘器都是由电除尘器本体、供电装置两大部分组成的。电除尘器本体是实现气体净化、粉尘收集的场所,约占电除尘设备总投资的 85%,是电除尘系统的主体设备。它主要包括电晕极系统、集尘极系统、烟箱系统、壳体系统和储卸灰系统等。

(一) 电晕极系统

电晕极系统主要由电晕线、阴极小框架、阴极大框架、阴极吊挂装置、阴极振打装置、绝缘套管和保温箱等组成。电晕极与集尘极共同构成电除尘器的空间电场。由于电晕极在工作时带负高压,所以与集尘极及壳体之间必须有足够的绝缘距离和绝缘强度,这是保证电除尘器长期稳定运行的重要条件。

1. 电晕线

电晕线又称阴极线或放电线。电晕线性能的好坏将直接影响电除尘器的性能。对电晕线的基本要求是:牢固可靠,机械强度大,不断线;电气性能良好,起晕电压低,电晕功率大,适应工况能力强;振打力传递均匀,有良好的清灰效果;结构简单,制造容易,成本低廉,

安装和维护方便。

针对不同工况条件的需要,至今已设计、制造出多种电晕线形式。如图 6-12 所示,常见的电晕线有光滑圆形线、星形线、螺旋形线、锯齿线、麻花线、芒刺线、蒺藜线等。

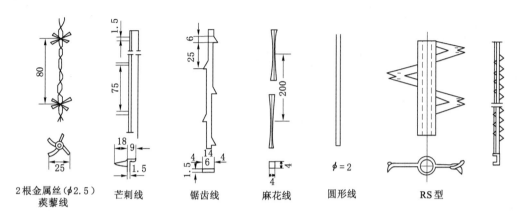

图 6-12 电晕线的各种形式

光滑圆形线的放电强度与线径成反比,即直径越小,起晕电压越低,放电强度越高。但实际应用时,直径不能太小,否则电晕线会因强度过低而容易断裂,一般采用合金钢制造,线的直径为 1.5～2.5 mm。

星形线沿极线全长上有四条棱角,与圆形线相比,星形线的放电强度高,起晕电压低。星形线多采用碳素钢冷轧成型,材料来源方便,价格便宜,易于制造。但是,星形线易吸附粉尘,引起电晕线肥大,影响电晕放电。

芒刺线是在电晕线的主干上焊上(或冲出)若干个芒刺。芒刺线的电晕电流与芒刺间距、长度有关,芒刺越长、间距越小,电晕电流越大,一般取刺间距约 100 mm,刺长约10 mm。芒刺线用多点放电代替沿极线全长放电,所以放电强度高,电晕电流大。而且,刺尖会产生强烈的离子流,增大了电除尘器的电风,这对减少电晕阻塞是有利的。在处理含尘浓度较高或粉尘比电阻较高的气流时,电除尘器的第一、第二电场可选用芒刺电晕线,且第一电场的刺长大于第二电场,而在第三、第四电场可选用星形线或圆形线。但是,工程实践中为了方便,在同一电除尘器中有时只采用一种电晕线。

锯齿线一般是用厚度 2 mm 左右的普通碳素钢板冲制成形的,主干与芒刺同时冲为一整体,线的两端焊上两个螺栓作连接。锯齿线的起晕电压低,伏-安特性好,容易制造,成本低,对较高的电场风速或高比电阻的粉尘适应性强,所以应用较为广泛。但从国内应用情况来看,还存在断线率较高等问题。

2. 电晕线固定

电晕线固定主要有重锤式、框架式两种。如图 6-13(a)所示,重锤式是指将电晕线按一定的线间距自由悬吊在阴极吊架上,下面悬挂 2～7 kg 的重锤使电晕线保持垂直,并用限位管限制电晕线下端的前后或左右位移。当电晕线受热伸长时,重锤可以向下移动,能有效防止电晕线受热膨胀弯曲,所以这种固定方式在高温电除尘器中采用较多。如图 6-13(b)所示,框架式是指将多根电晕线按一定的间距固定在框架上,国内采用框架式较多。框架

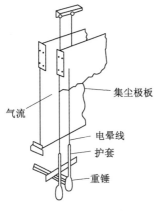

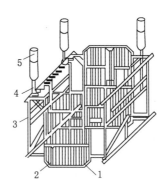

（a）重锤悬吊张紧电晕线　　　　　　　（b）框架绷紧电晕线

1—框架电晕线；2—电晕线；3—框架电晕线吊架；4—悬吊杆；5—绝缘套管。

图 6-13　电晕电极的两种固定方式

式可分为笼式阴极框架固定和单元式阴极小框架固定两种。前者一般在电除尘器规格较小、阳极板为自由悬挂方式时采用；后者为了便于运输，在宽度或高度方向上分成两半制造，在安装现场拼装成一体，这种方式广泛应用在大、中型卧式电除尘器中。

良好的固定方式应具有以下要求：除尘器运行时，电晕线不晃动、不变形或因故断线；具有良好的振打传递性能，极线清灰效果好；安装维修方便，极间距的精度容易保证；对电晕线性能影响小。相邻电晕线之间的距离，即电晕线间距对放电强度影响较大，极间距太大会减弱放电强度，太小易产生屏蔽作用，一般为 200～300 mm。

3. 阴极吊挂装置

用阴极小框架将电晕线固定后，需要将一片片的阴极小框架安装在阴极大框架上，并通过 4 根吊杆把整个阴极系统（包括振打装置）吊挂在壳体顶部的绝缘套管上。阴极吊挂主要有两方面的作用，一是承担电场内阴极系统的荷重及经受振打时产生的机械负荷，二是使阴极系统与阳极系统及壳体之间绝缘，保证阴极系统可处于高电压工作状态。目前，阴极吊挂主要有支柱型和套管型两种形式。

4. 阴极振打装置

电除尘器工作时，有少量粉尘因吸附了电晕线附近的正离子而沉积在电晕线上。粉尘沉积到一定厚度时，电晕放电效果明显降低。因此，必须及时清除电晕线上的积灰，保证电晕线正常放电。阴极振打装置的作用是通过振打使附着在电晕线和框架上的粉尘被振落，其主要目的是对阴极系统清灰而不是收尘。阴极振打装置的形式很多，如电磁振打、提升脱钩振打等。与阳极振打的主要区别在于：阴极振打轴、振打锤带有高电压，所以必须与壳体等绝缘；每排阴极线所需振打力比阳极板排小，所以阴极振打锤的质量较轻；阴极振打可以连续或间歇振打，而阳极通常采用间歇振打。

（二）集尘极系统

集尘极系统主要由集尘极板、集尘极板悬挂和集尘极振打装置三部分组成。

1. 集尘极板

对集尘极板的基本要求是：电性能良好，板电流密度和极板附近的电场强度分布比较均匀;有良好的振打传递性能,极板表面振打加速度分布均匀,清灰效果好;有良好的防止粉尘二次飞扬的性能;机械强度大,刚度高,热稳定性好,不易变形;制造方便,钢耗少,重量轻。

集尘极板的形式主要有板式和管式两大类。小型管式电除尘器的集尘极为直径约15 cm、长 3 m的圆管,有时也用方形或六角形管制作。大型管式电除尘器集尘极的直径可达 40 cm、长 6 m左右。管式电除尘器的集尘管数量少则几个,多则 100 个以上。

板式电除尘器的集尘极板形式很多。极板两侧通常设有沟槽和挡板,既能增大极板的刚度,又能防止气流直接冲刷极板表面而产生二次扬尘。图 6-14 给出了常见的几种集尘极板。集尘极板之间的间距,对电场性能和除尘效率影响较大。极板间距一般取 300～400 mm。间距太小时电压不高,间距太大时电压升高又受供电设备容量的限制。近年来发展的宽间距超高压电除尘器,极间距可达到 600～800 mm,且制作、安装、维修等较为方便。

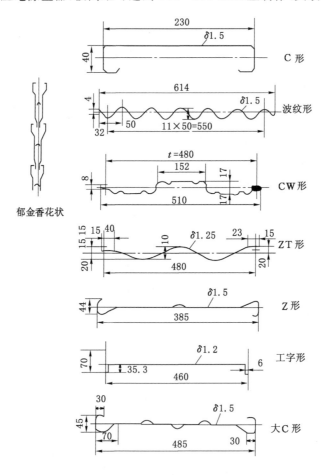

图 6-14　常见的几种集尘极板形式

2. 集尘极板悬挂

对于板式电除尘器,集尘板排是由若干块长条形的集尘极板拼装而成的。考虑到电除尘器运行时,集尘板排会受热膨胀,所以集尘板排是自由悬挂在电除尘器壳体内的。根据振打机理的不同,集尘板排悬挂方式又可分为紧固型和自由型两种。

3. 集尘极振打装置

通过振打使黏附于集尘极板上的粉尘落入灰斗并及时排出，这是保证电除尘器高效工作的重要条件之一。对振打装置的基本要求是：应有适当的振打强度；能使极板获得满足清灰要求的加速度；能够按照粉尘类型和浓度的不同，适当调整振打强度及频率；运行可靠，能满足主机检修周期要求。由于集尘极板的断面形式不同，连接方式和悬挂方式也不同，所以振打装置的形式、振打位置也是多样的。通常包括弹簧凸轮振打、顶部电磁振打和底部侧向挠臂锤振打等。图 6-15 是挠臂锤振打集尘极框架的清灰方式，也是目前干式电除尘器普遍采用的振打清灰方式。

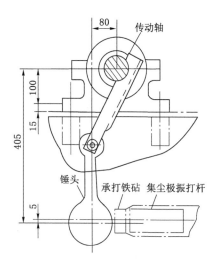

图 6-15　挠臂锤振打装置

（三）烟箱系统

烟箱系统主要由烟箱、气流均布装置和槽形极板等组成，主要功能是实现电场与烟道的连接，保证电场中的气流分布均匀，并可利用槽形极板协助收尘，达到充分利用烟箱空间和提高除尘效率的目的。

烟箱包括进气烟箱和出气烟箱。如果烟气从具有小断面的通风烟道直接进入大断面的空间电场，然后再直接回到小断面的烟道，必将引起气体脱流、旋涡、回流等，导致电场气流分布极不均匀。因此，需要将渐扩的进气烟箱连到除尘器电场前，使气流逐渐扩散；将渐缩的出气烟箱连接到除尘器电场后，使气流逐渐被压缩。进气烟箱与出气烟箱的形式基本相同，多采用矩形喇叭口形状，一般用 5 mm 厚钢板制作，适当配置角钢、槽钢等以满足强度要求。

气流均布装置安装在进气烟箱内，由导流板、气流分布板和分布板振打装置组成。导流板分为烟道导流板和分布导流板两种，若进入烟箱的气流已大致分布均匀，可不装导流板。进气烟箱内一般应设 2～3 层气流分布板。常见的气流分布板有百叶窗式、多孔板、分布格子、槽型钢式和栏杆型分布板等，其中多孔板使用最为广泛，通常采用厚度为 3～3.5 mm 钢板制作，孔径 30～50 mm，开孔率为 25%～50%，需要通过试验进行确定。当烟气中粉尘黏性较大时，应在气流分布板上设置振打装置，通过振打可以防止粉尘在气流分布板上黏结沉积，避免造成气孔堵塞或孔径不一而导致气流分布不均匀。

槽形极板装置由在电除尘器出气烟箱前平行安装的两排槽形极板组成。电除尘器内涡流现象的存在，使得无论电场长度有多长，总有一些微细粉尘从电场逸出，流向出气烟箱和烟道。此外，靠近电场出口的极板振打产生的二次扬尘通常来不及重新沉积到集尘极上便被气流带出。这些逃逸粉尘一般都带负电，当它们遇到前排槽形极板时会沉积下来变为中性粉尘。部分粉尘随气流流向后排槽形极板并从槽形极板的缝隙流出，由于气流转向，粉尘因失去动能而再次沉积下来。工程实践表明，加装槽形极板比不装槽形极板时除尘效率提高很多。而且，随着电场风速的增加，两者之间的除尘效率差距更为显著。

（四）壳体系统

壳体系统由烟箱及灰斗的外体、围成除尘空间的箱体、箱体上的辅助设备等组成,其中箱体是壳体系统的主要组成部分。壳体系统是密封烟气、构建电除尘空间、支撑壳体内部构件重量及外部附加荷载的结构部件。壳体结构应具有足够的刚度和强度,不能有改变电极相对距离的变形。壳体要严格密封,避免漏风,材料应根据烟气性质和操作温度进行选择,通常使用的材料有钢板、铅板(捕集 H_2SO_4 雾)、钢筋混凝土及砖等。壳体上的辅助设备包括保温层、护板、梯子、栏杆、平台、吊车和防雨棚等。

（五）储卸灰系统

储卸灰系统主要由灰斗、阻流板、插板箱和卸灰装置等组成。储卸灰系统的作用是实现捕集粉尘的储存,防止灰斗漏风及窜气,及时卸灰等。

灰斗位于电除尘器壳体下部,主要有四棱台形和棱柱形两种,如图 6-16 所示。四棱台形灰斗常用于定时卸灰,棱柱形灰斗适用于连续卸灰。为了保证灰斗内不积灰,灰斗内壁与水平面的夹角一般设计为 $60°\sim65°$,甚至更大。由于灰斗的位置处在电除尘器最下端,是整个电除尘器温度最低的部位,为了防止灰斗内粉尘降温吸潮或结块,通常在灰斗外壁敷设保温层,在灰斗外壁和保温层之间安装加热装置,使粉尘温度保持在露点温度以上。为了保证卸灰通畅,下部灰斗壁上还设有气化板或搅拌器。此外,灰斗侧壁上常留有检查门,当灰斗内堵灰或有异物时,可由此处捅灰或取出异物。

卸灰装置根据灰斗的形式和卸灰方式而异。回转式卸灰阀是最常见的一种卸灰装置,如图 6-17 所示,它靠回转叶轮在壳体内的转动而完成卸灰工作。回转式卸灰阀的结构紧凑,气密性好,能连续卸灰,但使用一段时间后容易漏风。对于定时卸灰装置,一般应在灰斗上安装上、下两个料位计。当灰位达到上料位计对应高度时,上料位计发出卸灰信号,启动卸灰阀进行卸灰。当灰位下降到下料位计对应高度时,下料位计发出停止信号,关闭卸灰阀停止卸灰。

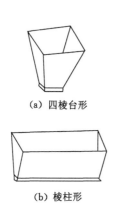

(a) 四棱台形

(b) 棱柱形

图 6-16　灰斗的形状

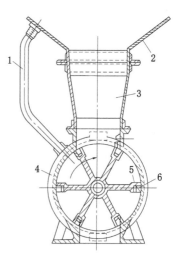

1—均压管;2—灰斗壁;3—下料管;
4—卸灰阀外壳;5—叶轮;6—橡胶。

图 6-17　回转式卸灰阀示意图

插板箱是连接灰斗和卸灰阀的一个中间设备。正常工作时插板箱处于开启位置,当卸灰阀出现故障需要检修时,将插板箱关闭,就可以打开卸灰阀处理故障,同时不影响电除尘器的运行。

三、电除尘器的供电

电除尘器供电包括将交流低压变换为直流高压的电源和控制部分,还包括电极清灰振打、灰斗卸灰、绝缘子加热及安全连锁等低压自动控制装置的供电。

供电质量对除尘效率的影响很大。对供电装置的基本要求是:在除尘器工况变化时,供电装置能快速适应其变化,自动调节输出电压和电流,使电除尘器始终在较高的电压和电流状态下运行,保证电除尘效率;在电除尘器发生故障时,供电装置应能提供必要的保护,对火花、拉弧和过流信号能快速鉴别和作出反应。高压供电装置主要由升压变压器、高压整流器和控制系统等组成,如图 6-18 所示。升压变压器是将工频为 380 V 交流电压升压到 60 kV,得到高压直流电压。

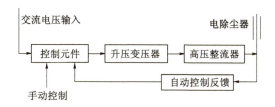

图 6-18 高压供电装置示意图

通常,一台电除尘器设置 2~4 个电场,每个电场配用 1 台电源。配套机组电压等级的选择根据不同的极间距确定。目前,国产电源机组的输出电压大致可分为 40、60、66、72、80 和 120 kV 等几个等级,输出电流有 0.1、0.2、0.3、0.4、0.6、0.7、1.0、1.1、1.2、1.5、1.8 和 2.0 A 等若干个规格。通常电除尘器工作时的平均场强为 3~4 kV/cm,所以对同极距为 300 mm 的常规电除尘器,电压可选择 45~60 kV。需要指出,电压选型不是越高越好,而应根据实际情况来确定。

第三节 电除尘烟气调质技术

一、影响电除尘效率的因素

影响电除尘效率的因素很多,包括前述电晕放电的影响因素。这里主要讨论粉尘粒径、比电阻、除尘器结构和供电质量四方面的影响。

(一)粉尘粒径的影响

粉尘粒径对电除尘效率有很大影响。粒径不同的颗粒在电场中的荷电机制不同,驱进速度也不相同。图 6-19 给出了三种不同比集尘面积(总集尘面积/气体流量,即 A/Q)条件下理论除尘效率与粒径的关系。可以看出,大于 1 μm 的颗粒,随着粒径的增大,除尘效率快速增加;粒径在 0.1~1 μm 的颗粒,除尘效率几乎不受粉尘粒径的影响。

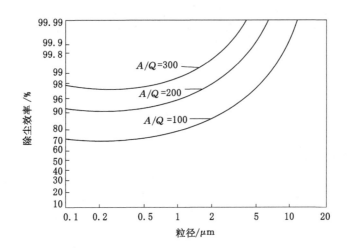

图 6-19 理论除尘效率与粒径的关系曲线

需要指出,图 6-19 中的关系曲线是一种理论计算结果,实际情况可能要复杂得多,即使粉尘的粒径分布相同,若粉尘组成及理化性质相差较大,则粉尘的驱进速度也会不同,并带来除尘效率的差异。此外,部分工业电除尘器除尘效率实测结果表明,对于粒径在亚微米级的粒子,除尘效率反而有增大的趋势。例如,粒径为 1 μm 的粒子的捕集效率为 90%～95%,而粒径为 0.1 μm 的粒子,捕集效率可能上升到 99% 或更高。这主要是因为亚微米级粒子荷电后发生凝并作用生成了电场可捕捉的大粒径粉体。亚微米级粒子对人体和环境的危害更大,采用常规净化方法很难去除,电除尘器的这种尘粒荷电凝并作用为亚微米级粒子的去除提供了一条积极途径,受到人们的重视。

(二) 粉尘比电阻的影响

1. 粉尘比电阻对电除尘器性能的影响

粉尘比电阻是指单位面积、单位厚度粉尘层的电阻。粉尘比电阻是衡量粉尘导电性能的指标,它对电除尘器性能的影响非常突出。

粉尘比电阻很低时(图 6-20 区域 A),导电性能好,易荷电,也易放电。荷电颗粒到达集尘极表面后很快放出电荷,并由于静电感应获得与集尘极同性的电荷,失去引力并被集尘极排斥到气流中,接着颗粒再荷电,再放电,重复上述过程。结果形成尘粒沿极板表面的跳动现象,最后被气流带出除尘器,使除尘效率降低。反之,粉尘比电阻很高时(图 6-20 区域 C),导电性能很差,既不容易荷电,也不容易放电,到达集尘极表面的粉尘放电很慢,这样就可能产生两种情况:一方面,由于同性相斥的缘故,使后来的荷电粒子向集尘极的运动速度减慢;另一方面,随着粉尘层厚度增加,造成电荷积累,使粉尘层表面的电位增加,致使粉尘层的薄弱部位产生击穿,即引起从集

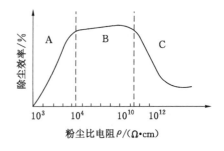

图 6-20 粉尘比电阻与除尘效率的关系

尘板到电晕极的电晕放电,此即反电晕。反电晕的结果使集尘板附近的空间产生了大量的正离子,部分或全部中和了尘粒所带负电荷,导致除尘效率降低。因此,粉尘的比电阻过高($>10^{10}$ $\Omega\cdot cm$)或过低($<10^{4}$ $\Omega\cdot cm$)都不利于电除尘工作。电除尘器运行最适合的粉尘比电阻为$10^{4}\sim10^{10}$ $\Omega\cdot cm$(图6-20区域B),在此范围内电除尘器的除尘效率最高。

2. 烟气温度和湿度对粉尘比电阻的影响

粉尘导电方式有本体导电和表面导电两种。在高温(约高于200 ℃)条件下,导电主要通过粉尘本体内部的电子或离子进行,本体导电占优势,粉尘比电阻称为容积比电阻;温度较低时,气体中存在的水分或其他化学调节剂被粉尘表面吸附,因而导电主要是沿尘粒表面所吸附的水分和化学膜进行的,表面导电占优势,粉尘比电阻称为表面比电阻。

烟气温度和湿度是影响粉尘比电阻的两个重要因素。图6-21给出不同温度与湿度条件下,锅炉飞灰和水泥窑粉尘的比电阻变化曲线。可以看出,温度较低时,粉尘比电阻随温度的升高而增加,达到某一最大值后,又随温度升高而下降。这是因为在低温范围内,粉尘以表面导电为主,电子沿尘粒表面的吸附层(如蒸汽或其他吸附层)传递。温度低时,尘粒表面吸附的水蒸气多,因而表面导电性好,比电阻低。随着温度升高,粒子表面吸附的水汽因受热而蒸发,比电阻逐步增加。温度较高时,粉尘以本体导电为主,随温度升高,尘粒内部会发生电子的热激发作用,比电阻下降。从图6-21还可看出,在低温范围内,粉尘的比电阻随烟气含湿量的增加而下降,温度较高时,烟气的含湿量对粉尘比电阻几乎没有什么影响。

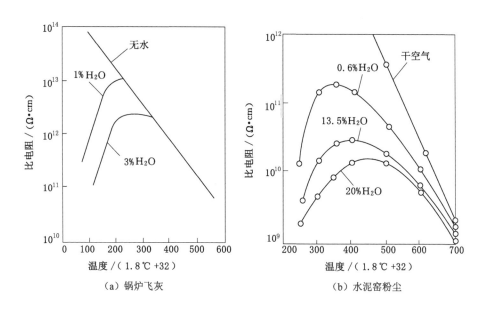

图 6-21　烟气湿度和温度对粉尘比电阻的影响

(三) 克服高比电阻影响的方法

通常,将比电阻高于10^{10} $\Omega\cdot cm$的粉尘称为高比电阻粉尘。实践经验表明,可以取比电阻10^{10} $\Omega\cdot cm$为临界值。当低于10^{10} $\Omega\cdot cm$时,比电阻几乎对除尘器操作和性能没有影响;当比电阻介于$10^{10}\sim10^{11}$ $\Omega\cdot cm$之间时,火花率增加,操作电压降低;当比电阻高于10^{11} $\Omega\cdot cm$

时,集尘板粉尘层内会出现电火花,产生明显反电晕,严重干扰尘粒荷电及捕集。

工业电除尘器所处理的许多粉尘,是由硅酸盐、金属氧化物和类似无机化合物组成的,这些物质在干燥状态是良好的绝缘体,属于高比电阻粉尘。为了克服高比电阻的影响,提高电除尘效率,实践中可以采取如下几种方法:保持电极表面尽可能清洁;采用高温电除尘器;改善供电系统;对烟气进行调质处理。

1. 保持电极表面尽可能清洁

理论上讲,保持电极表面清洁是可以消除高比电阻影响的,虽然生产实践中保持电极表面完全无粉尘是不可能的,但提高振打强度和频率可使电极表面粉尘层的厚度保持在1 mm以下,基本上能够消除高比电阻的影响。

2. 采用高温电除尘器

提高烟气温度是降低粉尘比电阻的方法之一。如火电厂锅炉烟气,通过空气预热器后的温度为150 ℃左右,此时烟气中飞灰比电阻较高。若把电除尘器放在空气预热器之前使用,烟气温度就可达到300 ℃以上,此时飞灰比电阻较低,有利于电除尘工作。有些工业电除尘器运行在烟气温度为300~500 ℃的范围内,称为高温电除尘器。

3. 改善供电系统

改善供电系统的原理是使电除尘器的电晕电流可以通过改变脉冲频率使其在很宽的范围内调节,而与除尘器的电压无关,因此可以将电晕电流调整到反电晕的极限,而不用降低电压,所以对捕集高比电阻粉尘是非常有利的。

4. 对烟气进行调质处理

烟气调质处理,包括向烟气中加入导电性良好的物质(如炭黑),掺入 SO_3、NH_3 及 Na_2CO_3 等化学调质剂,或喷水或水蒸气等。目前,最常用的化学调质剂是 SO_3。早在1915年,它就被用于有色金属熔炼炉烟气,近年来又用作燃用低硫煤的烟气调质剂。钠的化合物用作燃煤烟气调质剂始于20世纪70年代,煤中钠含量高时,可使飞灰具有足够的导电性。提高烟尘的湿度或在烟尘中添加化学调节剂都可以增大粉尘的表面导电性,但使用化学添加剂有时会受腐蚀等问题的限制。在冶金炉、水泥窑及城市垃圾焚烧烟气的除尘过程中,常采用喷水雾的方法,能得到降温和加湿的综合效果。

在干法生产水泥烟气除尘工艺中,烟气的喷水增湿处理基本上有两种类型。一种类型是在回转窑后预热器之前对烟气喷水增湿(图 6-22),采用这种方法增湿时,其装置简单易行,但容易影响生料的温度,热耗大,这种方式适用于建造增湿塔有困难的老厂。另一种类型是在电除尘器前装设一喷雾增湿装置(通常称为增湿塔),水在该装置中蒸发变为水蒸气,用以增加烟气的湿度。目前,在工业生产中普遍采用的就是喷雾增湿塔,图 6-23 给出一装设有增湿塔的窑尾工艺流程图。

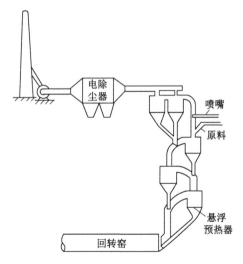

图 6-22　窑尾烟气在管道中增湿

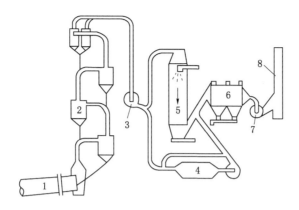

1—回转窑;2—预热器;3,7—鼓风机;4—原料磨;5—增湿塔;6—电除尘器;8—烟囱。

图 6-23　装有增湿塔的窑尾工艺流程图

（四）除尘器结构的影响

电除尘器本体结构及性能对电除尘效率的影响主要体现在设定电场风速、本体几何参数、气流分布均匀性和清灰方式等方面。

1. 电场风速的影响

从降低设备造价、减少占地面积等方面考虑,应该尽量提高电场风速。但是,电场风速过高会给电除尘器运行带来不利影响:荷电粉尘来不及沉降就被气流带出;导致烟气处于激烈紊流状态;已沉积在集尘极上的粉尘层产生二次飞扬;在电极进行振打清灰时更容易产生二次扬尘。电场风速的确定与粉尘性质、集尘极结构形式、粉尘黏附性及电晕极放电性能等因素有关,一般设定电场风速在 $0.4\sim1.5$ m/s 范围内。

2. 本体几何参数的影响

（1）电场截面积的影响

当处理的烟气量一定时,若电场截面积减小,则电场风速必然增大,不仅使电场长度变大,增加占地面积,而且会引起较大的二次扬尘,除尘效率下降。反之,若增大电场截面积,必然使钢耗、投资增加,占用空间体积增大。所以,电场截面积的大小需要进行经济技术比较后才能确定。

（2）比集尘面积的影响

比集尘面积 A/Q 对除尘效率有明显影响。比集尘面积增大,颗粒被捕集的机会增加,除尘效率就会相应提高（图 6-19）。当粒径一定时,随着比集尘面积 A/Q 的增大,除尘效率增加。但比集尘面积增大,意味着处理的烟气量一定时,总集尘面积的增加,则相应增加了投资和占地空间。因此,也需要进行经济技术比较后确定。

（3）其他几何参数的影响

极间距对除尘效率的影响表现为:在气体流速、驱进速度一定的情况下,极间距越小,颗粒到达集尘极板的时间越短,颗粒越容易被捕集。但极间距过小易造成粉尘的二次飞扬。目前,国内外生产的电除尘器中,极板间距一般选取 400 mm 左右,电晕线间距视极配形式不同,取值一般在 $150\sim500$ mm 之间。

集尘板有效长度与高度之比直接影响振打清灰时二次扬尘的多少。与集尘板高度相比,如果集尘板不够长,部分下落粉尘在到达灰斗之前可能被烟气带出除尘器,从而导致除尘效率下降。

总之,电除尘器本体几何参数对电除尘效率影响很大,对这些参数进行合理设计,是实现电除尘器高效运行的必要条件。

3. 气流分布均匀性的影响

若气流分布不均匀,电除尘器各个通道中的气体流速相差较大,会使某些通道工况恶化,流速低处增加的除尘效率远不能弥补流速高处除尘效率的降低,最终导致总除尘效率下降。提高气流分布均匀性的措施主要有:在入口烟道转弯处合理设置导流板,在进气烟箱内合理设置气流分布板,在电除尘器本体内电场两侧、顶部及灰斗内设置阻流板,在出气烟箱内设置槽形板,防止烟道积灰及壳体漏风等。一般在电除尘器本体安装或大修后,需要在现场做气流分布均匀性试验,并通过相关调整,确保气流分布的均匀性。

4. 清灰方式的影响

通常,采用湿式清灰方式对电除尘效率的影响很小。干式清灰的方式有很多种,其中机械振打清灰方法应用最为广泛。清灰过程中产生的二次扬尘对电除尘效率的影响很大。一般需要选择合理的振打强度、振打频率来减少二次扬尘。

(五) 供电质量的影响

供电装置的功率,输出电压的高低、波形和稳定性以及供电分组等对电除尘效率都会产生影响。

在电除尘器正常运行范围内,电晕电流和电晕功率都随着电压的升高而急剧增加,有效驱进速度和除尘效率也迅速提高。例如一台捕集飞灰的电除尘器,当电压仅增加 3 kV 时,其捕集效率可从 92% 提高到 97%。因此,电除尘器运行时,即使电压的峰值变化 1～2 kV,对电除尘器的效率也有显著影响。

图 6-24 表示某电除尘器某一电场的除尘效率与火花率的关系。试验结果表明,不加电容器滤波而整流的脉冲电压比滤波的平稳直流电压更有利于高压电除尘器的运行。因为电压的峰值可以提高除尘效率,而电压的波谷则有利于抑制火花放电的连续发生。

为使电除尘器能在高压下操作,避免过大的火花损失,高压电源不能太大。增加供电机组的数目,减少每个机组供电的电晕线数,能改善电除尘器性能,这是一条基本原则,但是增加供电机组数要增加投资。所以确定电场分组数需要综合考虑效率和投资两方面的因素。大型电除尘器常采用 6 个或更多的供电机组数。

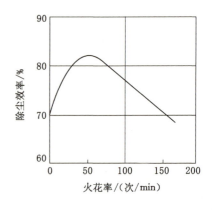

图 6-24 除尘效率与火花率的关系

二、烟气调质技术在电厂中的应用案例

为了提高静电除尘器的除尘效率,烟气调质技术(FGC)变得不可或缺。这涉及向烟道

气中添加化学添加剂以提高 ESP 的灰分收集效率。根据对文献的批评性回顾，已经发现 FGC 具有以下几个优点：① 与其他 ESP 相比成本较低；② 执行所需的时间减少；③ 使用更灵活和多功能，即使操作参数（例如煤的特性，锅炉负荷，ESP 电压和电流）不同，通过简单调整 FGC 的剂量，SPM 水平可以很容易地控制到所需的水平。这些试剂非常有助于改善粉煤灰、粉尘颗粒的表面传导特性，从而提高 ESP 的灰分收集效率。

早期的研究表明，烟气调质技术，包括添加化学添加剂（如三氧化硫，氨和钠盐）和向烟气中喷洒水，可以改变烟气或粉煤灰的特性，从而提高 ESP 的收集效率。水气调节可降低烟气温度并增加其相对湿度。这导致表面电阻率的降低和飞灰的团聚率的提高。SO_3、氨是最受欢迎的烟气调节剂，特定调质剂的效果取决于粉煤灰成分。

（一）SO_3 调质

Qi Liqiang 等收集并分析了内蒙古大唐国际托克托发电有限责任公司的飞灰样品，该电厂采用了 SO_3-FGC 来提高 ESP_S 的集灰效率。结果如表 6-3 所列，在没有 SO_3 的情况下，粉煤灰的比电阻为 $2.00 \times 10^{13} \, \Omega \cdot cm$，而当 SO_3 注入量为 34.3 mg/m^3 时，比电阻为 $3.43 \times 10^{11} \, \Omega \cdot cm$。$SO_3$ 调节后的烟气中粉煤灰的电阻率下降约两个数量级，电除尘器效率可维持在 99.5％以上，烟气脱硫效果显著。

表 6-3 粉煤灰在运行过程中的电阻率

SO_3 浓度/(mg/m^3)	测量电压/kV	温度/℃	比电阻/$(\Omega \cdot cm)$
0	1	130	2.00×10^{13}
34.3	1	130	3.43×10^{11}

此外，注入 SO_3 后飞灰的表面张力显著降低，易于吸附烟气中的水蒸气，导致粉煤灰内聚力增加。这导致大颗粒的百分比增加和细颗粒的比例减少。因此，适当增加烟道气中 SO_3 含量对于增强灰分颗粒的聚集和提高 ESP 的收集效率非常有帮助。在 SO_3-FGC 过程中，飞灰中的 SO_2 排放和 SO_3 含量没有明显变化。

（二）喷水或水蒸气

在没有氨的情况下，Qi Liqiang 等人进行了研究，通过脉冲放电非热等离子体去除二氧化硫（SO_2），以确定静电除尘器（ESP）如何有效地从烟道气中收集直径小于 2.5 μm 的颗粒物。他们将 100 ℃水蒸气喷入风管内，确保水蒸气与烟气一起均匀分布在电除尘器内，这样可以避免烟气温度明显降低并防止腐蚀。同时，水蒸气的加入大大提高了二氧化硫的转化效率，二氧化硫氧化成 SO_3 起到调节烟气的作用。因此，在电除尘器的烟气调节过程中，无须额外添加化学药剂。对电除尘器中的脉冲电源进行了改进，提高了粉煤灰的收集效率和二氧化硫组分的去除率。脉冲电晕是由电源电路中的旋转火花隙开关系统产生的，高压脉冲，上升时间约 200 ns，持续时间约 500 ns，重复频率可调，频率为 0～200 Hz，最大脉冲峰值电压为 60 kV。

研究结果发现，水蒸气的加入使烟气有两种调节方式。首先，随着反应器中加入更多的水分子，二氧化硫气体更容易溶解在水中，产生更多的 OH 和 HO_2 自由基。这两种自由基最终提高了二氧化硫氧化的效率。其次，烟气中的水分也增强了调节作用。这两种作用下,粉煤灰的静电沉淀性发生了显著的变化。粉煤灰比电阻明显下降,主要是由于其表面电阻率而不是体积电阻率的变化。由表 6-4 可知,粉煤灰比电阻由 1.2×10^{12} Ω·cm 降至 5.2×10^{10} Ω·cm,烟气中粉煤灰的电阻率降低了大约两个数量级,烟气脱硫效果显著。此外,随着烟气中水蒸气含量的增加,粉煤灰颗粒之间的黏结力增加,当水蒸气含量增加到 5%时,粉煤灰的黏聚力由 50.4 mg/cm² 提高到 81.1 mg/cm²,导致大颗粒比细颗粒的比例更高和除尘效率的提高。因此,适当增加烟气中的水蒸气含量,促进了颗粒物的团聚,从而提高了灰颗粒的收集效率。

表 6-4　不同水蒸气含量下净化系统出口烟气情况

水蒸气含量 /%	粉煤灰比电阻 /(Ω·cm)	粉煤灰凝聚力 /(mg/cm²)	SO_2 的排放浓度 /(mg/m³)	除尘效率/%
0.6(不增加水蒸气)	1.2×10^{12}	50.4	1926	97.64
5.0(增加水蒸气)	5.2×10^{10}	81.1	1312	98.52

第四节　袋式除尘器与新型滤料

一、袋式除尘器的工作原理

简单袋式除尘器的结构如图 6-25 所示。含尘气流从下部进入筒形滤袋,在通过滤料的孔隙时,粉尘被捕集到滤料上,透过滤料的相对清洁气体由排出口排出。沉积在滤料上的粉尘,达到一定的厚度时,在机械振动的作用下从滤料表面脱落下来,落入灰斗中。

袋式除尘器对粉尘的捕获,主要通过以下几种作用效应实现。

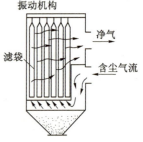

图 6-25　袋式除尘器

(一)筛分效应

当粉尘粒径大于滤袋纤维间隙或粉尘层孔隙时,粉尘在气流通过时将被截留在滤袋表面,该效应被称为筛分效应。清洁滤料的孔隙一般要比粉尘颗粒大得多,只有滤袋表面上沉积了一定厚度的粉尘之后,筛分效应才会变得明显。

(二)碰撞效应

当含尘气流接近滤袋纤维时,空气将绕过纤维,而粒径大于 1 μm 的颗粒则由于惯性作用偏离空气运动轨迹直接与纤维相撞而被捕集。粉尘粒径越大,气体流速越高,其碰撞效应也越强。

(三)黏附效应

含尘气体流经滤袋纤维时,部分靠近纤维的尘粒将会与纤维边缘相接触,并被纤维所钩挂、黏附而捕集。很明显,该效应与滤袋纤维及粉尘表面特性有关。

(四)扩散效应

当尘粒直径小于 0.2 μm 时,由于气体分子的相互碰撞而偏离气体流线做不规则的布朗运动,碰到滤袋纤维而被捕集。这种由于布朗运动而引起的扩散,是粉尘微粒与滤袋纤维接触、吸附的作用,称为扩散效应。粉尘颗粒越小,不规则运动越剧烈,粉尘与滤袋纤维接触的机会也就越多。

（五）静电效应

滤料和尘粒往往会带有电荷,当滤料和尘粒所带电荷相反时,尘粒会吸附在滤袋上,提高除尘器的除尘效率。当滤料和尘粒所带电荷相同时,滤袋会排斥粉尘,使除尘效率降低。

（六）重力沉降

含尘气体进入袋式除尘器时,颗粒较大、密度较大的粉尘,在重力作用下自然沉降下来,这和重力沉降室的作用完全相同。如表 6-5 所列,袋式除尘器在捕集分离粉尘过程中,上述分离效应的发生不仅跟粉尘性质有关,而且随滤袋材料、工作参数及运行阶段的不同,产生的分离效应的数量及重要性亦各不相同。

表 6-5 各种分离效应对过滤效果的影响

影响因素	纤维直径小	纤维间速度小	气体过滤速度小	粉尘粒径大	粉尘密度大
重力作用	无影响	无影响	减小	增加	增加
筛分作用	增加	增加	无影响	增加	无影响
碰撞作用	增加	增加	减小	增加	增加
黏附作用	增加	增加	无影响	增加	无影响
扩散作用	增加	增加	增加	减小	减小
静电作用	减小	增加	增加	减小	减小

二、袋式除尘器的结构形式

（一）袋式除尘器的分类

袋式除尘器种类很多,可根据滤袋形状、进气方式、含尘气流进入滤袋的方向和清灰方式的不同而分类。

1. 按滤袋形状分类

按滤袋形状,袋式除尘器可分为圆筒形滤袋除尘器和扁袋除尘器。圆筒形滤袋除尘器因受力比较均匀、结构比较简单、清灰操作需要的动力比较小、维修或检查时更为方便、成批换袋容易等特点而被广泛使用。然而圆筒形滤袋除尘器的袋口更容易损坏。扁袋除尘器通常呈平板型,且内部需要安装框架,或安装弹簧,用以支撑滤袋。与圆筒形滤袋除尘器相比,扁袋除尘器之间的空隙可以留得很小,在同样的体积内可多布置 20%～40% 过滤面积的布袋,因此,在负荷相同的条件下,扁袋除尘器占地面积较小。但是扁袋的制作要求比圆袋要高,而且由于滤袋间隙较小,容易被粉尘阻塞。

2. 按进气方式分类

按进气方式,袋式除尘器可分为上进气和下进气。含尘气体从除尘器上部进气时,粉尘沉降方向与气流方向一致,粉尘在袋内迁移距离较下进气远,能在滤袋上形成均匀的粉尘层,过滤性能比较好。但为了使配气均匀,配气室需设在壳体上部(下进气可利用锥体部分），使除尘器高度增加，此外滤袋的安装也较复杂。

采用下进气时，粗尘粒直接落入灰斗，一般只小于 3 μm 的细粉尘接触滤袋，因此滤袋磨损小。但由于气流方向与粉尘沉降的方向相反，清灰后会使细粉尘重新沉积在滤袋表面，从而降低了清灰效果，增加了阻力。然而，与上进气相比，下进气方式设计合理、构造简单、造价便宜，因而使用较多。

3. 按含尘气流进入滤袋的方向分类

按含尘气流进入滤袋的方向，袋式除尘器可分为内滤式除尘器和外滤式除尘器。内滤式除尘器的含尘气体从滤袋的内部向外部流动，粉尘被捕集在滤袋内表面，净化气体通过滤袋逸至袋外，这样滤袋的外面就是清洁气体。所以在滤过气体对人体无害时可以在不停机的情况下对除尘器进行检修等作业。外滤式除尘器的含尘气体从滤袋的外部向内部流动，粉尘被捕集在滤袋的外表面，净化气体由滤袋内部排出。

4. 按清灰方式的不同分类

按清灰方式不同，袋式除尘器可分为简易清灰袋式除尘器、机械振动清灰袋式除尘器、逆气流清灰袋式除尘器、脉冲喷吹清灰袋式除尘器等。

（二）袋式除尘器的结构

1. 简易清灰袋式除尘器

简易清灰袋式除尘器的结构示意图如图 6-26 所示。图 6-26(a)是借助滤料表面上粉尘自重或风机的启停，使滤袋变形而清灰的袋式除尘器，对这种除尘器有时还需要辅以人工敲打和抖动滤袋的方法进行清灰。图 6-26(b)是通过手摇往复振动，使滤袋上的粉尘因振动脱落至灰斗中的袋式除尘器。这种结构的袋式除尘器相较于前者，在清灰效果上要更为出色。这两种简易清灰袋式除尘器皆属于正压内滤式的除尘器。

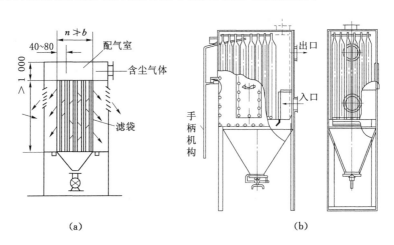

图 6-26　简易清灰袋式除尘器

这两种袋式除尘器不适宜净化含尘浓度过高的气体，进口浓度通常不超过 2～5 g/m^3，过滤风速取 0.2～0.3 m/min 为宜，压力损失为 400～1 000 Pa，滤袋直径为 100～400 mm，袋长 2～6 m，滤袋间距 40～60 mm。各滤袋组之间留有不少于 800 mm 宽的通道，以便检查布袋漏泄情况和及时更换布袋。

这种除尘器的特点是结构简易,安装操作方便,投资少,对滤料要求不高,滤袋寿命长。主要缺点是过滤风速小,使得其体积庞大,占地面积也大,在正压运行时,人工清灰的工作条件差。

2. 机械振动清灰袋式除尘器

机械振打式清灰是利用机械传动使滤袋振动来达到清灰目的的。图6-27示出机械振动清灰的三种形式,它们都是利用机械装置造成周期性的振动,使积附在滤袋上的粉尘落入灰斗中的。其中图6-27(a)为沿水平方向振动形式,又可分为上部摆动和腰部摆动两种方式;图6-27(b)为沿垂直方向振动的形式,可以定期地提升滤袋框架,也可利用偏心轮装置振打框架;图6-27(c)为扭转振动方式,即利用机械传动装置定期将滤袋扭转一定的角度,使粉尘脱落。图6-28为一利用偏心轮振打清灰的袋式除尘器示意图。

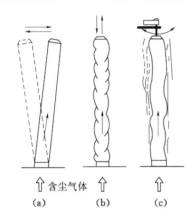

图6-27 机械清灰的振动方式

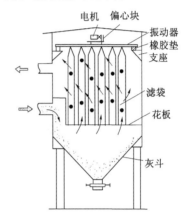

图6-28 机械振动清灰袋式除尘器

机械振动清灰袋式除尘器过滤风速一般采用1.0~2.0 m/min,相应压力损失为800~1 200 Pa。由于其能及时清除滤袋上的积灰,所以过滤负荷比简易清灰式除尘器高,且工作性能稳定,清灰效果较好。但由于滤袋经常受机械力的作用而损坏较快,滤袋的检修与更换工作量大;而且一般机械振打式清灰都必须在除尘停止时进行,所以为了保证除尘器的连续运转,一般是将除尘器分为很多个分室,清完一个分室,再清下一个分室,不停地运转。

3. 逆气流清灰袋式除尘器

逆气流清灰系指清灰时的气流与过滤时气流方向相反,用于这种清灰方式的除尘器有逆气流吹风清灰袋式除尘器、逆气流吸风清灰袋式除尘。

(1) 逆气流吹风清灰袋式除尘器

逆气流吹风清灰袋式除尘器的滤尘和清灰过程如图6-29所示,图6-29(a)为袋式除尘器的滤尘工作过程,气流自下而上。当滤袋上的粉尘积累到一定程度时,须进行清灰。清灰过程开始时,先关闭除尘器顶部净化气体的排出阀,然后引入与含尘气体方向相反的气流[图6-29(b)],在这个气流的作用下,滤袋发生变形,并产生振动,使粉尘在滤袋的振动下清落下来落到灰斗中[图6-29(c)]。

为了保证除尘器的连续运行,逆气流吹风清灰袋式除尘器一般划分为多个袋室,并通过阀门控制,对每个袋室依次提供反方向气流进行清灰。

图6-30为单袋两袋室逆气流吹风清灰的袋式除尘器。图中左侧袋室进行滤尘过程,右

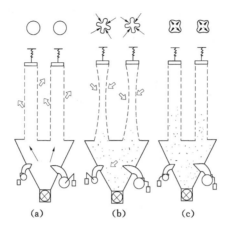

图 6-29　逆气流吹风清灰袋式除尘器的滤尘和清灰过程示意图

侧袋室进行清灰过程。含尘气体由灰斗进气管进入,并穿过花板凸接管进入滤袋内部进行滤尘,粉尘粒子被滤袋阻留在内表面上,穿过滤袋的洁净气体,由风机抽出排空。右侧袋室示出滤尘过程终了时的清灰过程,清灰过程开始时,先关闭除尘器顶部净化气体的排出阀,开启吹入气体的进气阀,附在滤料表面上的积尘因而受力而脱落于灰斗中。当右侧袋清灰完毕时,关闭反吹气体进入阀,打开气体排出阀,该袋室即转入滤尘过程,而左侧袋室进入清灰过程。清灰过程可实行定时控制或定压控制两种方式。

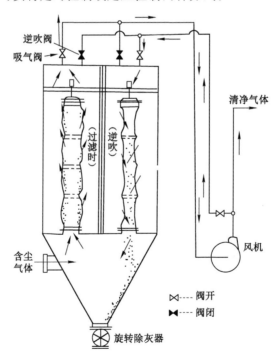

图 6-30　单袋两袋室逆气流吹风清灰的袋式除尘器

逆气流吹风清灰袋式除尘器的过滤风速一般取 0.5～1.2 m/min,压力损失控制在 1～

1.5 kPa。其特点是清灰比较均匀,对滤袋的损坏比较小,特别适合于玻璃纤维袋。

（2）逆气流吸风清灰袋式除尘器

逆气流吸风清灰袋式除尘器的结构如图 6-31 所示。这种袋式除尘器由多个各自带有灰斗的袋室所组成,净化气体从各袋室顶部排出,各袋室的滤袋分别固定在各袋室下部的花板上。灰斗上进气接管与含尘气体总管相互连接并装有含尘气体进入阀门。抽出清灰气流的吸风管与风机的吸风总管相连,也装有吸风阀门。

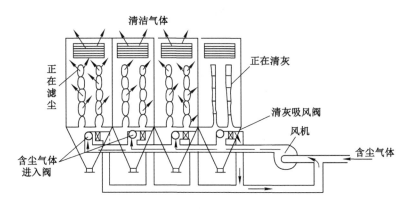

图 6-31　逆气流吸风清灰袋式除尘器结构

4. 脉冲喷吹清灰袋式除尘器

脉冲喷吹清灰袋式除尘器的构造如图 6-32 所示。含尘气体由下部进气口进入后,分散于除尘箱中,当含尘气体通过滤袋时粉尘被阻留于滤袋外表面上,净化后的气体由袋内经文氏管进入上部净气箱,然后由出气口排走。每排滤袋上方装设一根喷吹管,喷吹管下面与每个滤袋相对应开喷吹小孔（或装喷嘴）,喷吹管前端与脉冲阀相连,通过程序控制机构控制脉冲阀的启闭。当需要清灰时,控制仪发出清灰指令,触发排气阀,使脉冲阀背压室与大气相通,脉冲阀开启后,气包中的压缩空气经喷吹管下各小孔高速喷出,并诱导比自身体积大 5～7 倍的诱导空气一起经文氏管吹入滤袋,使滤袋急剧膨胀,引起冲击振动,使积附在袋外的粉尘层脱落掉入灰斗。这种清灰方式具有脉冲的特征,因而除尘器被称为脉冲式除尘器。清灰过程中每清灰一次,叫作一个脉冲;喷吹一次的时间称为脉冲宽度,为 0.1～0.2 s。全部滤袋完成一个清灰循环的时间称为脉冲周期,一般为 60 s 左右。所用压缩空气的喷吹压力为 0.6～0.7 MPa。

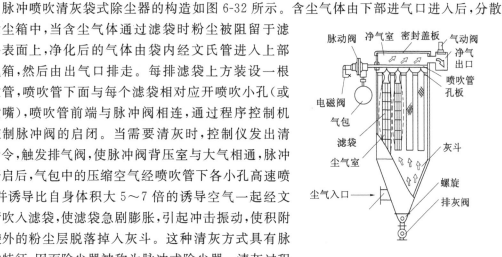

图 6-32　脉冲喷吹清灰袋式
除尘器的结构

目前常用的脉冲控制仪有电动控制仪、气动控制仪和机械控制仪等,与之配套使用的排气阀相应为电磁阀、气动阀与机控阀。

脉冲阀与排气阀结构如图 6-33 所示。脉冲阀的 A 端接气包,B 端接喷吹管,排气阀直接拧在脉冲阀的阀盖上。当无清灰信号输入时,排气阀的活动挡板 7 处于封闭通气孔的位置,气包中的压缩空气经节流孔 4 进入脉冲阀的背压室 10。此时波纹膜片 3 两侧的气压相等(均等于气源的压强 p)。若波纹膜片的面积为 F,喷吹口的面积为 f,则膜片右侧所受压力 $p_右 = pF + q$(q 为弹簧压力),膜片左侧所受压力 $p_左 = p(F - f)$。显然 $p_右 > p_左$,喷吹管口被膜片封闭。当控制仪发来清灰信号时,活动挡板抬起,背压室与大气相通而迅速泄压,因而 $p_左 > p_右$(此时 $P_右 = q$),于是膜片被压向左侧,喷气口打开进行喷吹清灰。信号消失后活动挡板恢复至原来封闭通气孔的位置,背压室又回升至气源的压力,膜片重新封闭喷吹管口,喷吹停止,一排滤袋的清灰过程结束。

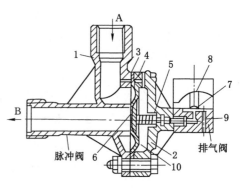

1—阀体;2—阀盖;3—波纹膜片;4—节流孔;
5—复位弹簧;6—喷吹口;7—活动挡板;
8—活动芯;9—通气孔;10—背压室。

图 6-33 脉冲阀与排气阀的结构

　　在通常的脉冲袋式除尘器中,为了达到必须的清灰效果,喷吹压力要求达到 $(6 \sim 7) \times 10^5$ Pa,这不仅需要消耗过多的能量,同时一般工厂企业的压缩空气管网往往达不到这么高的压力,配置专门的空压机,又会增加设备投资和维护工作量。为此近年来对降低喷吹压力进行了研究,提出了以下两种方法。

　　(1)用直通脉冲阀代替直角脉冲阀

　　试验表明,供给脉冲喷吹袋式除尘器压缩空气的压力,相当大的一部分消耗在克服喷吹系统的阻力上,其数值可达 2×10^5 Pa。其中直角脉冲阀的阻力占很大部分,这是因为直角脉冲阀结构复杂,压缩空气通过阀时气流的速度和方向须经过多次的改变,使阻力增加。如果改用直通脉冲阀[图 6-34(a)],可使脉冲阀阻力大大降低。

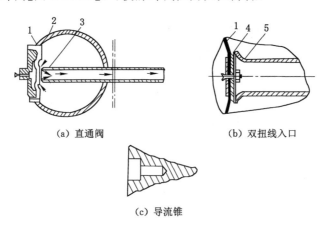

(a) 直通阀　　　　　　　　(b) 双扭线入口

(c) 导流锥

1—膜片;2—贮气包;3—喷吹管入口;4—垫片;5—双扭线入口。

图 6-34 直通脉冲阀

　　直通脉冲阀直接装设在贮气包内,其工作原理与直角脉冲阀相同,但结构简单很多。当波纹膜片打开时,压缩空气直接由贮气包进入喷吹管。为了进一步降低阻力,喷吹管的入口设计成双扭线形[图 6-34(b)],在波纹膜片上加设导流锥[图 6-34(c)]。

试验表明,直通脉冲阀的阻力仅为直角脉冲阀的28%。采用双扭线入口时,阻力又可降低15%;加设导流锥后,由于喷吹管入口中心处涡流减弱,阻力还可再降低15%。改用直通脉冲阀后,袋式除尘器的喷吹压力可比使用直角脉冲阀时约低 $0.5×10^5$ Pa。

（2）采用低压喷吹系统

中国有研科技集团有限公司等单位研制了低压喷吹系统,采取以下措施来降低喷吹压力:① 采用直通脉冲阀;② 适当加大喷吹管直径;③ 用特制的喷嘴代替喷吹孔。

试验结果表明,在同一喷吹时间下,喷吹 $3×10^5$ Pa 时的压缩空气喷吹量,与采用直角脉冲阀的脉冲喷吹袋式除尘器在 $6×10^5$ Pa 时的喷吹量相同,即喷吹压力可降低1/2。由于降低了喷吹压力,可相应地延长膜片的寿命和减少维修工作量。

脉冲喷吹袋式除尘器实现了全自动清灰,可进行定时控制或定压控制。其过滤风速较高,一般为 2～4 m/min,压力损失控制在 1 200～1 500 Pa 范围。脉冲袋式除尘器具有滤布磨损较轻、使用寿命较长、运动安全可靠等优点,因而得到了普遍应用。但它需要高压压缩空气作清灰动力。

5. 回转反吹扁袋除尘器

回转反吹扁袋除尘器结构如图 6-35 所示。梯形扁袋沿圆筒呈辐射状布置,反吹风管由轴心向上与悬臂风管连接,悬臂风管下面正对滤袋导口设有反吹风口,悬臂风管由专用马达及减速机构带动旋转(转速为 1～2 r/min)。当含尘气体切向进入过滤室上部空间时,大颗粒及凝聚尘粒在离心力作用下沿筒壁旋落入灰斗,微细尘粒则弥散于袋间空隙,然后被滤袋过滤阻留。穿过袋壁的净气经花板上滤袋导口进入净气室,由排气口排走。

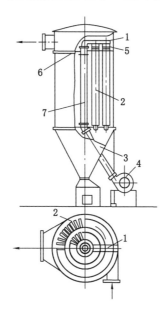

1—悬臂风管;2—滤袋;3—灰斗;4—反吹风机;5—反吹风口;6—花板;7—反吹风管。

图 6-35　回转反吹扁袋除尘器

反吹风机采用定阻力自动控制,当滤袋阻力达到控制上限时,由差压变送器发出信号,自动启动反吹风机工作。具有足够动量的反吹风气流由悬臂风管反吹风口吹入滤袋,阻挡过滤气流并改变滤袋压力工况,引起滤袋振动抖落袋积尘。依次反吹滤袋,当滤袋阻力下降到控制下限时,反吹风机自动停吹。

反吹风可使用大气,也可采用循环风,后者是将反吹风机吸入口与除尘器上部净气室连通,以净气作为反吹气流,这样既不增加系统风量,又可消除结露危险。这种除尘器反吹风机的风压约为 5 kPa,反吹风量为过滤风量的 5%～10%,每只滤袋的反吹时间约为 0.5 s。对黏性较大的细尘,过滤风速一般取 1～1.5 m/min,而对黏性小的粗尘,过滤风速可取 2～2.5 m/min。净化效率一般达 99% 以上。

回转反吹扁袋除尘器由于单位体积内过滤面积大、采用圆筒形外壳抗爆性能好、滤袋寿命长、清灰自动化及清灰效果好、运行安全可靠及维护简便,因而近年来在国内发展很快。但还存在滤袋之间阻力与负荷不均,以及进口附近滤袋易损坏等问题,尚需进一步改进。

6. 脉动反吹风袋式除尘器

脉动反吹清灰是指对来自反吹风机的反吹气流给予脉动动作。这种清灰方法具有较强的清灰效果,但需要具备能使反吹气流产生脉动动作的机构,如回转阀等。

脉动反吹风袋式除尘器的结构如图 6-36 所示。从图中可以看出,它的结构大体上与回转反吹扁袋除尘器相似,主要不同点是在反吹风机与反吹旋臂之间添加了一个回转阀。清灰时,由反吹风机送来的反吹气流通过回转阀后形成脉动气流,这股脉动气流进入反吹旋臂,垂直向下对滤袋进行喷吹。

当过滤风速为 1～2.58 m/min 时,相应的阻力为 800～1 500 Pa,除尘效率可达 99.4% 以上。这种除尘器有 20 多种规格,单台处理风量可达 14×10⁴ m³/h。其清灰方式采用定阻力控制,以除尘器滤袋内外压差(即工作阻力)为信号,控制反吹风机、回转阀和反吹旋臂自动启停。

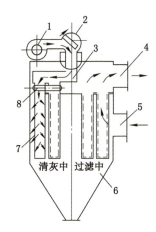

1—反吹风机;2—回转阀;3—反吹旋臂;
4—净气出口;5—含尘气体进口;6—灰斗;
7—滤袋;8—切换阀。

图 6-36　脉动反吹风袋式除尘器

三、新型滤料

(一)对滤料的要求

为满足国家最新颁布的《火电厂大气污染物排放标准》(GB 13223—2011)中烟尘排放限值的要求,绝大多数火力发电企业采用袋式除尘器作为主要的减排方式,而滤袋占除尘器总造价的 40%,滤袋的更换更达到了袋式除尘器日常检修费用的 85% 以上。因此,滤袋是袋式除尘器的"核心"组件,其质量和性能好坏决定了袋式除尘器的运行效果、使用寿命和经济性。

根据袋式除尘器的除尘原理及所要净化气体的粉尘特征,应按如下几个原则选择滤料。

(1)具有较高过滤效率。滤料的过滤效率是由滤料结构和附着其上的粉尘层共同决定的。过薄的滤料在清灰后粉尘层会遭到破坏,导致过滤效率降低很多。

(2)容尘量要大。容尘量是指单位面积滤料上的粉尘存积量。容尘量大可以延长清灰周期,从而延长滤袋的寿命。

（3）透气性好。在保证滤料过滤效率的前提下选择透气率高的滤料可以增大单位面积滤料上的过滤风量,从而节省过滤面积,降低除尘器成本。

（4）具有好的物理和化学性能。滤料要具有耐高温、耐化学腐蚀的性能,同时也要有良好的机械性能,有较高的抗拉、抗弯折的能力,还要有耐磨性。

（5）具有良好的剥落性。对滤料表面进行烧毛处理或者进行覆膜可以使滤料表面具有较好的光洁性,捕集的粉尘也能被相对容易清理下来。

需要指出的是,对于某一具体的滤料,很难尽善尽美地满足上述全部要求,因此,在实际工作中,应根据含尘气体的性质、粉尘特性、清灰方式以及安装方式等因素,选择最适宜的滤料。

（二）常用滤料的种类及特性

几种常见滤料的特性列于表6-6中。常用滤料按所用的材质可分为天然滤料（如棉毛织物）、合成纤维滤料（如尼龙、涤纶等）、无机纤维滤料（如玻璃纤维、耐热金属纤维等）等。

天然纤维:天然纤维包括棉织、毛织及棉毛混织品。天然纤维的特点是透气性好、阻力小、容量大、过滤效率高、粉尘易于清除、耐酸和耐腐蚀性能好,其特点是长期工作温度不得超过100 ℃。

无机纤维:无机纤维主要系指陶瓷玻璃纤维。这种纤维作为滤料具有过滤性能好、阻力小、化学稳定性好、抗拉强度大、耐高温、不吸潮和价格便宜等优点;其缺点是除尘效率低于天然、合成纤维滤料,此外,由于这种纤维挠性较差,抗弯性差,不耐磨,在多次反复清灰后,纤维易断裂,不能清理含 HF 气体的烟尘。所以,在采用机械振打法清灰时,滤袋易破裂。为了改善这种易破裂的状况,可用芳香基有机硅、聚四氟乙烯、石墨等物质对其进行处理。

合成纤维:随着有机合成工业、纺织工业的发展,合成纤维滤料逐渐取代天然纤维滤料。合成纤维有聚酰胺、芳香族聚酰胺、聚酯、聚酯化合物、聚丙烯、聚丙烯腈、聚氯乙烯、聚四氟乙烯（PTFE）、聚酰亚胺（P84）等。其中芳香族聚酰胺和聚四氟乙烯可耐温 200～250 ℃,聚酯纤维可耐温 130 ℃左右。

（三）滤料的后处理技术

为了提高袋式除尘器的适应性,人们在现有滤料的基础上不断进行革新,对现有滤料进行后处理,改善其物理和化学性能以提高清灰功能和过滤效率,延长滤料使用寿命。后处理技术大致分为以下六种。

（1）热熔延压表面处理,也称烫毛处理。对于针刺毡,在滤料表面进行热熔延压使其表面光滑,表面孔隙均匀,孔隙变小,有利于清灰剥离,提高收尘率,降低阻力。

（2）表面膨化处理,与连续纤维过滤布不同,经过膨化处理的滤料纬纱全部或部分由膨化纱组成,由于纱线蓬松,覆盖能力强,透气性好,因而可提高过滤效率,降低过滤阻力,且除尘效率高,可达 99.5％以上,过滤速度在 0.6～0.8 m/min。

（3）预涂层处理,即将配制好的粉剂,用特殊工艺溶进已配置好的滤袋滤料内部,再将其固定,达到滤袋未使用就有高效收尘的能力。经预涂层处理后的滤袋在使用前形成了稳定的粉尘初层,克服了新滤料前期除尘效率不高的弊病。但随着清灰次数的增加,预涂层有可能会从滤料表面被冲脱,而影响滤料的使用寿命。

表 6-6 各种常用滤料的性能特点

| 类别 | 原料或聚合物 | 商品名称 | 密度/(g/cm³) | 最高使用温度/℃ | 长期使用温度/℃ | 20℃以下的吸湿性/% | | 抗拉强度/(×10⁵ Pa) | 断裂延伸率/% | 耐磨性 | 耐热性 | | 耐有机酸 | 耐无机酸 | 耐氧化剂 | 耐溶性 |
						65%	95%				干热	湿热				
天然纤维	纤维素	棉	1.54	95	75~85	7~8.5	24~27	30~40	7~8	较好	较好	较好	较好	很差	一般	很好
	蛋白质	羊毛	1.32	100	80~90	10~15	21.9	10~17	25~35	较好	—	—	较好	较好	较好	差	较好
	蛋白质	丝绸		90	70~80	—	—	38	17	较好	—	—	较好	较好	较好	差	较好
合成纤维	聚酰胺	尼龙、锦纶	1.14	120	75~85	4~4.5	7~8.3	38~72	10~50	很好	较好	较好	一般	很差	一般	很好
	芳香族聚酰胺	诺梅克斯	1.38	260	220	4.5~5	—	40~55	14~17	很好	很好	很好	较好	较好	一般	很好
	聚丙烯腈	奥纶	1.14~1.16	150	110~130	1~2	4.5~5	23~30	24~40	较好	较好	较好	较好	较好	较好	很好
	聚丙烯	聚丙烯	1.14~1.16	100	85~95	0	0	15~52	22~25	较好	较好	较好	很好	很好	较好	较好
	聚乙烯醇	维尼纶	1.28	180	<100	3.4	—	—	—	较好	一般	一般	较好	很好	一般	一般
	聚氯乙烯	氯纶	1.39~1.44	80~90	65~70	0.3	0.9	24~35	12~25	差	差	差	很好	很好	很好	较好
	聚四氟乙烯	特氟纶	2.3	280~300	220~260	0	0	33	13	较好	较好	较好	很好	很好	很好	很好
	聚酯	涤纶	1.38	150	130	0.1	0.5	40~49	40~55	很好	较好	一般	较好	较好	较好	很好

表 6-6(续)

类别	原料或聚合物	商品名称	密度/(g/cm³)	最高使用温度/℃	长期使用温度/℃	20℃以下的吸湿性/%		抗拉强度/(×10⁵ Pa)	断裂延伸率/%	耐磨性	耐热性		耐有机酸	耐无机酸	耐氧化剂	耐溶性
						65%	95%				干热	湿热				
无机纤维	铝硼硅酸盐玻璃	玻璃纤维	3.55	315	250	0.3	—	145~158	3~0	很差	很好	很好	很好	差	很好	很好
	铝硼硅酸盐玻璃	经硅油、聚四氟乙烯处理的玻璃纤维	—	350	260	0	0	115~158	3~0	一般	很好	很好	很好	差	很好	很好
	铝硼硅酸盐玻璃	经硅油、石墨聚四氟乙烯处理的玻璃纤维	—	350	300	0	0	115~158	3~0	一般	很好	很好	很好	较好	很好	很好
新型滤料	芳香族聚酰胺纤维	芳纶	1.43~1.44	600	230	0	0	193.6	4	较好	很好	很好	很好	很好	很好	很好
	丙烯腈均聚体纤维	腈纶	1.16~1.18	140	125~140	1.0~2.5	1.0~2.5	60~137	26~44	很好	较好	一般	很好	很好	很好	很好

采用瑞典 CIBA 公司的奥利氟宝(原杜邦 TEFLON)助剂,配成一定浓度后将滤料浸渍后烘干,再在更高温度下焙烘。PTFE 浸渍,保证滤料纤维表面 PTFE 涂层质量为 25 g/m^2,且涂膜完整均匀,结合紧密,孔隙均匀。经此法处理的滤料,由于每根纤维涂有保护层,抗氧化能力加强;纤维间孔隙变小,更能有效防止粉尘嵌入,排放精度更高,也有利于滤袋压差稳定;滤袋表面光滑,耐磨性能好,对于高浓度粉尘的冲刷有一定保护作用;同时具有防油防水性能,等级能达到 5 级,且在高温下仍能保持防油防水性能,耐水洗,效果持久。对于高湿度粉尘和含油性的粉尘,具有较好的降低滤袋糊袋的风险。

(4) 起绒处理,利用涤纶短纤维机织成的斜纹布通过起绒机械起绒,可在其表面形成一层覆盖织物孔隙的短线。与一般机织斜纹布相比,起绒后较易形成一次粉尘层,捕尘效率高(一般可达 99.5%)。

(5) 化学处理,对玻璃纤维的滤尘性能以及强力、耐热、阻燃、抗腐蚀等方面的性能都有重要意义。针对玻璃纤维的质脆、不耐折特性,在高温下经硅处理后,玻璃纤维具有润滑性,可防止因挠曲引起的断裂,提高用其制成滤料的粉尘剥离性,从而在一定条件下克服了玻璃纤维滤料的主要缺陷。在硅中加入聚四氟乙烯、石墨和钼等物质,可使玻璃纤维滤料的使用温度提高到 280 ℃。

(6) 表面覆膜处理,即在滤料表面涂事先制成的薄膜,覆盖于滤料的表面。美国戈尔公司在 20 世纪 70 年代就已制成膨体聚四氟乙烯(ePTFE)薄膜,被称为 Gore-Text 薄膜,可以覆盖在不同的滤料上(布或毡均可),制成覆膜滤料。由于 PTFE 化学稳定性好,摩擦系数小,表面光滑,可在 250~300 ℃高温下使用。其膜表面微孔化接近真正的表面过滤,使得粉尘不能进入滤料的内部,不需要建立常规滤料需要的过滤粉尘层。这种薄膜滤料可以将过滤效率从高效过滤材料的 99.99% 提高到 99.999%。采用膜分离技术的薄膜滤料,实现了真正的表面过滤,大大降低了阻力,节约了能源,在环保要求越来越高的地区,这种技术受到日益广泛的应用。

此外,采用射流缠结工艺生产的新型 Hycofil 过滤介质与针刺非织造布相比,具有更高的拉伸强度,在过滤材料的纵向可充分地利用材料,从而减少纤维用量三分之一。运用水刺技术可使布面更光滑、平整,伸出表面的纤维毛羽也少,而且底布的拉伸强度能被有效地利用。通过正确选择纤维原料和合适的后整理工艺,可提高过滤器的使用寿命和清洁效果。Hycofil 过滤介质潜在应用于垃圾焚化、木材燃烧和水泥生产中产生的粉尘散发物的控制。

(四) 新型滤料及其发展

近年来,工业中针对耐更高温度的滤尘条件,新发展了一些新型滤料,滤料由原来的单一材质发展为混合材质、复合材质以及纤维涂层。其中典型的有芳香族聚酰胺纤维、丙烯腈均聚体纤维、新型玻纤布覆膜滤料等。

1. 芳香族聚酰胺纤维

芳香族聚酰胺纤维泛指由酰胺基团直接与两个苯环基团连接而成的线性高分子制造的纤维,又称芳纶。间位芳香族聚酰胺纤维称作芳纶 1314,对位芳香族聚酰胺纤维称作芳纶 1414。芳香族聚酰胺纤维的主要品种包括聚对苯二甲酰对苯二胺纤维(PPTA 纤维)和聚间苯二甲酰间苯二胺纤维(PMIA 纤维)。

(1) 聚对苯二甲酰对苯二胺纤维

PPTA 纤维是目前使用的有机纤维中强度最高的,其强度可达 193.6 cN/tex,断裂伸长率为 4%。初始模量 4 400 cN/tex,远远高于其他纤维,是聚酰胺纤维的 11 倍,涤纶的 6 倍左右。纤维密度为 1.43~1.44 g/cm³,热稳定性远高于其他纤维,熔点为 600 ℃,最高使用温度为 232 ℃。在 150 ℃下纤维的收缩率为 0,在较高的温度下仍能保持很高的强度。具有良好的耐碱性,耐酸性好于棉纶,具有良好的耐有机溶剂、漂白剂以及抗虫蛀和霉变。

（2）聚间苯二甲酰间苯二胺纤维

MPIA 纤维的机械强度较高,通常情况下强度为 48.4 cN/tex,断裂伸长率为 17%,纤维密度为 1.38 g/cm³,具有良好的耐热性、耐腐蚀性和防燃性。如在 260 ℃的高温下连续使用 1 000 h,其强度仍能保持原强度的 65%;在 300 ℃的高温下连续使用一周,其强度仍可保持原强度的 50%,250 ℃热收缩仅 1%。具有良好的耐碱性,耐酸性好于棉纶。同时,具有良好的耐有机溶剂、漂白剂以及抗虫蛀和霉变。

2. 丙烯腈均聚体纤维

丙烯腈均聚体纤维又称亚克力滤袋,是一种合成纤维滤料。它适用于连续运行温度 125 ℃～140 ℃的工况,对有机溶剂、氧化剂、无机及有机酸具有良好的抵抗力,耐水解性能很好,耐碱性能一般,其总体性能优于共聚丙烯腈纤维滤料。

3. 新型玻纤布覆膜滤料

20 世纪 90 年代末期开始研究和开发的新型玻纤布覆膜滤料,采用特殊表面处理的玻纤滤布作为过滤基材,覆膜则由多微孔聚四氟乙烯薄膜制成。与中碱、无碱连续玻璃纤维过滤材料相比,它既具有玻璃纤维的优良特性,又使粉尘在滤料内的深层过滤变为表层过滤,其过滤效率高达 99.995%,排放浓度仅为 0.68 mg/m³,同时具有耐高温、耐氧化和耐酸等优异性能。

四、袋式除尘器的应用案例

袋式除尘器与其他类型除尘器相比,具有操作方便、结构简单、压缩空气压力范围适应广、喷吹频率可调、喷吹除尘效率高等优点,被广泛应用于烟气除尘中。它比电除尘器的结构简单、投资省、运行稳定,还可以处理因比电阻高而电除尘器难以回收捕集的粉尘;与文丘里洗涤器相比,其动力消耗小,回收的干粉尘便于回收利用,不存在泥浆处理等问题。因此,对于细小而干燥的粉尘,采用袋式除尘器净化是适宜的。袋式除尘器不适用于净化含有油雾、凝结水和黏性大的含尘气体,一般也不耐高温。表 6-7 给出常用袋式除尘器在一些部门的使用情况。

表 6-7　袋式除尘器的应用情况

粉尘种类	纤维种类	清灰方式	过滤气速 /(m/min)	粉尘比阻力系数 /[N·min/(g·m)]
飞灰（煤）	玻璃、聚四氟乙烯	逆气流脉冲喷吹 机械振动	0.58~1.8	1.17~2.51
飞灰（油）	玻璃	逆气流	1.98~2.35	0.79

表 6-7(续)

粉尘种类	纤维种类	清灰方式	过滤气速 /(m/min)	粉尘比阻力系数 /[N·min/(g·m)]
水泥	玻璃、丙烯酸系聚酯	机械振动 逆气流	0.46～0.64	2.00～11.69
铜	玻璃、丙烯酸系	机械振动	0.18～0.82	2.51～10.86
电炉	玻璃、丙烯酸系	机械振动 逆气流	0.46～1.22	7.5～119
硫酸钙	聚酯		2.28	0.067
炭黑	玻璃、诺梅克斯、 聚四氟乙烯、丙烯酸系	机械振动	0.34～0.49	3.67～9.35
白云石	聚酯	逆气流	1.00	112
飞灰(焚烧)	玻璃	逆气流	0.76	30.00
石膏	棉、丙烯酸系	机械振动	0.76	1.05～3.16
氧化铁	诺梅克斯	脉冲振动	0.64	20.17
石灰窑	玻璃	逆气流	0.70	1.50
氧化铅	聚酯	逆气流 机械振动	0.30	9.50
烧结尘	玻璃	逆气流	0.70	2.08

(一)新型玻纤布覆膜滤料在电厂中应用

华北某电厂 2×200 MW 机组烟气除尘系统为静电预除尘器＋袋式除尘器,袋式除尘器为低压旋转脉冲式除尘器,采用新型玻纤布覆膜滤料,滤料阻力<1 000 Pa,两台机组粉尘排放浓度分别为 0.1 mg/m³ 和 1.5 mg/m³,满足排放要求。玻纤布覆膜滤料正常耐温达 260 ℃,满足工况要求。另外,电厂燃料用煤种含硫量为 2.0%,烟气中 SO_2 约 4 000 mg/m³, NO_x 约 600 mg/m³, NO_2 约 20 mg/m³,滤料采用 ECR 玻纤布,经高耐酸配方后处理,使其耐酸性能接近 PPS 滤料,满足运行需求。

(二)袋式除尘器用 P/G 复合滤料在钢铁行业中的应用

某钢铁厂一台 330 m² 烧结机采用 LJS 烧结烟气多组分脱除工艺,处理风量 100 万 m³/h,过滤风速 1 m/min,总滤袋数 6 368 条,除尘器出口排放浓度低于 20 mg/m³,袋式除尘器压差 1 400 Pa。过滤速度为 1 m/min 时,P/G 复合滤料对大于 1.5 μm 颗粒的过滤效率达 99% 以上,过滤速度 2 m/min 时,能有效过滤大于 1.0 μm 的颗粒。使用 3 年后,滤袋各项性能均保持良好,滤袋无机械损伤。从纤维颜色看其氧化劣化程度较轻。滤袋经向强力 1 050 N 以上,纬向强力 1 200 N 以上,红外图谱对比发现滤毡发生了轻微的氧化劣化(图 6-37),对过滤性能的影响甚微。P/G 复合滤料的应用打破了袋式除尘器滤袋寿命短的技术瓶颈。

图 6-37 使用后样品和未使用的纤维断面的红外图谱(500 倍)

第五节 电袋复合式除尘器的性能及应用

电袋复合式除尘器是基于静电除尘和袋式除尘两种除尘机制而发展的一种新型除尘装置。它结合了二者各自的优势,提高了除尘效率(排放浓度可低于 10 mg/m³,既能满足新的环保标准,又能增加运行可靠性),降低了除尘成本。电袋复合式除尘器的开发对现役电厂电除尘器改造和新建电厂(包括现役电厂扩建机组)的除尘设备选择具有重要意义,同时也是对静电除尘和袋式除尘的集成创新,是含尘烟气治理的发展方向之一。

一、电袋复合式除尘器的结构类型

(一)"前电后袋"式

"前电后袋"式电袋复合式除尘器,即电袋分体式除尘器,又称串联式电袋,如图 6-38 所示。它将前级电除尘和后级袋除尘有机地串联成一体,集电除尘技术和袋式除尘技术优点于一身,烟气先经过前级电除尘,充分发挥其捕集中、高浓度粉尘效率高(75%以上)和低阻力的优势,除去烟气中的粗颗粒粉尘并使粉尘荷电。进入后级袋除尘单元时,不仅粉尘浓度大为降低,且前级的荷电效应又提高了粉尘在滤袋上的过滤特性,使滤袋的透气性能和清灰性能得到明显改善,其使用

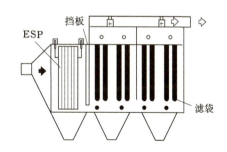

图 6-38 "前电后袋"式电袋
复合式除尘器

寿命大大提高。"前电后袋"式电袋复合式除尘器一般在小型机组或燃油或混烧机组及采用干法脱硫时采用较好。

该技术自 20 世纪 70 年代在国外首次应用,国内随后在电厂和水泥厂也成功应用,排放浓度稳定在 30 mg/m³ 以下。超过 80%的粉尘在第一电场被捕集,后面电场仅捕集不到 20%的粉尘,常规的电除尘器大部分设置 4 个电场,甚至五六个电场,但未必达到排放标准,可能存在事故性排放。采用"前电后袋"式对常规电除尘器进行改造,仅保留前一电场,后电场全部或部分改为袋除尘,不仅烟气达标排放,还可减少投资费用。

（二）静电增强型

静电增强型主要利用粒子荷电后的过滤特性。如图 6-39 所示，该除尘器结构类似"前电后袋"式，只是"前电"主要用来对粉尘荷电，收尘主要由后方的滤袋来完成。试验表明，荷电后的粒子在各种滤料上均体现出过滤性能的改善，主要表现为系统压力降低、滤袋的透气性能和清灰性能得到明显改善，由于滤袋清灰次数减少，提高了使用寿命。较"前电后袋"式，静电增强型存在滤袋粉尘负荷未减少、运行阻力大和费用高等不足。

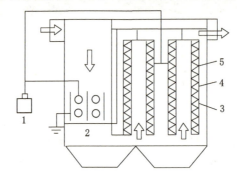

1—电源；2—预荷电区；3—金属网；4—滤料；5—骨架。

图 6-39 静电增强型电袋复合式除尘器

（三）电袋一体化式

电袋一体化式又称嵌入式电袋复合式除尘器，即在每个除尘单元中，将滤袋结构嵌入电除尘器中，使电除尘电极与滤袋交错排列，如图 6-40 所示。这种嵌入式电袋复合式除尘器在国外已成功应用，总除尘效率在 99.993%～99.997%。尽管电袋一体化式具有结构更紧凑、气体通过的路径短且本体阻力小等优点，性能诸多方面均优于串联式电袋复合除尘技术，但需要选择适当的电场参数，以解决电极放电对滤袋的影响、更换以及电极与滤袋嵌入结构布置等问题。一体式电袋除尘器空间布置紧凑，系统阻力较低，烟气易达到均匀分布，可处理较大的烟气量，满足大容量、高负荷机组的排放标准，适用于燃煤机组及大型火力发电厂。

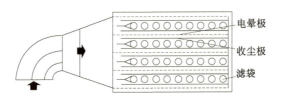

图 6-40 电袋一体化式除尘器

二、电袋复合式除尘器的技术特点

（一）优异的除尘性能指标

在电袋复合式除尘器中，烟气先通过前级电除尘区，烟气中绝大部分粉尘通过电除尘方式被收集下来，未被捕集的已荷电粉尘，再均匀进入后级袋除尘区。由于前级电除尘区可将烟气中 90% 左右的粉尘捕集下来,后级滤袋仅收集剩下 10% 左右的粉尘。因此,电袋复合式除尘器的除尘效率能达 99.9% 以上,可实现出口粉尘排放浓度低于 30 mg/m³。而且由于粉尘荷电后,静电力作用增强了,细微粒子的捕集效率也有所增强。此外,电袋复合式除尘器的性能不受煤种和烟气飞灰特性的影响。

(二)能保持长期、稳定、高效运行

常规电除尘器的除尘效率受煤种、锅炉负荷和工况、粉尘比电阻等诸多因素的影响,造成稳定性差甚至不能正常工作。电袋复合式除尘器能充分利用袋除尘单元对煤种适应范围广泛、受锅炉负荷变化及烟气量波动影响小、不受粉尘比电阻的影响等特点,确保持长期、稳定、高效的运行。

(三)运行阻力较低,滤袋使用寿命长

从电除尘区域进入布袋收尘区域的粉尘为绝大部分带负电的粉尘,由于电荷效应,粉尘在滤袋表层排列有序,缝隙率高,形成的粉尘层对气流的阻力小,易于清灰,因此在运行过程中,除尘器可以保持较低的运行阻力。电袋复合式除尘器与常规袋式除尘器相比,单位时间内相同滤袋面积上沉积的粉尘量少,清灰周期长;采用在线清灰方式可使滤袋气布比波动量减少,滤袋运行阻力降低,滤袋的强度负荷减小;滤袋上粉尘清灰容易,清灰所需压缩空气压力低,清灰对滤袋的影响较小;粉尘对滤袋的撞击损坏和摩擦损坏较小;气溶胶效应使各个滤袋各处粉尘浓度均匀。这些特点都有利于延长滤料使用寿命。

(四)结构紧凑,除尘费用低

从结构上来看,电袋复合式除尘器更为紧凑。相对于静电除尘器,电袋复合式除尘器只保留了一级电场而去除了效率较低的二、三级电场,取而代之的是高效的布袋除尘单元。同时,由于电袋复合式除尘器的静电除尘单元除去了大部分的粉尘,因而可以选择较高的过滤风速,所需滤袋数量较少,结构更紧凑,占地面积更少。由于电除尘单元只设一级电场,可以避免静电除尘器高昂的设备费和土建费;布袋除尘单元所需滤袋更少,相应设施费用也大大减少,因此,电袋复合式除尘器的初次投资低。在运行成本方面,阻力小,能耗低,滤袋更换周期延长,总体运行成本比同容量的静电除尘器和袋式除尘器都更低。

三、电袋复合式除尘器的应用

电袋复合式除尘器广泛应用于电厂、烧结机尾部烟气净化等。

在电力行业中,燃煤发电在我国发电系统中仍占有最大的比重。在燃煤电厂运行过程中,电除尘器的排放很难满足新标准。现有除尘设备需要进行改造和升级,采用电袋复合式除尘技术进行改造可保留原除尘器的壳体,利旧或更新第一电场的阴阳极,拆除后级电场内部构件改造为袋除尘区,不改变原有空间结构和土建设施,可有效提高除尘效率,减少粉尘排放且缩短工期、降低改造费用。

在烧结机尾气净化中,传统的烧结机尾电除尘器改造通常采用电除尘器升级和改造为袋除尘器两种方式。电除尘器升级改造保留原有设备,通过更换高频电源,增加电场和极板极线等方式,成本低,设备运行阻力较小,维护方便,受温度影响较小。其不足是占地面积大且排放浓度难以保证。电除尘器改袋除尘器则是通过保留中箱体及下部灰斗,拆除所有极板极线,新建上箱体、花板,增加滤袋,改造进出风口喇叭等步骤进行的。该改造方式适用性广,能满足现有排放标准,但改造成本高,设备运行阻力大,对烟气温度、成分较敏感,使用寿命低且维护成本高。采用电袋复合式除尘器进行改造解决了烧结机烟气微细颗粒物难捕集、排放浓度超标等问题,实现排放浓度低于 $10 \ mg/m^3$ 的超低排放。同时为我国钢铁行业烧结机尾除尘提供了一种技术先进、成本较低的设备工艺。

电袋复合式除尘器可被广泛应用于烧结机机尾除尘、钢铁厂、石渣配料厂等场合。在实际应用中,须严格按照标准设计、制造、运行控制、滤料和配件等方面的要求,确保电袋复合式除尘器在不同环境中能够高效净化含尘气体。

第七章　燃煤烟气脱硫与除汞技术

第一节　燃煤烟气脱硫技术

随着我国经济的快速发展,环境污染问题日益严重。近些年来,由于雾霾问题的频繁出现,人们对大气污染问题越发重视。而我国的大气污染主要以煤烟型为主,燃煤产生的硫氧化物是雾霾和酸雨产生的重要原因之一,因此减少燃煤烟气的硫氧化物排放对于大气污染防治尤为重要。

燃煤烟气脱硫技术可分为燃烧前脱硫、燃烧中脱硫和燃烧后脱硫(亦称为烟气脱硫)三种。其中烟气脱硫(flue gas desulfurization,FGD)技术是目前应用最广泛、效率最高的脱硫技术,也是控制硫氧化物排放的主要手段。目前烟气脱硫技术主要分为湿法、干法和半干法。

一、湿法烟气脱硫技术

湿法烟气脱硫技术中,整个脱硫系统位于空气预热器、除尘器之后,脱硫过程在液态环境下进行,脱硫剂和脱硫生成物均为湿态,脱硫反应温度低于露点。烟气进入脱硫装置的湿式脱硫塔,与自上而下喷淋的碱性脱硫浆液逆流接触,其中的酸性氧化物(SO_2)以及其他污染物(HCl、HF 等)被吸收,烟气得以充分净化;吸收 SO_2 后的浆液反应生成亚硫酸盐,通过就地强制氧化、结晶生成硫酸盐。湿法烟气脱硫是在离子条件下的气液反应,特别适合大型燃煤电站的烟气脱硫。根据吸收剂的不同,湿法烟气脱硫工艺又分为多种不同类型,常见的有石灰石/石灰-石膏法、简易石灰石(石灰)-石膏法、间接石灰石(石灰)-石膏法、海水法、氨(NH_3)法、磷铵肥法(PAFP 法)、双碱法、氢氧化镁[$Mg(OH)_2$]或 MgO 法、氢氧化钠(NaOH)法、WELLMAN-LORD(威尔曼-洛德法)等。尽管湿法烟气脱硫存在腐蚀、结垢、废渣和废水的后处理、烟气再热、初期投资大等问题,但由于其优点,这种技术在今后相当长的时间内,在脱硫市场中仍占据主导地位。

(一)石灰石/石灰-石膏法

石灰石/石灰-石膏法(limestone/lime-gypsum,WFGD)是采用石灰石或者石灰浆液脱除烟气中 SO_2 的方法。该法具有脱硫效率高、运行稳定、安全可靠性强、脱硫剂价廉易得且利用率高等优点,因而在湿法脱硫工艺中应用最多。以石灰石-石膏法为例,在脱硫塔内主要发生如下反应。

水的离解:

$$H_2O \xrightleftharpoons{K_w} H^+ + OH^-$$

(7-1)

SO_2 的吸收:

$$SO_2(g) \xrightleftharpoons{H_2O} SO_2(aq) \tag{7-2}$$

$$SO_2(aq) + H_2O \xrightleftharpoons{K_s} H^+ + HSO_3^- \tag{7-3}$$

$$HSO_3^- \xrightleftharpoons{K_s} H^+ + SO_3^{2-} \tag{7-4}$$

$CaCO_3$ 的溶解：

$$CaCO_3(s) \xrightleftharpoons{K_{sp}} Ca^{2+} + CO_3^{2-} \tag{7-5}$$

$$CO_3^{2-} + H^+ \rightleftharpoons HCO_3^- \tag{7-6}$$

$$HCO_3^- + H^+ \rightleftharpoons H_2O + CO_2(aq) \tag{7-7}$$

$$CO_2(aq) \rightleftharpoons CO_2(g) \tag{7-8}$$

CaO 的溶解：

$$CaO + H_2O \longrightarrow Ca(OH)_2 \tag{7-9}$$

$$Ca(OH)_2 \longrightarrow Ca^{2+} + 2OH^- \tag{7-10}$$

在有氧存在时，HSO^{3-} 的氧化：

$$HSO_3^- + \frac{1}{2}O_2 \longrightarrow H^+ + SO_4^{2-} \tag{7-11}$$

$$H^+ + SO_4^{2-} \longrightarrow HSO_4^- \tag{7-12}$$

$CaSO_3$ 和 $CaSO_4$ 的结晶：

$$Ca^{2+} + SO_3^{2-} \xrightleftharpoons{K_{sp1}} CaSO_3 \cdot \frac{1}{2}H_2O(s) \tag{7-13}$$

$$Ca^{2+} + SO_4^{2-} \xrightleftharpoons{K_{sp2}} CaSO_4 \cdot 2H_2O(s) \tag{7-14}$$

除以上反应外还有其他反应存在，例如烟气中的 Cl^- 和 F^- 溶于水后形成的 HCl 和 HF 与 $CaCO_3/CaO$ 的反应，SO_2 氧化为 SO_3 后与 $CaCO_3/CaO$ 的反应等。

石灰石/石灰-石膏法脱硫系统包括烟气系统、吸收系统、浆液制备系统、石膏脱水系统、排放系统和热工自控系统。石灰石/石灰-石膏法烟气脱硫流程图如图 7-1 所示。

脱硫系统在运行过程中，从锅炉引风机引出的烟气，由 FGD 增压风机（booster up fan，BUF）提升压头后进入气气换热器（gas gas heater，GGH，也叫换热器），通过换热器降温后进入脱硫塔。一般情况下，脱硫浆液和含 SO_2 的烟气为逆流接触，即脱硫浆液自上而下喷淋，含 SO_2 烟气自下而上通过脱硫塔，完成脱硫后的净化烟气经溢流槽及两级除雾后，由脱硫塔顶部流出。再通过气气换热器的烟气吸热侧，被重新加热到 80 ℃ 以上，最后排除系统。

1. 石灰石/石灰-石膏法的系统组成

（1）脱硫剂制备系统

以石灰石制备为例，制备系统的选择应综合考虑脱硫剂来源、运输、运行成本等因素。当脱硫剂资源丰富、来源稳定、价格合理时，优先采用直接购买符合粒度要求的石灰石粉。当不具备以上条件时，可由电厂自建干磨或湿磨脱硫剂制备系统。

（2）脱硫塔

脱硫塔是 FGD 装置的核心设备，其性能是决定整个 FGD 装置性能优劣的重大影响因素。常用的脱硫塔包括文丘里塔、喷淋塔、填料塔、湍球塔、板式塔等，常见的脱硫塔类型如

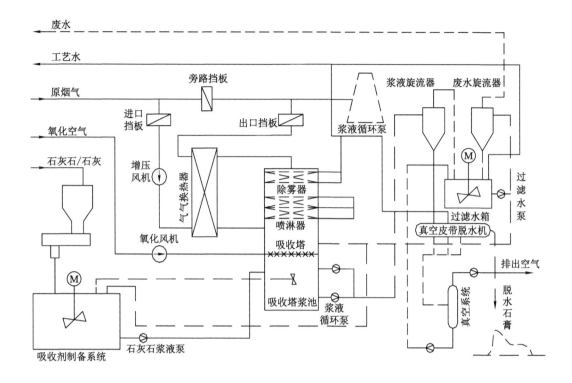

图 7-1　石灰石/石灰-石膏法烟气脱硫流程图

图 7-2 所示。在美国,喷淋塔、组合塔、填料塔使用最多,而在日本,填料塔使用较为广泛。在实际应用中,应根据脱硫的实际情况,选择具有气液相对速度高、持液量大、气液接触表面积大、内部构件简单、压力损失小等优点的脱硫塔。

（3）喷淋系统

我国大型燃煤电厂的石灰石/石灰-石膏法脱硫塔大部分均采用喷淋塔,如图 7-3 所示。喷淋塔循环泵从脱硫浆液槽中连续不断地将循环浆液泵送至一个或多个插入脱硫塔内的喷淋母管中,每台循环泵对应一层喷嘴,循环浆液泵入口应装设滤网等防止固体物质吸入的措施。每根母管上有许多支管,支管上装有数量众多的、各自独立的雾化喷嘴,浆液经雾化喷嘴雾化成细小的液滴喷出。喷淋母管下方的塔体部分通常可不布置任何其他构件,以降低塔体的压降;为提高气液接触面积,也可以设置一个多孔托盘或放置填料。

（4）氧化系统

石灰石/石灰-石膏脱硫浆液的氧化包括抑制氧化和强制氧化两种。强制氧化有两种途径,分别是塔内氧化和塔外氧化,塔内氧化是在脱硫塔的底部直接通入氧化空气对浆液进行氧化,氧化后的浆液通过管道或泵引出脱硫塔;塔外氧化则是将脱硫浆液先通过管道或泵引出脱硫塔,在塔外设置的氧化槽内进行氧化。为了加快氧化速度,必须以微细的气泡方法吹入,一般采用回转筒式雾化器。该设备回转筒的转速为 500～1 000 r/min,空气被导入圆筒内侧形成薄膜,并与液体摩擦被撕裂成微细气泡,其氧化效率约为 40%,比多孔板式高出 2 倍以上,且无料浆堵塞的缺点。

（5）石膏脱水系统

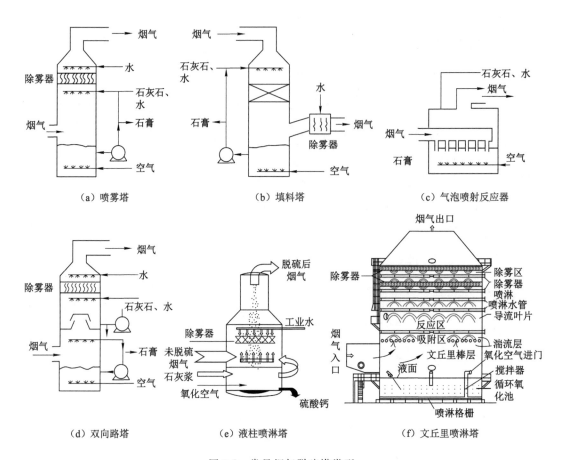

图 7-2 常见烟气脱硫塔类型

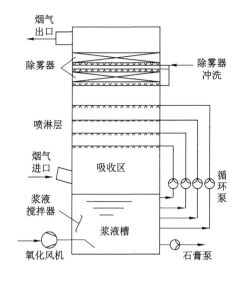

图 7-3 脱硫塔喷淋系统示意图

随着烟气中的 SO_2 不断被脱硫浆液吸收,脱硫浆液槽中会不断地析出固体副产物,因此必须从浆液槽中将生成的固体副产物送入脱硫系统,以维持浆液槽中的物料平衡。对于抑制氧化而言,生成的 $CaSO_3$ 通常通过沉淀池沉淀后再进行真空过滤即可。对于强制氧化工艺而言,生成的石膏通常用水力旋流分离器代替沉淀池。在脱水系统中,将生成的固体副产物从浆液中分离出来,脱水后的副产物可销售、回收或者填埋。

（6）脱硫废物处理系统

脱硫废物处理系统包含废液回收利用和固体废物处理两部分。从脱水系统分离出来的液体贮存在回收水罐中,脱硫塔补充用水可以注入该罐体中,用回收水来补充脱硫塔内烟气蒸发消耗的水分和随固体副产物带走的水分。为了控制工艺过程中脱硫浆液的可溶性盐的总量（主要是氯化物和少量氟化物）,需将脱水系统分离出来的部分液体送往废水处理系统处理,处理达到排放标准后排出系统。回收水罐中的水返回到脱硫浆液槽中或用作除雾器冲洗水,或用来制备脱硫浆液。固体副产物的处理可分为抛弃法和回收法。抛弃法就是对脱硫副产物进行脱水后不做处理,直接作为脱硫废渣抛弃掉;回收法则是通过对脱硫废渣进行脱水和后续处理,对石膏加以二次利用。

2. 影响脱硫效率的主要因素

（1）浆液的 pH 值

由传统石灰石法脱硫反应方程式可知,脱硫反应的基础是溶液中 H^+ 的生成,只有存在 H^+ 才促进 $CaCO_3$ 固体颗粒在浆液中生成 Ca^{2+},吸收速率主要取决于溶液的 pH 值。因此,控制脱硫浆液 pH 值在合适范围是保证脱硫效率的关键因素之一。这也是所有湿式脱硫工艺都把研究的重点放在吸收液 pH 值的稳定控制方面的原因。

一方面,浆液的 pH 值影响吸收过程。pH 值高,传质系数增加,SO_2 的吸收速度就快,但是系统设备结垢严重;pH 值低,SO_2 的吸收速度就下降,pH 值下降到一定值后,系统几乎不能吸收 SO_2。另一方面,pH 值影响石灰石/石灰的溶解度,如表 7-1 所列。pH 值较高时 $CaSO_3$ 溶解度很小,而 $CaSO_4$ 溶解度变化不大。随着 SO_2 的吸收,溶液 pH 值降低,溶液中溶有较多的 $CaSO_3$,在石灰石粒子表面形成一层液膜,液膜内部的石灰石的溶解使 pH 值进一步上升,致使脱硫剂颗粒表面钝化,因此浆液的 pH 值应控制适当。

表 7-1 在 50 ℃时 pH 值对 $CaSO_3 \cdot 1/2H_2O$ 和 $CaSO_3 \cdot 2H_2O$ 溶解度的影响

pH 值	溶解度/(mg/L)			pH 值	溶解度/(mg/L)		
	Ca	$CaSO_3 \cdot 1/2H_2O$	$CaSO_4 \cdot 2H_2O$		Ca	$CaSO_3 \cdot 1/2H_2O$	$CaSO_4 \cdot 2H_2O$
7.0	675	23	1 320	4.0	1 120	1 873	1 072
6.0	680	51	1 340	3.5	1 763	4 198	980
5.0	731	302	1 260	3.0	3 135	9 375	918
4.0	841	785	1 179	2.5	5 873	21 995	873

（2）烟气温度

根据吸收过程的气液平衡可知,进塔烟气温度越低,越有利于 SO_2 的吸收,吸收温度降低时,吸收液面上 SO_2 的平衡分压亦降低,有助于气液传质;但温度较低时,H_2SO_3 和 $CaCO_3$ 或 $Ca(OH)_2$ 之间的反应速度慢,使设备过于庞大。因此,吸收温度不是一个独立可变的因素,它取决于进气温度。

(3) 液气比

液气比主要对脱硫推动力和脱硫设备的持液量产生影响。国外广泛使用的喷淋塔内持液量很小,要保证较高的脱硫率,就必须有足够大的液气比。但大液气比条件下维持操作的运行费用是很高的,因此应在保证脱硫效率的前提下寻找降低液气比的有效途径。

(4) 烟气流速和添加剂

烟气流速对脱硫效率的影响是双重的。一方面,随烟气流速的增大,气液相对运动速度增大,传质系数提高,脱硫效率可能增加,而且还有利于降低设备投资;另一方面烟气流速增加会导致气液接触时间缩短,脱硫效率可能下降,并受除雾要求的制约。大量研究结果表明,烟气流速在 2.44~3.66 m/s 之间逐渐增大时,随烟气流速的增大,脱硫效率下降;但当烟气流速在 3.66~24.57 m/s 之间逐渐增大时,脱硫效率几乎与烟气流速的变化无关。逆流喷淋塔内烟气流速一般为 2.44~3.66 m/s,典型值为 3 m/s。表 7-2 是三菱重工石灰石/石灰-石膏脱硫装置的工艺操作条件。

表 7-2 三菱重工石灰石/石灰-石膏脱硫操作数据

项 目		烟气种类		
		燃油锅炉烟气	烧结厂烟气(钢厂)	铜冶炼烟气
进口 $SO_2/10^{-6}$		500~1 500	600~1 200	20 000~29 000
脱硫率/%		90~99	90~97	90 以上
洗涤塔内脱硫剂利用率/%		90~99	95~99	~99
洗涤塔内 pH 值		6.5~7.0(石灰) 4.0~5.8(石灰石)	6.5~7.5	3~3.5(石灰) 9~10.5(石灰石)
洗涤塔内氧化率/%		30~100	70~100	
浆液浓度(质量分数)/%		10~14	10~14	
进口烟气组成(体积分数)	O_2/%	3~6	12~17	6
	CO_2/%	9~12	4~8	10
	H_2O/%	9~12	6~12	23
烟尘浓度/(mg/m³)		20~40	40~90	140
备注		采用 1 台洗涤塔的系统有 12 套;采用 2 台洗涤塔的系统有 1 套	进口烟气含有:Cl,(20~50)×10^{-6};油状物,约 58 mg/m³;Fe、Mn、Si、Pb、K、Na、Ca、Mg、Al、Zn、Cu 等	2 台洗涤塔系统

通过向脱硫浆液中添加有机或无机添加剂可以改善吸收过程。这种做法不仅可以减少设备产生结垢的可能性,还可以提高脱硫效率和脱硫剂的利用率。如添加硫酸镁、己二酸等可改进溶液的化学性质,使 SO_2 以可溶性盐形式被吸收,并减少了系统的能源消耗量。

(5) 粉尘浓度

燃煤烟气经过电除尘器或袋式除尘器除尘后,仍会有少量粉尘随烟气一起进入脱硫系统。经过脱硫塔洗涤后,烟气中的大部分粉尘就会停留在脱硫浆液中。浆液中的粉尘,一部分会通过排水系统排出，剩余部分仍会停留在浆液中。如果因除尘、除灰设备故障引起浆液中的粉尘、重金属等杂质过多，就会影响石灰石的溶解，导致浆液 pH 值过低，脱硫效率下降。

3. 石灰石/石灰-石膏法存在的问题

（1）结垢和堵塞

石灰石/石灰-石膏烟气脱硫系统中各工艺过程均采用浆状物料。造成结垢和堵塞的原因主要有如下 3 种：① 因溶液或料浆中水分蒸发，导致固体沉积；② $Ca(OH)_2$ 或 $CaCO_3$ 沉积或结晶析出，造成结垢；③ $CaSO_4$ 或 $CaSO_3$ 从溶液中结晶析出，石膏晶种沉淀在设备表面生长而造成结垢。脱硫系统结垢会给系统的运行带来一系列危害。垢体影响脱硫系统的物理过程和化学过程，造成系统阻力增加、脱硫率下降，甚至还会影响脱硫产物中脱硫剂的含量及系统的氧化效果；垢层达到一定厚度后，可能脱落，砸伤喷嘴和防腐内衬；结垢现象严重时甚至造成设备堵塞、系统停运。

（2）腐蚀

腐蚀是石灰石/石灰-石膏湿法烟气脱硫系统面临的一个重要问题。产生腐蚀的原因有 3 个方面：① 烟气中部分 SO_2 会被氧化成 SO_3，SO_3 与水汽作用形成硫酸雾，硫酸雾在管壁上沉积而造成腐蚀；② 浆液中的中间产物亚硫酸和稀硫酸处于其活化腐蚀温度状态，渗透能力强，腐蚀速率快，对脱硫塔主体和浆液管道等产生腐蚀作用；③ 烟气中的氯化物和所用水中含有的氯离子，在脱硫过程中会在浆液中累积，而 Cl^- 会破坏金属表面的钝化膜，造成麻点腐蚀，使腐蚀速率增大。湿式烟气脱硫系统复杂，腐蚀介质分布广，化学腐蚀、电化学腐蚀、结晶腐蚀及磨损腐蚀等交互作用，防腐难度大。

（3）pH 值控制

pH 值是石灰石/石灰-石膏湿法烟气脱硫系统中最重要的参数，浆液的 pH 值不仅影响石灰石、$CaSO_4 \cdot 2H_2O$ 和 $CaSO_3 \cdot 1/2H_2O$ 的溶解度，而且影响 SO_2 的吸收。低 pH 值有利于石灰石的溶解和 $CaSO_3 \cdot 1/2H_2O$ 的氧化，而高 pH 值有利于 SO_2 的吸收。

（4）吸收剂的选择使用

脱硫剂的选择取决于工艺流程，脱硫剂性能的优劣对吸收操作有决定性影响，因此脱硫剂的选择至关重要。在过去，使用石灰将会达到比采用石灰石作为吸收剂更高的脱硫率。当前的趋势是使用费用较为低廉的石灰石作为吸收剂。

（5）气液接触效率问题

采取一定措施增加塔内气液接触有助于脱硫率的提高。系统传质性能越好，系统的脱硫率就越高。系统传质系数与物系、填料、操作温度、压力、溶质浓度、气液固的接触程度有关。选择合理的吸收塔，提高烟气流速，有利于提高系统传质速率，减少传质阻力，在提高脱硫率的同时，还能降低投资成本和运行成本。

（二）氨法

氨法是采用氨水或者液氨作脱硫剂，除去烟气中 SO_2 的脱硫净化技术，其主要优点是脱硫剂利用率和脱硫效率高，可与 SCR 脱硝工艺共同使用一套氨供应系统，且可以生产副产品。氨法在国内化工、火电厂中小型机组领域应用普遍，例如中国石油化工股份有限公司齐鲁分公司热电厂全部采用氨法。

1. 氨法反应原理

通常氨法烟气脱硫过程分为 SO_2 的吸收和吸收液处理两部分。首先将氨水通入吸收塔中，使其与含 SO_2 的废气接触，发生吸收反应，其主要反应为：

$$NH_3 + H_2O + SO_2 \longrightarrow NH_4HSO_3 \tag{7-15}$$

$$2NH_3 + H_2O + SO_2 \longrightarrow (NH_4)_2SO_3 \tag{7-16}$$

$$(NH_4)_2SO_3 + H_2O + SO_2 \longrightarrow 2NH_4HSO_3 \tag{7-17}$$

随着吸收过程的进行，循环液中 NH_4HSO_3 增多，吸收能力下降，需补充氨使部分 NH_4HSO_3 转变为 $(NH_4)_2SO_3$：

$$NH_4HSO_3 + NH_3 \cdot H_2O \longrightarrow (NH_4)_2SO_3 + H_2O \tag{7-18}$$

$$(NH_4)_2SO_3 + H_2O \longrightarrow (NH_4)_2SO_3 \cdot H_2O（结晶） \tag{7-19}$$

若烟气中有 O_2 和 SO_3 存在，可能发生如下副反应：

$$(NH_4)_2SO_3 + 1/2O_2 \longrightarrow (NH_4)_2SO_4 \tag{7-20}$$

$$2(NH_4)_2SO_3 + SO_3 + H_2O \longrightarrow (NH_4)_2SO_4 + 2NH_4HSO_3 \tag{7-21}$$

氨法脱硫工艺流程如图 7-4 所示。

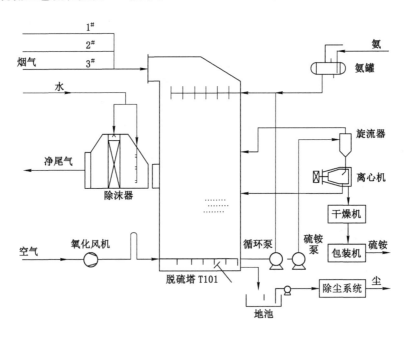

图 7-4　氨法脱硫工艺流程示意图

氨法的典型工艺是氨-酸法，它实质上是用 $(NH_4)_2SO_3$ 吸收 SO_2 生成 NH_4HSO_3，循环槽中用补充的氨使 NH_4HSO_3 再生成 $(NH_4)_2SO_3$，循环脱硫；部分吸收液用硫酸（或硝酸、磷酸）分解得到高浓度 SO_2 和硫铵（或硝铵）、磷铵化肥。我国一些较大的化工厂用该法处理硫酸尾气中的 SO_2。

2. 脱硫浆液组成的影响因素

（1）蒸气压

$(NH_4)_2SO_3$-NH_4HSO_3 水溶液上的平衡分压 p_{SO_2} 及 p_{NH_3} 分别与 SO_2 吸收效率及 NH_3

的消耗有关。当 pH 值为 4.71～5.96 时,实验所得蒸气压值有下列关系式:

$$p_{SO_2} = M \frac{(2c_{SO_2} - c_{NH_3})^2}{c_{NH_3} - c_{SO_2}} \tag{7-22}$$

$$p_{NH_2} = N \frac{c_{NH_3}(c_{NH_3} - c_{SO_2})}{2c_{SO_2} - c_{NH_3}} \tag{7-23}$$

式中　c_{SO_2}——SO$_2$ 的浓度,mol SO$_2$/100 mol 水;

c_{NH_3}——NH$_3$ 的浓度,mol NH$_3$/100 mol 水,例如,对于 100 mol 水含 22 mol NH$_3$ 的溶液,其中 $c_{NH_3} = 22$。

M、N 与吸收液组成有关,工业应用范围内可认为仅与温度有关。

$$\lg M = 5.865 - \frac{2369}{T} \tag{7-24}$$

$$\lg N = 13.680 - \frac{4987}{T} \tag{7-25}$$

但在实际脱硫系统中,由于氧的存在和作用,脱硫液内必然有硫酸盐存在,此时的分压方程式变成

$$p_{SO_2} = M \frac{(3c_{SO_2} - c_{NH_3} + 2c_{(NH_4)_2SO_4})^2}{c_{NH_3} - c_{SO_2} - 2c_{(NH_4)_2SO_4}} \tag{7-26}$$

$$p_{NH_3} = N \frac{c_{NH_3}(c_{NH_3} - c_{SO_2} - 2c_{(NH_4)_2SO_4})}{2c_{SO_2} - c_{NH_3} + 2c_{(NH_4)_2SO_4}} \tag{7-27}$$

式中　$c_{(NH_4)_2SO_4}$——(NH$_4$)$_2$SO$_4$ 浓度,mol SO$_4^{2+}$/100 mol 水;例如,对于 100 mol 水含 22 mol(NH$_4$)$_2$SO$_4$ 的溶液,其中 $c_{(NH_4)_2SO_4} = 22$。

p_{SO_2} 和 p_{NH_3} 均随温度升高而增加;但 p_{SO_2} 随 c_{SO_2}/c_{NH_3} 增高而增加,p_{NH_3} 则相反。

(2) 浆液 pH 值

约翰斯顿(H. F. Johnstone)提出,(NH$_4$)$_2$SO$_3$-NH$_4$HSO$_3$ 水溶液 pH 值可按下式计算

$$pH = -4.62(c_{SO_2}/c_{NH_3}) + 9.2 \tag{7-28}$$

其适用范围是 c_{SO_2}/c_{NH_3} 为 0.7～0.9。

当 NH$_4$HSO$_3$:(NH$_4$)$_2$SO$_3$(物质的量比)为 2:1(即 $c_{SO_2}/c_{NH_3} = 0.75$)时,pH 值约为 5.7。pH 值是 NH$_4$HSO$_3$ 水溶液组成的单值函数,工业上通常采用控制脱硫液的 pH 值,以获得稳定的脱硫液组分。

3. 常见氨法

(1) 氨-酸法

氨-酸法是将吸收 SO$_2$ 后的脱硫液用酸加以分解的方法。酸解用酸多采用硫酸,也可采用硝酸或磷酸。一段氨吸收过程不能满足烟气达标排放的要求,且氨、酸消耗量大,因而发展了两段或多段吸收法。两段氨吸收法的特点:第一吸收段的循环脱硫液浓度高一些、碱度低一些,以进气中较高的 SO$_2$ 分压作为推动力,使引出的脱硫液含有较多 NH$_4$HSO$_3$,可降低分解时的酸耗;第二吸收段的循环脱硫液浓度低一些、碱度高一些,以保证较高的 SO$_2$ 吸收率。因此第一吸收段可称为浓缩段,第二吸收段可称为吸收段。两段氨吸收法 SO$_2$ 吸收率达 95%～98%;并可引出总亚盐[溶液中 NH$_4$HSO$_3$ 与(NH$_4$)$_2$SO$_3$ 之和]大于 550 g/L 的高浓脱硫液。

(2) 氨-亚硫酸铵法

氨-亚硫酸铵法的特点是脱硫富液不用酸进行分解,而是直接将脱硫富液加工成亚硫酸铵(简称亚铵)作为产品。该法流程简单,可节约硫酸和减少氨耗,且原料来源广泛,气态氨、氨水及固体碳酸氢铵均可作为氨源,既可以生产液体亚铵,也可以制取固体亚铵。

固体亚铵法脱硫过程主要发生以下化学反应:

$$2NH_4HCO_3 + SO_2 \longrightarrow (NH_4)_2SO_3 + H_2O + 2CO_2 \tag{7-29}$$

$$(NH_4)_2SO_3 + SO_2 + H_2O \longrightarrow 2NH_4HSO_3 \tag{7-30}$$

若烟气中含有氧,还会发生如下副反应,生成硫酸铵。

$$(NH_4)_2SO_3 + 1/2O_2 \longrightarrow (NH_4)_2SO_4 \tag{7-31}$$

一般的硫酸尾气中含有少量 SO_3,也会发生副反应生成硫酸铵。

$$2(NH_4)_2SO_3 + SO_3 + H_2O \longrightarrow (NH_4)_2SO_4 + 2NH_4HSO_3 \tag{7-32}$$

吸收 SO_2 后的脱硫液主要含 NH_4HSO_3,溶液呈酸性,加固体碳酸氢氨中和后,使 NH_4HSO_3 转变为 $(NH_4)_2SO_3$。

$$NH_4HSO_3 + NH_4HCO_3 \longrightarrow (NH_4)_2SO_3 \cdot H_2O + CO_2 \uparrow \tag{7-33}$$

上述反应式为吸热反应,溶液温度不经冷却即可降至 0 ℃ 左右。由于 $(NH_4)_2SO_3$ 比 NH_4HSO_3 在水中的溶解度小(表 7-3),则溶液中 $(NH_4)_2SO_3 \cdot H_2O$ 过饱和结晶析出,将此悬浮液离心分离即可制得固体亚铵。

表 7-3 $(NH_4)_2SO_3$-NH_4HSO_3-H_2O 系统内的溶解度

温度/℃	饱和溶液的成分/%		
	$(NH_4)_2SO_3$	NH_4HSO_3	H_2O
0	10	60	30
20	12	65	23
30	13	67	20

亚铵法脱硫的影响因素主要包括脱硫液的喷淋密度和温度等,SO_2 吸收效率的高低主要由二塔脱硫液的组成决定,亚铵产率则关键在于一塔脱硫液的组成。相关的吸收、中和系统的典型操作数据如表 7-4 和表 7-5 所列。

表 7-4 脱硫液碱度对排放尾气中 SO_2 浓度的影响

脱硫液温度/℃	脱硫液组成		SO_2 气浓度	
	碱度/滴度	总亚盐/(g/L)	一塔进气/%	二塔出气/%
25	10.3	321.9	0.575	0.052
24.5	14.0	352.7	0.675	0.028
24.5	12.1	355.6	0.695	0.026

(3)氨-硫铵法

氨-硫铵法是将氨吸收 SO_2 后的母液直接用空气进行氧化,制得副产品 $(NH_4)_2SO_4$ 的方法。与氨-酸法及氨-亚硫酸铵法相比,是最简捷的处理方法,它不消耗酸,且所需设备较少。其与这两种方法不同之处在于:氨-酸法和氨-亚硫酸铵法抑制氧化反应,避免生成

$(NH_4)_2SO_4$，保证脱硫塔的脱硫效率；氨-硫铵法促进循环脱硫液的氧化，并将氧化产物作为产品。尽管三种方法都是 NH_3 循环洗涤吸收，但在工艺上差别很大。氨-硫铵法工艺为保证脱硫塔对 SO_2 的吸收能力，在脱硫塔后设置专门的氧化塔对脱硫液进行氧化。

表 7-5 脱硫液浓度和碱度对结晶产率的影响

中和前脱硫液组成			中和后湿晶			结晶产率 /%
总亚盐/(g/L)	碱度/滴度	体积/m³	总质量/kg	$(NH_4)_2SO_3 \cdot H_2O$ （质量分数）/%	$(NH_4)_2SO_4$ （质量分数）/%	
632.5	8.1	0.55	282	89.23	4.3	56.8
652.3	9.4	0.45	260.7	81.10	10.6	60.6
657.5	7.4	0.55	336.5	87.42	3.4	63

在脱硫液送入氧化塔之前，一般先将脱硫液用 NH_3 进行中和，使脱硫液中 NH_4HSO_3 全部转变为 $(NH_4)_2SO_3$，以防止 SO_2 从溶液内逸出。

$$NH_4HSO_3 + NH_3 \longrightarrow (NH_4)_2SO_3 \tag{7-34}$$

氧化塔内，用压缩空气将溶液氧化生成 $(NH_4)_2SO_4$ 溶液：

$$(NH_4)_2SO_3 + 1/2O_2 \longrightarrow (NH_4)_2SO_4 \tag{7-35}$$

脱硫液不用 NH_3 中和也可直接进行氧化，不仅得到硫铵溶液，还产生 SO_2 气体。

4. 氨法脱硫技术特点

首先，氨法脱硫可实现 SO_2 资源化，无二次污染。氨法脱硫将回收的 SO_2、氨全部转化为化肥或其他工业产品，不产生任何废水、废液和废渣，没有二次污染，是一项真正意义上的将污染物全部资源化的技术，也符合循环经济的要求。

其次，氨法脱硫副产物经济效益明显。氨法脱硫装置运行过程即是硫酸铵的生产过程，每消耗 1 t 液氨可脱除约 2 t SO_2，生产出 4 t 硫酸铵。因此该法的运行费用小，并且煤中含硫量愈高，运行费用愈低。企业可利用价格低廉的高硫煤，同时大幅度降低燃料成本和脱硫费用。

再次，氨法脱硫的装置阻力小，动力费用低。脱硫塔的阻力仅为 850 Pa 左右，无加热装置时包括烟道等阻力在 1 000 Pa 左右；配蒸汽加热器时脱硫塔的总设计阻力也只有 1 250 Pa 左右。因此，氨法脱硫装置可以利用原锅炉引风机的潜力，无须新配增压风机；系统阻力较常规脱硫技术节电 50% 以上。另外，循环泵的功耗也降低了近 70%。

最后，氨法脱硫装置设备占地面积小。氨法脱硫装置无须原料预处理工序，副产物的生产过程也相对简单，总配置的设备在 30 套左右，且处理量较少，设备选型无须太大。特别适合于新建中小型锅炉脱硫和老锅炉除尘脱硫技术改造。

（三）MgO 法

一些金属如 Mn、Zn、Fe、Cu 等的氧化物可作为 SO_2 的吸收剂，常见的有 MgO 法、氧化锌法、氧化锰法等。其中 MgO 法多用于治理电厂锅炉烟气，脱硫率可达 90% 以上。

1. 脱硫反应原理

MgO 法采用 MgO 浆液做脱硫剂，吸收烟气中 SO_2 后，脱硫液可再生循环使用，同时副

产高浓度 SO_2 气体,用于制硫酸或固体硫黄。$Mg(OH)_2$ 在脱硫塔内与烟气中的 SO_2 接触反应生成含结晶水的 $MgSO_3$ 和 $MgSO_4$,随后将这些生成物脱水和干燥,再进行煅烧,使之发生分解。为了还原 $MgSO_4$,还需向煅烧炉内添加少量焦炭,这样煅烧炉内的 $MgSO_3$ 和 $MgSO_4$ 就分解成高浓度的 SO_2 气体和 MgO。MgO 水合后成为 $Mg(OH)_2$ 循环使用,高浓度 SO_2 气体作为副产品加以回收利用。

主要反应如下:

吸收: $$Mg(OH)_2 + SO_2 + 5H_2O \longrightarrow MgSO_3 \cdot 6H_2O \qquad (7\text{-}36)$$

$$MgSO_3 + SO_2 + H_2O \longrightarrow Mg(HSO_3)_2 \qquad (7\text{-}37)$$

$$Mg(HSO_3)_2 + Mg(OH)_2 + 10H_2O \longrightarrow 2MgSO_3 \cdot 6H_2O \qquad (7\text{-}38)$$

干燥: $$MgSO_3 \cdot 6H_2O \longrightarrow MgSO_3 + 6H_2O \uparrow \qquad (7\text{-}39)$$

$$MgSO_4 \cdot 7H_2O \longrightarrow MgSO_4 + 7H_2O \qquad (7\text{-}40)$$

分解: $$MgSO_3 \longrightarrow MgO + SO_2 \uparrow \qquad (7\text{-}41)$$

$$MgSO_4 + 1/2C \longrightarrow MgO + SO_2 \uparrow + 1/2CO_2 \qquad (7\text{-}42)$$

脱硫剂水合反应: $$MgO + H_2O \longrightarrow Mg(OH)_2 \qquad (7\text{-}43)$$

2. 典型工艺流程

图 7-5 为 MgO 法烟气硫的工艺流程示意图。流程中的洗涤设备采用开米柯式文丘里洗涤器,吸收后的浆液先进行离心脱水,干燥后再经回转窑加热煅烧(煅烧温度 800～1 100 ℃),可得到 MgO 和 SO_2 气体,煅烧生成的气体组分 SO_2 为 10%～13%;O_2 为 3%～5%;CO<0.2%;CO_2<13%;其余为 N_2 气。回转窑所得 MgO 进入 MgO 浆液槽,重新水合后循环使用。

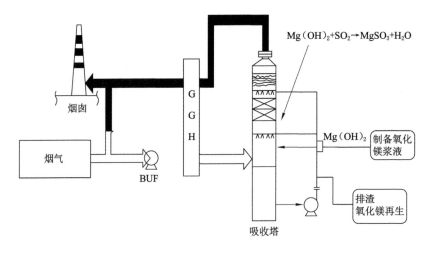

图 7-5　MgO 法烟气脱硫工艺流程图

3. MgO 法脱硫系统组成

(1)脱硫剂制备系统

符合要求的脱硫剂(MgO)为白色细粉,通过调速输送机加入熟化罐,用温水消化处理,生成 $Mg(OH)_2$ 浆液。经过熟化罐熟化后的脱硫浆液通过管道输送至浆液罐。浆液罐内的脱硫浆液保持在设定的浓度范围,而后通过浆液泵输送至脱硫塔内。

（2）脱硫部分

① 脱硫塔

脱硫塔是烟气脱硫工艺系统中的关键设备。由于进入脱硫系统的烟气仍然含有少量粉尘，脱硫剂也含有杂质（如硅、钙盐等），如果采用板式塔、填料塔等塔型，长期运行会出现结垢堵塞现象，所以该工艺宜采用多级喷淋塔。MgO 法脱硫工艺中，烟气从底部进入脱硫塔，向上流动，而脱硫剂则从顶部喷射而下。通过特殊设计的喷嘴组，确保反应中的剧烈气液逆流接触，从而实现充分传质、传热反应，以确保脱硫效率满足设计要求。

② 脱硫液循环喷淋系统

在塔内经充分气液接触、传质反应的脱硫浆液中含 $MgSO_3$、$MgSO_4$ 及未反应完全的 $Mg(OH)_2$ 等物质。这些未完全反应的脱硫剂浆液经循环泵再次循环喷淋，与烟气多次反应，使整个反应的当量比接近于 1。如增加喷淋量，可以进一步提高脱硫效率。经多次循环的脱硫浆液，pH 值下降，$MgSO_3$、$MgSO_4$ 含量逐渐增加，脱硫能力逐渐降低。最终当 pH 值下降到某一特定数值时，脱硫浆液阀打开，开始补充脱硫剂。而脱硫能力逐渐降低的混合浆液将在其浓度达到设定数值后外排。

（3）烟气系统

脱硫塔内与脱硫浆液传质反应后的烟气，在排出脱硫塔之前，经除雾器除去所带细微液滴。除雾器为特殊设计的波纹板，其上下装有自动控制的反冲洗喷嘴，以适时冲洗掉附在波纹板上的水膜，避免二次夹带，提高除雾效率。

（4）脱硫废液和副产物处理系统

从脱硫塔内排出的失去脱硫能力的料浆中，脱硫副产物含有 $MgSO_3$、少量 $MgSO_4$ 及其他杂质的物料体系。其处理方法可以分为抛弃法和回收法。抛弃法流程简单，但对环境会造成一定影响。回收法则可以使脱硫产物得到商业利用，抵消相当一部分运行成本，实现循环经济。

4. MgO 法烟气脱硫技术特点

（1）技术成熟

MgO 脱硫技术是一种成熟度仅次于钙法的脱硫工艺，我国台湾的电站 95％是用 MgO 法。

（2）原料来源充足

我国 MgO 的储量十分可观，目前已探明的 MgO 储藏量约为 160 亿 t，占全世界的 80％左右。因此 MgO 完全能够作为脱硫剂应用于电厂的脱硫系统中去。

（3）脱硫效率高

在化学反应活性方面，MgO 要远远大于钙基脱硫剂，并且由于 MgO 的相对分子质量比 $CaCO_3$ 和 CaO 小，其他条件相同的情况下，MgO 法的脱硫效率要高于钙法。一般情况下 MgO 法的脱硫效率可达到 95％～98％，而石灰石/石灰-石膏法的脱硫效率仅达到 90％～95％。

（4）投资和运行费用低

由于 MgO 作为脱硫剂具有独特的优越性，因此在脱硫塔的结构设计、循环浆液量、系统的整体规模、设备的功率等方面都可以相应较小，从而使整个脱硫系统的投资费用可以降低 20％以上。决定脱硫系统运行费用的主要因素是脱硫剂的消耗费用和水电气的消耗费用。尽管 MgO 的价格比 CaO 的价格高,但是脱除同样的 SO_2,MgO 的用量是 $CaCO_3$ 的40%。在动力消耗方面,液气比是一个十分重要的因素,它直接关系到整个系统的脱硫效率以及系统的运行费用。对石灰石/石灰-石膏系统而言,液气比一般都在 15 L/m^3 以上,而MgO 法则低于 5 L/m^3,因此 MgO 法脱硫工艺就能节省很大一部分费用。同时 MgO 法副产物的出售又能抵消很大一部分费用。

(5)运行可靠,无二次污染

MgO 法脱硫相对于钙法的最大优势是系统不会发生设备结垢堵塞问题,能保证整个脱硫系统安全有效的运行,同时 MgO 法 pH 值控制在 6.0~6.5 之间,在这种条件下设备腐蚀问题也得到了一定程度的解决。

(四)双碱法

双碱法烟气脱硫工艺是为了克服传统石灰石/石灰-石膏法易结垢的缺点而发展起来的。因在脱硫过程和脱硫浆液再生过程采用了不同类型的碱,故称为双碱法。

1. 双碱法脱硫反应机理

该方法是先用碱金属盐类的水溶液吸收 SO_2,然后在另一反应器中用石灰或石灰石将吸收 SO_2 后的脱硫浆液再生,再生后的脱硫浆液再循环使用,脱硫产物以亚硫酸钙和石膏的形式析出。双碱法中 SO_2 的吸收和脱硫浆液的沉淀反应完全分开,从而避免了脱硫塔的堵塞和结垢问题。在脱硫塔内发生以下 SO_2 吸收反应:

$$2NaOH + SO_2 \longrightarrow Na_2SO_3 + H_2O \tag{7-44}$$

$$Na_2CO_3 + SO_2 \longrightarrow Na_2SO_3 + CO_2 \tag{7-45}$$

$$Na_2SO_3 + SO_2 + H_2O \longrightarrow 2NaHSO_3 \tag{7-46}$$

然后将脱硫液送至石灰反应器进行脱硫液再生和固体副产物的析出:

$$2NaHSO_3 + Ca(OH)_2 \longrightarrow Na_2SO_3 + CaSO_3 \cdot 1/2H_2O \downarrow + 3/2H_2O \tag{7-47}$$

$$Na_2SO_3 + Ca(OH)_2 \longrightarrow 2NaOH + CaSO_3 \cdot 1/2H_2O \downarrow \tag{7-48}$$

理论上,用石灰再生反应完全,而用石灰石再生反应不完全。采用石灰石作再生剂时:

$$CaCO_3 + 2NaHSO_3 \longrightarrow Na_2SO_3 + CaSO_3 \cdot 1/2H_2O \downarrow + 1/2H_2O + CO_2 \uparrow \tag{7-49}$$

将再生过程中生成的亚硫酸钙($CaSO_3 \cdot 1/2H_2O$)氧化,可制得脱硫石膏($CaSO_4 \cdot 2H_2O$):

$$2CaSO_3 \cdot 1/2H_2O + O_2 + 3H_2O \longrightarrow 2CaSO_4 \cdot 2H_2O \tag{7-50}$$

2. 双碱法典型工艺流程

双碱法典型工艺流程如图 7-6 所示,脱硫工艺主要包括 5 个部分:脱硫剂制备与补充、脱硫剂浆液喷淋、塔内雾滴与烟气接触混合、再生池浆液还原钠基碱和石膏脱水处理。烟气与循环脱硫浆液在脱硫塔内接触后由顶部排出。脱硫浆液中的亚硫酸钠被吸收的 SO_2 转化成亚硫酸氢钠。用浆液泵抽出一部分循环浆液与石灰或石灰石反应,形成不溶性的半水亚硫酸钙和可溶性的亚硫酸钠及氢氧化钠。半水亚硫酸钙在稠化器中沉积,上清液返回脱硫系统,沉淀下来的半水亚硫酸钙送入真空过滤分离出滤饼,过滤液亦返回脱硫系统,返回的上清液和过滤液在进入脱硫塔之前需要补充碳酸钠。过滤所得滤饼重新浆化为含10%固体的料浆,加入硫酸调节 pH 值后,在氧化器内用空气氧化即可得到石膏产品。

3. 双碱法主要技术问题

(1)稀碱法和浓碱法的选用

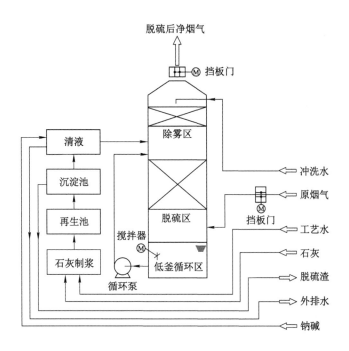

图 7-6 双碱法典型工艺流程示意图

钠碱双碱法依据脱硫液中活性钠的浓度,可分为浓碱法与稀碱法两种流程。一般说来,浓碱法适用于希望氧化率相对低的场合,而稀碱法则相反。当使用高硫煤、完全燃烧并且控制过量空气在最低值时,宜采用浓碱法;当采用低硫煤或过剩空气量大时,宜采用稀碱法。

(2)系统结垢

在双碱法系统中有两种可能会引起结垢,一种是硫酸根离子与溶解的钙离子产生石膏的结垢;另一种为碳酸盐的结垢。在稀碱法系统中采用"碳酸盐软化法"保持低的钙离子浓度,可避免石膏结垢。而在浓碱法系统则不存在这个问题,因为高的亚硫酸盐浓度使钙离子保持在较低的浓度范围内。根据经验,溶液中只要保持石膏浓度在其临界饱和度值 1.3以下,即可防止它沉淀出来。碳酸盐在洗涤器中的结垢,是由于吸收了烟气中的 CO_2,这种情况只有在洗涤液的 pH 值高于 9 时才会遇到。只要在洗涤器内控制好 pH 值,碳酸盐不会结垢。

(五)其他湿法脱硫技术

1. 海水法

天然海水中含有大量可溶性盐,其主要成分是氯化物和硫酸盐,亦含有一定的可溶性碳酸盐。海水通常呈碱性,天然海水的 pH 值常稳定在 7.9～8.4 之间,未受污染的海水pH 值在 8.0～8.3 之间,自然碱度为 1.2～2.5 mmol/L,这使得海水具有天然的酸碱缓冲能力和吸收 SO_2 的能力。烟气中的 SO_2 在海水中发生以下化学反应:

$$SO_2(g) + H_2O \longrightarrow H_2SO_3 \tag{7-51}$$

$$H_2SO_3 \longrightarrow H^+ + HSO_3^- \tag{7-52}$$

$$HSO_3^- \longrightarrow H^+ + SO_3^{2-} \tag{7-53}$$

$$SO_3^{2-} + 1/2O_2 \longrightarrow SO_4^{2-} \tag{7-54}$$

以上反应中产生的 H^+ 与海水中的碳酸盐发生如下反应：

$$CO_3^{2-} + H^+ \longrightarrow HCO_3^- \tag{7-55}$$

$$HCO_3^- + H^+ \longrightarrow H_2CO_3 \longrightarrow CO_2 + H_2 \tag{7-56}$$

海水脱硫工艺主要由烟气系统、供排海水系统、海水恢复系统等组成。海水法脱硫工艺流程如图 7-7 所示。

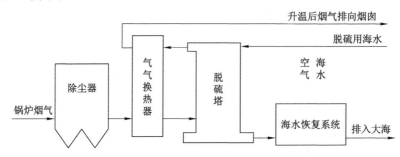

图 7-7 海水法脱硫工艺流程

其主要流程和反应原理是，锅炉排出的烟气经除尘器除尘后，由 FGD 系统增压风机送入气气换热器的热侧降温，然后送入脱硫塔。在脱硫塔中由来自循环冷却系统的海水洗涤烟气。脱硫塔内洗涤烟气后的海水呈酸性，并含有较多的亚硫酸根，不能直接排放到海中。脱硫塔排出的废水，依靠重力流入海水处理厂，与来自冷却循环系统的海水混合，并用鼓风机鼓入大量空气，使亚硫酸根氧化为硫酸根，并驱赶出海水中的 CO_2。混合并处理后的海水 pH 值、COD 等达到排放标准后排入海域。净化后的烟气，经过气气换热器升温后，经烟囱排入大气。

2. 磷铵肥(PAFP)法

磷铵肥法利用天然磷矿石和氨作为原料，在烟气脱硫过程直接生产磷铵复合肥料，是一种具有综合效应的回收法脱硫技术。目前该法在国内豆坝电厂 5 000 m^3/h 烟气脱硫中已经得到应用。磷铵肥法烟气脱硫工艺流程如图 7-8 所示。其工艺流程主要包括吸附、萃取、中和、吸收、氧化、浓缩干燥等单元操作。

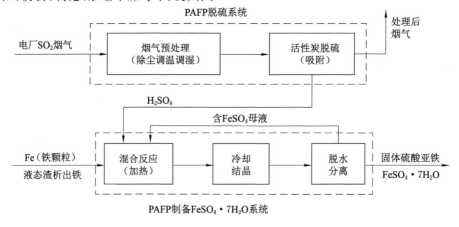

图 7-8 磷铵肥法烟气脱硫工艺流程

吸附是利用活性炭作为第一级脱硫的吸附介质,对烟气中的 SO_2 进行吸附处理,在有氧气的条件下,SO_2 被催化氧化成 SO_3,活性炭的吸附容量接近饱和时,对活性炭洗涤再生即能得到稀硫酸。萃取是将一级脱硫制备的一定浓度的稀硫酸与磷矿粉发生反应,在特定的反应条件下萃取过滤获得磷酸。萃取过程除得到磷酸外,分离的沉淀物以磷石膏($CaSO_4 \cdot 2H_2O$ 为主)的形态作为废渣抛弃或回用。中和是对磷酸用氨中和调节到一定的 pH 值,配制成第二级脱硫所需的脱硫液。配制的磷铵中和液中,磷酸氢二铵 $[(NH_4)2HPO_4]$ 有良好的脱硫能力。吸收是利用磷铵中和液在第二级脱硫中对 SO_2 进一步吸收,以确保对烟气中的 SO_2 有高的脱除效率。氧化是经脱硫后的磷铵脱硫液 $[$ 以 $(NH_4)H_2PO_4$、$(NH_4)_2SO_3$ 为主 $]$ 在制备固体肥料前,应对受热不稳定的 $(NH_4)_2SO_3$ 进行氧化处理。氧化后得脱硫液体,通过蒸发浓缩干燥即制得固体肥料,其肥料组分为磷酸二氢铵 $[(NH_4)H_2PO_4]$ 和硫酸铵 $[(NH_4)_2SO_4]$,因此,磷铵肥法烟气脱硫制取的最终产品应为磷酸二氢铵和硫酸铵复合肥料。

二、干法烟气脱硫技术

烟气 SO_2 的吸收和脱硫产物的处理均在干状态下进行,具有无污水废酸排出、设备腐蚀小、烟气在净化过程中无明显温降、净化后烟温高、利于烟气抬升扩散等优点,但同时存在脱硫效率低、反应速度较慢、设备庞大,钙硫比高、副产物缺乏有效的商业化利用途径等缺点。

(一) 电子射线(EBA)法

利用放电技术处理燃煤烟气中 SO_2 的方法有很多种,一种是利用电子加速器提供高能电子射线 (EBA 法),另一种是利用高压电晕脉冲放电,再一个是利用微波和紫外线辐射。而以电子射线法脱硫研究工作开展最多,是一种物理方法和化学方法相结合的烟气脱硫新技术。电子射线法处理技术能同时去除 SO_2 和 NO_x,其反应副产品硫酸铵和硝酸铵的混合物是一种优质农用化肥,无二次污染,在国际上逐渐受到高度重视。

1. 电子射线法脱硫原理

电子射线法脱硫、脱硝反应大致可分为三个过程,这三个过程在反应器内相互重叠,相互影响。

(1) 在辐射场中被加速的电子与分子/离子发生非弹性碰撞,或者发生分子/离子间的碰撞,生成氧化物质或活性基团:

$$O_2, H_2O + e^- \longrightarrow OH, H, HO_2, O_2^+, e \tag{7-57}$$

$$O + O_2 + M \longrightarrow O_3 + M(M 为 N_2 等分子) \tag{7-58}$$

(2) 活性基团与气态污染物发生反应:

对于 NO_x:
$$NO + O \longrightarrow NO_2 \tag{7-59}$$

$$NO + HO_2 \longrightarrow NO_2 + OH \tag{7-60}$$

$$NO + OH \longrightarrow HNO_2 \tag{7-61}$$

$$NO_2 + OH \longrightarrow HNO_3 \tag{7-62}$$

$$HNO_2 + O_3 \longrightarrow HNO_3 + O_2 \tag{7-63}$$

$$NO_2 + O \longrightarrow NO_3 \tag{7-64}$$

$$HNO_2 + O \longrightarrow HNO_3 \tag{7-65}$$

$$HNO_2 + HNO_3 \longrightarrow 2NO_2 + H_2O \qquad (7-66)$$

$$NO_2 + NO_3 \longrightarrow N_2O_5 \qquad (7-67)$$

$$N_2O_5 + H_2O \longrightarrow 2HNO_3 \qquad (7-68)$$

对于 SO_2：

$$SO_2 + OH \longrightarrow HSO_3 \qquad (7-69)$$

$$SO_2 + O \longrightarrow SO_3 \qquad (7-70)$$

$$HSO_3 + OH \longrightarrow H_2SO_4 \qquad (7-71)$$

$$SO_2 + O_2^+ + M \longrightarrow SO_4^{2+}（M 为 N_2 等分子） \qquad (7-72)$$

$$SO_4 + e \longrightarrow SO_3 \qquad (7-73)$$

（3）硫酸铵和硝酸铵的生成：

$$H_2SO_4 + 2NH_3 \longrightarrow (NH_4)_2SO_4 \qquad (7-74)$$

$$HNO_3 + NH_3 \longrightarrow NH_4NO_3 \qquad (7-75)$$

由于此方法脱硫靠电子加速器产生高能电子，对于大型企业来说，需要大功率的电子枪，对人体有害，故还需进行防辐射屏蔽，所以运行和维护要求高。

2. 脱硫工艺流程

电子射线法烟气脱硫工艺流程如图 7-9 所示。该工艺由烟气冷却、加氨、电子束照射、粉尘捕集 4 个工序组成。

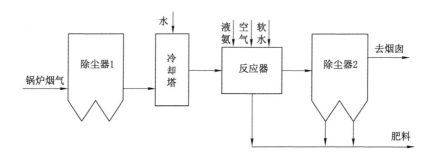

图 7-9　电子射线法烟气脱硫工艺流程

温度约为 150 ℃的烟气经除尘器预除尘后，再经过冷却塔进行喷水冷却至 60～70 ℃，在反应器前端根据烟气中的 SO_2 和 NO_x 的浓度调整加入的液氨量，烟气与液氨混合后在反应器中经电子束照射，排出反应器的 SO_2 和 NO_x 受电子束强烈氧化，在很短的时间内被氧化成硫酸和硝酸分子，并与周围的氨反应生成微细的粉粒（硫酸铵和硝酸铵的混合物），粉粒经除尘装置收集后，洁净的气体排入大气。

3. 脱硫系统组成

（1）烟气预处理系统

由于锅炉排放的烟气温度较高（大于 150 ℃）、含尘量较大，须通过降温、除尘后才能进入反应器。烟气预处理系统主要由除尘和冷却两部分组成，除尘效率的高低直接影响副产品的颜色和成分。而且，由于粉尘中的部分离子吸收高能电子，使反应过程的能耗有一定影响。一般要求粉尘含量较低，通常采用电除尘器。冷却塔用于将烟气温度降低至合适的反应温度和增加烟气中用于产生等离子体的 H_2O 的含量。

（2）加速器辐照处理系统

加速器辐照处理系统由加速器和反应器组成。通常采用能量可达 $800\sim1\,000$ keV 的直流电子加速器，功率由烟气处理量、SO_2 和 NO_x 入口浓度及脱除效率决定。电子束吸收剂量增大，SO_2 和 NO_x 的脱除效率增高。反应器通常选用圆柱体或长方体，体积 V 根据处理烟气量 Q 和烟气在反应器内的停留时间 T 确定，停留时间一般在 $6\sim10$ s。均流器的主要目的是均匀烟气气流，使流经反应器的烟气被电子束均匀辐照。

（3）氨投加装置

氨投加装置由液氨贮槽、液氨蒸发器、气氨缓冲罐、氨计量投加泵和自动控制装置组成。贮槽中的液氨经蒸发器蒸发为氨气，氨气经由设置在反应器中的喷头投加进烟气中。

（4）副产物收集器

反应生产的副产物是黏结性很强的硫酸铵和硝酸铵超细粉，对收集器造成严重的腐蚀和黏结。常用的袋式除尘器和电除尘器无法满足其需要，通常采用防黏结的电除尘器。

（5）监测控制系统

工艺流程中烟气参数的获取，通过分别设置在喷雾塔前和静电除尘器后的烟气成分分析装置实现。

4. 影响脱硫效率的主要因素

电子射线法脱硫系统中，影响 SO_2 脱除效率的主要因素包括反应器入口的烟气温度、烟气湿度、吸收剂量及氨投加量。

（1）反应器入口的烟气温度

反应器入口的烟气温度对 SO_2 脱除效率的影响显著，随着烟气温度的下降，SO_2 脱除效率增加；当烟气温度下降至约 60 ℃时，SO_2 脱除效率上升趋势变缓，若继续降低烟气温度，则对 SO_2 脱除效率影响不大。

（2）烟气湿度

SO_2 脱除效率随着烟气含水量的增加而提高，其原因主要是烟气中的水分子受电子束激发，产生 OH 和 HO_2 自由基，对 SO_2 的氧化起促进作用。当烟气中的湿度接近露点时，SO_2 脱除效率迅速提高。但当烟气结露后，过高的含水量并不能使 SO_2 脱除效率继续提高。

（3）吸收剂量

SO_2 脱除效率受吸收剂量的影响，是因为电子束同烟气中的主要成分如 N_2、O_2、CO_2 等作用，产生大量 OH、O、HO_2 自由基。这些自由基能有效氧化 SO_2，促进了 SO_2 的脱除。大量研究结果表明，随着电子束投加剂量的增加，SO_2 脱除效率明显上升，但上升幅度会逐渐减缓。当电子束投加剂量增高至一定值时，SO_2 脱除效率几乎没有变化。

（4）氨投加量的影响

SO_2 脱除效率受氨投加量的影响也较为显著，随着氨投加量的增加，SO_2 脱除效率明显增加，但过量氨的投加不但可使尾气中氨浓度增大，而且会降低 NO_x 的脱除效率。

（二）炉内喷钙尾部增湿（LIFAC）法

在静电除尘之前对炉内喷钙进行增湿处理，可以使未反应的 CaO 活化，从而提高烟气脱硫的总效率，该技术适用于低硫煤、小机组，具有占地面积小、系统简单、无废水排放等优点，然而，该方法脱硫率较低，产物缺少成熟的商用利用途径。

1. 脱硫反应原理

炉内喷钙尾部增湿脱硫反应机理仍然是钙基脱硫原理。第一阶段,石灰石首先在高于750 ℃条件下被快速焙烧形成 CaO;然后 CaO 在 800～1 200 ℃的温度范围内与 SO_2 接触发生脱硫反应,生成 $CaSO_4$。

在采用白云石($CaCO_3 \cdot MgCO_3$)做脱硫剂或石灰石中含有 $MgCO_3$ 时,还会发生下列反应:

$$MgCO_3 \longrightarrow MgO + CO_2 \uparrow \tag{7-76}$$

$$MgO + SO_2 + 1/2O_2 \longrightarrow MgSO_4 \tag{7-77}$$

第二阶段是尾部增湿活化,烟气进入炉后一个专门设计的活化器中喷水增湿。在活化器内烟气中未反应的 CaO 与增湿水反应生成 $Ca(OH)_2$,在低温下 $Ca(OH)_2$ 具有较高的活性。这些 $Ca(OH)_2$ 与烟气中剩余的 SO_2 反应生成 $CaSO_3$,继而部分 $CaSO_3$ 被氧化成 $CaSO_4$。烟气经过增湿活化反应后,脱硫系统的总脱硫效率可达 75% 以上。此阶段的主要反应式如下:

$$CaO + H_2O \longrightarrow Ca(OH)_2 \tag{7-78}$$

$$Ca(OH)_2 + SO_2 \longrightarrow CaSO_3 + H_2O \tag{7-79}$$

$$CaSO_3 + 1/2O_2 \longrightarrow CaSO_4 \tag{7-80}$$

从以上反应式可以看出,尾部增湿活化阶段的反应主要表现为 CaO 与增湿水的反应和 $Ca(OH)_2$ 颗粒与 SO_2 的反应。除以上两个反应阶段外,还包括灰浆或干灰再循环过程,即将电除尘器捕集下来的部分物料加水制成灰浆喷入活化器进行增湿活化。通过这一措施,可使系统总脱硫效率提高至 85% 左右,脱硫剂利用率也相应提高。

2. 脱硫工艺流程

炉内喷钙尾部增湿(LIFAC)炉后设置活化反应器的目的是将炉内未反应的 CaO 进行增湿活化,再次脱除烟气中的 SO_2。典型 LIFAC 脱硫工艺流程如图 7-10 所示。

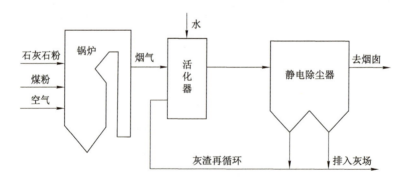

图 7-10　炉内喷钙尾部增湿脱硫工艺流程图

三、半干法烟气脱硫技术

半干法烟气脱硫技术兼有干法与湿法的某些特点,主要是指脱硫剂在干燥状态下脱硫、在湿状态下再生(如水洗活性炭再生流程)或在湿润状态下脱硫、在干燥状态下进行脱硫产物处理的烟气脱硫技术。半干法脱硫技术主要包括旋转喷雾干燥法、烟气循环流化床法、气体悬浮吸收法和烟气循环流化床法等。

（一）旋转喷雾干燥法

旋转喷雾干燥法（SDA）烟气脱硫技术是 20 世纪 80 年代发展起来的一种新兴脱硫工艺，旋转喷雾干燥法具有投资低、运行费用低、占地面积小等特点。该方法主要用于燃用低硫煤的电厂烟气脱硫，近年来也进行了高硫煤的旋转喷雾脱硫研究工作。

1. 旋转喷雾干燥法脱硫原理

该方法利用喷雾干燥的原理，将脱硫剂雾化喷入烟气中，脱硫剂为分散相，烟气为分散介质，脱硫剂和热烟气在脱硫塔内发生传质和传热，实现脱硫目标并分离脱硫废渣。具体过程描述如下：

（1）质量传递

质量传递过程即为脱硫化学反应过程，主要包括以下几个步骤。

生石灰制浆：
$$CaO + H_2O \longrightarrow Ca(OH)_2 \tag{7-81}$$

SO_2 被灰浆液滴吸收：
$$SO_2 + H_2O \longrightarrow H_2SO_3 \tag{7-82}$$

脱硫剂与 SO_2 反应：
$$Ca(OH)_2 + H_2SO_3 \longrightarrow CaSO_3 + 2H_2O \tag{7-83}$$

液滴中 $CaSO_3$ 过饱和沉淀析出：
$$CaSO_3（液）\longrightarrow CaSO_3（固）\tag{7-84}$$

部分 $CaSO_3$（液）被溶于液滴中的氧气所氧化：
$$CaSO_3（液）+ 1/2O_2 \longrightarrow CaSO_4（液）\tag{7-85}$$

$CaSO_4$ 难溶于水，迅速沉淀析出固态 $CaSO_4$。

（2）热量传递

热量传递过程是指含有脱硫产物在内的脱硫废液在脱硫塔内的干燥过程，主要由两个阶段组成。第一阶段为恒速干燥阶段。在这一阶段由于表面水分的存在，为吸收剂与 SO_2 的反应创造了良好的条件，传质交换呈液相反应，反应速度大，约 50% 的吸收反应发生在这一阶段，其所需的时间仅为 1~2 s。从反应过程可以看出，首先是 SO_2 传递到气/液界面即气相传质。然后，溶于水的 SO_2 离解成 HSO_3^- 或 SO_3^{2-}，迅速与溶解于水的 $Ca(OH)_2$ 发生化学反应，即液相传质，所生成的反应物 $CaSO_3$ 又必须从反应区扩散出来，才能使反应继续进行，由于分子在液体中的扩散系数比在气体中小得多（约为 1/10 000），因此起控制作用的是液相传质。此阶段的持续时间称为临界干燥时间，此时间的长短与雾粒直径、含固量等因素有关，雾粒直径越小或含固量越高，临界干燥时间就越短。

第二阶段称为降速干燥阶段。当液滴表面出现固体时，蒸发受到水分限制，开始第二干燥阶段，即降速干燥阶段。此阶段的特点是蒸发速度降低，液滴温度升高。当接近烟气温度时，水分扩散距离增加，干燥速度继续降低，由于表面含水量的下降，SO_2 的吸收反应逐渐减弱。由于烟气脱硫装置的烟气相对湿度较高，降速干燥阶段可以维持较长时间。

2. 典型脱硫工艺流程

旋转喷雾干燥脱硫工艺流程主要分为五个步骤，分别为脱硫浆液的制备、脱硫浆液的雾化、雾滴与烟气接触、SO_2 吸收和水分的蒸发以及灰渣再循环与排除。典型的旋转喷雾干法烟气脱硫工艺流程如图 7-11 所示。

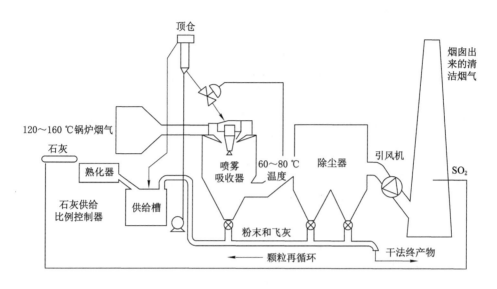

图 7-11　旋转喷雾干法烟气脱硫工艺流程

3. 旋转喷雾干燥法的主要设备

（1）旋转喷雾干燥脱硫塔

旋转喷雾干燥脱硫塔在脱硫系统中同时兼有反应吸收和干燥两个功能。烟气在脱硫塔内停留 10~12 s,这个时间范围可确保反应吸收和干燥这两个功能完成。

（2）旋转雾化器

SDA 脱硫系统的核心设备是旋转雾化器。经过多年的技术研发,目前 SDA 系统所应用的雾化器已具有较为可靠、连续工作、维护量少的特性和优势。雾化器由上下两部分组成,中间被圆形支撑板分离开来。雾化器的上部分由带有润滑系统的齿轮箱和上部的油箱组成。放置在齿轮箱顶部的立式法兰连接电机供给雾化器能量,该能量通过弹性联轴器传输给立式齿轮箱输入轴。

（3）烟气分布器

烟气分布器用于喷雾干燥器的烟气分布,一般由低碳钢制作。通常用于处理燃煤烟气的喷雾干燥塔所用烟气分布器,是一种屋脊式烟气分布器,带有可调节导向叶片。

（4）脱硫浆液制备系统

脱硫浆液制备系统包括石灰制备系统和可选的循环物料浆液制备系统。通过定量控制向消化/混合罐中加入石灰或循环物料,使其与一定的水混合以达到一个设定的固体浓度。在消化/混合罐中,浆液通过振动筛筛分去除,大颗粒固体物分别通过重力自流至石灰浆罐和循环物料浆液罐中。罐中的石灰浆液和循环浆液被泵送到雾化器上方供浆罐中。脱硫浆液制备系统主要设备有石灰消化器（罐）、浆液罐、浆液泵、计量仪表及振动筛等。

（5）颗粒与粉尘收集设备

颗粒与粉尘收集设备布置于脱硫塔后,用来收集脱硫产生的固体颗粒产物和烟气中的灰分。脱硫塔下游的收集设备通常采用袋式除尘器或电除尘器。

4．影响脱硫效率的主要因素

旋转喷雾干燥法处理燃煤烟气过程中，SO_2 的吸收是一个复杂的物理化学反应过程，影响喷雾干燥过程的热量传递和质量传递的参数，也都会影响到 SO_2 的吸收。对于干燥过程而言，影响液滴干燥时间的主要因素包括脱硫塔进出口烟气温度、液滴含水量、液滴粒径和脱硫反应后烟气温度趋近绝热饱和的程度。从化学反应的角度，脱硫剂反应特性及表面积、反应时间、Ca/S 等因素对反应过程有重要影响。

（1）脱硫液滴粒径

对旋转喷雾干燥法而言，脱硫液滴粒径是一个重要的过程控制参数，液滴粒径大小对干燥时间和 SO_2 吸收反应有关键影响。如果仅对喷雾干燥而言，粒径越细越容易干燥；如果仅对 SO_2 吸收而言，作为气液传质的需要，粒径越小，比表面积越大，SO_2 吸收效果也越好。但对喷雾干燥脱硫反应系统而言，情况较为复杂，雾化粒径不能太细，也不能太大。从理论上分析，一方面，良好的雾化效果和极细的雾滴粒径可保证 SO_2 吸收效率和雾滴的迅速干燥，但另一方面，雾滴的粒径越小，干燥时间也就越短，脱硫剂在完全反应之前已干燥，气液反应变为气固反应，而喷雾干燥脱硫过程主要是离子反应，反应主要取决于是否存在水分，气固反应使脱硫率远低于气液反应。

（2）反应时间

在脱硫反应器内，燃煤烟气和脱硫剂的反应时间对脱硫效率有很大影响，充分的接触有利于 SO_2 的脱除。

（3）Ca/S

由于脱硫反应过程中，脱硫剂的利用率不可能达到 100％。因此，Ca/S 一般都大于 1。通常 Ca/S 越大，脱硫效率越高，但同时也造成脱硫剂的利用率降低。Ca/S 主要与脱硫工艺方案、烟气中 SO_2 浓度以及脱硫剂活性等因素有关。

（4）脱硫剂反应特性

钙基脱硫剂的反应特性在很大程度上取决于原料的产地、研磨细度和熟石灰的消化特性。一般而言，在同样的进口 SO_2 浓度和 Ca/S 条件下，脱硫剂研磨细度越细，脱硫效率越高。脱硫剂的种类以及发生反应时脱硫剂的状态对脱硫过程有很大的影响。在旋转喷雾干燥法脱硫过程中，通常选用生石灰做脱硫剂。而生石灰的活性除了和品质有关外，还与消化工艺及其参数的选择有密切的影响。

（5）脱硫塔进出口烟气温度

当脱硫塔入口烟气温度升高时，喷入水量相应增加，而液滴粒径保持不变，这将导致液滴的个数增加，反应表面积增加，脱硫效率也随之增加。但是，入口烟气温度不能过高，尤其是当烟气中 SO_2 浓度较大、石灰浆液浓度较高时，过高的烟气温度会使水分蒸发加快，雾滴表面很快形成干燥层，干燥层严重阻碍了水分的传递，使水分停留在液滴内部，气液反应转变为气固反应，反应速率降低，不利于 SO_2 的去除。

脱硫塔出口烟气温度对脱硫率的影响，又可表示为近绝热饱和温度差对脱硫率的影响。在半干法烟气脱硫工艺中，一定温度的未饱和烟气进入脱硫塔，与雾化轮或喷嘴喷入的石灰浆液液滴相接触，因烟气尚未饱和，水分汽化所需的潜能只能来自烟气显热，致使烟气温度逐渐下降，但烟气热焓不变。另外，整个过程进行的时间也非常短，因此该过程可看成是烟气系统的绝热降温过程。当烟气达到饱和时，烟气的温度就不再下降，此时相对稳定状态的温度就称为烟气的绝热饱和温度。在所有的半干法烟气脱硫工艺中都有一个重要的运行工艺参数——近绝热饱和温度差,即脱硫塔出口烟气温度与烟气绝热饱和温度之差,这个参数用于衡量烟气接近绝热饱和温度的程度(即烟气接近饱和状态的程度,AAST),分析脱硫塔内工况及与脱硫率的关系,是最重要的运行参数之一。系统的脱硫效率随 AAST 的增大而下降。AAST 在很大程度上决定了液滴的蒸发干燥特性和脱硫特性。一方面,AAST 降低可使液滴蒸发变缓,SO_2 与脱硫剂 $Ca(OH)_2$ 的反应时间延长,脱硫效率和脱硫剂的利用率均提高;另一方面,AAST 过低又会引起烟气结露,对反应器内壁造成腐蚀,从而增加了系统的维护保养费用。

(6) 入口 SO_2 浓度

一般认为,在其他条件不变情况下,脱硫塔入口烟气 SO_2 浓度增加,系统脱硫效率将有所提高。因为从传质推动力方面来看,SO_2 浓度提高,气相传质阻力降低,有利于 SO_2 气体通过液滴表面向液滴内部扩散,有利于脱硫反应的进行。但是,由于反应主要受液相传质控制,因此,对脱硫效率的影响有限。

5. 旋转喷雾干燥法烟气脱硫系统组成

旋转喷雾干燥法烟气脱硫工艺系统由脱硫剂贮存和浆液制备系统、烟气系统及 SO_2 吸收系统、脱硫副产物收集系统、灰渣再循环系统、控制和监测系统等组成。

(1) 脱硫剂贮存和浆液制备系统

脱硫剂贮存和浆液制备系统的功能是,根据进料的原料品质(粒度、纯度、活性),采取适宜的技术措施,将 CaO 制备成反应特性好的 $Ca(OH)_2$ 浆液。生石灰的活性与其晶体大小、总气孔率、比表面积和有效 CaO 含量有关,也与其存放时间和存放方式有关,活性好的生石灰可在几分钟之内转变成熟石灰,而活性差的生石灰转变成熟石灰则需要十多分钟甚至几个小时。因此根据原料情况选择适应能力强、能促进生石灰向熟石灰转化的浆液制备系统是提高脱硫率、降低 Ca/S 的重要措施之一。

(2) 烟气系统及 SO_2 吸收系统

烟气由锅炉尾部引出,进入反应塔,离心雾化机或压力雾化喷嘴雾化后的脱硫浆液在脱硫塔内与热烟气接触,脱硫后的烟气温度为 65~70 ℃,通过电除尘或袋式除尘器除尘后经增压风机排至烟道。SO_2 吸收系统是整个脱硫工艺的核心,主要由脱硫塔、烟气分配器和雾化器三部分组成。安装在脱硫塔顶部的离心喷雾机具有很高的转速,脱硫剂浆液在离心力作用下喷射成均匀的雾粒,雾粒直径一般小于 100 μm。雾滴与含 SO_2 烟气接触,立即发生强烈的热交换和化学反应,迅速将大部分水分蒸发掉,形成含水量较少的固体产物。该反应产物是亚硫酸钙、硫酸钙、飞灰和未反应的氧化钙的混合物。由于其未完全干燥,在烟道和除尘器内未反应的 CaO 仍将继续与烟气中的 SO_2 反应,使脱硫率有一定的提高。

(3) 脱硫副产物收集系统和灰渣再循环系统

浆液在脱硫塔中经烟气干燥后,一部分随烟气在除尘器中收集,大部分从脱硫塔底部排出。脱硫灰渣用水力输送至电厂水力除灰系统,一部分电除尘器的脱硫灰渣从电除尘器排至配浆池与脱硫剂浆液混合后循环利用,以提高脱硫剂的利用率,降低 Ca/S。烟气中的 SO_2 在脱硫塔中与 CaO 反应形成固体 $CaSO_4$,然后进入除尘器系统实现气固分离。除尘设备通常采用袋式除尘器或电除尘器,二者均有一定的脱硫作用。

(4) 控制和监测系统

旋转喷雾干燥法脱硫系统为了保证高的脱硫效率及脱硫剂利用率,必须根据脱硫塔进出口烟气 SO_2 浓度、出口的烟温来调节脱硫浆液的用量和脱硫降温水量,因此整个系统要求自动控制。为保证脱硫过程的顺利进行,除了设备运转正常外,还必须对脱硫塔内的一些工作情况进行连续监测,监测项目包括脱硫塔进出口 SO_2 浓度和烟气量、脱硫塔出口温度、供水泵出口供水压力、供浆泵出口浆液压力和喷雾机的监控。

(5)其他系统

除上述系统外,许多欧洲国家在喷雾干燥脱硫工艺中增设预除尘和烟气再热装置。烟气进入设置于脱硫塔前的预除尘装置,去除掉烟气中的大多数飞灰,以防止下游设备由于飞灰带来的磨损,降低飞灰处理的体积,减轻脱硫塔和后续除尘器的处理压力;另外,由于飞灰的销售市场已经比较完善,预除尘装置收集的飞灰可以出售,以获得一定的经济效益。

(二)烟气循环流化床法

循环流化床烟气脱硫是 20 世纪 80 年代后期兴起的一种新的干法烟气脱硫技术。该技术通过脱硫剂的多次再循环,使脱硫剂与烟气接触时间增加,一般可达 30 min 以上,从而提高了脱硫效率和脱硫剂的利用率。因其脱硫效率高、占地面积较少,工艺成熟、流程简单、可靠性高、基建投资及运行成本低等优势,在能达到高品位石灰供给和妥善处理脱硫灰的条件下,具有较好的发展前景。

1. 脱硫反应原理

从锅炉空气预热器出来的温度为 120～180 ℃ 的烟气,通过文丘里管从底部进入循环流化床脱硫塔内。在文丘里管出口扩管段设置了一套喷水装置,以创造良好的脱硫反应温度。在循环流化床内,SO_2 与 $Ca(OH)_2$ 发生反应,生成副产物 $CaSO_3 \cdot 1/2H_2O$,同时还与 SO_3、HF 和 HCl 反应,生成相应的副产物 $CaSO_4 \cdot 1/2H_2O$、CaF_2、$CaCl_2$ 等。主要化学反应方程式如下:

$$Ca(OH)_2 + SO_2 = CaSO_3 \cdot 1/2H_2O + 1/2H_2O \tag{7-86}$$

$$Ca(OH)_2 + SO_3 = CaSO_4 \cdot 1/2H_2O + 1/2H_2O \tag{7-87}$$

$$CaSO_3 \cdot 1/2H_2O + 1/2O_2 = CaSO_4 \cdot 1/2H_2O \tag{7-88}$$

$$Ca(OH)_2 + CO_2 = CaCO_3 + H_2O \tag{7-89}$$

$$Ca(OH)_2 + 2HCl = CaCl_2 \cdot 2H_2O \tag{7-90}$$

$$2Ca(OH)_2 + 2HCl = CaCl_2 \cdot Ca(OH)_2 \cdot 2H_2O \tag{7-91}$$

$$Ca(OH)_2 + 2HF = CaF_2 + 2H_2O \tag{7-92}$$

2. 典型烟气循环流化床脱硫工艺流程

典型烟气循环流化床脱硫工艺流程如图 7-12 所示。从锅炉出来的烟气进入脱硫反应塔下部。生石灰经过制浆系统制备成一定浓度和粒度的浆液,经高效雾化后也进入反应塔下部。浆液与烟气形成流态化混合物,同时由反应塔下部喷入水雾调节反应湿度。烟气经旋风分离器分离粉尘后进入静电除尘器,符合排放标准的清洁烟气经烟囱排放到大气中。含有脱硫灰和未反应完全的消石灰的床料在旋风分离器中分离,其中绝大部分床料送回反应塔中循环,只有小部分床料作为副产品灰排出系统。脱硫灰的循环可以最大限度地利用石灰浆和脱硫灰,减少了新鲜石灰的用量。

烟气循环流化床脱硫技术的主要控制参数有床料循环倍率、流化床床料浓度、反应塔内操作温度和湿度、钙硫比等。通过控制反应塔下部喷水量可将床温控制在最佳反应温度

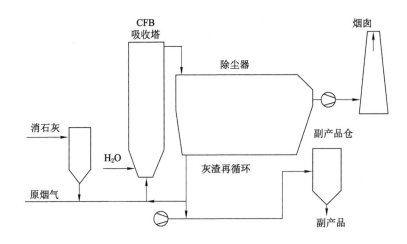

图 7-12 典型烟气循环流化床脱硫工艺流程图

下,达到最好的气固混合并不断暴露出未反应消石灰的新表面,而通过固体物料的多次循环使脱硫剂具有很长的停留时间,从而大大提高了脱硫剂的利用率和脱硫效率,脱硫效率可达 90% 以上。

（三）气体悬浮吸收（GSA）法

FLS 公司开发的气体悬浮吸收（gas suspension absorption,GSA）烟气脱硫技术,其工作原理与 Lurgi 和 Wulff 脱硫技术十分相似。GSA 烟气脱硫技术是一种以生石灰为脱硫剂的半干法脱硫技术,含有 SO_2 的燃煤烟气在反应器内与被雾化的脱硫浆液充分混合接触,以达到去除 SO_2 的目的。

1. GSA 烟气脱硫反应原理

GSA 烟气脱硫反应原理如下:

烟气中的 SO_2 向石灰液粒扩散:
$$SO_2（气）\longrightarrow SO_2（液） \tag{7-93}$$

SO_2 溶解于浆粒中的水:
$$SO_2 + H_2O \longrightarrow H_2SO_3 \tag{7-94}$$

形成的 H_2SO_3 在碱性介质中离解:
$$H_2SO_3 \longrightarrow H^+ + HSO_3^- \longrightarrow 2H^+ + SO_3^{2-} \tag{7-95}$$
$$H_2SO_3 + SO_3^{2-} \longrightarrow 2HSO_3^- \tag{7-96}$$
$$HSO_3^- + OH^- \longrightarrow SO_3^{2-} + H_2O \tag{7-97}$$

脱硫剂的溶解:
$$Ca(OH)_2 \longrightarrow Ca^{2+} + 2OH^- \tag{7-98}$$

形成脱硫产物:
$$Ca^{2+} + SO_3^{2-} + 1/2H_2O \longrightarrow CaSO_3 \cdot 1/2H_2O \tag{7-99}$$
$$CaSO_3 \cdot 1/2H_2O + 1/2O_2 + 3/2H_2O \longrightarrow CaSO_4 \cdot 2H_2O \tag{7-100}$$

2. GSA 烟气脱硫工艺流程

GSA 烟气脱硫工作原理与 Lurgi 工艺的区别在于 GSA 工艺所用脱硫剂不是干态的消

石灰,而是石灰浆液。新鲜的石灰浆液经喷嘴雾化后从反应塔底部喷入,在反应塔内保持悬浮湍动状态,实现反应的同时进行干燥处理。干燥后的脱硫剂颗粒经旋风除尘器去除后返回脱硫塔循环利用。GSA 烟气脱硫工艺流程如图 7-13 所示。

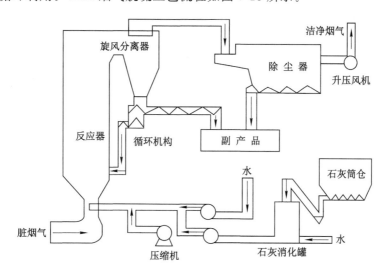

图 7-13　GSA 烟气脱硫工艺流程图

GSA 烟气脱硫工艺主要由反应器、旋风分离器、循环机构、石灰制浆系统、浆液喷射系统、除尘器、升压风机等组成。从锅炉或焚烧炉出来的高温烟气经反应器底部的文丘里管向上进入反应器,文丘里管的中央装有喷射器,喷射器与石灰浆液系统相连,在压缩空气和工艺水的作用下,石灰浆液经喷射器上的二相流喷嘴雾化喷出,雾化的石灰液粒与顺流烟气中的 SO_2、HCl、HF、二噁英及重金属发生传质、传热反应,生成固态微粒。同时,未反应完的石灰液粒被高温烟气干燥,与洁净烟气一起进入反应器顶部的旋风分离器,98% 以上的固态微粒被分离出来,经位于文丘里管上部的循环机构送入反应器。固态微粒表面吸附一层石灰浆液,为传质、传热反应提供更大的反应表面积,使系统脱硫率大大提高。从旋风分离器出来的细小微粒与洁净烟气一道进入除尘器,脱出细小微粒,超细微粒与洁净烟气经升压风机进入烟囱排出。

3. GSA 烟气脱硫的主要设备

(1) 脱硫反应主塔

GSA 烟气脱硫主塔是一个圆形筒体,设有文丘里装置,一般在文丘里管段上设置 3 支特制的三相流喷枪,喷枪在同一水平面呈 120°布置。当脱硫系统发生故障时,脱硫主塔可作为烟道使用,也即系统可不设置旁路。

(2) 旋风分离器

GSA 脱硫系统设置的旋风分离器,主要目的不是用于除尘,而是用于包括未反应的脱硫剂颗粒在内的悬浮颗粒的分离和再循环,约 99% 的悬浮颗粒经旋风分离器分离后送回反应器。

(3) 电除尘器

由于在脱硫塔出口已经设置了旋风分离器,大部分大颗粒固体已经由旋风分离器去除。因此,除尘器的负荷较低,可采用技术国产化的电除尘器。

(四)其他半干法脱硫技术

1. NID法

新型脱硫除尘一体化(new integrated desulfurization,NID)脱硫工艺的原理是利用干态 CaO 或粉状 Ca(OH)$_2$ 经加水增湿后,吸收烟气中的 SO$_2$ 和其他酸性气体。其反应式同脱硫反应原理。NID 脱硫工艺流程如图 7-14 所示,主要包括反应器、脱硫除尘器、物料再循环及排放、工艺水、仪表控制系统等部分。

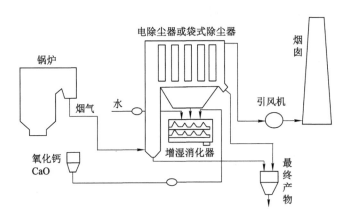

图 7-14 NID 脱硫工艺流程

烟气经反应器底部进入反应器,和均匀混合在增湿循环灰中的脱硫剂发生反应。在降温增湿的条件下,烟气中的 SO$_2$ 与脱硫剂反应生成亚硫酸钙和硫酸钙。化学反应过程产生的副产物呈干粉状态,其化学成分主要由粉煤灰、CaSO$_3$、CaSO$_4$ 和未反应完的脱硫剂Ca(OH)$_2$ 等组成。反应后的烟气携带大量的干燥固体颗粒进入袋式除尘器收集净化。经过脱硫后,袋式除尘器捕集到的干燥循环灰被从烟气中分离出来,由输送设备再输送给混合器,同时也向混合器加入消化过的石灰,经过增湿及混合搅拌进行再次循环。净化后的烟气温度大于 70 ℃,高于水露点温度 15 ℃左右,无须再热,直接经过增压风机排向烟囱。

NID 工艺具有良好的脱硫反应环境,同时还有以下特点:

(1) NID 工艺中 CaO 的消化及灰循环增湿的一体化设计,结构紧凑。循环灰在外置的增湿器中均匀增湿,使反应器中的增湿灰能干燥充分,且新鲜消化的高活性的 Ca(OH)$_2$ 立即参与循环脱硫,能提高脱硫效率,降低 Ca/S。

(2) 加水增湿的混合灰进入反应器后,因烟气温度的下降及湿度的增加,减慢脱硫剂表面饱和水分的蒸发,增加脱硫剂表面平衡水分的停留时间,这对提高脱硫效率是非常有利的,可使烟气中的 SO$_x$ 等酸性气体分子更易在脱硫剂的表面冷凝、吸着并离子化。

(3) 由于实行含钙脱硫灰高倍比循环,循环灰中颗粒间的剧烈摩擦,使得被钙盐硬壳所包埋的未反应的部分脱硫剂重新裸露出来继续参加反应(表面更新作用),故脱硫剂的有效利用率是很高的。

(4) 新鲜脱硫剂的连续补充和大量脱硫灰的循环,又经过增湿混合,使得脱硫剂在反应器中维持着较高的有效活性浓度,这就确保了能达到85%以上的脱硫效率。而且在不改变装置的配置情况下,可通过调节操作参数(Ca/S、操作温度、循环比等),达到更严格的脱硫排放要求。

(5)整个装置结构紧凑、占用空间小,装置运行可靠。一台锅炉的脱硫系统可单独分成四条工艺线路,当锅炉负荷降低时,可关闭其中的一条或两条工艺线路,脱硫系统运行也不受影响。

(6)CaO的消化无气力输送、无消石灰的中间存储系统,能耗、物耗低,运行成本低。工艺本身属循环半干法,系统无污水产生,终产物适宜用气力输送。

(7)对所需脱硫剂要求不高,可广泛取得;循环灰的循环倍率可达30~150倍,使脱硫剂的利用率提高到95%以上。

2. 烟道循环流化床(CFB)法

德国LLB公司开发的烟气循环流化床(CFB)脱硫工艺在空气预热器和除尘器之间设置了循环流化床系统。锅炉排出的未经除尘或经除尘后的烟气从脱硫塔底部的布风板进入,脱硫塔下部为一文丘里管,烟气在喉部得到加速,在渐扩段与加入的消石灰粉和喷入的雾化水剧烈混合,使SO_2、SO_3及其他有害气体(如 HCl、HF 等)与消石灰发生反应,生成$CaSO_3 \cdot 1/2H_2O$、$CaSO_4 \cdot 1/2 H_2O$ 和 $CaCO_3$ 等。反应器内的脱硫剂呈悬浮的流化状态,反应表面积大,传热/传质条件很多,且颗粒之间不断碰撞、反应。随后夹带着大量粉尘的烟气进入除尘器中,被除尘器收集下来的固体颗粒大部分又返回流化床反应器中,继续参加脱硫反应过程,同时循环量可以根据负荷进行调节。

CFB脱硫工艺系统由脱硫剂制备反应塔、脱硫剂再循环、除尘器以及控制系统等组成,未经处理的锅炉烟气从流化床底部进入。典型CFB脱硫工艺流程如图7-15所示。

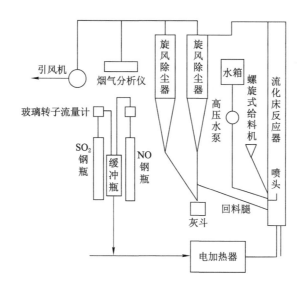

图 7-15 典型 CFB 脱硫工艺流程

CFB脱硫工艺在钙硫比为 1.1~1.5 时,脱硫效率可达90%以上,是目前各种干法、半干法烟气脱硫工艺中最高的,可与湿法工艺相媲美;工程投资费用、运行费用和脱硫成本较低,为湿法工艺的50%~70%;工艺流程简单,系统设备少,为湿法工艺的40%~50%,且转动部件少,从而提高了系统的可靠性,降低了维护和检修费用;占地面积小,为湿法工艺的30%~40%,且系统布置灵活,非常适合现有机组的改造和场地紧缺的新建机组。

3. 回流式烟气循环流化床法

回流式烟气循环流化床烟气脱硫工艺(简称 RCFB-FGD)是以循环流化床技术原理为基础的一种先进的烟气干法脱硫工艺。该工艺以干态消石灰粉 $Ca(OH)_2$ 作为脱硫剂,通过干粉状脱硫剂多次再循环,在脱硫塔内与烟气污染物强烈接触发生化学反应,延长脱硫剂与烟气的接触时间,以达到高效脱硫的目的。通过化学反应,可有效除去烟气中的 SO_2、SO_3、HF 与 HCl,脱硫终产物脱硫渣是一种自由流动的干粉混合物,无二次污染,还可以进一步综合利用。回流式烟气循环流化床脱硫工艺流程如图 7-16 所示。

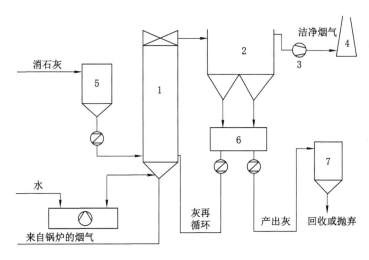

1—回流式循环流化床;2—袋式/电除尘器;3—引风机;4—烟囱;5—消石灰库;6—灰斗;7—灰库。

图 7-16　回流式烟气循环流化床脱硫工艺流程

相较于 CFB 工艺,RCFB-FGD 工艺在反应塔的流场设计和塔顶结构上有较大改进。在反应塔内增加了扰流板和塔顶物料回流装置,以此强化内循环,同时取消预除尘设备;脱硫剂以干态的消石灰粉或石灰浆液从反应塔底部喷入,与常规的循环流化床及喷雾脱硫塔脱硫技术相比,石灰耗量有极大降低;反应塔扩散段上安装有若干个回流式压力喷嘴,使脱硫剂颗粒与水雾接触更充分均匀;烟气在塔内的停留时间较长,维持在 4 s 以上,脱硫剂利用率高;脱硫塔内无转动部件和易损件,简单易操作,维修工作量少,设备可用率很高;脱硫剂和脱硫渣均为干态,系统设备不会产生黏结、堵塞和腐蚀;运行灵活性很高,可适用于不同的 SO_2 含量(烟气)及负荷变化要求,煤的含硫量增加或要求提高脱硫效率时,无须增加任何设备,仅增加脱硫剂就可达到要求;脱硫后烟气露点低,设备和烟道无须防腐;脱硫系统负荷适应范围广,可达锅炉负荷的 30%~110%;投资与运行费用较低,约为石灰石/石灰-石膏工艺技术的 60%;占地面积小,RCFB 的直径大约为相同容量喷雾干燥塔的一半,特别适合于中小机组烟气脱硫系统的改造。

第二节　燃煤含汞废气净化技术

煤炭利用过程中产生 SO_2、NO_x、细颗粒物等常规污染物及 Hg、As、Pb 等有毒重金属，严重影响人类健康及生态环境。在我国，煤主要用于热力发电，然而，以 Hg 为首的重金属排放仍没有安装专用的控制技术，因此，燃煤电厂汞排放已引起了社会的广泛关注。此外，各国签署的控制汞的全球性污染和排放的《水俣公约》已于 2017 年 8 月 16 日起正式生效。由此可见，我国当前面临汞污染防治以及履行国际公约的双重压力，与 Hg 相关的排放控制技术研究已成为现今社会的迫切需求。

一、燃煤过程中汞的形态转化

汞是受到全球关注的有毒有害重金属之一，它具有持久性、长距离迁移性和生物富集性，可以通过空气、水和食品进入人体。汞根据其在大气中的存在形式分为 Hg^0（元素汞）、Hg^{2+}（氧化态汞）以及 Hg_p（颗粒态汞）。Hg^0 是大气中汞存在最常见的形式，从人为源排放的 Hg^0 可在大气中驻留很长时间（6～12 个月），并进行长距离的大气传输，最终 Hg^0 被大气中的 Br、OH、O_3 等氧化成高溶解性的 Hg^{2+}，完成大气湿沉降。其中一部分汞会在生物作用下转化成甲基汞（MeHg）并在生物体中富集。

根据《2018 年全球汞评估报告》（global mercury assessment，GMA2018）提供的全球汞预算和各行业汞人为来源排放到空气中质量（表 7-6）可知，1/3 的海洋中沉积的人为源汞来自煤炭燃烧和其他工业活动；各行业中，发电厂中煤的固定燃烧汞排放量为 292 t（255～346 t），占比 13.1％仅次于小规模金矿。

表 7-6　各行业汞人为来源排放到空气中质量

行　　业	汞排放（范围）/t	占比/％
手工和小型金矿开采	838（675～1 000）	37.69
生物质燃烧（家庭、工业和火药厂）	51.9（44.3～62.1）	2.33
水泥生产（原材料和燃料，不包括煤炭）	233（117～782）	10.48
火化排放	3.77（3.51～4.02）	0.17
氯碱生产（汞工艺）	15.1（12.2～18.3）	0.68
有色金属生产（铝、铜、铅、锌等）	228（154～338）	10.25
大规模黄金生产	84.5（72.3～97.4）	3.80
汞生产	13.8（7.9～19.7）	0.62
炼油	14.4（11.5～17.2）	0.65
钢铁的初次生产	29.8（19.1～76.0）	1.34
煤炭的固定燃烧（住宅、运输）	55.8（36.7～69.4）	2.51
气体的固定燃烧（住宅、运输）	0.165（0.13～0.22）	0.01
燃油的固定燃烧（住宅、运输）	2.70（2.33～3.21）	0.12
煤炭的固定燃烧（工业）	126（106～146）	5.67

表 7-6(续)

行　业	汞排放（范围）/t	占比/%
气体的固定燃烧（工业）	0.123（0.10～0.15）	0.01
燃油的固定燃烧（工业）	1.40（1.18～1.69）	0.06
煤炭的固定燃烧（发电厂）	292（255～346）	13.13
气体的固定燃烧（发电厂）	0.349（0.285～0.435）	0.02
燃油的固定燃烧（发电厂）	2.45（2.17～2.84）	0.11
钢铁的二次生产	10.1（7.65～18.1）	0.45
氯乙烯单体（汞催化剂）	58.2（28.0～88.8）	2.62
废物（其他废物）	147（120～223）	6.61
废物焚化（控制燃烧）	15.0（8.9～32.3）	0.67
总量	2 223.557（2 000～2 820）	100.00

根据 Wang 等对中国大气中汞的测算，我国大气中主要是 Hg^0 和 Hg^{2+}，分别占 51% 和 46%。

煤燃烧过程中汞形态转化过程如图 7-17 所示。煤在燃烧过程中，煤中的汞主要以 Hg^0 的形式释放出来。随着烟气温度降低，Hg^0 发生一系列复杂的均相与非均相化学反应，燃煤烟气中部分 Hg^0 转化为 Hg^{2+} 和 Hg_p。$HgCl_2$ 是烟气中 Hg^{2+} 的主要物质形态，$HgCl_2$ 也可以吸附在飞灰颗粒表面形成颗粒态汞。汞的氧化效率取决于烟气降温速率。整个燃烧系统的运行参数影响汞的物质形态分布，如煤的种类与成分、燃烧环境、换热器降温速率、烟气处于对流换热区的低温停留时间、空气污染控制设备的种类、实际运行工况等。

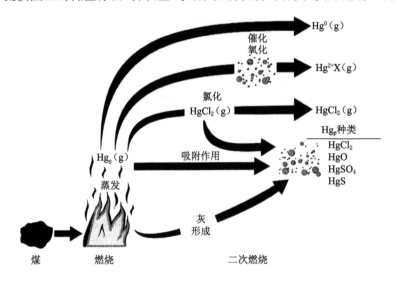

图 7-17　煤燃烧过程中汞形态转化过程

燃煤烟气中汞形态转化的认识对汞排放控制技术的选择和理解燃烧过程中汞的寿命与行为至关重要。热力学平衡条件下汞形态分布随温度的变化如图 7-18 所示。温度低于

725 K时，所有的汞以 $HgCl_2$ 的形式存在于燃煤烟气中；温度高于 975 K 时，99％以上的汞以 Hg^0 的形式存在于燃煤烟气中；在 725～975 K 的温度区间，汞以 Hg^0 和 $HgCl_2$ 的形式存在于燃煤烟气中，其百分比的交叉点受燃煤烟气中氯含量的控制。如果汞的反应达到热力学平衡，那么燃煤电厂空气污染控制设备进口烟气中的汞主要以 $HgCl_2$ 的形式存在。然而，在燃煤电厂烟气速降温的条件下，汞与卤素化合物之间的反应并没有达到热力学平衡的状态。因此，空气污染控制设备进口烟气中的汞不可能全都以 $HgCl_2$ 的形式存在。而 Hg^0 由于具有较高的挥发性以及较低的水溶性，很难被现有的空气污染控制设备脱除。如果能促使燃煤烟气中的 Hg^0 向 Hg^{2+} 和 Hg^p 转化，利用燃煤电厂现有污染物控制设备脱除，则可有效控制汞的排放，实现多种污染物的联合脱除。

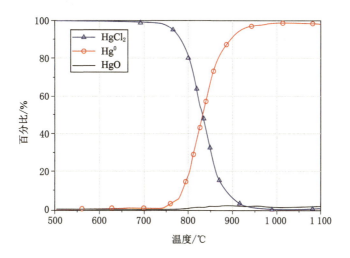

图 7-18 热力学平衡条件下汞形态分布随温度的变化

二、汞采样及监测技术

当前汞检测技术种类多样，无论是环保监测，还是排放控制，准确、稳定、可靠、经济的汞检测方法是开展各项工作的必要条件，而做好汞检测工作的关键则取决于现场采样和实验室分析。

固定源废气中汞的检测主要存在两方面技术难点：① 汞的排放浓度较低，相较其他污染物具有数量级差距，因此对方法和仪器的检出限和精度要求相对较高；② 汞的存在形态复杂，主要有元素态汞（Hg^0）、氧化态汞（Hg^{2+}）和颗粒态汞（Hg_p）三种形态，且各形态之间存在相互转化关系。

针对以上问题，汞的检测应根据需求选择合适的采样和分析方法。

（一）汞检测采样方法

自 20 世纪 90 年代开始，美国开展了一系列关于固定源废气中汞排放检测的尝试工作，目前检测技术发展相对完善，其中典型的采样方法是安大略法和 EPA Method 30B。我国的汞检测工作起步较晚，现行有效的汞采样标准是基于 1996 年国家环境保护总局发布的《固定污染源排气中颗粒物测定与气态污染物采样方法》（GB/T 16157—1996）中关于颗粒物和烟气的采样方法。近年来已进行了相关的研究工作，陆续发布了汞的采样检测方法，并不断完善。

1. 安大略法

安大略法(Ontario hydro method,OHM 法)可用于烟气中元素态汞、氧化态汞、颗粒态汞和总汞的检测,其测定浓度范围为 0.5～100 $\mu g/m^3$,确保采样体积在 1.0～2.5 m^3,采样系统如图 7-19 所示。

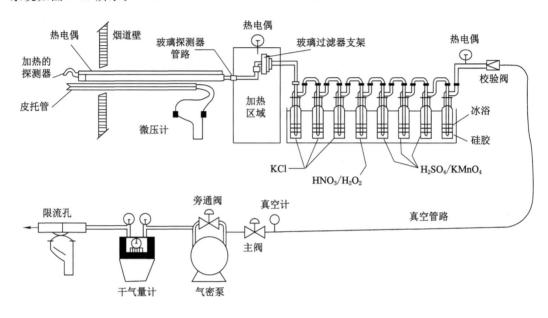

图 7-19　安大略法采样系统示意图

OHM 取样系统主要由石英采样管及加热装置、过滤箱、冰浴吸收瓶箱、流量计和真空泵组成。采样系统从烟道中等速取样,为防止烟气汞在管路上的冷凝和吸附,采样管需保持恒温(120 ℃)。恒温过滤箱内装有玻璃纤维滤筒或滤膜,用于收集颗粒态汞。经过滤的烟气依次通过浸泡于冰浴中的 8 个冲击瓶,氧化态汞被收集在含氯化钾溶液的冲击瓶中,元素态汞被收集在随后含酸化过氧化氢溶液的冲击瓶和含高锰酸钾的冲击瓶中,最后排出采样系统。采样时,所有的吸收瓶均置于冰浴中,用以降低吸收瓶吸收液的温度。每次取样时干烟气量要求最少为 2.5 m^3,或采样时间最少为 2 h。

2. 30A 法

30A 法是一种在线连续监测方法,通过直接对从烟道中抽取的烟气进行 Hg 含量的分析。该方法测得的是烟气中排放总气态汞的浓度,即(Hg^+,Hg^{2+}),因此测量结果比较准确。该方法用装有烟尘过滤装置的采样探头将烟气从烟道或烟囱中抽取出来,通过管线将其传送至 Hg 转换器,将 Hg^{2+} 还原为 Hg^0,再直接送至检测器,检测数据又直接被传输到记录、储存系统。Hg 与 Hg^{2+} 既可被分别测定,也可被转化为 Hg^0 后一起测定;采样点的选择主要是出于代表性的考虑,采样装置示意图如图 7-20 所示。

30A 法主要技术特点:① 实时连续监测汞的含量,采用基于热催化转化技术和带有塞曼背景校正的原子吸收检测方法。这种方法无须预浓缩和金丝富集。② 使用多光程池和"干法"转化技术,提供更高的灵敏度,不受来自燃烧气体基质的干扰。③ 高转化温度

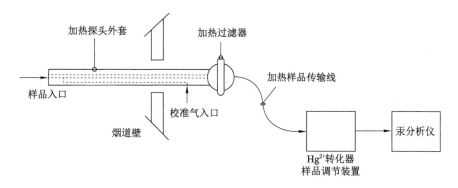

图 7-20　30A 法采样装置示意图

(700～750 ℃)，短暂停留时间和高达 1∶100 的稀释比，可防止分解出来的汞原子与活性成分重新结合。④ 设备带有加热的探针、加热的过滤器与稀释/转化装置，可承受高或低含固量的情况，实时报告烟气中的湿基汞含量，无须转换，节省费用。

3. 吸附管离线采样法

吸附管离线采样法即 EPA 制定的 30B 法，常用于汞的检测。30B 法利用恒流采样装置从固定污染源中以低流量、恒速抽取定量体积的废气，使废气中气态汞高效富集在经过碘或其他卤素及其化合物处理的活性炭吸附管上。通过采用直接热裂解原子吸收法或其他分析方法，测定吸附管中二段分隔活性炭材料中汞的含量和采样体积，从而计算出气态汞浓度。该方法适用于颗粒物含量相对较低的采样点位，如燃气锅炉或烟气深度净化装置后。30B 法采样装置示意图如图 7-21 所示。

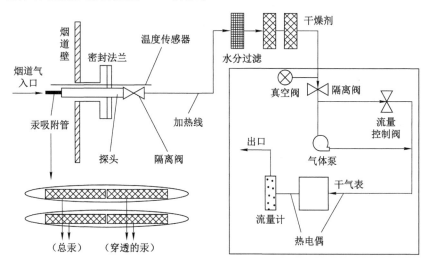

图 7-21　30B 法采样装置示意图

采样所需的采样管包含至少两段吸附介质，每段均可独立分析，汞吸附管如图 7-22 所示。第一段为分析段，用于吸附烟气中的气态汞；第二段为备用段，用于捕集穿透第一段的气态汞。两段之间填充惰性材料，如玻璃棉或石英棉。每次采样时，使用两根活性炭吸附管进行平行双样的采集，以 0.2～0.6 L/min 流量，采样 30～60 min。每隔 5 min 记录采样器流量、采样体积、流量计温度、加热设备温度。采样结束后,记录采样时间、大气压,取下已采样的活性炭管且密封两端,擦净吸附管外壁的沉积物。对吸附管中的活性炭进行高温热解析提取汞,而后用冷原子吸收分光光度法(CVAAS)或紫外差分吸收分光光度法(UV-DOAS)等对汞含量进行测定。

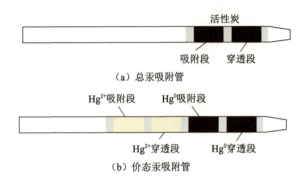

图 7-22　EPA Method 30B 汞吸附管

4. 汞在线连续监测

汞在线连续监测主要通过气相汞在线连续监测系统(Hg-CEMS)对烟气中的价态汞含量进行连续监测。Hg-CEMS 监测系统主要由采样探头、伴热管线、转换装置、元素汞校准器、离子汞校准器、汞分析仪、控制单元等系统模块组成。

采样探头一般选用不锈钢材质或涂覆石英的镍基合金 C276 等。探头内部加热可达250 ℃,探头内过滤器可有效去除烟气中的颗粒物。Hg-CEMS 配置稀释探头或惯性分离探头。采样探头备有动态加标口,进行动态加标测试。采样气体经过采样探头时,经催化剂催化转化或高温转化。为避免 Hg^{2+}(如 $HgCl_2$)溶于水,Hg^{2+} 和 Hg^0 被吸附,伴热管线温度保持 180 ℃。采样气体进入预处理单元后首先经过气水分离器,将采样气体的温度降至室温,冷却后的采样气体经过二次过滤后进入分析仪单元。汞分析方法主要包括冷蒸气原子吸收光谱法(CVAAS)、金汞齐与 CVAFS 结合法、紫外差分吸收光谱法(UV-DOAS)等。

5. 撞击式冲击瓶采样法

根据《固定污染源废气 汞的测定 冷原子吸收分光光度法》(HJ 543—2009),采用高锰酸钾-硫酸溶液作为吸收液采样,采样装置如图 7-23 所示。

采样系统主要由两支各装 10 mL 吸收液的大型撞击式吸收瓶串联使用,以低流速0.3 L/min流量采样 5～30 min。废气中的汞被吸收液吸收并氧化形成汞离子,汞离子被氯化亚锡还原为原子态汞,用载气将汞蒸气从溶液中吹出带入测汞仪,用冷原子吸收分光光度法分析测定固定源废气中的汞含量。若样品不能及时分析,应置 0～4 ℃ 的冰箱内保存,5 日内测定。该方法采用高锰酸钾-硫酸溶液作为吸收液,采集到的气态汞全部被氧化为二价汞,因此测量结果为气态总汞。与 OHM 法相比,采样部分流程、操作都被简化,方便现场操作,但测试结果不能反映烟气中汞的存在形态。

烟气汞浓度检测技术的发展强调了建立健全我国燃煤烟气汞排放浓度检测方法和检测标准的必要性和紧迫性。开发具有自主知识产权汞在线检测设备、实现燃煤电厂汞排放浓度实时监测具有重要意义,可以有效应对大气汞排放浓度的监测和监管。

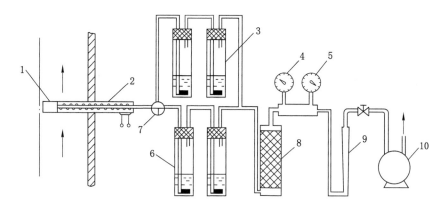

1—烟道;2—加热采样管;3—旁路吸收瓶;4—温度计;5—真空压力表;6—吸收瓶;
7—三通阀;8—干燥器;9—流量计;10—抽气泵。

图 7-23　冲击瓶法烟气采样装置

　　国内外固定源废气中汞的检测方法种类多样,主要差异体现在采样方法的适用范围和选择的合理性方面,且每种方法各有优缺点,因此应根据测试需要选择合适的检测方法。4 种汞离线检测方法分析比较如表 7-7 所列。

表 7-7　4 种汞离线监测方法分析比较

项　目	OHM 法	30B 法	Hg-CEMS	HJ 543—2009
测量范围 /(μg/m³)	0.5～100	0.1～50	—	＞10
采样时间 /min	＞120	＞30	连续采样	5～30
优点	① 测量精度高,可用来标定校准其他检测方法 ② 适用于不同烟道位置的手工采样监测 ③ 可以测量烟气中 3 种不同形态的汞和总汞 ④ 可用于粉尘浓度相对较高烟气情况下各种形态汞的测定	① 操作简单 ② 测量精度高	① 可以实时获得连续的汞排放数据 ② 无需人员现场采样监测 ③ 测量精度高 ④ Hg^0 和 Hg^{2+} 同时监测	操作方便
缺点	① 采样分析过程复杂,易引入人为误差 ② 对采样人员技术要求较高,不适合大规模采用	① 仅适用于颗粒物浓度相对较低的烟道位置 ② 取样监测位置需设置在高效除尘装置之后,不适用于监测汞的形态	系统复杂、维护成本和难度均较高,且设备昂贵	① 测量准确率低,误差大 ② 不适用于高硫烟气总汞浓度的测试 ③ 测试结果不能反映烟气中汞的存在形态

（二）汞检测分析方法

1. 冷原子吸收分光光度法

目前，冷原子吸收分光光度法是液体中痕量汞分析应用最广泛的检测方法之一，其原理是利用汞原子蒸气对 253.7 nm 紫外光的选择性吸收，通过测量蒸气中基态原子在 253.7 nm 波长的汞特征电磁辐射处的吸收确定汞的含量，该方法可用于 ppb 级汞的分析。

检测过程中，需要注意从烟气中伴随捕集下来的有机物如苯、丙酮等会对测量产生干扰，消除此类干扰主要有 4 种方法：① 使样气分成两股，其中一股除去汞，然后通过计算两股样气的光强信号差值确定汞的含量；② 利用金膜扩散管富集样气中的微量汞，排除干扰气体；③ 利用压致展宽效应，将通过吸收室后的光线分成两股，其中一股通过饱和汞蒸气室，然后测量两股透出光线强度的比值；④ 利用"塞曼效应"，比较在光源上施加磁场与不加磁场时，通过吸收室的光线强度的比值，进而测算出汞的浓度。

2. 原子荧光分光光度法

原子荧光分光光度法测汞的原理是利用荧光谱线的波长和强度进行汞的定性和定量分析。样品溶液中的汞被硼氢化钾还原成单质汞后，用 253.7 nm 的激光照射，基态汞原子被激发到高能态，当返回基态时会辐射出共振荧光，由光电倍增管测量产生的荧光强度来确定汞浓度。测试装置如图 7-24 所示。与冷原子吸收分光光度法相比，该方法灵敏度相对较高。但受激发的汞原子除了自发地返回基态而辐射荧光外，还会与背景粒子如氧气、氮气等碰撞而把能量转变为离子的热运动，产生无荧光辐射的跃迁，降低了荧光强度，即原子猝灭现象。减少原子猝灭的有效措施是采用氩气作为载气，同时测量过程中避免空气侵入激发区，提高仪器的稳定性。

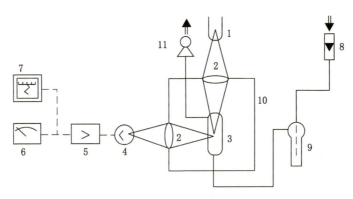

1—低压汞灯；2—石英聚光镜；3—吸收-激发池；4—光电倍增管；5—放大器；
6—指示表；7—记录仪；8—流量计；9—还原瓶；10—荧光池；11—抽气泵。

图 7-24　原子荧光分光光度法原理图

三、燃煤烟气除汞技术

目前，有关汞排放控制技术的研究主要集中在三个方面：燃烧前脱汞、燃烧中脱汞和燃烧后脱汞。

（一）燃烧前脱汞

燃烧前脱汞主要包括煤炭分选、煤热解、化学法和生物法等，其中煤炭分选脱汞是燃烧前除汞的最主要方法。

煤炭分选脱汞的原理是利用煤与矿物的密度和疏水性差异来实现煤与矿物的分离。由于煤中的汞主要存在于矿物中，因此可在去除矿物的同时完成汞的脱除。物理选煤技术在一定程度上可降低燃煤烟气中的汞浓度，但洗脱的汞被转移到选煤废液中，易造成二次污染。目前，我国原煤的入选率为 22%，远低于发达国家的 40%～100%，提高原煤入选率是有效降低汞排放的方法之一。

煤热解是煤转化利用和清洁燃烧技术的前提。在热解过程中，煤中的汞析出，从而达到脱汞的目的。研究表明，在 400 ℃，热解能去除烟煤中 70%～80% 的汞，但目前热解除汞技术仍处于研究阶段。另外，化学法和微生物法脱汞也有较多研究，但化学法成本较高，难以推广；微生物法清洁环保，具有较好的应用前景，但目前还处于研究阶段，距工程应用距离较远。

（二）燃烧中脱汞

燃烧中汞脱除技术是在煤中添加卤素化合物，通过燃烧调整影响汞的形态分布，将 Hg^0 转化成易被脱除的 Hg^{2+} 或 Hg_p，再利用后续的湿法脱硫、除尘装置脱除。Qu 等在中试规模煤粉燃烧系统中研究了 S_2Br_2 对 Hg^0 的氧化，研究发现 S_2Br_2 对 Hg^0 有显著的氧化作用，当 S_2Br_2 浓度为 0.6×10^{-6}、烟气中飞灰颗粒浓度为 30 g/m³ 时，汞的脱除效率为 90%。Galbreath 等人在 42 MJ/h 的煤粉燃烧系统中研究 HCl 添加对汞形态变化的影响，发现添加 100×10^{-6} 的 HCl 能显著促进 $HgCl_2$ 的形成。史晓宏等在 300 MW 亚临界燃煤机组上开展了煤中添加溴化钙协同脱汞的试验，结果表明当溴与煤质量比达到 20 mg/kg 时，Hg^{2+} 在气态总汞的质量分数从 35% 提高到 90% 以上（烟气汞测点位置在 SCR 后）；在脱硫塔运行条件下，溴与煤质量比在 50～100 mg/kg 时可取得较高的脱汞效率，在 100 mg/kg 时脱汞效率最高。溴化添加剂脱汞技术在一台装备脱硝装置 SCR、ESP 和烟气湿法脱硫的 600 MW 燃煤机组的应用结果表明，在煤里加入质量比为 4×10^{-6} 溴，汞的净脱除率可达 64%，总汞的控制率达 80%；若加入质量比为 12×10^{-6} 溴，总脱汞率近 88%。溴化添加剂脱汞技术具有效率高、成本低、操作简单等优点，具有广泛的应用前景。

（三）燃烧后脱汞

燃烧后脱汞分为吸附法和化学氧化法。

1. 吸附剂法

（1）活性炭烟气喷射脱汞法

活性炭烟气喷射脱汞法（ACI）是燃煤电厂最高效的脱汞技术，脱汞效率在 90% 以上。在锅炉空预器之后向烟道中喷入改性活性炭，可高效吸附脱除烟气汞，脱汞后的吸附剂随飞灰一同被颗粒物控制装置（FF 或 ESP）有效捕获。

目前，美国开发的载溴活性炭吸附剂烟气喷射高效脱汞技术已处于商业化运行阶段。Ghorishi 等对 ACI 技术在 7 个燃煤电站脱汞情况进行了测试，结果如表 7-8 所列。

表 7-8　ACI 技术在 7 个燃煤电站的脱汞测试结果

煤　　种	颗粒物控制	脱汞率/%	喷射率/(mg/m³)	等　　级
烟煤低硫	FF	94	8.01	气流床
烟煤高硫	CS-ESP	70	64.11	全等级
烟煤低硫	HS-ESP	>80	102.58	全等级
混亚烟煤	CS-ESP	90	48.08	全级
亚烟煤	CS	>90	48.08	全等级
亚烟煤	CS	89	78.54	气流床
亚烟煤	FF	87	8.01	气流床
亚烟煤	SD/FF	82	<28.85	气流床
褐煤	SD/FF	95	24.04	全等级
褐煤	CS-ESP	70	24.04	全等级

我国燃煤电厂烟气脱汞现阶段尚未安装单独脱汞装置,而电厂本身安装的脱硝、除尘和脱硫装置在一定程度上具有协助脱汞的效果。

燃煤电站采用选择性催化还原(SCR)工艺时,其中常用的催化剂主要由钒、钛、钨和钼等金属混合物组成,该类催化剂可催化 Hg^0 发生氧化反应,生成的 Hg^{2+} 可在烟气脱硫系统中被吸收。

传统的静电除尘器(ESP)除了可以系统脱除烟气中吸附在颗粒表面上的 Hg_p,还可以将部分 Hg^0 氧化,这是因为电除尘器电晕放电产生的臭氧可将 Hg^0 氧化为 Hg^{2+}。另外电晕放电产生的紫外线和高能电子流也可促进 Hg^0 向 Hg^{2+} 的转化。湿式电除尘器(WESP),其集尘板上水膜的洗涤作用可以进一步脱除粉尘、SO_3 和气溶胶等污染物,同时还可有效地协同脱除烟气中的汞。

湿法脱硫装置(WFGD)对烟气中的可溶性 Hg^{2+} 具有较高的脱除作用,但对于不溶于水的 Hg^0 的捕捉效果较差。杨宏旻等对 2 台 500 MW 煤粉锅炉配套的 WFGD 进行了现场测试,结果表明,WFGD 对烟气中 Hg^{2+} 的脱除效率可达 89.24%～99.1%;增加脱硫浆液和烟气体积比,有利于提高 WFGD 对 Hg^{2+} 的脱除效率;WFGD 对烟气中总汞的脱除效率可达 50% 以上。

(2)生物质焦吸附法

降低煤质活性炭的生产成本、减少碳排放、开发可再生脱汞吸附剂是烟气汞脱除技术的发展方向。生物质焦具有来源广泛、低碳环保、孔隙结构丰富等特性,经活化改性可转换为性能优良的脱汞吸附剂。对于生物质焦的研究还未投入商用,主要的研究方向在于对生物质材料的改性。Zhu 等利用 HBr、NH_4Br、$CaBr_2$、$(NH_4)_2SO_4$ 和 NH_4OH 对稻壳焦改性,结果表明,卤素改性能够增加汞脱除效率。Li 等对棉花秸秆焦进行卤素改性,并进行了模拟烟气的汞脱除,得到相同的结论。

(3)飞灰吸附法

燃煤电厂飞灰因其具有粒径小、含碳量低、较丰富的孔隙结构和表面特性以及富含多种能够催化氧化汞吸附的金属化合物和矿物组分而被广泛研究。飞灰主要由单质碳和无机矿物组成,如 Fe_2O_3、SiO_2 和无水石膏等。Dunham 等研究发现,类晶石型结构的氧化铁是汞氧化的活性物质,飞灰表面的理化特性对 Hg^0 的氧化和吸附具有重要影响。未改性飞灰的汞吸附效率较低,MarotoValer 等研究发现,飞灰表面的卤素及氧化官能团的存在有利于提高汞的吸附性能;潘雷的研究表明,改性后的飞灰对汞的脱除率可提高至 74.34%。

（4）矿物吸附剂法

矿物类吸附剂因具有储量丰富、价格低廉、对环境无毒无害等优点而被广泛用于燃煤烟气脱汞的研究中。该类吸附剂主要包括沸石、蛭石、高岭土、膨润土、硅土、浸盐硅碳纤维等。Jurng 等在固定床模拟烟气试验台上研究了沸石、膨润土、活性炭和木材焦对汞的脱除性能,结果表明,沸石和膨润土在 1 s 内对汞的脱除效率约为 50%;而活性炭和木材焦在 0.5 s 内对汞的脱除效率约为 100%。任建莉研究了沸石、膨润土和蛭石以及化学改性对气态汞的吸附情况,指出改性后 3 种矿石样品的吸附时间延长、汞的吸附能力也得到提高。目前,对矿物吸附剂的研究主要集中在化学改性以提升其脱汞能力。

2. 气相氧化法

气相氧化法是指通过高活性基团对 NO 和 Hg^0 进行预氧化,然后结合碱液的吸收作用,实现对 SO_2、NO 和 Hg^0 等多污染物一体化脱除的方法。根据产生高活性基团方法不同,可分为臭氧氧化法、等离子体氧化法和光催化氧化法三种。

（1）臭氧氧化法

臭氧氧化法是指利用 O_3 的强氧化性将烟气中的 NO 和 Hg^0 氧化到高价态,结合碱液吸收实现同时脱硫脱硝脱汞的方法。Wang 等人实验表明,O_3 浓度为 0.536 mg/L 时对 Hg^0 的氧化效率为 89%。NO 和 Hg^0 的氧化程度主要取决于 O_3 的浓度,为了减少臭氧消耗量,Ding 等人采用 O_3 氧化和 Ce-Ti 催化剂相结合的方式进行脱硫脱硝,成功以 0.14 mg/L 的 O_3 浓度实现了对 NO 和 SO_2 的脱除效率分别达到 95% 和 100%。Gomba 等人进行了烟气流量为 200 m^3/h 的中试实验,在 O_3/NO 物质的量比 2.0 时 NO 脱除效率达 95%,SO_2 脱除效率近 100%,Hg 脱除效率近 80%,并指出烟气中的 CO 会增加对 O_3 的消耗。

因为在现有阶段制造臭氧的设备价格昂贵,并且在运行设备中需要消耗较大的电能,因此,臭氧氧化法在实际中并未大规模应用。一些如山东滨化滨阳燃化有限公司自备电厂和杭州崇贤热电有限公司的烟气脱硝系统等采用了臭氧脱除技术,但是对于 300 MW 机组每小时需要约 142 t 标准煤,排放烟气量大约 1 400 000 m^3,保守估计每小时排放 NO_x 518 kg,SO_2 3 t,Hg 31.9 g,估算每小时需要 O_3 786 kg。这表明设备初期投资成本和运行成本都较高,因此在现代大型燃煤电厂并未大规模应用。

臭氧氧化法当前研究的重点是将其与催化剂相结合,降低臭氧的消耗量,同时研发低能耗、高产量的臭氧制备设备。

（2）等离子体氧化法

等离子体氧化法是指采用高压脉冲电源产生高能电子束轰击烟气中的 H_2O 和 O_2,产生具有氧化性的 ·OH、·O、O_3 等高活性基团,将 NO 和 Hg^0 氧化为 NO_2 和 Hg^{2+},结合碱液吸收进行一体化脱除 SO_2 和 Hg^0 的方法。Luo 等人通过介质阻挡放电产生的等离子体激发 H_2O 和 O_2 产生 ·OH、·O、O_3 等自由基进行了氧化 Hg^0 实验,在 20 mL/min 的等离子射流量和 4 kV 的放电电压下对 Hg^0 的氧化效率高达 98.3%,但在烟气气氛下对 NO 和

Hg^0 的脱除效率显著降低,究其原因可能是烟气中 SO_2 和 NO 对 Hg^0 的氧化起抑制作用。SO_2 的脱除主要依赖于·OH,NO 和 Hg^0 的氧化则主要靠·O 和 O_3 自由基,且 NO 对 Hg^0 的氧化起阻碍作用,其主要原因是 NO 会消耗用于氧化 Hg^0 的·O 和 O_3 自由基,且 NIST 数据库显示 NO 氧化的反应速率常数比 Hg^0 氧化的反应速率常数大 3 个数量级。烟气条件下,自由基(·OH、·O 和 O_3)同 NO、SO_2 和 Hg^0 的反应机制不明确,进而限制了烟气条件下对 NO 和 Hg^0 的脱除效率。

等离子体氧化法具有设备简单、占地面积小、无二次污染、可回收副产品等优点。此外,明确各个烟气成分对 Hg^0 氧化的影响机理将有助于提升多污染物联合脱除的效率,优化反应条件,进一步降低能耗。

以佛山市三水力泉树脂制品有限公司生产车间废气处理工程为例,系统在正常操作运行阶段无须追加能源,降低了燃料的消耗。系统投入运行后,年运行费用约 15.8 万元,日均 443 元,运行成本较低。然而,该技术仍存在一些挑战,如长寿命、窄脉冲、大功率的高压脉冲电源处于研究阶段,感应器和电源的有效匹配问题尚未解决。在现阶段的应用中,该技术仍需解决高能耗、放电参数的控制等问题。

（3）光催化氧化法

光催化氧化法是指利用紫外光照激发活化光催化剂的价带电子,激发出的光电子和空穴活化 H_2O 和 O_2,产生的 O_2^- 和·OH 与催化剂表面的气体污染物作用,将 SO_2、NO、Hg 催化氧化为 SO_3、NO_2、Hg^{2+} 的方法。Yuan 等人将 TiO_2 负载于 Al_2O_3 硅酸盐载体上,在 $3\ mW/cm^2$ 的紫外光强下对 SO_2、NO、Hg 的脱除效率分别为 33%、31%、80%,研究指出紫外光强是催化氧化效率的关键因素,烟气中的 NO 和 SO_2 在 TiO_2 表面发生竞争吸附,抢夺反应位点;NO 对 Hg 的脱除起抑制作用,而 SO_2 则对 Hg 的脱除起促进作用;O_2 对 SO_2、NO 和 Hg 的脱除起促进作用,而 H_2O 则起抑制作用。

光催化氧化法是一种清洁低能耗的污染物脱除方法。该法氧化反应条件温和,能耗低,在紫外光照射下即可发生光催化氧化反应,投资和运行费用低,工艺流程简单,但对 NO 的氧化能力明显不足,处理烟气量较小,尚处于实验室阶段,目前尚无工业化应用。

3. 湿式氧化法

湿式氧化法是指先利用液相氧化剂将 NO 和 Hg 氧化为 NO_2 和 Hg^{2+},再通过碱性吸收剂对 SO_2、NO_2、Hg^{2+} 进行一体化吸收脱除的方法,其技术关键在于对 NO 和 Hg^0 的快速氧化。常见的氧化剂主要有 $NaClO_2$、H_2O_2、芬顿试剂等。Zhao 等采用 $NaClO_2$ 和芬顿两种混合试剂作为氧化剂,雾化喷入烟气进行氧化,对 SO_2、NO、Hg 的脱除效率分别为 100%、81%、91%。研究表明,pH 值对 NO 的脱除效率影响显著,pH = 3 时脱硝效率为 87%,pH = 7 时脱硝效率为 55%。同样地,Hao 的研究也指出 pH 值对 NO 的脱除效率影响显著,只有在 pH < 1 的强酸性条件下,NO 的脱除率才能超过 80%,但是强酸性易造成管道腐蚀。

湿式氧化法能够综合去除 SO_2、NO 和 Hg 三种污染物,具有占地面积小、反应温度低、脱除效率高等优点。尽管该方法无理论难点,但氧化剂属消耗品,费用高,而且氧化剂为强酸性,对设备抗腐蚀性要求严格,这些问题制约了其发展。此外,高运行成本也影响了该技术的推广。目前,湿式氧化法仍处于实验室研究阶段。为了促进该技术的应用,降低氧化剂的消耗并提高在弱酸性条件下对 Hg^0 和 NO 的氧化效率将是关键。

4. 气固催化氧化法

气固催化氧化法是指先利用催化剂的高催化活性将 NO 和 Hg^0 氧化,后通过碱液对 SO_2、NO_2、Hg^{2+} 进行一体化吸收脱除的方法。该方法的技术关键在于对 NO 和 Hg^0 的快速高效氧化。Li 等人制备的锰钴负载铈改性的二氧化钛催化剂,在模拟烟气气氛下进行了 NO 和 Hg^0 的催化氧化实验,300 ℃下 NO 和 Hg^0 的氧化效率可达 40% 和 70%,但 SO_2 对其催化剂上 Hg^0 的氧化反应有明显抑制作用。气固催化氧化法是一种新型污染物一体化脱除方法,目前研究较少。该方法无须喷氨,可避免喷氨导致的氨泄漏和受热面堵塞等问题,不依赖氧化剂对 NO 和 Hg^0 进行氧化,降低运行成本的同时可以避免湿式氧化法易造成设备腐蚀的问题,具有潜在的研究价值。但对 NO 的催化氧化能力明显不足,且 SO_2 和 H_2O 易导致催化剂中毒失活,严重影响了 NO 和 Hg^0 的氧化。提高催化剂的催化活性和抗中毒性将成为该方法的研究重点。气固催化氧化法的理论难点在于,在复杂的烟气条件下,气固表面反应机理尚不清楚,SO_2 和 H_2O 对催化氧化反应的抑制机制尚不明确,进而限制了新型催化剂的设计开发。

第八章 燃煤烟气氮氧化物净化技术

燃煤烟气 NO_x 的净化技术可分为干法和湿法两大类,干法包括选择性催化还原法、选择性非催化还原法、吸附法等;湿法则包括酸吸收法、碱吸收法和液相络合吸收法等。选择性催化还原(selective catalytic reduction,SCR)作为一种高效、成熟的烟气脱硝方法,在 20 世纪 70 年代被日本率先用于控制电站锅炉 NO_x 的排放,现约有 170 套 SCR 系统运行在近 100 GW 的发电机组上。欧洲于 20 世纪 80 年代引进 SCR 脱硝工艺,并在多座电厂对 SCR 工艺与其他烟气脱硝工艺进行比较,结果表明,SCR 脱硝工艺是最好的烟气脱硝方法。目前,该方法已在中国、日本、美国等国家的燃煤电厂得到广泛应用。考虑到选择性催化还原法应用的广泛性和可靠性,本章重点介绍了选择性催化还原法净化燃煤烟气 NO_x。

第一节 选择性催化还原脱硝

一、反应原理

SCR 工艺是指在一定的温度和催化剂的作用下,烟气中的 NO_x 被还原剂选择性地还原为 N_2 和 H_2O 的过程,其反应原理如图 8-1 所示。290～400 ℃为还原反应的最佳温度范围。广泛应用的催化剂以 TiO_2 为载体,以 V_2O_5 或 V_2O_5-WO_3、V_2O_5-MoO_3 等为活性组分。目前用作还原剂的主要是氨水、液氮和尿素,其作用组分皆为 NH_3。其化学反应如下:

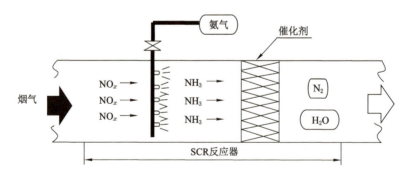

图 8-1 SCR 反应原理

$$4NH_3 + 4NO + O_2 \longrightarrow 4N_2 + 6H_2O \qquad (8\text{-}1)$$

$$4NH_3 + 2NO_2 + O_2 \longrightarrow 3N_2 + 6H_2O \qquad (8\text{-}2)$$

与氨有关的潜在氧化反应包括:

$$4NH_3 + 5O_2 \longrightarrow 4NO + 6H_2O \qquad (8\text{-}3)$$

$$4NH_3 + 3O_2 \longrightarrow 2N_2 + 6H_2O \qquad (8\text{-}4)$$

二、工艺流程

SCR 脱硝系统工艺流程如图 8-2 所示。SCR 脱硝系统由氨储存和供应系统、氨与空气混合稀释系统、稀释氨气与烟气混合系统、反应器系统、省煤器及检测和控制系统等子系统组成。

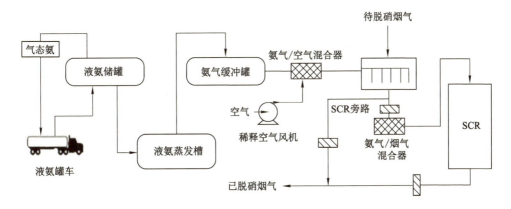

图 8-2　SCR 脱硝系统工艺流程

在实际操作中,储罐内的液氨被送至液氨蒸发槽,液氨在蒸发槽内被电厂 70~90 ℃预热热水汽化。氨气进入缓冲槽内,稳定蓄压后,依次经过氨气/空气混合器和氨气/烟气混合器。最后,混合均匀的气体进入催化剂反应床层,完成选择性催化还原过程。其中,氨的注入量根据实时监控的进出口 NO_x 和 O_2 浓度、烟气温度、稀释风机流量、烟气流量等确定。

三、布置方式

根据 SCR 脱硝反应器安装位置的不同,SCR 脱硝系统分为高温高尘布置、高温低尘布置和低温低尘布置三种方式,不同布置方式的 SCR 工艺流程如图 8-3 所示。

(一)高温高尘布置

高温高尘布置方式为 SCR 反应器位于锅炉省煤器和空气预热器之间,是最常用的 SCR 布置方式。由于烟气携带大量烟尘,烟气流向通常采用上进下出的方式,以避免烟尘沉积影响催化剂活性。在该布置方式下,进入反应器的烟气温度可达 300~500 ℃,通常金属氧化物催化剂在此温度范围内有足够的催化活性,烟气无须二次加热即可获得较好的脱硝效果。但烟气高尘的特点,会使催化剂的寿命受限:① 飞灰中的微量元素 K、Na、Ca、Si、As 等引起催化剂污染或中毒失活;② 飞灰使反应器磨损严重同时使蜂窝状催化剂堵塞;③ 烟气中的 SO_3 和 NH_3 反应产生硫酸铵、硫酸氢铵,造成反应器和空气预热器腐蚀和堵塞;④ 烟气温度过高时会使催化剂烧结,最终导致催化剂寿命大大缩短。

(二)高温低尘布置

高温低尘布置方式为 SCR 反应器位于锅炉省煤器之后的高温电除尘器和空气预热器之间。300~500 ℃的烟气先通过高温电除尘器,再进入 SCR 反应器,极大地避免了飞灰对反应器的磨损和对催化剂的污损。但是,烟气中含有的 SO_3 未得到有效去除,烟气中的

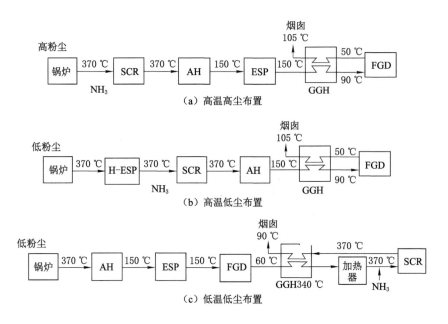

图 8-3　不同布置方式的 SCR 工艺流程图（AH 指空气预热器）

SO_3 和 NH_3 反应产生的硫酸铵仍有可能造成反应器堵塞；并且大部分电除尘器在如此高的烟气温度下无法正常运行。

（三）低温低尘布置

低温低尘布置方式为 SCR 反应器位于除尘器和烟气脱硫系统之后。经过除尘器和脱硫系统，大部分飞灰、SO_2、SO_3、重金属等物质得到了有效去除，催化剂和反应器不再受这些物质的影响。但是，烟气温度一般也仅有 50～60 ℃，需要经过二次加热将烟气温度提高至催化剂具有催化活性的温度，增加了能源消耗和运行费用。

上述三种布置方式的特征比较见表 8-1。

表 8-1　三种 SCR 布置方式的特征比较

项　　目	SCR 布置方式		
	高温高尘布置	高温低尘布置	低温低尘布置
催化剂的堵塞趋势	较大	较小	最小
催化剂的腐蚀程度	较大	较小	最小
催化剂的活性	较低	较高	高
催化剂的类型	防腐、防堵	一般	一般
催化剂的消耗量	大	较小	小
催化剂的寿命	短	较长	长
通过催化剂的气速	4～6 m/s，降低腐蚀	5～7 m/s，避免堵塞	—
空气预热器的堵塞	易堵塞	不易堵塞	不堵塞
吹灰器	需要	不需要	不需要
工程造价	低	较高	高

四、脱硝性能影响因素

SCR 脱硝过程中的影响因素主要有催化剂组成、烟气温度、停留时间（空速）和还原剂用量等。

（一）催化剂组成

按原材料进行划分，主要有以下三种催化剂：

（1）贵金属类催化剂，以 Pt、Ph 和 Pd 等贵金属作为活性组分，活性氧化铝为载体。这种催化剂在 20 世纪 70 年代开发并应用，但是其对 NH_3 有一定的氧化作用，易和硫反应，且价格昂贵，在 20 世纪 80 年代以后逐渐被金属氧化物类催化剂取代。

（2）金属氧化物类催化剂，以 V_2O_5、WO_3、Fe_2O_3、CuO、MgO、MoO_3 等金属氧化物或其联合作用的混合物为活性组分，TiO_2、Al_2O_3、ZrO_2、活性炭等作为载体。当采用这类催化剂时，还原剂一般选择 NH_3 或尿素。目前，V_2O_5/TiO_2 类催化剂是广泛应用的商业化烟气脱硝催化剂。

（3）沸石分子筛型催化剂，主要采用离子交换方法制成金属离子交换型沸石，其特点是反应温度较高，最高可达 600 ℃，但是该类型催化剂目前仍处在试验研究阶段，工业应用方面实例还较少。

（二）烟气温度

不同类型的催化剂对应的最佳反应温度范围不同，这就导致烟气温度对脱硝效率的影响取决于催化剂的种类。工业常用的烟气脱硝催化剂最佳的温度范围为 300～400 ℃。

当温度较低时，NH_3 还原 NO 的活性不但较低，还可能发生如下副反应：

$$4NH_3 + 3O_2 \longrightarrow 2N_2 + 6H_2O \tag{8-5}$$

$$2SO_2 + O_2 \longrightarrow 2SO_3 \tag{8-6}$$

$$2NH_3 + H_2O + SO_3 \longrightarrow (NH_4)_2SO_4 \tag{8-7}$$

$$NH_3 + H_2O + SO_3 \longrightarrow NH_4HSO_4 \tag{8-8}$$

当温度较高时，可能发生如下副反应：

$$4NH_3 + 5O_2 \longrightarrow 4NO + 6H_2O \tag{8-9}$$

（三）停留时间（空速）

反应器空速是指单位时间、单位体积催化剂处理的气体量，单位为 $m^3/(m^3$ 催化剂·h)，可简化为 h^{-1}。对于已知的反应装置，空速大意味着烟气在催化剂上的停留时间短。反之，烟气停留时间长。

一般来说，烟气在催化剂上的停留时间越长，脱硝效率越高。但是，长的停留时间不仅意味着催化剂用量的增大，投资运行费用的升高，而且 NH_3 的氧化反应也开始进行，导致脱硝效率的下降。因此，适宜的空速才能获得较高的净化效率。

（四）还原剂用量

还原剂 NH_3 的用量一般用 NH_3 与 NO_x 物质的量比来衡量。各种催化剂的活性不同，达到一定转化率所需的 NH_3 与 NO_x 物质的量比也不相同。NH_3 的用量应适当，如果 NH_3 的用量太少，反应不完全，转化率低；NH_3 的用量太多，造成 NH_3 损失，而且会带来 NH_3 泄漏问题。

五、技术特点

（1）占地面积小，技术成熟可靠，是目前世界唯一大规模投入商业应用并能满足日益严苛环保要求的脱硝技术。

（2）相较其他还原法技术，该技术脱硝效率高。

（3）具备多种布置方式，可根据现场实际需要灵活选择安装方式。

（4）该技术的不足之处在于催化剂管理费用和还原剂费用高昂，且还原剂（液氨）存储难度大，易引起泄漏或爆炸事故。

第二节　选择性非催化还原脱硝

一、SNCR 脱硝技术

选择性非催化还原法（SNCR）脱硝技术通常需要较高的反应温度（930～1 090 ℃），因此通常将还原剂注入炉膛或者紧靠炉膛出口的烟道。该技术最早在 20 世纪 70 年代中期由日本应用于燃油、燃气锅炉的烟气脱硝。到了 20 世纪 80 年代末，欧共体国家的燃煤电厂也开始逐渐采用该技术。然而在实际应用中，SNCR 技术的 NO 还原率较低，通常在 30%～60% 的范围。

（一）脱硝原理

选择性非催化还原法（SNCR）脱硝技术是指在反应温度 930～1 090 ℃、无催化剂条件下，利用 NH_3 或尿素等还原剂，选择性地将烟气中的 NO_x 还原为 N_2 和 H_2O 的方法。

以 NH_3 为还原剂时，主要的化学反应为：

$$4NH_3+4NO+O_2 \longrightarrow 4N_2+6H_2O \tag{8-10}$$

可能存在的副反应为：

$$4NH_3+5O_2 \longrightarrow 4NO+6H_2O \tag{8-11}$$

$$4NH_3+3O_2 \longrightarrow 2N_2+6H_2O \tag{8-12}$$

值得注意的是，还原剂注入温度处于最佳温度区时，反应（8-10）为主导反应；当温度超过 1 100 ℃时，反应（8-11）和反应（8-12）将会变为主导反应；温度低于 900 ℃，氨反应不完全致其残留量增加。

以尿素为还原剂的 SNCR 系统，其总反应可表示为：

$$2CO(NH_2)_2+4NO+O_2 \longrightarrow 4N_2+2CO_2+4H_2O \tag{8-13}$$

（二）工艺流程

SNCR 系统通常由还原剂贮槽、还原剂多层喷入装置和与之配套的控制系统组成。图 8-4 为 SNCR 工艺流程示意图。

由于 SNCR 对烟气温度要求较高，为保证脱硝效率，还原剂须喷到炉膛或紧靠炉膛出口的烟道内有效部位。若喷入的 NH_3 反应不完全，则会造成氨逃逸，而且可能与烟气中的 SO_3 反应生成铵盐，进而导致空气预热器的堵塞和腐蚀。

（三）影响脱硝性能的因素

SNCR 脱硝过程中的影响因素主要有反应温度、NH_3 与 NO_x 物质的量比、还原剂种

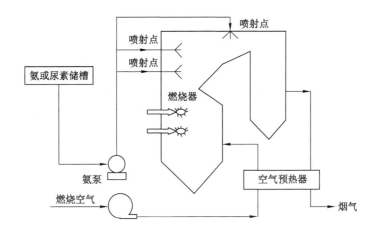

图 8-4　SNCR 脱硝系统工艺流程

类、烟气中氧气含量等。

1. 反应温度

在低温条件下（低于 900 ℃），由于脱硝反应不充分，导致氨逃逸量增加；而在高温条件下（高于 1100 ℃），NO_x 脱除效率因 NH_3 的副反应占主导地位而降低。

2. NH_3 与 NO_x 物质的量比

根据总反应式得知，理论上 SNCR 还原 1 mol NO 需要 1 mol NH_3，而实际运行中 NH_3 与 NO_x 物质的量比要比理论值大。NH_3 与 NO_x 物质的量比一般控制在 1.0～2.0 之间，最大不超过 2.5。当 NH_3 与 NO_x 物质的量比小于 2.0，NH_3 与 NO_x 物质的量比增大虽然有利于 NO_x 的还原，但是氨逃逸量也随之增大。

3. 还原剂种类

氨、氨水、尿素和碳酸氢铵是 SNCR 工艺中常用的还原剂，但在反应过程中，不同的还原剂，有效温度窗口不同。氨水的有效温度窗口为 700～1 000 ℃；尿素的有效温度窗口较窄，除了 900 ℃ 的最佳脱硝温度外，其他温度脱硝效果陡降；碳酸氢铵的有效温度窗口为 750 ℃～1 000 ℃

4. 烟气中氧气含量

O_2 含量为 0 时，NO_x 脱除效率很低；O_2 含量从 2% 增至 4%，NO_x 脱除效率不随之变化；随着 O_2 含量进一步增加，因为过量的 O_2 会增强对 NH_3 的氧化作用，NH_3 的逃逸量减少，但 NO_x 脱除效率降低。

（四）技术特点

（1）工艺简单，设备费用较低，运行成本较低。

（2）实际运行的脱氮效率较低，通常 NH_3 与 NO_x 物质的量比为 1.2～1.5 时，去除率只有 35%～45%。

（3）SNCR 装置不增加烟气系统阻力，不产生新的 SO_3，生成的硫酸铵量较少，对空预器的堵塞和腐蚀较轻。

（4）适用于不需要快速高效脱硝的工业炉窑。

二、SNCR/SCR 联合脱硝技术

SNCR/SCR 联合脱硝工艺是结合了 SNCR 经济、SCR 高效的特点而发展起来的一种新型技术。20 世纪 70 年代该工艺在日本的一座燃油装置上成功进行试验。混合工艺的前段为高温段(900～1 100 ℃),用 SNCR 法,后段为低温段(320～400 ℃),用 SCR 法。在联合工艺的设计中,氨与 NO_x 的充分混合一直是关注的重点。理论上,前段体系脱除部分 NO_x 时,逃逸的氨为后段体系提供了充足的氨(图 8-5)。但是要想控制好氨的分布以适应 NO_x 分布的变化是十分困难的。对这种潜在的分布不均,在理论上还没有好的解决办法,并且锅炉规模越大,这种分布就越不均。

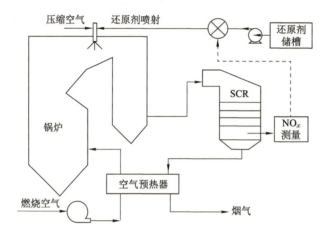

图 8-5　SNCR/SCR 联合工艺脱硝流程

联合工艺的运行体系是在 SNCR 温度窗口的末端喷入还原剂以逸出氨的生产模式运行的。这就要求调节氨的逸出量至满足 NO_x 总脱除效率和氨的最低逸出浓度。联合工艺的运行状况直接取决于进入后段体系催化剂内氨的量与 NO_x 的分布情况,较大偏差的分布会影响催化剂对整个系统运行的适应能力。若催化剂上的氨得不到充足的 NO_x,部分氨未发生反应就通过了催化剂,造成过高的氨逃逸量;若高浓度 NO_x 区域处没有充足的氨,则在这些催化区域没有 NO_x 还原反应发生,造成 NO_x 排放超标。

与 SNCR 和 SCR 工艺相比,联合工艺具有以下优点:脱硝效率高,催化剂用量少,反应塔体积小,空间适应性强,脱硝系统阻力小,SO_2/SO_3 氧化率较低,对下游设备腐蚀相对较小,省去 SCR 旁路以及催化剂的回收处理量少等。

第三节　吸收法与吸附法脱硝

一、吸收法脱硝技术

从排烟中去除 NO_x 的过程简称为"排烟脱氮"或"排烟脱硝"。排烟中的 NO_x 主要是 NO,用吸收法脱氮之前应将 NO 氧化。由于所选的吸收剂不同,吸收法净化 NO_x 又可分为水吸收法、酸吸收法、碱吸收法、氧化还原吸收法、液相还原吸收法、络合吸收法等多种。

（一）酸吸收法净化 NO_x 废气

1. 脱硝原理

浓硫酸和硝酸都可用来吸收废气中的 NO_x。

用浓硫酸吸收 NO_x 的反应为：

$$NO+NO_2+2H_2SO_4（浓）\longrightarrow 2NOHSO_4+H_2O \tag{8-14}$$

其生成物为亚硝基硫酸，它可用于硫酸生产。

稀硝酸吸收 NO_x 是利用 NO_x 在稀硝酸中有较高的溶解度来进行吸收的。由于 NO 在 12％以上硝酸中的溶解度比在水中大 100 倍以上，故可用硝酸吸收 NO_x 废气。硝酸吸收 NO_x 以物理吸收为主，最适用于硝酸尾气处理，因为可将吸收的 NO_x 返回原有硝酸吸收塔回收为硝酸。

除使用单一酸对其溶解吸收外，还可用硝酸将 NO 氧化为 NO_2，进而提高氧化度后再用碱液吸收，即硝酸氧化-碱吸收法。用含有较高体积分数（44％～47％）的硝酸反应如下：

$$NO+2HNO_3 \longrightarrow 3NO_2+H_2O \tag{8-15}$$

2. 工艺流程

稀硝酸吸收法工艺流程简单，操作稳定，可以回收 NO_x 为硝酸，但气液比较小，酸循环量较大，能耗较高。由于我国硝酸生产吸收系统本身压力低，至今未单独用于硝酸尾气处理。

硝酸氧化-碱吸收法的成本较低，目前国内有硝酸厂采用硝酸氧化法处理硝酸尾气，其工艺流程如图 8-6 所示。随着反应的进行，硝酸和碱液浓度不断下降。需向系统补充硝酸和碱液，反应副产物硝酸盐和亚硝酸盐可以进一步工业利用。

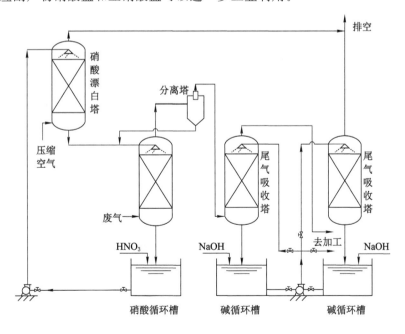

图 8-6 硝酸氧化-碱吸收工艺流程

硝酸氧化-碱吸收工艺脱硝过程中的主要影响因素有氧化温度、硝酸中 N_2O_4 含量等。

实践证明,硝酸中 N_2O_4 含量超过 0.2 g/L 时,对 NO 的氧化效率直线下降;氧化反应最佳的温度在 40 ℃左右。

(二)碱吸收法净化 NO_x 废气

1. 脱硝原理

碱吸收法的实质是酸碱中和反应,在吸收过程中,首先,NO_2 溶于水生成硝酸 HNO_3 和亚硝酸 HNO_2;气相中的 NO 和 NO_2 生成 N_2O_3,N_2O_3 也将溶于水而生成 HNO_2。然后 HNO_3 和 HNO_2 与碱(NaOH、Na_2CO_3 等)发生中和反应生产硝酸钠和亚硝酸钠。碱性溶液和 NO_2 反应生成硝酸盐和亚硝酸盐,和 N_2O_3 反应生成亚硝酸盐,其反应为:

$$2MOH + NO + NO_2 \longrightarrow 2MNO_2 + H_2O \tag{8-16}$$

$$2MOH + 2NO_2 \longrightarrow MNO_3 + MNO_2 + H_2O \tag{8-17}$$

$$NO + NO_2 + Na_2CO_3 \longrightarrow 2NaNO_2 + CO_2 \uparrow \tag{8-18}$$

$$2NO_2 + Na_2CO_3 \longrightarrow NaNO_2 + NaNO_3 + CO_2 \uparrow \tag{8-19}$$

式中,M 可代表 Na^+、K^+、Ca^{2+}、Mg^{2+}、NH_4^+ 等,当用氨水吸收 NO_x 时,挥发的 NH_3 在气相与 NO_x 和 H_2O 反应生成铵盐,反应如下:

$$2NH_3 + NO + NO_2 + H_2O \longrightarrow 2NH_4NO_2 \tag{8-20}$$

$$2NH_3 + 2NO_2 + H_2O \longrightarrow NH_4NO_2 + NH_4NO_3 \tag{8-21}$$

2. 工艺流程

碱液吸收法广泛用于我国的 NO_x 废气治理,其工艺流程和设备较简单,还能将 NO_x 回收为有用的亚硝酸盐产品,但一般情况下吸收效率不高。为进一步提高吸收效率,又开发了氨-碱溶液两级吸收工艺,如图 8-7 所示。

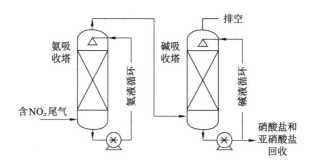

图 8-7 氨-碱溶液两级吸收工艺流程

首先,氨与 NO_x 和水蒸气进行完全气相反应,生成硝酸铵和亚硝酸铵白烟雾;然后用碱性溶液进一步吸收未反应的 NO_x,生成硝酸盐和亚硝酸盐。吸收液经多次循环、碱液耗尽后,将含有硝酸盐和亚硝酸盐的溶液回收利用。

(三)液相还原吸收法净化 NO_x 废气

1. 脱硝原理

通过使用液相还原剂将 NO_x 还原为 N_2。常用的还原剂包括亚硫酸盐、硫化物、硫代硫酸盐等,反应分别如下:

$$4Na_2SO_3 + 2NO_2 \longrightarrow 4Na_2SO_4 + N_2 \tag{8-22}$$

$$Na_2S_2O_3 + 2NO_2 + 2NaOH \longrightarrow 2Na_2SO_4 + H_2O + N_2 \tag{8-23}$$

$$Na_2S + 2NO \longrightarrow Na_2NO_2 + S + 1/2N_2 \tag{8-24}$$

但是,液相还原剂并不能将 NO 还原为 N_2,而是生成 N_2O,且反应速度不快。因此,液相还原吸收法必须将 NO 氧化为 NO_2 或 N_2O_3。

2. 工艺流程

由于液相还原吸收法净化 NO_x 产物为 N_2,并无经济利用价值。因此,为了提高对 NO_x 废气的利用价值,一般先采用碱液吸收或稀硝酸吸收,回收部分 NO_x 后,再用还原吸收法作为尾气处理手段。实际生产中,同时生产硝酸和硫酸的工厂先将 NO_x 废气通过碱液吸收部分 NO_x 生成硝酸盐和亚硝酸盐后,再将气体通过用 NH_3 吸收法处理硫酸尾气得到亚硫酸铵和亚硫酸氢铵溶液,最后产出硫铵化肥,流程如图 8-8 所示。

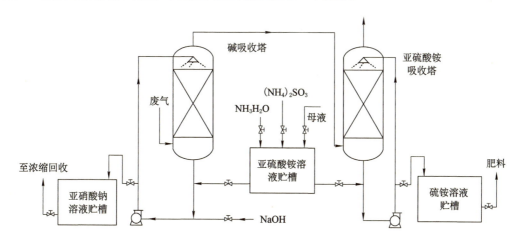

图 8-8　碱液亚硫酸铵溶液两级脱 NO_x 流程

液相还原吸收法同水和酸碱吸收法相比,脱硝效率一般可达到 40%～60%。但是,此法一般适用于 NO_2/NO 比例较高的废气,且不适合燃煤锅炉尾气的脱硝处理。

二、吸附法脱硝技术

吸附法净化 NO_x 气体是利用吸附剂对 NO_x 的吸附量随温度或压力的变化而变化的原理,通过周期性地改变反应器内的温度和压力,来控制 NO_x 的吸附,以达到将 NO_x 从气源中分离出来的目的。吸附法既能比较彻底地消除 NO_x 的污染,又能将 NO_x 回收利用。常用的吸附剂有分子筛、硅胶、活性炭和活性氧化铝等。

（一）活性炭吸附净化 NO_x

1. 脱硝原理

活性炭是一种很细小的炭粒,有很大的表面积,其内部还包含更细小的孔道——毛细管。这些毛细管具有很强的吸附能力。由于活性炭的表面积很大,能与气体(杂质)充分接触,可利用其微孔结构和官能团吸附 NO_x,并将反应活性较低的 NO 氧化为反应活性较高的 NO_2。

2. 工艺流程

活性炭吸附法工艺流程如图 8-9 所示。

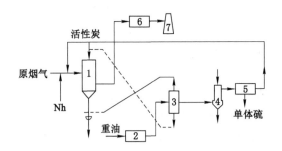

1—吸收器；2—热风炉；3—脱吸器；4—SO₂还原炉；5—冷却器；6—除尘器；7—烟囱。

图 8-9　活性炭吸附法工艺流程图

在烟气中无 SO_2 气体存在的条件下，活性炭具有较高的脱氮效率，当活性炭达到动态吸附平衡时，脱氮效率大于 75％；当烟气中同时存在 SO_2 和 NO_x 时，活性炭吸附 SO_2 的容量及吸附饱和时间均增加，而脱硫效率、吸附速率和吸附带长度则变化很小。由于物理吸附的 NO 被 SO_2 置换解析，活性炭吸附 NO_x 的容量和动态吸附平衡时间急剧下降，脱氮效率很低，吸附带长度增加，吸附速率下降。

3. 影响因素

活性炭吸附脱硝主要影响因素包括：活性炭吸附剂性质、吸附质性质、废气中共存物质成分、废气温度和接触时间等。

（1）活性炭吸附剂性质

活性炭的表面积越大，吸附能力就越强；活性炭是非极性分子，因此易于吸附非极性或极性很低的吸附质；活性炭吸附剂颗粒的大小、细孔的构造和分布情况以及表面化学性质等也对吸附过程有很大的影响。

（2）吸附质性质

吸附质的性质取决于其溶解度、表面自由能、极性、吸附质分子的大小和不饱和度、吸附质的浓度等。烟气中的氮氧化物通常具有极性，因此单纯使用活性炭可能无法达到理想的吸附效果，但是经过酸碱或盐溶液等改性处理后，吸附效果会显著提高。

（3）废气中共存物质成分

当存在多种吸附质时，活性炭对某种吸附质的吸附能力通常会比单独存在该吸附质时的吸附能力差。由于烟气中的氮氧化物通常是多种气体的混合物，因此使用活性炭吸附会比单纯吸附某一物质的效果稍差点。

（4）废气温度

废气温度对活性炭的吸附影响较小。但是废气温度过高或过低会显著影响活性炭的吸附效果，尤其是在过高的温度下，活性炭容易燃烧，故要避免高温环境或在无氧条件下进行操作。

（5）接触时间

应保证活性炭与吸附质有一定的接触时间，使吸附接近平衡，充分利用吸附能力。活性炭吸附氮氧化物的接触时间是通过空速来衡量的，空速越大，接触时间越少，吸附效果越差。

4. 技术特点

(1) 优点

① 活性炭材料本身具有非极性、疏水性、较高的化学稳定性和热稳定性,可进行活化和改进性,还具有催化能力、负载性能和还原性能以及独特的孔隙结构和表面化学特性。

② 在近常温下可以实现一体化联合脱除 SO_2、NO_x 和粉尘,SO_2 脱除率可达到 98% 以上,NO_x 的脱除率可超过 80%。同时吸收塔出口烟气粉尘含量 20 mg/m^3。

③ 吸附剂可循环使用,处理的烟气排放前不需要加热,投资省,工艺简单,操作方便,可对废气中的 NO_x 进行回收利用,占地面积小。

(2) 缺点

① 活性炭价格目前相对较高;强度低,在吸附、再生、往返使用中损耗大;挥发分较低,不利于脱硝。

② 吸附剂吸附容量有限,常须在低气速(0.3~1.2 m/s)下运行,因而吸附器体积较大;活性炭易被烟气中的 O_2 氧化导致损耗;长期使用后,活性炭会产生磨损,并会因微孔堵塞而丧失活性,从而需要再生处理。

③ 过程为间歇操作,投资费用高,能耗大。

(二) 分子筛吸附净化 NO_x

1. 脱硝原理

分子筛是人工水加热后黏合而成的硅铝酸盐结晶体,其硅铝比不一样,生成的各种分子筛型号也不一样,如 A 型、X 型、Y 型等。这些分子筛通过交换不一样的金属阳离子而形成不同种类的分子筛。根据结晶体内部孔穴体积,分子筛可以吸附或摈斥不同的物质分子,同时依据物质分子极性或可极化度而体现吸附的强弱,从而达到分离的效果,故而被形象地称为"分子筛"。以天然丝光沸石分子筛为例,其吸附原理为:当含氮氧化物的尾气通过丝光沸石分子筛床层时,因 H_2O 和 NO_2 分子的极性很强,被选择性地吸附在分子筛表面上,二者在表面生成硝酸并放出 NO,反应如下:

$$NO_2 \xrightarrow{\text{吸附}} NO_2^* \tag{8-25}$$

$$H_2O \xrightarrow{\text{吸附}} H_2O^* \tag{8-26}$$

$$NO_2^* + H_2O^* \longrightarrow HNO_3^* + NO \tag{8-27}$$

放出的 NO 连同尾气中的 NO,与氧气在沸石分子筛表面上被催化氧化为 NO_2,并与被吸附的 H_2O 作用,进一步反应:

$$NO \xrightarrow{\text{吸附}} NO^* \tag{8-28}$$

$$O_2 \xrightarrow{\text{吸附}} O_2^* \tag{8-29}$$

$$2NO^* + O_2^* \longrightarrow 2NO_2 \tag{8-30a}$$

$$3NO_2^* + H_2O \longrightarrow 2HNO_3^* + NO \tag{8-30b}$$

这样经过一定床层高度后,尾气中的 NO_x 和水均被吸附。当温度升高时,丝光沸石分子筛对 NO_x 的吸附能力大大降低,此时可用水蒸气将被吸附的 NO_x 脱附置换出来,脱附后丝光沸石分子筛经干燥再生。

2. 工艺流程

丝光沸石分子筛吸附 NO_x 工艺流程如图 8-10 所示。含 NO_x 尾气首先进入冷却塔 3

进行冷却,然后经过丝网过滤器 4 进入吸附器 5。吸附后的净气排空,当净气中的 NO_x 含量达一定浓度时,切换为再生操作,将净化后的废气导入另一吸附器。再生操作包括升温、脱附、干燥、冷却几个步骤。先把蒸汽通入吸附器内,使床层升至一定温度,再从吸附器顶部直接通入蒸汽,把被吸附的硝酸和 NO_x 脱附,经冷凝冷却器 7 进行气液分离,冷凝下来的稀硝酸经过酸计量槽 8 回到硝酸贮槽中。

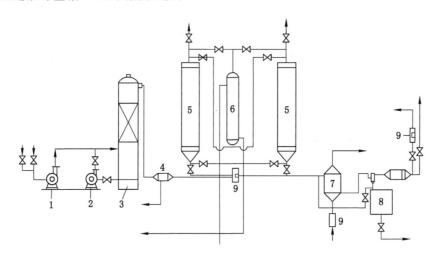

1—风机;2—酸泵;3—冷却塔;4—丝网过滤器;5—吸附器;6—加热器;7—冷凝冷却器;
8—酸计量槽;9—转子流量计。

图 8-10　丝光沸石分子筛吸附 NO_x 工艺流程示意图

3. 技术特点

(1) 具有极高的深度干燥分离度;

(2) 可有效地避免分离时所产生的共吸附现象,提高产品得率;

(3) 可在同一系统中同时完成干燥和物质的纯化;

(4) 在较高的温度条件下,同样具有一定的吸附容量;

(5) 分子筛系统较其他干燥和分离装置,设备投资低,运转成本低。

(三) 硅胶吸附法净化 NO_x

硅胶是二氧化硅微粒子的三维凝聚多孔体的总称,化学组成为 $SiO_2 \cdot xH_2O$,属于无定形体,由 Si—O 四面体为基本单元相互堆积而成,比表面积一般为 $200 \sim 800$ m²/g。硅胶具有吸附性能高、热稳定性好、化学性质稳定、有较高的机械强度等特点。硅胶表面具有大量的硅羟基,这使其具有吸附选择性,因此硅胶可以优先吸附极性分子和不饱和的碳氢化合物。

以水玻璃先制得 $mSiO_2 \cdot nH_2O$,然后经老化脱水、成型、干燥、焙烧等工艺加工即可制得所需的各种类型的硅胶。燃烧后烟气中的 NO 因硅胶的催化作用被氧化成 NO_2,同烟气本身产生的 NO_2 一并被硅胶吸附,吸附到一定程度后可加热脱附再生。它的脱硝原理与前述的活性炭有很多相似之处,在此就不再赘述。

(四) 活性氧化铝吸附净化 NO_x

活性氧化铝是一种用途广泛的化学品,有很多种形态。到目前为止已知它有 8 种以上的形态。常用作吸附剂的是 γ-Al_2O_3，比表面积为 $100\sim200$ m^2/g。活性氧化铝具有很好的吸附性能，并且再生工艺简单，可循环使用，是最早得到工业化应用的吸附剂之一。关于活性氧化铝的吸附性能，Pevi 等曾提出一个模型，模型指出活性氧化铝的活性中心可以吸附水、氨、烃等多电子化合物。

活性氧化铝最常用的制备方法是将氢氧化铝加热使其脱水。起始氢氧化铝的形态（如晶型、力度）、加热时的气氛与速率、杂质含量等均会对最后制得的氧化铝的形态产生很大的影响。Al_2O_3 一般与 CuO 联合使用脱硝，而且大多为同时脱硫脱硝，这在后文有详细介绍。

第四节　同时脱硫脱硝

目前，烟气同时脱硫脱硝技术大多还处在试验研究和工业示范阶段。由于这套技术可以在一套系统中实现同步脱硫脱硝，随着国家对 NO_x 排放标准的不断提高，这类技术日益受到重视。同时脱硫脱硝技术分为低温等离子体法、湿法和干法三类。

一、低温等离子体同时脱硫脱硝技术

低温等离子体同时脱硫脱硝技术包括电子束照射法、脉冲电晕放电法、高压直流电晕法等，其基本原理为：在外加电场下，放电产生大量高能电子与燃煤烟气中氧气分子碰撞，使其裂解、激活或电离，产生具有高活性的自由基，使燃煤烟气中的 SO_2 和 NO_x 氧化为高价态氧化物，经过碱液或氨的处理后可达到一体化脱除的目的。

（一）电子束照射法（EBA）

电子束照射法（EBA）于 1970 年由日本荏原（Ebara）公司提出，经过数十年的研究开发，已经从理论实验研究逐步走向工业化。

1. 技术原理

电子束中的高能电子与烟气中的气体分子碰撞产生的活性自由基（$\cdot O$、O_3、$\cdot OH$ 等），将 NO_x 和 SO_2 氧化，再与通入的 NH_3 反应，生成硫酸铵和硝酸铵，达到同时脱硫脱硝的目的。主要反应如下：

（1）自由基生成：

$$N_2,O_2,H_2O+e^- \longrightarrow OH\cdot,O\cdot,HO_2\cdot,N\cdot \tag{8-31}$$

（2）SO_2 的氧化：

$$SO_2+O\cdot \longrightarrow SO_3 \tag{8-32}$$

$$SO_3+H_2O \longrightarrow H_2SO_4 \tag{8-33}$$

$$SO_2+OH\cdot \longrightarrow HSO_3\cdot \tag{8-34}$$

$$HSO_3\cdot+OH\cdot \longrightarrow H_2SO_4 \tag{8-35}$$

（3）NO_x 的氧化：

$$NO+O\cdot \longrightarrow NO_2 \tag{8-36}$$

$$NO_2+OH\cdot \longrightarrow HNO_3 \tag{8-37}$$

（4）硫酸铵与硝酸铵的生成：

$$H_2SO_4+2NH_3 \longrightarrow (NH_4)_2SO_4 \tag{8-38}$$

$$HNO_3 + NH_3 \longrightarrow NH_4NO_3 \qquad (8-39)$$

2. 工艺流程

电子束照射法工艺流程如图 8-11 所示。锅炉烟气经除尘后进入冷却塔,烟温经喷雾冷却至 65~70 ℃。在烟气进入反应器之前,按化学计量数注入相应的氨气。在反应器内,NO_x 和 SO_2 被氧化为 SO_3 和 NO_2 后,与氨反应生成硫酸铵和硝酸铵。最后将生成的硫酸铵和硝酸铵用静电除尘器收集后,净化后的烟气经烟囱排放。副产品可作为化肥销售。

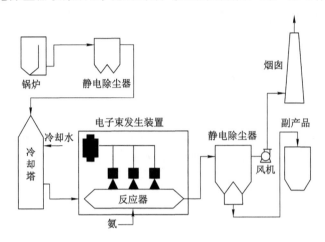

图 8-11　电子束照射法工艺流程

3. 影响因素

电子束照射法同时脱硫脱硝的影响因素包括:辐射剂量、烟气温度和烟气含水量等。

(1) 辐射剂量

SO_2 和 NO_x 的去除效率随着辐射剂量的提高而提高。同时,要想获得较高的脱硫脱硝去除率,所需的辐射剂量应在 1 Mrad 以上。

(2) 烟气温度

试验得知,随着烟气温度的降低,SO_2 和 NO_x 的去除效率逐渐升高。并且,对于 NO_x 来说,最佳的烟气处理温度在 70 ℃左右。

(3) 烟气含水量

水分的存在对 SO_2 和 NO_x 的去除效率有些不同。在烟气中不含水分时,SO_2 的去除效率几乎为零,而当水分含量在 $0.26\% \sim 8\%$ 时,SO_2 有明显的去除效率,但差别不大。而烟气含水量的变化对 NO_x 的去除效率有明显影响,一般 NO_x 的去除效率随含水量的增加而增加。

4. 技术特点

(1) 电子束照射法属于干法同时脱硫脱硝范畴,并不会产生废水和废渣;

(2) 可同时脱硫脱硝,对 SO_2 和 NO_x 的去除效率分别可达到 90% 和 80% 以上;

(3) 反应系统简单,操作方便,过程易于控制;

(4) 对于不同工况的烟气有较好的适应性;

(5) 副产物硫酸铵和硝酸铵可作为化肥再利用。

（二）脉冲电晕放电法

脉冲电晕放电法是在电子束照射法的基础上发展起来的。1986年，Masuda等根据电子束照射法的特点首先提出脉冲电晕放电法（PPCP），采用几万伏以上的脉冲电源代替电子加速器，利用快速上升的高压窄脉冲电场产生高能电子（$5\sim20$ eV），来产生低温等离子体。

脉冲电晕放电法利用高压窄脉冲电场产生的高能电子与烟气中的中性气体分子碰撞产生具有强氧化性的活性自由基（$\cdot O$、O_3、$\cdot OH$ 等）。这些活性物质将 SO_2 和 NO_x 氧化为高价态氧化物，在有氨和水共存的条件下生成硫铵和硝铵固体盐类。

用于描述脉冲电晕特性的主要参数包括：脉冲电压、电流和能量的峰值、上升时间、脉宽、重复频率、单次脉冲能量、单次脉冲电量等。由于脉冲电晕只提高电子温度，而不提高离子温度，能量效率化要远远高于电子束照射法。

（三）高压直流电晕法

高压直流电晕法是在直流高压作用下，利用电极间电场的分布不均匀而产生电晕的一种放电形式，目前该技术广泛应用于静电除尘、印刷等方面。该方法脱硫脱硝原理与脉冲电晕放电法相似，利用外加电源产生的高能电子与烟气中的中性气体分子碰撞产生大量活性粒子形成流光电晕进而将 SO_2 和 NO_x 氧化为高价态氧化物，在氨和水共存的条件下生成无害物质。Chen通过对正直流电晕放电下电子密度和电子能量的分布计算，证实了直流电晕放电可以将 SO_2 和 NO_x 氧化。

Chang等对直流电晕脱硫脱硝的研究表明：在氩和氨的存在下，电晕放电可以被极大地增强；SO_2 和 NO_x 的去除效率并不一直随着外加电压的增大而增大，存在最佳的放电电压。Chang等在2003年进行的燃煤锅炉烟气高压直流电晕放电脱硫脱硝的试验工厂测试结果：每输入 1 kW·h 能量可脱除约 9 kg 的 SO_2，脱除效率高达99%；同时，每输入 1 kW·h 能量可脱除约 125 g 的 NO_x。

二、湿法同时脱硫脱硝技术

（一）氯酸氧化法

1. 反应原理

氯酸的酸性比硫酸还要强，属于可电离强酸。氯酸是一种强氧化剂，在酸性条件下，其氧化性要高于高氯酸。在氧化吸收塔中，对于 NO_x 的去除，理论上是 NO 与 $HClO_3$ 先发生反应生成 ClO_2 和 NO_2，ClO_2 进一步和气液两相中的 NO_2 反应最终生成 HCl、HNO_3 和 H_2O。对于 SO_2 的去除，包括气相反应和液相反应两部分。SO_2 在液相中与 $HClO_3$ 反应生成 H_2SO_4 和 ClO_2，ClO_2 进一步与气相中的 SO_2 反应生成 HCl 和 SO_3。在碱式吸收塔中，来自氧化吸收塔的最终产物与碱液反应产生盐类，最终达到同时脱硫脱硝的目的。

（1）脱硝过程

液相中 NO 与氯酸的反应：

$$NO + 2HClO_3 \longrightarrow NO_2 + 2ClO_2 + H_2O \tag{8-40}$$

气相中 NO_x 与 ClO_2 的反应：

$$5NO + 2ClO_2 + H_2O \longrightarrow 5NO_2 + 2HCl \tag{8-41}$$

$$5NO_2 + ClO_2 + 3H_2O \longrightarrow HCl + 5HNO_3 \tag{8-42}$$

脱硝总反应：

$$13NO + 6HClO_3 + 5H_2O \longrightarrow 3NO_2 + 6HCl + 10HNO_3 \tag{8-43}$$

（2）脱硫过程

液相中 SO_2 与氯酸的反应：

$$SO_2 + 2HClO_3 \longrightarrow SO_3 + 2ClO_2 + H_2O \tag{8-44}$$

$$SO_3 + H_2O \longrightarrow H_2SO_4 \tag{8-45}$$

净反应：

$$SO_2 + 2HClO_3 \longrightarrow 2ClO_2 + H_2SO_4 \tag{8-46}$$

气相中 SO_2 与 ClO_2 的反应：

$$4SO_2 + 2ClO_2 \longrightarrow 4SO_3 + Cl_2 \tag{8-47}$$

$$Cl_2 + H_2O \longrightarrow HCl + HOCl \tag{8-48}$$

$$SO_2 + HOCl \longrightarrow SO_3 + HCl \tag{8-49}$$

脱硫总反应：

$$6SO_2 + 2HClO_3 + 6H_2O \longrightarrow 6H_2SO_4 + 2HCl \tag{8-50}$$

2. 工艺流程

氯酸氧化法又称 Tri-NO$_x$-NO$_x$ Sorb 法。氯酸氧化法采用氧化吸收塔和碱式吸收塔两段工艺来实现同时脱硫脱硝。烟气先通过以 $HClO_3$ 作为氧化剂的氧化吸收塔,再通过含有碱液（一般使用 NaOH 和 Na$_2$S 作为吸收剂）的碱式吸收塔。氯酸氧化法同时脱硫脱硝的工艺过程如图 8-12 所示。

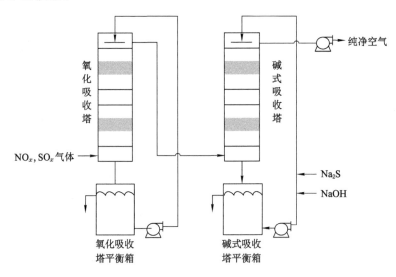

图 8-12　氯酸氧化法同时脱硫脱硝工艺流程

3. 技术特点

（1）与 SCR、SNCR 相比,氯酸氧化法对烟气中 NO$_x$ 浓度的要求不高,可在更大的浓度范围内脱除 NO$_x$;

（2）对设备的腐蚀性强,对设备的防腐蚀性能要求较高,增加了设备投资及运行费用;

且废液处理难度较大；

（3）运行中产生的酸性废液存在运输及贮存问题。

（二）WSA-SNO$_x$ 法

WSA-SNO$_x$ 技术即湿式洗涤并脱除 NO$_x$（wet scrubbing additive for NO$_x$ removal）技术，是针对电厂日益严格的 SO$_2$、NO$_x$、粉尘排放标准而设计的高级烟气净化技术。

在 WSA-SNO$_x$ 工艺中（图 8-13），烟气首先经过 SCR 反应器，NO$_x$ 在催化剂作用下被氨气还原为 N$_2$。随后烟气进入改质器，SO$_2$ 在此被固相催化氧化为 SO$_3$，SO$_3$ 经过 GGH 后进入 WSA 冷凝器被水吸收转变为硫酸，并进一步浓缩为可销售的浓硫酸（浓度超过 90%）。

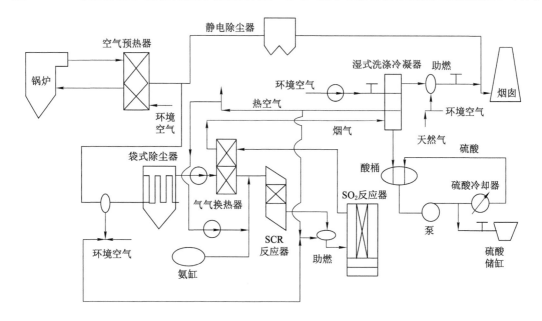

图 8-13　WSA-SNO$_x$ 工艺流程

与其他脱硫技术相比，WSA-SNO$_x$ 技术除消耗氨气外，不消耗其他化学品，不产生其他湿法脱硫产生的废水、废弃物等二次污染，不产生采用石灰石脱硫所产生的 CO$_2$（CO$_2$ 作为温室气体，其排放也要受到限制）。WSA-SNO$_x$ 技术还具有较低的运行和维护要求，而且具有高的可靠性。不足之处是能耗较大，投资费用较高，而且产品浓硫酸的储存及运输较困难。

（三）磷矿浆添加泥磷一体化脱硫脱硝法

磷矿浆法烟气脱硫是以磷矿中过渡金属铁离子为催化剂，利用烟气中的剩余氧，将溶液中亚硫酸催化氧化为硫酸，不断增加溶液的硫容量和吸收烟气中 SO$_2$ 的能力，达到脱硫的目的。这些过渡金属离子对促进 NO 的吸收亦有一定的积极作用，但由于 NO 本身的难溶性，大部分的 NO 仍残留在烟气中，难以被磷矿浆吸收，达不到脱硝目的。为了增强磷矿浆对 NO 的脱除能力，梅毅等发明了在磷矿浆中添加泥磷的方法，先利用泥磷中的磷与氧气反应产生 O$_3$，O$_3$ 将难溶的 NO 氧化为易溶的高价氧化物，再用磷矿浆吸收脱除 NO$_x$。

图 8-14 为磷化工生产过程中，利用磷矿浆和泥磷配制成氧化吸收剂进行一体化脱硫脱

硝工艺流程示意图。先将烟气通入氧化塔,使之与含泥磷的磷矿浆充分接触反应,利用泥磷中的磷与氧气反应产生的 O_3 将烟气中的 NO 氧化为易溶的高价氧化物,再将烟气依次通入一级、二级吸收塔,利用磷矿浆吸收其所含的硫化物和 NO_x。反应后的磷矿浆回收后直接用于湿法磷酸的生产。

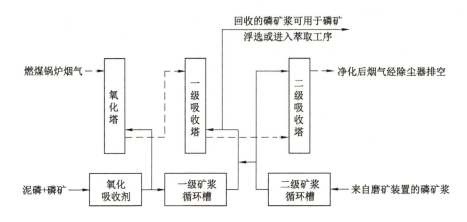

图 8-14　磷矿浆添加泥磷一体化脱硫脱硝工艺流程

（四）液相络合吸收法

传统的湿法脱硫工艺 SO_2 的去除率可达 90％以上,但由于烟气中 NO_x 主要以 NO 的形式存在,而 NO 又基本不溶于水,无法进入到液相中,难以脱除。因此,液相络合吸收法的原理是利用一些金属螯合物与 NO 迅速反应生成络合物,促进 NO 进入到液相中。Sada 等在 1986 年就发现一些金属螯合物,像 Fe(Ⅱ)·EDTA 等可以快速地与溶解的 NO 反应形成络合物,并且该络合物可以与亚硫酸氢根离子反应释放出 Fe(Ⅱ)·EDTA 以进一步吸收 NO。这样的协同作用使得液相络合吸收法可以达到同时脱硫脱硝的目的。但是,Fe(Ⅱ)·EDTA 中的亚铁离子易被溶解的氧或别的官能团氧化而失去活性,因此加入一定的抗氧化剂或还原剂是十分有必要的。

液相络合吸收法可同时脱硫脱硝,但目前仍处于试验阶段。该技术面临螯合物的循环利用困难、螯合物对烟气成分要求较高以及废液处理复杂等难题,这些问题导致该法尚未在工业上得到应用。

三、干法同时脱硫脱硝技术

（一）CuO 同时脱硫脱硝工艺

CuO 作为活性组分同时脱硫脱硝已经得到较深入研究,其中以 CuO/Al_2O_3 和 CuO/SiO_2 为主。CuO 含量通常占 4％～6％,在 300～450 ℃的温度范围内,与烟气中的 SO_2 发生反应,生成的 $CuSO_4$ 和 CuO 可作为 SCR 法中催化剂,对 NO_x 有很高的催化活性。吸附饱和的 $CuSO_4$ 被 CH_4 气体还原为 Cu 单质,金属 Cu 经烟气或空气氧化后又可再次使用。$CuSO_4$ 被还原生成的浓缩 SO_2 气体可作为酸或硫单质的生产原料,如图 8-15 所示。该工艺的脱硫效率可达 90％以上,脱硝效率可达 75％～80％。

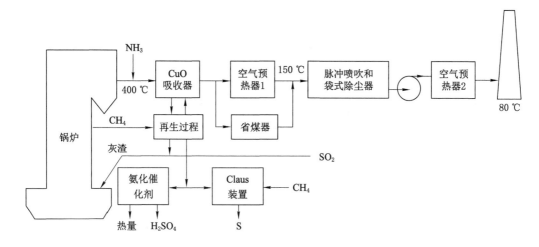

图 8-15 CuO 同时脱硫脱硝工艺

1. 脱硫过程

SO_2 和 CuO 在温度大约 400 ℃下反应生成 $CuSO_4$：

$$2SO_2 + O_2 + 2CuO \longrightarrow 2CuSO_4 \tag{8-51}$$

2. 脱硝过程

同时，$CuSO_4$ 和 CuO 可作为催化剂，通过向烟气中注入氨，在温度大约 400 ℃时，就可以将 NO_x 催化还原：

$$4NO + 4NH_3 + O_2 \xrightarrow[400\text{ ℃}]{CuSO_4 \text{ 或 } CuO} 4N_2 + 6H_2O \tag{8-52}$$

$$2NO_2 + 4NH_3 + O_2 \xrightarrow[400\text{ ℃}]{CuSO_4 \text{ 或 } CuO} 3N_2 + 6H_2O \tag{8-53}$$

3. 再生过程

吸收了硫的吸收剂被送到再生器，在温度 480 ℃下，以 CH_4 作为还原剂生成浓缩的 SO_2 气体。

$$CuSO_4 + CH_4 \longrightarrow Cu + SO_4 + CO_2 + H_2O \tag{8-54}$$

$$2Cu + O_2 \longrightarrow 2CuO \tag{8-55}$$

（二）SNRB 法

SNRB（SO_x-NO_x-RO_x-BO_x）法是由 B&W 公司开发的一种高温烟气净化技术，能同时脱除 SO_2、NO_x 和烟尘，净化过程是在一个高温袋式除尘器中完成的。该过程包括：喷入钙基或钠基吸收剂完成对 SO_2 的脱除；将 NH_3 喷入悬浮有 SCR 催化剂的袋式除尘器中完成对 NO_x 的脱除；与此同时，高温脉冲喷射布袋还可完成对粉尘的脱除。SNRB 同时脱硫脱硝工艺流程如图 8-16 所示。

SNRB 法将三种污染物的脱除集中在一台设备上，降低了建设成本和占地面积。并且，由于 SO_2 和颗粒物在 SCR 反应前被去除，避免了催化剂的中毒失活。但是，由于 SNRB 要求烟气的温度范围为 300～500 ℃以满足 SCR 反应，对滤袋的耐高温性要求很高，增加了滤袋的投资费用。

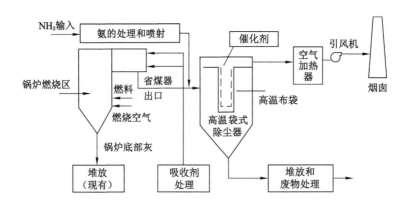

图 8-16 SNRB 同时脱硫脱硝工艺流程示意图

（三）$NO_x SO$ 法

$NO_x SO$ 法于 1979 发展起来，是一种干式吸附、可再生的同时脱硫脱硝技术，对于高硫煤的 SO_2 和 NO_x 的脱除效率分别可达到 98% 和 75% 以上。在电除尘器的后面设置流化床吸收器，床层吸收剂由浸渍了碳酸钠的 γ-Al_2O_3 小球组成，当烟气通过床层时，SO_2 和 NO_x 被同时吸收脱除。$NO_x SO$ 工艺流程如图 8-17 所示。

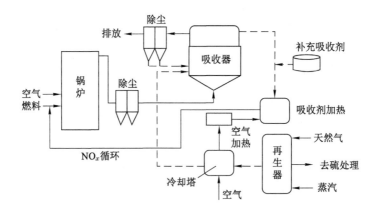

图 8-17 $NO_x SO$ 工艺流程示意图

失活的吸附剂进入再生系统再生，首先进入加热器加热至 620 ℃，NO_x 解吸且部分分解，解吸后含有 NO_x 的热空气循环至锅炉被燃烧室中的还原性气体还原为 N_2。同时，因为循环的热空气中含有的 NO_x 抑制了新的 NO_x 生成。脱除 NO_x 后的吸附剂接着进入充有天然气的再生器中进行高温还原，将吸附剂上的硫化物还原为高浓度的 SO_2 和 H_2S，然后进行进一步的加工生产。

（四）$DESONO_x$ 法

$DESONO_x$ 法是由 Degussa、Lentjes 和 Lurgi 联合开发的技术，图 8-18 为其工艺流程示意图。烟气经过静电除尘器除尘后，与 NH_3 混合后进入双层催化剂的固定床反应器中。第一层是 SCR 催化剂（V_2O_5/TiO_2 等），用于将 NO_x 还原为 N_2 和 H_2O；第二层是 V_2O_5 或

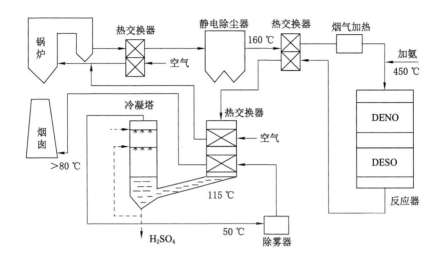

图 8-18 DESONO$_x$ 工艺流程示意图

贵金属催化剂,用于将 SO_2 氧化为 SO_3。烟气经吸收冷凝后可得到浓度为 70% 的硫酸。未冷凝的 SO_3 经喷淋处理,生成的酸雾由特定的过滤器收集。

第九章　挥发性有机废气净化技术

第一节　煤化工行业挥发性有机物来源解析

一、煤化工行业挥发性有机物的来源与组分特征

煤化工是以煤为原料,经化学加工使煤转化为气体、液体和固体产品或半产品,而后进一步加工成化工、能源产品的过程,主要包括煤的气化、液化、干馏以及焦油加工、电石生产、乙炔化工等。在煤化工产业中,不同的加工工艺和生产、储存、运输及装卸等过程中,挥发性有机物的排放状态及组成也有差异。挥发性有机气体主要来自煤加工过程中的各个工艺阶段。煤化工生产过程的工艺废气主要有煤炭破碎筛分和转运中的煤尘、煤气化灰水处理低压闪蒸槽的闪蒸气、变换汽提的酸性尾气、低温甲醇洗尾气、硫回收冷凝器尾气、空分装置排放的污氮分子筛吸附再生气、火炬燃烧废气、气化炉烘炉气和开车尾气等。这些废气具有 VOCs 种类繁多、组分复杂等特点。另外,液态煤化工产品在储存、运输、装卸过程的挥发性排放与石油化工液态产品相似。例如,储罐进料、油罐车装车过程会产生大量 VOCs 气体排放,其浓度较高,对大气环境污染的贡献也相应较大。

VOCs 的主要成分有:烃类、卤代烃、氧烃和氮烃,它包括:苯系物、有机氯化物、氟利昂系列、有机酮、胺、醇、醚、酯、酸和石油烃化合物等。按其化学结构的不同,可以进一步分为八类:烷类、芳烃类、烯类、卤烃类、酯类、醛类、酮类和其他。煤化工行业发展已初具规模,但是行业相关的产业政策、排放标准未能较好跟进,VOCs 管控措施缺少政策支持。

二、煤化工行业挥发性有机物的危害

(一)影响人类健康

挥发性有机废气极易在空气中气化,尤其是苯类物质毒性较大,具有强烈的刺鼻味道,会对人类的嗅觉器官造成损害。如果人们长时间接触这类物质,会给人类的健康带来不良影响,甚至会引发基因突变、病变等问题。

(二)环境污染问题

现代煤化工生产仍然存在着较严重的污染问题。在生产煤化工产品时,大量煤炭能源被消耗,同时伴随着大量副产物的产生,这些副产物的降解需要很长时间。煤化工产品可以有效代替石油、天然气等产品,所以人们对煤炭的需求量很大,这就导致了严重的环境污染问题。苯类物质在空气中挥发会刺激人们的呼吸系统和视觉系统,而烃类物质一旦挥发将对臭氧层造成破坏,进而影响生态平衡,加剧自然灾害的发生。

(三)二次污染

紫外线在辐射 VOCs 时,VOCs 就会被分解成一种高活性的分子,能与工业废气中的

SO$_2$、NO$_x$ 等迅速反应，产生一种光化学氧化物，最终形成酸雨以及烟雾。这些酸雨和酸雾对动植物、人类的新陈代谢都会产生极大的影响。在 1965 年，化学烟雾频繁地发生于日本的很多城市。1966 年，光化学污染也发生于美国的洛杉矶。

第二节　无组织排放挥发性有机物控制策略

一、无组织排放挥发性有机物的减排策略

无组织排放是指不经过排气筒的无规则排放，包括开放式作业场所逸散以及通过缝隙、通风口的排放等。

无组织排放挥发性有机物减排策略主要针对以下五种情况。

（一）设备动静密封点泄漏

设备动静密封点泄漏采取的措施是泄漏检测与修复（leak detection and repair，LDAR）技术，这是目前国际上通用的一种无组织 VOCs 控制技术，可广泛应用于石化等行业中设备泄漏环节的 VOCs 减排。LDAR 技术是采用固定或移动检测仪器，定量或定性检测生产装置中易产生 VOCs 泄漏的密封点，并修复超过一定浓度的泄漏点，从而控制物料泄漏损失，达到减少环境污染的目的。修复措施主要有拧紧密封螺母或压盖、更换垫片、在设计压力及温度下密封冲洗等。

（二）有机液体储罐挥发和装卸挥发

传统煤化工主要是甲醇储罐产生挥发性有机气体。甲醇储罐可分为固定顶罐、内浮顶罐和外浮顶罐。固定顶罐的 VOCs 排放主要来自呼吸损失及工作损失，浮顶罐的 VOCs 排放主要来自静置储存损失及抽取损失。由于储罐附件老化等原因造成的不严密也会产生甲醇挥发。固定顶罐呼吸排放可以通过罐组气体空间的连通和集气系统得以控制。如果在罐组气体空间连通的基础上增设适当容量的气柜，用以容纳升温时排出的气体，供给降温时吸入的气体，实现密闭储存，可有效消除呼吸损失和工作损失。

装卸过程控制挥发性有机气体的措施主要是密闭并设置气体收集、回收或处理装置；装车时采用顶部浸没式或底部装卸方式。内浮顶罐和外浮顶罐的呼吸损失很小，重点是要做好密封。

（三）废水集输、储存、处理过程逸散

废水中有机物因其在水中的溶解性及挥发性，反复地穿梭于气体与液体之间而产生逸散。许多水溶性 VOCs 可能溶于水中，如果以传统曝气方式处理污水，则原先溶入的 VOCs 会再度蒸发至大气，造成 VOCs 排放。所以，必须对平流沉淀池、微涡流池进行加盖密闭，并增加引风系统，将收集的 VOCs 送往锅炉焚烧。

（四）冷却塔、循环水冷却系统释放和取样产生

为换热器提供循环水的冷却塔，要降低挥发性有机物的释放，关键是要杜绝循环冷却水用户设备的跑冒滴漏，避免循环水受到挥发性有机物的污染。控制取样产生挥发性有机物，需要持续加强取样人员的培训，提高取样技能，以减少挥发性有机物的释放。

（五）设备的维修排放

在设备维护方面，要保证小问题及时解决，以避免将小故障拖延成大的停车事故，并尽

量减少检/维修频次。对于生产事故中产生的挥发性有机物,主要的控制措施是优化工艺、设备、安全管理,以确保设备长周期稳定运行,从而避免事故的发生。

二、无组织排放挥发性有机物的管控策略

在充分了解我国现代煤化工行业 VOCs 排放情况和现有 VOCs 治理技术的基础上,针对现代煤化工行业无组织排放挥发性有机物排放形式和特点,管控策略大致可包括源头和过程控制、末端治理和综合利用、识别 VOCs 管控重点、创新设备技术以及运行与监测四部分。

(一)源头和过程控制

煤化工行业生产工艺复杂,有害废气和废水排放浓度高、排放量大,解决问题的关键是从源头入手,全过程控制污染物的排放,加强资源综合利用,走清洁生产之路。但要真正做到清洁生产,应从生产过程的每个环节入手,进行技术改造,提高设计标准,实现设备、装置、管线、采样等密闭化,从源头减少挥发性有机物的泄漏环节,实现煤炭高效、清洁转化。

(二)末端治理和综合利用

在工业生产过程中产生的挥发性有机物可在生产系统内循环利用。对挥发性有机物浓度较高或有回收价值的废气,采用冷凝、吸附回收等技术进行处理;对不宜回收的挥发性有机废气可进行燃烧净化处理,余热回收利用,并辅以其他技术实现污染物的治理。

(三)识别 VOCs 管控重点

现代煤化工企业应核算本单位 VOCs 的排放情况,明确 VOCs 治理重点,同时 VOCs 核算应保证参数来源可查、方法合理、结果真实,避免出现核算错误,进而误导 VOCs 治理工作的开展。对于无组织排放、周期性开停工排放等目前难以核算的源项也应明确列出,以作为 VOCs 治理的依据和参考。

(四)创新设备技术以及运行与监测

企业需要根据自身的实际情况,引进相应的节能减排设备,定期对设备进行技术改进和创新,提高煤炭的利用率和减少环境的污染。积极组织人员对煤化工产能的消耗和节能减排中的技术进行创新和升级,加大节能减排技术的实用性,及时淘汰落后的节能减排设备和技术,在工艺运行过程中建立挥发性有机物信息实时监控平台,做好统计、审核与监管工作,全面监控分析泄漏点信息,对易泄漏环节制定针对性改进措施;建立"泄漏检测与修复"管理制度,对密封点设置编号和标识,泄漏超标的密封点要及时修复;科学制定挥发性有机物综合整治工作方案,明确工作进度和完成时限。

第三节　有组织排放挥发性有机物净化方法

近几年,我国开展了挥发性有机物的治理工作。2012 年,基于"十二五"规划,提出了对挥发性有机物的控制,并建立了相应的挥发性有机物防治体系。2013 年的 5 月,根据《挥发性有机物(VOCs)污染防治技术政策》,在挥发性有机物污染物防治工作期间,需要根据源头与过程控制,实现治理结合的综合防治技术。有机废气的处理技术大致分为两类:分解消除和浓缩回收。分解消除是利用光、电、热离子以及微生物等作用将有机物转化为

CO_2 和 H_2O。浓缩回收则是采用吸附、吸收、冷凝以及膜分离等方法将有机物浓缩回收后再利用。基于该情况，提出几种有效的挥发性有机物净化方法：吸收法、吸附法、催化转化法以及生物净化法。

一、吸收法

（一）吸收法的原理

气体吸收是利用液态吸收剂处理气态混合物以除去其中某一种或几种气体的过程。它是利用混合气体中不同组分在液态吸收剂中溶解度的不同或者利用与吸收剂发生选择性化学反应来达到分离目的的。参与吸收过程的吸收剂和被吸收的吸收质分别为液相和气相。在吸收过程中，物质从气相到液相和从液相到气相发生传质过程。根据吸收过程中发生化学反应与否，气体吸收可分为物理吸收和化学吸收两大类。

（1）物理吸收是指在吸收过程中仅仅是被吸收组分简单地溶于液体，而没有发生化学反应的过程，如用水吸收 HCl 和 CO_2 等。

（2）化学吸收则是指被吸收的气体组分和吸收剂或已溶解在吸收剂中的其他组分之间发生了明显的化学反应的过程，如用碱液吸收 SO_2 等。

在大气污染控制工程中，需要净化的废气往往流量大，含污染物组分的浓度低，成分复杂，单纯应用物理吸收法难以达到排放标准。而化学反应可增大吸收传质系数和推动力，加大吸收速率，因而通常多采用化学吸收法。

（二）化学吸收的过程及特点

有害气态污染物治理时化学吸收法是较常用的方法之一。

1. 化学吸收过程

化学吸收的机理远比物理吸收过程复杂。对于典型的气液相反应：$A_{气相} + B_{液相} \rightarrow R$，可以将化学吸收过程大体上归纳为五个连续过程：

（1）气相反应物 A 从气相主体通过气膜向气液界面传递（吸收质在气相中的扩散机理与物理吸收是相同的）；

（2）气相反应物 A 从气液相界面向液相传递；

（3）组分 A 在液膜或液相主体内与反应物 B 相遇发生反应；

（4）反应生成的液相产物向液相主体扩散，留存于液相中；若生成气相产物则向相界面扩散；

（5）气相产物从相界面通过气膜向气相主体扩散。

2. 化学吸收的特点

（1）由于被吸收的气体吸收质和吸收剂中的某种或某些组分发生了化学反应而生成了新的化合物，所以，液相中的吸收质的游离浓度就比没有化学反应的纯物理吸收时低，因而增大了吸收过程的推动力，降低了吸收剂上方被吸收组分的平衡分压，从而有利于提高气体净化深度。

（2）当吸收过程的化学反应速率很快时，在气液相界面处就能生成新的化合物，那么，气体吸收质向液膜中扩散所受阻力将大大减小，甚至降至零，因而扩散就变得比较容易，这会使整个吸收过程的总传质吸收系数增大，从而提高吸收速率。

（三）典型吸收法净化挥发性有机污染物工艺流程

有机废气在车间通过收集系统收集后由风管引出进入废气净化高效吸收塔，除去颗粒污染物及气态污染物后，进入干式过滤器进行脱水除雾，然后经风机进入排放口达标排放。复合吸收剂由循环水池经水泵增压后自塔顶喷淋而下，气液两相在塔内完成吸收后，吸收液进入吸收液循环池循环使用，连续排放饱和吸收尾液。吸收尾液先经过加热吹脱，废液进入废水处理系统的厌氧池，吹脱气进入水封罐与厌氧池产生的沼气一起燃烧，产生的热能可供给加热吹脱工艺。厌氧处理后的吸收尾液中有机物含量降低，再进入废水处理后续处理系统，详见图9-1。

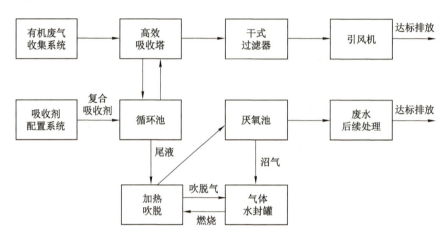

图 9-1　工艺流程图

目前该技术已成功在多家企业应用，连续运行排气环境监测结果均优于国家和地方排放标准。

二、吸附法

吸附法是一种日益受到重视的空气污染控制方法。

吸附法治理 VOCs 工艺技术有变压吸附（pressure swing adsorption，PSA）、变温吸附（thermal swing adsorption，TSA）以及两者联用的变温-变压吸附（thermal pressure swing adsorption，TPSA）和变电吸附（electric swing adsorption，ESA）。

变压吸附（PSA）是近几十年来在工业上新崛起的气体分离技术，指在恒温或无热源条件下，利用吸附剂的平衡吸附量随组分分压升高而增加的特性，进行加压吸附、减压脱附的操作方法。吸附通常在常压下进行，脱附过程则是通过降低操作压力或抽真空的方法来实现的，且在脱附时真空度越大越易脱附。变压吸附具有能耗低、投资少、流程简单、自动化程度高、产品纯度高、无环境污染等优点，属于一种典型的物理吸附法。一种简单的变压吸附循环示意图如图9-2所示，吸附床1在常压下进行吸附，吸附床2在低压下进行脱附。

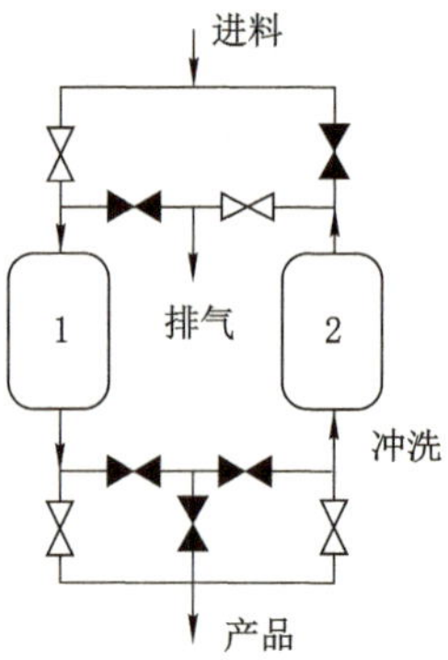

图 9-2　变压吸附循环示意图

变温吸附(TSA)利用吸附剂的平衡吸附量随着温度增加而增加的特性,一般是在常温下完成吸附,在高温下完成脱附。如图 9-3 所示,在相同压力下,随着温度的升高吸附容量逐渐减小。变温吸附正是利用吸附剂在 AB 段的特性来实现吸附与解吸的。吸附剂在常温(即 A 点)下大量吸附原料气中的某些杂质组分,升高温度(即 B 点)使吸附容量减小,吸附剂中已吸附的杂质得以解吸。

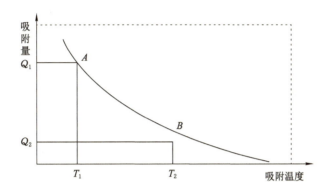

图 9-3　相同压力下变温吸附原理图

变温-变压吸附(TPSA)结合了变温吸附和变压吸附两种技术的优点,是以变温吸附技术为基础在变压脱附后进行升温脱附的高效工艺技术。通过增加床层温度和降低柱压,使脱附进行得更彻底,提高了活性炭的再生效率。有研究将热氮气脱附和真空减压脱附相结合,对二氯甲烷的回收率达 82%。

变电吸附(ESA)是一种用于气体净化和分离的新兴工艺,实质是变温吸附,其解吸过程是通过用电加热饱和吸附剂来实现的,通过焦耳效应产生的热量促使吸附物质的释放。具有加热系统简单、能量直接传递给吸附剂、加热效率高、能显著降低能耗等优点。变电吸附受诸多因素的影响,包括原料气的流速、电流/电压强度、能源强度和预热时间等。

三、催化转化法

(一)催化转化法的基本原理

催化转化法就是利用催化剂的催化作用,使废气中的污染物质转化成非污染物质或比较容易与载气分离的物质。将污染物质转化成非污染物质直接完成了对污染物的净化,因此这种催化转化与吸收、吸附等净化方法的根本区别是无须使污染物与主气流分离而把它直接转化为无害物,一步到位,既避免了其他方法可能产生的二次污染,又使操作过程得到简化。因而,催化转化法净化气态污染物已成为控制气态污染物的一种重要方法。

将污染物转化成比较容易与载气分离的物质,也可以实现对气态污染物的净化,但必须辅之以诸如吸收、吸附等其他操作工序,才能达到净化的最终要求。显然这种催化转化不能一步到位,需要多步组合,不仅工艺复杂,运行费较高,而且操作管理也比较麻烦,因而在实际使用中相对较少。

(二)催化剂的种类和影响因素

影响催化转化的因素包括催化剂的种类、反应温度、催化过程中操作条件的选择等。

其中,催化剂是催化转化反应的关键,也是影响催化反应器性能的关键因素。催化剂的种类非常多,这里仅介绍用于气态污染物净化的催化剂种类。一般情况下,它主要是金属和金属盐。若从经济角度考虑,可以分为贵金属和非贵金属两大类。

1. 贵金属

这里所说的贵金属是指元素周期表中第Ⅷ族中的铂系元素,即钌、钯、锇、铂等元素。其中钯和铂是气体污染物催化转化上用得较多的两种贵金属。由于铂和钯的催化性能很好,因而在催化剂中的含量就很低。例如汽车尾气净化作用的粒状催化剂,如果用 Cu、Fe、Mn 等金属氧化物,其中含量要占到催化剂的 50%~90%;若用 Pt 和 Pd,则只占 0.1%~0.2%。

2. 非贵金属

可以用于气态污染物催化转化的非贵金属(包括氧化物)主要有铜、稀土金属、铬、钼、锰及铁系金属等。这些非贵金属一般都是以 Al_2O_3 和硅藻土作为载体,其金属含量只有在 50% 左右才能表现出较高的活性,在实际中才有效。也有些催化剂如铜-铬催化剂（$Cu_2Cr_2O_5$）也可以制成骨架形而不用载体。

（三）催化转化法在净化有机废气中的应用

1. 多段绝热式催化反应器

多段绝热式催化反应器分为反应器间设换热器[图 9-4(a)]和段间设换热构件[图 9-4(b)]两种。

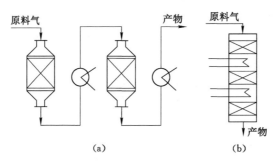

（a）　　　　　　　　　（b）

图 9-4　多段绝热式催化反应器

前一种是在相邻单段反应器间设置换热装置,流程复杂,占地面积较大。后一种是把催化剂分成若干层,在各段间进行换热,结构紧凑,占地面积较小。由于在每段床层间设置换热装置,可以保证每段床层的绝热温升或温降维持在允许范围之内,适用于具有中等热效应的反应。

多段绝热式催化反应器的突出优点就是每一段的温度可以按最佳反应温度的需要进行调节。

2. 换热式催化反应器

换热式催化反应器目前主要是列管式反应器,其结构如图 9-5 所示。由图 9-5 可以看出,它的结构是在反应器内设多根竖管,一般称为列管,在列管

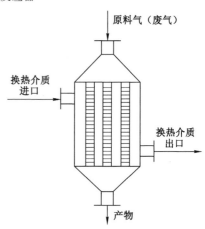

图 9-5　换热式催化反应器

内装催化剂,在列管外通入换热介质,如待预热的原料气、空气等。反应原料气进入列管内催化剂层后,边进行催化反应,放出热量,边进行换热,即催化反应与换热同时进行,这是换热式与绝热式根本不同之处。

四、生物净化法

废气的微生物处理于 1957 年在美国获得专利,但直到 20 世纪 70 年代才开始引起重视。直到 80 年代,在德国、日本、荷兰等国家才出现相当数量工业规模的各类生物净化装置投入运行。如今,这种技术已逐渐应用于废气治理和控制中,主要用来净化挥发性有机气体(VOCs),特别是在除臭方面。生物净化法在处理和控制煤炭燃烧产生的 SO_2 方面也取得了可喜的进展。同时,对微生物净化含 NO_x 废气的研究也引起广泛兴趣。生物净化废气中的有机污染物利用了微生物新陈代谢需要营养物质这一特点,把废气中的有害物转化成无害物。微生物分解有机物时,将一部分分解物同化合成为新细胞,而另一部分则产生能量以供其生长、运动和繁殖,最后转化成无害或少害物质。

用于生物净化的微生物分为两大类:自养菌和异氧菌。自养菌特别适用于无机物的转化。但是,由于能量转换过程缓慢,这些细菌生长的速度非常慢,因此,工业应用有一定的困难。而异养菌很适宜于有机物的转化。微生物生长所需的环境条件(如营养物供应、溶解氧量、温度、pH 值、有毒物浓度等)的改变将影响其净化效率,所以应根据微生物种类来选择适宜操作条件。

(一)生物净化的基本原理

废气的生物净化是指利用微生物生命过程的生物化学作用使废气中气态污染物分解,转化成少害甚至无害物质,同时微生物获得其生命活动所需的能源和养分,不断繁殖自身,从而达到废气净化的一种废气处理方法。自然界中存在各种各样的微生物,它们几乎可以将所有无机和有机污染物进行转化。废气的生物净化法与其他处理方法相比,具有处理效果好、设备简单、运行费用低、安全可靠、无二次污染等优点,尤其在处理低浓度(<3 mg/L)、生物降解性能好的气态污染物时更显其经济性。但不能回收利用气态污染物。

生物反应器处理废气一般经历以下三个阶段。

1. 溶解过程

废气与水或固相表面的水膜接触,污染物溶于水中成为液相中的分子或离子,完成由气膜扩散进入液膜的过程。

2. 吸着过程

有机污染物组分溶解于液膜后,在浓度差的推动下进一步扩散到生物膜,被微生物吸附、吸收,污染物从水中转入微生物体内。作为吸收剂的水被再生复原,继而再用以溶解新的废气成分。

3. 生物降解过程

进入微生物细胞的污染物作为微生物生命活动的能源或养分被分解和利用,从而使污染物得以去除。烃类和其他有机物成分被氧化分解为 CO_2 和 H_2O,含硫还原性成分被氧化为 S、SO_4^{2-},含氮成分被氧化分解成 NH_3、NO_2^- 和 NO_3^- 等。

(二)生物净化有机废气的应用

生物净化有机废气有两种方式:一种是将把污染物从气相中转移到水中,然后再进行废水的微生物处理,称为生物吸收法;另一种是直接用附着在固体过滤材料表面的微生物来完成,称为生物过滤和生物滴滤法。

1. 生物吸收装置

生物吸收装置整个处理系统主要包括吸收器和废水生物净化反应器两部分,如图 9-6 所示。废气从吸收器底部引入,水与废气逆流接触,废气中的污染物被水吸收后由吸收器顶部排出。吸收污染物的水从吸收器底部流出,进入生化反应器进行生化反应,此时需要通入空气给细菌供氧,经生化反应再生后的水再进入吸收器循环使用。生化过程产生的废气经处理后排出。当反应器效率下降时,由营养物储罐向反应器内添加营养物。

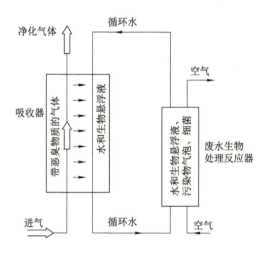

图 9-6　生物吸收装置简图

2. 生物滴滤床

生物滴滤床系统如图 9-7 所示。生物滴滤床也是生物过滤法的一种。与生物滤床相比,主要区别在于所使用的填料不同。生物滴滤床的填料间空隙较大,且在填料上方喷淋循环水;相较于生物吸收装置,生物滴滤床增设了附着有微生物的填料,使设备内除传质外还存在很强的生物降解作用。这种系统的特点是循环 pH 值易于监测和控制,因此比较适合对 pH 值较敏感的生物反应。它主要用于处理含易降解的挥发性有机物(VOC)及卤化物(如 CH_2Cl_2 等)的废气。

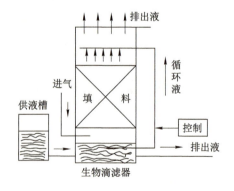

图 9-7　生物滴滤床系统示意图

五、催化燃烧法

早在 20 世纪 70 年代便有学者提出"催化燃烧"治理有机废气。该方法主要是用催化燃烧的方式来替换传统形式的火焰燃烧方式,除减小燃烧温度外,还提升了能量的利用率。催化燃烧所产生的热流温度相对适宜,且不需要冷却空气稀释,如此便提升了热效。

（一）催化燃烧法基本原理

催化燃烧是典型的气-固相催化反应，其本质是活性氧参与的深度氧化反应，它在催化剂的作用下降低反应的活化能，同时催化剂表面还具有吸附能力，使反应物分子富集在表面上，提高了反应的速度，加快了反应的进行。在较低的起燃温度（250～350 ℃）下进行无焰燃烧，在固体催化剂表面有机物质发生氧化，同时产生 CO_2 和 H_2O，并放出大量的热量，因其氧化反应温度低，所以大大地抑制了空气中的 N_2 形成高温 NO_x。另外还有其他燃烧去除 VOCs 的方法，包括直接燃烧法、热力燃烧法、蓄热式燃烧法。

（二）催化燃烧法净化有机废气的影响因素

1. 不同进气浓度对催化燃烧性能的影响

当进气浓度较低时，过低的浓度在没有添加助燃剂的情况下，燃烧不充分，净化效果不佳；当进气浓度达到一定值，达到所需浓度，催化燃烧反应充分，净化效果较好；继续加大浓度，净化性能变化幅度不大。

2. 温度对催化燃烧性能的影响

温度对催化效果影响比较大。例如，非甲烷总烃的去除率随着催化温度的升高而变化，催化温度过低和过高都不利于提高催化性能，最佳催化性能在一定温度区间范围内体现。

3. 空速对催化燃烧性能的影响

空速过大，可能会造成催化燃烧器中的有机废气尚未与催化剂充分接触即被带离反应器，导致催化燃烧反应不充分，从而影响催化燃烧性能，造成低去除率的结果。

（三）催化燃烧净化有机气体的特点

（1）可以降低有机废气的起始燃烧温度。例如甲醇、甲醛在以氧化铝为载体的 Pt 催化剂（Pt/Al_2O_3）的作用下，室温下就开始燃烧，而直接燃烧法起始燃烧点通常为 $300\sim600$ ℃。

（2）燃烧不受碳氢化合物浓度的限制。

（3）基本上不会造成二次污染。用催化燃烧法在处理有机废气时，其净化率可达到 95％以上，最终的产物主要为 CO_2 和 H_2O。所以，催化燃烧没有二次污染。

（4）适应范围广。催化燃烧法几乎可以处理所有的恶臭气体和各种成分复杂的烃类有机废气，其适应处理的范围十分广泛，因此被广泛地使用于有机化工、机械等行业。

（5）设备较简单，投资少，见效快。

（四）催化燃烧法的应用

催化燃烧技术在喷涂废气治理中的应用，在占地面积有限的情况下，通过合理设计确保了有机废气的降解效率。催化燃烧装备结构图如图 9-8 所示，废气通过进气口经板式换热器由下向上流动，并一分为二进入电加热腔，电加热腔分布在燃烧室的两侧，电加热腔内有数根均匀分布的电加热棒。废气经电加热棒加热至一定温度后在燃烧室上端汇集，并从上至下流经催化剂孔道发生催化燃烧反应，反应之后的气体从燃烧室下端排出，经板式换热器将余热传递给新进废气后通过排气口排出。催化燃烧装备的处理风量为 700 m^3/h，选用最大风量为 1 000 m^3/h、风压为 2 500 Pa 的离心风机，通过变频器调整风量，催化剂填装量为 0.028 8 m^3。当废气浓度为 400×10^{-6} 时，催化燃烧净化效率可达 99.82％。远低于

《大气污染物综合排放标准》（GB 16297—1996）中非甲烷总烃的限值（120 mg/m³）。

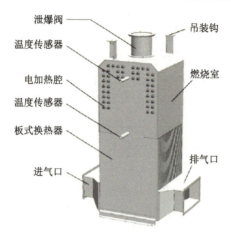

图 9-8　催化燃烧装备结构图

六、低温等离子体技术

（一）低温等离子体技术基本原理

低温等离子体技术是集物理学、化学、生物学和环境科学于一体的交叉综合性技术。其净化作用机理包含两个方面：一是在产生等离子体的过程中，高频放电所产生的瞬间高能足够打开一些有害气体分子内的化学键，使之分解为单质原子或无害分子。二是等离子体中包含大量的高能电子、正负离子、激发态粒子和具有强氧化性的自由基，这些活性粒子和部分臭气分子碰撞结合，在电场作用下，使臭气分子处于激发态。当臭气分子获得的能量大于其分子键能的结合能时，臭气分子的化学键断裂，直接分解成单质原子或由单一原子构成的无害气体分子；同时产生的大量·OH、·HO₂、·O 等活性自由基和氧化性极强的 O_3 与有害气体分子发生化学反应，最终生成无害产物。

1. 低温等离子体化学反应过程能量传递

电场＋电子→ 高能电子

高能电子＋分子（或原子）→（受激原子、受激基团、游离基团）活性基团

活性基团＋分子（原子）→ 生成物＋热

活性基团＋活性基团→ 生成物＋热

2. 低温等离子体技术特点

低温等离子体技术的显著特点是对污染物兼具物理效应、化学效应和生物效应，且有能耗低、效率高、无二次污染等明显优点。

3. 低温等离子体技术影响因素

用低温等离子体技术处理 VOCs 废气的过程中，废气的降解效果主要受多种因素影响，包括反应器参数，反应物浓度、成分和气体流量以及放电方式等。反应器内以各种形态存在的氧对反应进程起着非常重要的作用。反应器中，氧的形态可以分为三类，包括背景气体中的 O_2、背景气体中含有水蒸气的氧以及催化剂中含有的体相氧。当 O_2 或者 H_2O 作为氧源时，VOCs 废气的降解效率高于以氮载气的降解效率，且当气体中的氧源充足时，有

些 VOCs 可以被完全降解,没有有机副产物的产生,例如 C_2HCl_3 等。

（二）低温等离子体技术的应用

低温等离子体技术已广泛应用于医学、印刷、石油、制造、化工等工业废气处理领域,并已在许多领域取得了较好的经济效益。研究表明,在处理烟道二氧化硫等气体时,二氧化硫的脱除率高达97%以上;针对一氧化碳及二氧化碳的研究表明,反应器的停留时间在 6 s 以内,其脱除率分别达到44%和30%。这表明低温等离子体有抑制作用,可以改善气体的脱除率,并对粉尘起到收集作用。通过对苯气态有机物进行低温等离子体试验,结果表明苯的降解率达到80%以上。通过采取适当的介质填充,在处理器中停留适当的时间,反应效果会更显著。

在治理 HC、CO 方面,由于低温等离子体放电反应处于氧化环境内,所生成的自由基具备较强的氧化性,例如臭氧、OH 及自由基等,极易与 HC、CO 进行反应,使其氧化为水和二氧化碳。低温等离子体技术被大量应用在工业废气的处理中,已达到处理苯、甲醛等废气的目的。在柴油机尾气处理方面,论证在不同电压等级及工况等级情况下,低温等离子体尾气治理效果最高,其中 HC 净化率可达 91%。而应用介质放电方式,可有效达到净化芳香烃、提升柴油机运作效率的目的。

七、光催化氧化技术

光催化氧化技术作为一种环境友好型的绿色技术,能高效利用太阳能治理环境问题,同时具有较好的热稳定性和化学稳定性,在环境日益污染严重且能源短缺的情况下,被广大研究者认为是缓解能源危机、解决环境问题的可持续发展的方法之一。

（一）光催化氧化技术基本原理

高温、紫外线的作用下,空气中的氧气转化为臭氧,废气受到高能紫外线的作用,化学键出现断裂,从而产生游离状态基团或原子,在臭氧作用下,废气转化成为水和二氧化碳。

光催化反应主要在催化剂表面进行,借助半导体光催化剂对一定波长内的光响应性能进行反应,利用光子的作用,改变还原反应和氧化反应。例如,利用二氧化钛进行光催化时,二氧化钛接受特定波长的光子后,对其全部吸收,使得价带中的电子受到激发后迁移到导带,从而产生带有负电的光生电子。价带失去电子后,带有正电的光生空穴产生。产生的光生电子会与空穴重新组合,也会与吸附在表面的物质发生化学反应。光催化反应的主要原理如图9-9所示。

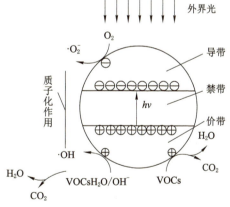

图 9-9 光催化反应的主要原理

1. 光催化氧化技术反应过程

一般情况,光催化氧化技术原理的主要反应过程为:

$$Photocatalyst + hv \longrightarrow e^- + h^+$$

$$H_2O + h^+ \longrightarrow \cdot OH + H^+$$
$$OH^- + h^+ \longrightarrow \cdot OH + H^+$$
$$O_2 + e^- \longrightarrow \cdot O_2^-$$
$$\cdot O_2^- + e^- + 2H^+ \longrightarrow H_2O_2$$
$$\cdot O_2^- + H^+ \longrightarrow H_2O_2 + O_2$$
$$H_2O_2 + e^- \longrightarrow \cdot OH + OH^-$$
$$H_2O_2 + \cdot O_2^- \longrightarrow \cdot OH + OH^- + O_2$$

2. 光催化氧化技术特点

（1）光催化氧化在适合的温度下可将有机废气完全氧化成无毒无害的物质,适用于处理低浓度有毒有害气体。

（2）净化性能比较好,通过光催化氧化可直接将废气完全氧化成无毒无害的物质,不产生二次污染。

（3）节约能源,利用空气中的氧作为氧化剂,有效地降解有毒有害气体成为光催化节约能源的最大特点。

（二）光催化氧化技术的应用

1. VOCs 光催化氧化技术在印刷行业中的应用

印刷行业使用的油墨种类繁多,按照印刷方式分凹印油墨、凸印油墨、丝印油墨和胶印油墨。凹印油墨大部分为溶剂型油墨,使用过程中需要加入大量有机溶剂,因此干燥过程中会有大量 VOCs 废气挥发出来。例如,山西省太原市清徐县某包装纸箱印刷企业生产食品用包装纸箱,在印刷过程中,挥发出大量 VOCs。挥发出的有机废气被完全地收集进入处理设施,通过光催化氧化技术对废气进行处理,处理效果较好。为了防止气味扩散,在光催化氧化实施后附加活性炭吸附,净化效率可达 90% 以上。不同排放浓度的 VOCs 有相应的处理方法,光催化氧化技术并结合活性炭吸附通常应用于低浓度有机废气及恶臭异味的处理,可以达到良好的处理效果并满足排放标准的要求。

2. 光催化氧化技术在室内环境空气净化中的应用

室内环境污染,是当前人们关注的热点问题。室内空气环境质量很大程度上影响了我们的身心健康。尤其是当前,建筑室内装修给人们的居住环境带来了不少有害的挥发性有机物,譬如甲醛、苯系物、二氧化硫等,长期作用之下,危害人类身心健康。光催化氧化技术处理室内挥发性有机物,主要通过光催化空气净化器的发明与使用实现,光催化空气净化器主要由光催化剂载件、光催化氧化反应中的光源、吸排风系统三部分组成,其运行原理在于通过将含有污染物的室内空气吸入机器中,TiO_2 光催化剂由载件内喷出,与空气中有毒物质结合,通过光源的照射作用完成光催化氧化反应,再由吸排风系统向外排出,反复多次后室内空气污染得到解决,保证了人们生活环境的安全。

第十章　矿井通风甲烷气体排放及治理技术

第一节　矿井瓦斯的排放及影响

一、矿井瓦斯自然排放概述

矿井瓦斯有广义与狭义之分,广义的矿井瓦斯是指矿井中以甲烷为主的有毒、有害气体的总称,狭义的矿井瓦斯就是指甲烷。从广义上,瓦斯由于组分的不同,其性质有很大的差别。从安全的角度可以将这些组分划分为四类:① 可燃性气体,如甲烷等同系烷烃(C_nH_{2n+2})、环烷烃(C_nH_{2n})、H_2、CO、H_2S 等,这些气体具有可燃烧的特性,与空气混合后在一定浓度范围内往往具有爆炸性或可燃性,对煤矿安全构成严重威胁;② 有毒性气体,如H_2S、CO 、SO_2、NH_3、NO、NO_2 等,这些气体达到一定的浓度时,会直接威胁人的健康甚至生命;③ 窒息性气体,如 N_2、CH_4、CO_2、H_2 等,这些气体往往赋存在煤体或围岩内,开采过程中大量涌出到生产空间,从而使空气中氧气的浓度降低,造成人员窒息;④ 放射性气体,如氡气。

矿井瓦斯的自然排放主要为两个过程:一是煤层成煤后,经地质变化出现煤层露头。煤层瓦斯经露头位置向大气环境中自然释放。该过程发生在地质变化时期,目前均已停止。二是矿井在开采过程中,受采动影响,煤层瓦斯向矿井大气涌出,与矿井大气混合形成矿井乏风(ventilation air methane,VAM)。通常,VAM 作为废气不经处理直接向大气环境排放,这是目前瓦斯自然排放的主要方式。这种自然排放过程简单易行,因此,在煤矿开采中被广泛采用。然而,由于瓦斯浓度含量较低,多为1%以下,利用难度大。同时,由于瓦斯排放总量巨大,对环境有着重要影响。

在煤矿开采过程中,瓦斯排放量的 70% 是通过乏风排出的,即绝大部分通过乏风向环境自然排放。以一个年产量百万吨的高瓦斯矿井为例,其每分钟因采煤生成的乏风量为 5 000～10 000 m^3,每分钟通过乏风排出的纯 CH_4 是 25～50 m^3,每年排出的纯 CH_4 是 $1×10^7$～$2×10^7$ m^3,相当于向大气排放了将近 $1.3×10^6$～$2.5×10^6$ t CO_2。中国每年通过乏风排入大气的纯 CH_4 为 $1×10^{10}$～$1.5×10^{10}$ m^3,相当于 $1.14×10^7$～$1.7×10^7$ t 标准煤。

同时煤矿乏风 CH_4 浓度常受到井下煤层气含量、煤炭开采、通风量等因素的影响,故导致 CH_4 浓度变化幅度较大,如果进行分离提纯,耗能要远远超过获取 CH_4 的能量,很不经济,另外其浓度和流速均不稳定,也很难作为一种能源被加以利用。所以长期以来对空排放,造成了巨大的能源浪费和环境污染。

二、瓦斯排放的危害与大气污染

（一）CH₄ 的温室效应对大气的影响

瓦斯排放到大气后，会形成一定的污染，从而改变大气环境。尽管瓦斯是一种爆炸性窒息气体，但由于其排入大气的浓度较低，一般在大气环境中很难造成爆炸和窒息事故，其排入大气后主要是温室效应对局部气候产生影响。

温室效应是全球主要环境问题之一，也是近年来人们最为关注的环境问题之一，是造成全球变暖的主要因素。温室效应是一场全球性的环境灾难，它将加速极地和高山的冰川和冻土的融化，导致海水变暖和膨胀、海平面上升，影响地表水分配、降水量、气候带、农业生产以及生态系统的结构和功能。

温室效应是指由于化石燃料燃烧、森林砍伐和工业活动等人类活动改变了大气的成分，破坏了自然温室效应的热平衡，导致全球气候急剧变暖。目前大气中的温室气体主要有 9 种：二氧化碳（CO_2）、甲烷（CH_4）、臭氧（O_3）、水蒸气（H_2O）、氧化亚氮（N_2O）、氯氟烃（CFCs）、高氟碳化合物（PFCs）、氢氟碳化合物（HFCs）、六氟化硫（SF_6）。温室效应引起全球变暖的过程如图 10-1 所示。

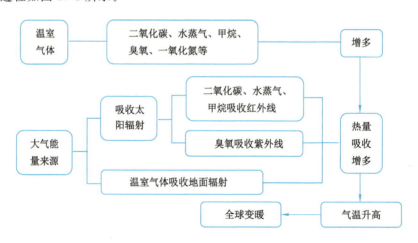

图 10-1　温室效应过程示意图

其中引起温室效应的主要气体是 CO_2，其次是 CH_4。CO_2 全球变暖影响比例因素为60%。现代大气中 CO_2 增加的原因主要是人类长期使用化石燃料（如煤、石油、天然气等）所造成的。现代大气中 CH_4 增加的原因，除了一部分属天然生成外，绝大部分 CH_4 来源于人类的活动。比如，厌氧微生物活动、天然气管道和油井的泄漏、掩埋场地的垃圾废物分解、煤矿开采活动逸出等。

中国科学院寒区旱区环境与工程研究所利用高精度冰芯气泡甲烷提取分析系统，对青藏高原达索普冰芯进行了研究，获得了近两千年来高分辨率中低纬度大气甲烷纪录，研究发现，1850 年以来大气中 CH_4 含量急剧上升，在过去的 150 年里上升了 1.4 倍，而温室效应也日益增强。而在两次世界大战期间人类活动 CH_4 排放量负增长，则相应的温室效应变缓，因此大气变暖和 CH_4 有一定关系。尽管 CH_4 在大气中的浓度远小于 CO_2，但其温室效应却不可小觑。

在全球变暖的"贡献"上，CH_4 的温室效应却比同为温室气体的 CO_2 大。同为一个分子 CH_4 产生的温室效应强度约是一个 CO_2 分子的 7.5 倍，每吨 CH_4 造成全球暖化的威力，比二氧化碳高出 25 倍。上述 CH_4 的暖化作用是以 100 年来分摊计算平均值得到的，事实上 CH_4 在大气中存留 10 年几乎侦测不到，20 年后几乎完全消失，因此，将 CH_4 的温室效应分摊为 100 年来计算，是低估了它的影响。以 CH_4 在大气中存留的年限为 20 年来计算，得出甲烷的温室效应比二氧化碳强 72 倍，所以甲烷作为第二温室气体，更加应该引起重视。

（二）CH_4 的温室效应作用过程

CH_4 是最简单的烃类，在常温条件下不易和外界物质发生反应，但在特殊条件下，CH_4 要与一些物质发生化学反应，这一系列反应涉及臭氧（O_3）、H_2O、羟基（HO·）化合物、甲醛、卤烃、氯氟烃、氯气及 SO_2 等多种大气成分，其中主要的反应过程如下：

$$CH_4 + OH\cdot \longrightarrow CH_3\cdot + H_2O \tag{10-1}$$

大气中大约 87.8％ 的 CH_4 是通过该反应消耗的。CH_4 释放到大气以后通过扩散向上输送，在向上输送的过程中通过与大气中的自由基 HO 反应而被氧化成甲基和甲醛。另外，在高层大气中，通过紫外光照使甲烷分解，这些化学反应参与或产生的中间物如 CH_3、CH_3O_2、CH_3O、CH_2O 以及氮氧化物等在决定大气氧化能力方面起着非常重要的作用。

CH_4、OH 和 CO 相互作用。大气中有 10％～35％ 的 CO 来自 CH_4 与羟基 HO 的氧化，而 CO 和 CH_4 消耗了大气中大部分 OH，CH_4 和 CO 的含量决定了对流层中 OH 的浓度，而 OH 的浓度在大气光化学反应中起着极其重要的作用，OH 能除去大气中许多人工或自然的含氯的痕量气体。OH 含量的减少，将向平流层输送更多的能破坏臭氧的含氯的痕量气体。

近年来的测量表明，对流层大气臭氧有逐年增加的趋势，对流层臭氧的增加对人体健康和动植物的生长都有极大危害。对流层臭氧的来源一方面是平流层向下输送，另一方面对流层自身也存在产生和破坏臭氧的光化学过程，这比平流层向下输送更为重要。臭氧最早被认为是光化学烟雾的一种形式，但后来人们发现在氮化物 NO_x 和 OH 的参与下，也可以通过甲烷的氧化而生成臭氧，CH_4、CO、NO_x 都是产生对流层臭氧的重要因子，上述这些光化学反应的非线性作用决定了对流层臭氧的含量。甲烷在对流层臭氧的形成过程中起控制作用。另外一个比较重要的反应就是：

$$CH_4 + Cl_2 \longrightarrow CH_3Cl + HCl \tag{10-2}$$

CH_4 与 Cl_2 反应生成 HCl 和 CH_3Cl，HCl 不像游离 Cl_2 那样对 O_3 有吸收能力，因此某种程度上缓解了 Cl_2 对 O_3 的破坏作用，实际上直接影响了大气的氧化动力学特征；但这个反应的另外一种产物 CH_3Cl 却是一种重要的温室气体，CH_4 反应后产生的 CH_3Cl 也是一种温室气体，它的全球变暖系数值（GWP）很大，设定 CO_2 的 GWP 值（100 年）为 1，则 CH_3Cl 的 GWP 值（100 年）为 13。即是说，CH_3Cl 的增温潜力值是 CO_2 的 13 倍。除此之外，卤烃、氯氟烃、氯气及 SO_2 等都直接或间接地受到 CH_4 和 OH 的影响，因此也直接或间接地影响到大气温室效应，增强了甲烷对温室效应的影响。

CH_4 反应后产生的水蒸气的热效应十分强大，等同于把大气中的 CO_2 造成的全球变暖效应加强了一倍。在 H_2O 分子中，氧原子和氢原子的相对原子质量相差很大，所以外层电子强烈地偏向一方，这种性质使水蒸气在遇到地面反射回高空的长波辐射时，吸收能力比二氧化碳还强。而且水蒸气会随陆地温度的不同，改变自己的状态，由气态变为液态或固态,或者反之。水的固体、液体、气体转化的过程伴随着吸热或放热,所以它的热效应特别强大。

由以上分析可以看出,大气中卤烃、氯氟烃、氯气及 SO_2 等温室气体都直接或间接地受到 CH_4 和 OH 的影响,同时,其反应后生成的水蒸气和 CH_3Cl 均有较强的温室作用。所以,CH_4 急剧增加,会导致极强的温室效应,产生全球暖化。

三、瓦斯排放要求与标准

从以上分析可以看出,煤矿开采过程中产生的 CH_4 对大气有极强的影响,将导致全球变暖,破坏地球的生态环境。1997 年 12 月,通过了限制发达国家温室气体排放量以抑制全球变暖的《京都议定书》,《京都议定书》规定:到 2010 年,所有发达国家排放的二氧化碳等 6 种温室气体的数量要比 1990 年减少 5.2%。我国虽然为发展中国家没有减排义务,但一直致力于节能减排,制定了一系列限制瓦斯排放的标准和要求。

2008 年环境保护部为贯彻《中华人民共和国环境保护法》,控制煤层气(煤矿瓦斯)排放,促进煤层气(煤矿瓦斯)利用,保护大气环境,缓解温室效应,制定了《煤层气(煤矿瓦斯)排放标准(暂行)》(GB 21522—2008)。标准对现有矿井、煤层气地面开发系统瓦斯排放控制管理以及新建、改建、扩建矿井以及煤层气地面开发系统项目的环境影响评价、设计、竣工验收及建成后的瓦斯排放控制管理均适用。

标准要求具备地面煤层气开发条件的矿井,应利用地面煤层气开发技术,实现"先采气、后采煤"。自 2010 年 1 月 1 日起,现有矿井及煤层气地面开发系统的煤层气(煤矿瓦斯)排放执行表 10-1 规定的排放限值。

表 10-1　煤层瓦斯排放限值

受控设施	控制项目	排放限制
煤层气地面开发系统	煤层气	禁止排放
煤矿瓦斯抽放系统	高浓度瓦斯(甲烷浓度≥30%)	禁止排放
	低浓度瓦斯(甲烷浓度<30%)	—
煤矿回风井	风排瓦斯	—

对可直接利用的高浓度瓦斯,应建立瓦斯储气罐,配套建设瓦斯利用设施,可采取民用、发电、化工等方式加以利用;对目前无法直接利用的高浓度瓦斯,可采取压缩、液化等方式进行异地利用;对目前无法利用的高浓度瓦斯,可采取焚烧等方式处理,尽量减少瓦斯的直接排放。

第二节　矿井瓦斯的治理利用进展

煤层瓦斯的直接排放,对环境有着极强的影响作用,国家对其排放有相应的要求和标准。同时瓦斯是一种优质和卫生的能源,1 m^3 纯甲烷(浓度 100% 的瓦斯)发热量约 35.19 MJ,可折合 1.2 kg 的标准煤。如果矿井把抽出的瓦斯加以利用而不直接排空,能大大降低矿井对社会能源(电力等)的需求,减少矿井的资金投入,增加矿井的经济效益。

目前矿井排出的瓦斯主要为两个部分：一是矿井经瓦斯抽采，抽出的高浓度瓦斯，其利用的难点在于受煤层采动影响造成瓦斯浓度的不稳定，目前基本已经克服。二是矿井抽采出的低浓度瓦斯（浓度低于 9%）及随矿井乏风排出瓦斯（浓度低于 1%）。由于其浓度较低，利用难度大，需要提纯或者添加其他助燃剂，利用成本相对较高。

尽管瓦斯利用存在较多困难，但煤层瓦斯利用的治理与利用是环境保护、节能减排的主要方向，在矿井规划建设过程中即需要详细考虑。目前高瓦斯、煤与瓦斯突出等瓦斯含量较高的矿井，在矿井建设和生产过程中均进行瓦斯抽采，一方面，抽采瓦斯可避免井下瓦斯灾害，同时将煤矿瓦斯加以利用变废为宝；另一方面，我国积极开展低（超低）浓度瓦斯利用技术的探索，研究出了低浓度瓦斯发电技术及矿井乏风氧化等技术，既保护了环境，也起到了良好的经济和社会效益。

一、矿井瓦斯抽采

（一）地面钻井瓦斯抽采

地面钻井工程是煤矿瓦斯抽采工程领域中的有效方法之一，为了充分利用钻井的抽采功能，更多地抽采瓦斯，有效地减轻井下工作面瓦斯超限的压力，很多时候地面钻井要"一井三用"，即采前预抽、采动抽采和采空区抽采。由于地面钻井预抽瓦斯的工程和工作均在地面进行，无须在井下打钻和掘进专用抽采瓦斯巷道。因此，生产与瓦斯抽采既不相互制约，又不互相干扰。这样既有利于生产的发展，又有利于开、抽、掘、采的平衡；既改善了井下安全环境，又改善了职工的工作条件；既不向地面排放矸石污染环境，又能预抽煤层瓦斯。由此可见，地面钻井预抽瓦斯，是煤与瓦斯资源共采的绿色开采技术。地面钻井抽采本煤层瓦斯、邻近煤层的采动区卸压瓦斯或采空区瓦斯技术，在美国、德国和我国的平煤集团、淮北、铁法和晋城矿区已做过研究和试验。具有代表性的是"L"井、"U"井等。

1. "L"井瓦斯抽采

地面定向 L 形钻井在石油、页岩气开采中已大量运用，具有钻孔定位准、施工速度快、可多分支造孔的优点。其结构示意如图 10-2 所示。采用三开井身结构，一开表土层直孔段：一般孔径为 311 mm，过风氧化带至完整基岩层段，下入 ϕ244.5 mm×L8.94 mm 孔口套管，隔离第四系表土层。二开定向斜孔段：井斜 90°，孔径为 216 mm，至上仰段，下入 ϕ177.8 mm×L8.05 mm 套管。三开稳斜上仰段：孔径为 152 mm，钻孔轨迹位于煤顶板以上（25±5）m，靶半宽 3 m，成孔后下入 ϕ127 mm×L6.5 mm 的筛管。

2. "U"井瓦斯抽采

U 形水平井是指水平井的远端与洞穴连通的井，已在澳大利亚获得成功并得到广泛推广。该技术集钻井、完井与增产措施于一体，主要优势表现在可以增加气体有效供给范围，提高气体导流能力，减少煤层伤害，提高单井产量和最终采出率。U 形井由一口垂直井和一口斜水平井组成，如图 10-3 所示。

（二）井下瓦斯抽采

地面抽采受到多种条件的影响，如煤层的埋藏深度、煤层的透气性等，且每一地面井投入巨大，因此在多数区域受到限制，在不具备地面抽采条件的矿井，一般采用井下钻孔进行瓦斯抽采，根据生产形式一般分为穿层钻孔采前抽采、顺层钻孔采前抽采、采空区瓦斯

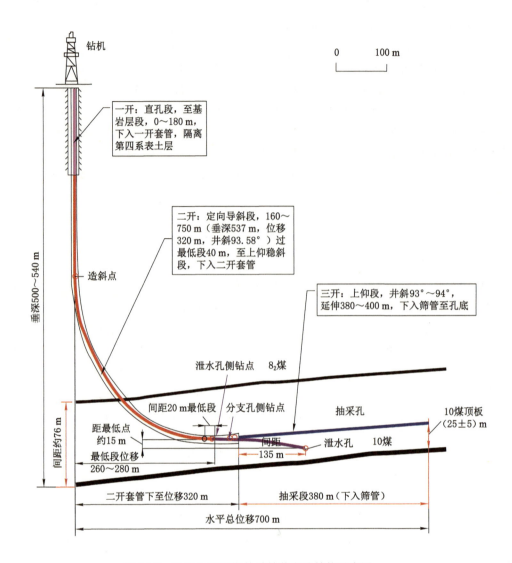

0   100 m

钻机

一开：直孔段，至基岩层段，0～180 m，下入一开套管，隔离第四系表土层

二开：定向导斜段，160～750 m（垂深537 m，位移320 m，井斜93.58°）过最低段40 m，至上仰稳斜段，下入二开套管

三开：上仰段，井斜93°～94°，延伸380～400 m，下入筛管至孔底

垂深500～540 m

造斜点

间距约76 m

泄水孔侧钻点   8₂煤

间距20 m最低段

分支孔侧钻点

抽采孔

10煤顶板（25±5）m

距最低点约15 m

最低段位移260～280 m

间距

135 m

泄水孔   10煤

二开套管下至位移320 m

抽采段380 m（下入筛管）

水平总位移700 m

图 10-2   地面 L 形瓦斯抽采钻井主孔结构示意图

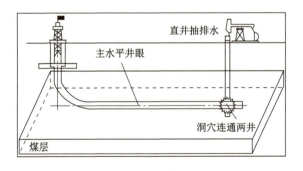

直井抽排水

主水平井眼

洞穴连通两井

煤层

图 10-3   地面 U 形瓦斯抽采钻井结构示意图

抽采。

1. 穿层钻孔采前抽采

根据瓦斯抽采目的的不同,采煤工作面煤体穿层钻孔瓦斯抽采分为对煤巷掘进条带的瓦斯抽采和对开采区域的瓦斯抽采两类,两类穿层钻孔的工作流程基本相同。采煤工作面煤体穿层钻孔瓦斯抽采的工作流程包括准备、实施和效果检验三个阶段。

准备阶段的主要任务为穿层钻孔瓦斯抽采的设计。首先需要分析工作面煤层赋存规律、煤层瓦斯大小及瓦斯灾害程度、煤体的坚固性系数等情况,在此基础上确定工作面煤体总的区域性防突措施,涉及穿层钻孔的防突措施包括穿层钻孔结合顺层钻孔瓦斯抽采方法和大面积穿层钻孔瓦斯抽采方法两种。在穿层钻孔结合顺层钻孔瓦斯抽采方法中,穿层钻孔主要是对煤巷掘进条带煤体进行瓦斯抽采,以保证机巷、开切眼和风巷的施工安全。如果遇到工作面煤层厚度大、煤体松软、不利于顺层长钻孔施工的情况时,就需要采用大面积穿层钻孔瓦斯抽采方法,该方法全部为密集穿层钻孔。穿层钻孔不仅抽采煤巷掘进条带瓦斯,而且抽采工作面开采区域瓦斯。它适用于煤层透气性较大,有一定倾角的中、厚煤层。在进入工作面煤层之前,消除工作面采掘范围内的突出危险性。两种穿层钻孔的抽采对象不同,其设计也不尽相同,因此应该根据穿层钻孔的抽采对象,对穿层钻孔瓦斯抽采进行设计,以指导穿层钻孔瓦斯抽采工作的开展。两种穿层钻孔瓦斯抽采方案最大的区别是底部巷道条数不同,前者一般设计一条底板巷,后者一般设计两条底板巷。

实施阶段首先需要施工底板巷道,在底板巷道的设计位置开挖钻场用于穿层钻孔的施工,并沿底板巷道铺设抽采管路。在距底板巷迎头后方一定位置施工穿层钻孔,底板巷道可与穿层钻孔同时施工,穿层钻孔需要挂牌管理。每个穿层钻孔施工结束封孔后立即接入抽采管网进行瓦斯抽采,同时做好瓦斯抽采量的统计工作,用于后期的效果检验。由于对原始煤层进行瓦斯抽采,所需的抽采时间较长,一般抽采期在 6 个月以上。

抽采结束后,进行施工部分的考察钻孔,用于评估瓦斯的抽采效果。要求考察残余瓦斯压力的钻孔不能与抽采钻孔导通,考察钻孔布置在周围抽采钻孔的几何中心位置,且把考察钻孔布置在抽采时间相对较短的区域。布置示意图如图 10-4 所示。

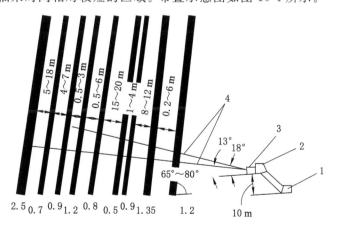

1—运输岩巷;2—抽放瓦斯岩巷;3—钻场;4—钻孔。

图 10-4　穿层钻孔抽放

2. 顺层钻孔采前抽采

在区域性防突措施中,顺层钻孔方式适用于透气性较小、煤层赋存稳定的薄及中厚煤层。顺层钻孔瓦斯抽采的布置形式有三种,其一为从工作面机巷、风巷内向开采区域施工上向和下向顺层钻孔,在采前抽采开采区域煤层瓦斯;其二为从煤层浅部巷道施工下向顺层长钻孔,递进掩护,抽采深部煤巷掘进条带和工作面开采区域煤层瓦斯;其三为施工走向顺层长钻孔,抽采煤巷掘进条带内的瓦斯。下面对各类顺层钻孔采前抽采的工作流程分别进行阐述。

(1)工作面上向和下向顺层钻孔采前抽采工作流程

在采用穿层钻孔或顺层钻孔抽采方法掩护工作面煤层巷道施工结束后,便可从机巷、风巷内向开采区域施工上向和下向顺层钻孔,抽采煤层瓦斯,消除其突出危险性。工作面上向和下向顺层钻孔采前抽采工作流程包括准备、实施、效果检验三个阶段。

准备阶段为上向和下向顺层钻孔瓦斯抽采的设计阶段,需根据煤层厚度、瓦斯含量及煤层透气性等情况确定抽采钻孔的直径、间距及抽采时间。矿井必须装备满足钻进需要的钻机,保证施工的上向和下向顺层钻孔能够覆盖整个工作面,在工作面倾向的中部不出现空白条带。

工作面的机巷、风巷施工结束后,便可进入顺层钻孔抽采的实施阶段。可分别从机巷、风巷内同时施工顺层钻孔,顺层钻孔的施工严格按照设计进行,并铺设抽采管路,钻孔施工封孔后立即接入抽采管网进行瓦斯抽采。在抽采管路上安装计量设备进行总抽采量的考察,用于瓦斯抽采的效果检验。

抽采结束后进入效果检验阶段,对于工作面开采区域煤层的效果检验,其效果检验指标可以采用直接测定的煤层残余瓦斯压力或残余瓦斯含量,也可采用通过计算抽采率的间接方法计算煤层残余瓦斯含量。由于顺层孔测压和取煤样较难,因此大多采用通过计算抽采率的间接方法计算煤层残余瓦斯含量作为效果检验的指标。对于走向长度较长的工作面,钻孔的施工需要较长的时间,这就造成最初施工的钻孔和最后施工的钻孔抽采时间差别较大,在效果检验时不便将抽采时间差别较大的钻孔覆盖的煤体作为一个整体进行效检,因此应将工作面抽采区域根据预抽时间的不同划分为几个评价单元分别计算效检指标。根据各单元的效果检验指标判断各评价单元是否消除了突出危险性,进而判断是否满足开采条件。在靠近开切眼侧的评价单元消除危险后,便可先行开采,开采过程中按照规定进行区域验证。在开采过程中必须保证采煤工作面与未消除突出危险单元之间不得小于规定的距离。布置如图 10-5 所示。

(2)煤巷条带顺层长钻孔掘前抽采

在煤层赋存比较稳定、适于施工走向顺层长钻孔的区域,煤巷条带顺层长钻孔瓦斯抽采方法可作为一种区域性措施掩护煤层巷道的安全掘进。煤巷条带顺层长钻孔掘前抽采工作流程包括准备、实施、效果检验三个阶段。

准备阶段是对煤巷条带顺层长钻孔瓦斯抽采进行设计。顺层钻孔长度不得低于 60 m,另根据煤层瓦斯赋存状态,确定钻场、钻孔直径、间距、巷道两侧的保护宽度、抽采时间、抽采管路等相关参数。实施过程中,需要在巷道两帮各施工一个钻场,从巷道迎头和两侧钻场内分别向前方煤层施工顺层长钻孔,钻孔长度不小于 60 m,钻孔覆盖前方煤巷掘进条带,钻孔施工封孔后立即接入抽采管网进行瓦斯抽采。布置如图 10-6 所示。

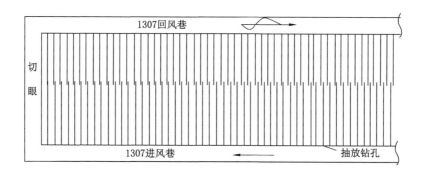

图 10-5　顺层钻孔抽放

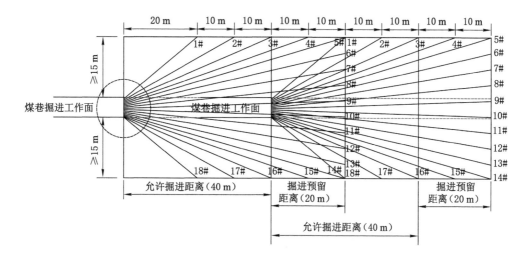

图 10-6　煤巷条带顺层长钻孔掘前抽采示意图

3. 采空区瓦斯抽采

采空区瓦斯的涌出在矿井瓦斯来源中占有相当大的比例,这是由于在瓦斯矿井采煤时,尤其是开采煤层群和厚煤层条件下,邻近煤层、未采分层、围岩、煤柱和工作面丢煤中都会向采空区涌出瓦斯,不仅在工作面开采过程中涌出,而且工作面采完密闭后也仍有瓦斯继续涌出。一般新建矿井投产初期采空区瓦斯在矿井瓦斯涌出总量中所占比例不大,随着开采范围的不断扩大,采空区瓦斯的比例会逐渐增大,特别是一些开采年限久的老矿井,采空区瓦斯多数可达 25%~30%,少数矿井达 40%~50%,甚至更大。对这一部分瓦斯如果只靠通风的办法解决,则显然增加了通风系统的负担,而且又不经济。通过国内外的实践,对采空区瓦斯进行抽采,不仅可行,而且也是有效的。

目前,采空区瓦斯抽采已成为主要的抽采方法之一,特别是在国外备受重视。抽出的瓦斯量在总抽采量中占有较大比重,如德国及日本均达 30% 左右。我国也开始注意采空区瓦斯的抽采,并逐步将其纳入矿井综合抽采瓦斯考虑的范畴之一。

采空区瓦斯抽采方法,按开采过程划分,可分为回采过程中的采空区瓦斯抽采和采后密闭采空区瓦斯抽采;按采空区状态划分,可分为半封闭采空区瓦斯抽采和全封闭采空区瓦斯抽采;按瓦斯抽采方式分,可分为钻孔法抽放和巷道法抽采。

（1）钻孔法抽放

钻孔法抽放是利用在开采层顶板中掘的巷道向采空区顶部施工钻孔进行抽放的瓦斯抽采方法。钻孔高度不小于4～5倍采高。在回风巷或上阶段运输巷的一段距离（20～30 m）向采空区冒落拱顶部施工钻孔进行瓦斯抽采。从回风巷向工作面顶板开凿钻场,朝着工作面的方向向冒落带上方施工顶板走向钻孔进行抽采,钻孔平行煤层走向或与走向之间有一个不大的夹角。如果采空区距地表不深时,也可以从地表向采空区打钻孔进行抽采。

（2）巷道法抽采

巷道法抽采是利用上阶段回风水平密闭接瓦斯管路进行抽采的瓦斯抽采方法。这种方法专门掘瓦斯尾巷或高抽巷,通过瓦斯尾巷或高抽巷接瓦斯管路进行抽采。

二、煤层瓦斯的利用

矿井瓦斯主要由甲烷组成,吸附在煤炭上。在煤炭开采过程中,随着压力的降低,瓦斯气从煤炭中释放出来。作为一种非常规天然气,瓦斯气的成分、用途、加工利用的下游产品和市场均与天然气基本一致。因此,天然气开发利用所展示的广泛领域,以及在经济、社会和环境方面产生的良好效益,可为瓦斯气开发利用提供借鉴。瓦斯气既是高热值的清洁能源,更是宝贵的合成化工原料,其加工利用前景极为广阔,是近二十年在世界上崛起的新型能源。

（一）瓦斯作为化工原料

瓦斯气可作为化工原料用于开发各种化工产品,如甲醇、炭黑、生产乙炔等。

然而,无论是通过热解生成炭黑、乙炔,还是通过氨氧化生成丙烯烷、有机玻璃单体,或者通过硝化生成三氯硝基甲烷,氯化生成一氯甲烷、二氯甲烷、三氯甲烷、四氯甲烷以及氧化生成甲醛,或者转化合成油、氨等,都需要一整套繁杂的化工程序,一般的小企业不但难以掌握,且效率不高,浪费资源,容易造成二次污染。一个矿井所产生的瓦斯远远不足以支撑建立一个大型化工厂所需的规模。因此,将几个矿井的瓦斯集中起来建立化工厂可以形成相当规模,满足需求。

（二）瓦斯作为民用燃料

瓦斯是一种优质和卫生的能源,它的主要成分是甲烷（CH_4）,1 m³ 纯甲烷（浓度100%的瓦斯）发热量约 35.19 MJ,可折合 1.2 kg 的标准煤。将瓦斯作为燃料直接用于民用、燃气锅炉和燃气发电机是一个很好的选择。作为民用燃料,通过管道直接供给矿井用燃料锅炉、职工和附近城镇居民,可以替代其他燃料消耗,这种方式不但利用效率高,而且由于近距离输送瓦斯气,不用提纯和液化,从而减少了输送费用。

（三）瓦斯发电

就目前科技发展的现状,瓦斯气发电采用的主机设备主要有以下 4 种形式可供选择: ① 汽轮机发电机组;② 燃气轮机发电机组;③ 燃气内燃机发电机组;④ 燃料电池发电。燃料电池发电系统与转换燃料热做功最终产生电力的传统发电系统不同,燃料电池类似于一般电池,利用电化学过程产生电力,与从储备化学制品中提取电力的蓄电池不同,燃料电池通过氢燃料通入电池的阴极以及空气中氧气通到阳极的放电过程来生产电力,是一种将氢和氧的化学能通过电极反应直接转换成电能的装置。这种装置的最大特点是由于反应过程中不涉及燃烧,其能量转换效率不受"卡诺循环"的限制,能量转换率高达 60%~80%,实际使用效率则是普通内燃机的 2~3 倍。但因燃料电池的容量小,只适于小型燃气发电系统,而矿井产生的瓦斯气一般规模较大,因此燃料电池发电系统并不适用于矿井瓦斯发电。

1. 汽轮机发电机组

汽轮机发电机组多用于传统的火力发电厂,这种发电形式工艺技术成熟,运行可靠。然而,燃气锅炉采用瓦斯气为燃料目前仅局限在小型的工业锅炉。受瓦斯抽采波动性的影响,大型电站瓦斯锅炉的应用也受到限制,个别电站锅炉采用煤与瓦斯混烧技术,但辅助系统庞大、复杂,占地面积大。这种装机形式发电效率也较低,启动运行时间长,不灵活。

2. 燃气轮机发电机组

利用燃气轮机发电具有系统简单、运行灵活、单机功率大、占地面积小的优点。系统可加余热锅炉带汽轮机联合循环发电,虽然这种方式比较复杂,占地面积大,但可大大提高发电效率。目前,在以天然气为燃料的燃气电站中较多采用这种方式。

对于瓦斯气电站,仅当甲烷含量大于 50% 且气源稳定时,才适于采用燃气轮机作为主机发电设备。这是因为燃气轮机要求的进气压力高,当井下抽排的瓦斯气加压到燃气轮机要求的 0.9 MPa 时,温度可能升至 160 ℃,根据美国矿山局制定的瓦斯气中甲烷浓度爆炸极限的公式计算,此时要求瓦斯气的安全界限为甲烷浓度大于 39%,并且要求浓度稳定、连续。

燃气轮机发电,仅限制在抽采瓦斯浓度高的矿井中使用。由于井下瓦斯抽采系统抽采的瓦斯浓度会随着工作面的推进、煤层的不同和出煤量的变化而波动,这些机组受瓦斯抽采浓度波动的影响,会经常因为瓦斯浓度达不到安全要求而不得不时开时停。因此,近年来这种装机形式较多地应用在具有一定规模、抽采效果较好、气量和浓度比较稳定的矿区。

3. 燃气内燃机发电机组

燃气内燃机发电具有系统简单、运行灵活、发电效率高的特点,可加余热锅炉带汽轮机联合循环发电,虽使系统复杂,但可大大提高发电效率。尤其是这种机组要求进气压力低,仅为 5~35 kPa,适用瓦斯浓度范围广,浓度 6% 以上均可利用,这使得燃气内燃机发电机组在瓦斯气发电方面获得了越来越广泛的应用。

在过去几十年中,特别是在近 10 年中,容量为 100~2 000 kW 范围内的燃气内燃发动机在应用方面有了很大的增长。随着产品技术的不断成熟和日趋严格的环境控制要求,往复式发动机必将继续作为一种低成本的发电产品,在瓦斯发电市场占据重要地位。燃气内燃发动机的用户增长是由于它在成本、效率、可靠性和废气排放方面有了长足的进步,主要表现在输出功率的提高、污染物排放的降低。

在输出功率提高方面,由于提高了相对输出功率,因此减少了与柴油发动机在输出功率及相对价格之间的差距。在污染物控制方面,燃气发动机采用了两种基本的废气排放控制方法,分别是化学计量比和稀薄燃烧。用化学计量比控制燃烧的发动机,使用三元催化污染控制系统,可同时降低 NO_x、CO 和未燃碳氢化合物。例如在稳态工况下运行,若进行严格控制,可以使 NO_x、CO 和未燃碳氢化合物排放控制在 0.2~0.42 g/(kW·h)。另一控制燃气发动机污染的主要方法是稀薄燃烧(目前大部分发动机采用这种技术),使用大量过剩的空气系统(超过 50%~100% 的理论空气量),通过高过剩空气使 NO_x 排放显著减少,同时使循环效率增加。例如大型燃气内燃发动机常使用超高能量点火、预燃室、小火点火系统(使用 1% 能量)等技术,稀薄燃烧燃气发动机的 NO_x 排放量可控制在 $0.4 \sim 0.94 \ g/(kW \cdot h)$ 范围。燃气内燃发动机经过严格维护,完全可以实现热电联产。从使用的经验来看,功率范围在 $500 \sim 2\ 000 \ kW$ 的燃气发动机特别适合气源不稳定的煤矿瓦斯使用。矿井瓦斯的系统要求及特点见表 10-2。

表 10-2　瓦斯气发电方式

机组方式	燃气内燃发电机组＋余热锅炉(＋汽轮机发电机组)	燃气轮机发电机组＋余热锅炉＋汽轮机发电机组	燃气锅炉＋汽轮机发电机组
辅助系统	较简单	较简单	复杂
简单循环发电效率/(%)	34～43	25～38	25～30
全厂综合效率/(%)	45～90	40～90	30～70
启动时间	10 s	21 min～1 h	1～3 h 以上
燃料供应压力	低压	中压	低压
对瓦斯浓度要求	6% 以上	大于 40%	大于 30%

三、低浓度瓦斯的利用

煤矿瓦斯按体积分数分为 3 类:第一类是质量浓度大于 30% 的高浓度瓦斯;第二类是质量浓度在 9%～30% 的低浓度瓦斯;第三类是质量浓度在 9% 以下的低(超)浓度瓦斯(含煤矿通风乏风)。其瓦斯利用技术大致如下:质量浓度大于 30% 的高浓度瓦斯,采用高浓度瓦斯直接燃烧供发电机组发电;质量浓度在 9%～30% 的低浓度瓦斯,采用低浓度瓦斯内燃机组进行发电利用;质量浓度在 9% 以下的低(超)浓度瓦斯(含煤矿通风乏风),甲烷质量分数为 0.25%～5%,采用煤矿乏风氧化装置直接或经过掺混、稀释后利用。

目前,质量浓度高于 30% 的瓦斯在利用上已没有技术瓶颈;我国在煤矿低浓度瓦斯利用技术的研究主要有:① 煤矿低浓度瓦斯发电技术;② 煤矿低浓度瓦斯浓缩技术;③ 煤矿低浓度瓦斯燃(焚)烧技术。

(一)煤矿低浓度瓦斯发电技术

低浓度瓦斯用于发电目前常用燃气发动机组实现。主要技术路线为:对低浓度瓦斯气体进行除硫、除湿、稳压处理后,通入管道;燃气发动机通过控制燃气电磁阀和空气阀开度,对瓦斯气和空气比例进行调节,以满足发动机缸内燃烧的适当空燃比,即 λ 值。λ 值控制的稳定程度,一方面代表机组控制水平;另一方面对于电能质量也有重要影响。

1. 发电机组各子系统构成及功能

发电机组各子系统构成及功能如下所述。

(1)电磁阀

电磁阀包括燃气电磁阀、空气阀、防爆阀等。燃气电磁阀通过控制阀口开度控制进入燃气管的瓦斯量,同理,空气阀用于控制发动机的空气进气量。而防爆阀,则是在进气管压力达到一定程度时开启,避免燃气空气的混合气体在进入发动机气缸之前发生燃烧和爆炸。

（2）点火系统

在发动机缸内的混合气体在活塞到达压缩上止点时，压力和温度并不足以使燃气点燃，需要给入压缩后的混合气体进行额外的点火。点火系统的主要结构包括火花塞、点火控制器、点火线圈等。点火控制器通过控制点火能量、点火持续期以及点火时间等参数实现对发动机点火的控制。点火线圈为高低压线圈，通过电磁感应将低压信号转变为高压信号，从而通过火花塞放电击穿点燃混合气体，实现燃气化学能的释放。

（3）控制系统

发电机组控制系统分为两部分。一部分为发动机单机控制系统（ECU），该部分主要完成对燃气进气量、空气进气量、转速控制、节气门开度等参数的控制，从而实现发动机的稳定运行。由于低浓度瓦斯气源的波动特性，故而在发动机控制系统中需增加负荷突变的自适应模块，以满足在气源质量发生波动导致 λ 变化引起的功率突变适应。另一部分为发电机组并网的控制，用以控制发电机组和电网的合闸分闸，同时控制包括无功因数、电压、电流以及频率等参数在内的电能质量，解决逆功、掉线等问题。

（4）发电机部件

按照瓦斯电站的容量设计要求，选取相应的发电机。以2 000 kW电站为例，可选用2台1 000 kW 发电机组，配1 200 kW 左右单机，以满足发电机组输出功率需求。低浓度瓦斯在输送利用过程中，由于其浓度较低，接近爆炸极限，故而对安全运输和使用要求较高，通常在瓦斯电站中，常用阻火装置以及细水雾输送系统来确保安全运输和使用，以达到上述目的。

① 阻火技术

瓦斯电站常用被动式阻火技术，在爆炸发生时，阻止火焰及高温烟气向后继续传播。三级阻火系统由水封阻火器、瓦斯管道阻火器、溢流脱水阻火器等构成。

② 细水雾系统

在瓦斯管道每隔一段距离设置细水雾发生装置，主要目的是防止在瓦斯输送过程中产生静电及着火点，从而引发爆炸。补加的细水雾通过发电机组进气系统前的旋风式重力脱水装置进行脱水处理，保证燃气进气的湿度。

③ 发电机组安全设置

发动机进气管设置有防爆电磁阀，能够保证进气压力在安全的范围之内。此外，发电机组设置有超速保护、超功率保护以及逆功保护等功能，保障机组在运行过程中发生异常时能够及时停机，确保机组和运行人员的安全。

2. 技术改进与应用

而现今低浓度瓦斯发电普遍存在着一些问题，如发电机组"飞车""紧急停机""低效运行"，机组"无瓦斯泄漏自动排水"等，低浓度瓦斯发电技术需要实现以下目的，方可正常运转。

（1）实现瓦斯浓度的提前预警

由于瓦斯浓度传感器具有不可消除的滞后性，就地采集的数据不能及时反映进入机组的瓦斯的真实情况。本系统依据"煤矿瓦斯发电站前置传感器"专利技术，将现有的就地采集技术改为前置传感器采集技术，使系统得到的瓦斯参数为当前机组进气口的实际瓦斯参数，以便系统具有足够的反应时间，起到预警效果，保证系统调节的及时性与准确性，从根本上预防"飞车""紧急停车"等问题的出现。

（2）实现富余瓦斯的自动放散

得益于前置传感器提供的预警功能，本系统中的自动放散部分有足够的反应时间，依据传感器的参数，自动调节放散阀门开度，排放掉富余瓦斯，实现供给量等于需求量，杜绝因瓦斯浓度过高或总量过大导致的机组"飞车"问题，同时解决了手动放散存在的及时性和准确性问题，降低了人工劳动量。

采用本系统的自动放散技术，能够保证按需供给瓦斯，实现低浓度瓦斯发电机组的满载运行，提高了机组运行功率，使瓦斯资源得到充分利用，环境污染减少，经济与社会效益大幅提高。

（3）实现空燃比的自动调节

当前业内的共识是当空气与瓦斯的混合比例达到 9.5％ 时天然气的燃烧最为充分。然而因为低浓度瓦斯浓度、压力不稳定等固有特点，市场上现有的控制系统因为滞后性并不能实现对机组空燃比的精确控制。

基于前置的瓦斯浓度传感器，本系统能够预测瓦斯浓度的变化情况。根据机组的需求计算燃气调节阀、空气阀等阀门的调整角度，实现对阀门的精确调控，进而控制进入机组的空气和瓦斯气浓度、流量及压力等数据，保证机组安全平稳运行，避免现有控制系统可能引起的滞后和不精确等问题，从而防止发生"飞车"或"紧急停车"等故障。

（4）实现应急气源的自动补给

CNG 应急气源装置由 CNG 或 LNG 气瓶组等部分构成，是汽车"油改气"技术的延伸。由它们组成的小容量气源，解决了因低浓度瓦斯不能储存、电站没有应急气源可用的难题。

气瓶内装有高纯度瓦斯，当气源波动至发电机组最低运行条件以下时，系统依据传感器的参数，自动调节应急气源的阀门开度，实现自动补气，保证机组在最低运行条件之上运转，减少"抱缸""抱瓦"故障发生的可能性，杜绝"紧急停车"现象的发生，减少机组因启动造成的磨损。

（5）实现无瓦斯泄漏正负压自动排水

气源中含有大量的水分，这些水分在机组内凝结后，会对机组造成重大伤害。机组上有多个放水口，但未设放水器，原因是受气源波动的影响，放水口的压力时正时负。单一功能的"正压自动放水器""负压自动放水器"都不适用。

本系统中的"正、负压放水器"，无论压力正、负，均可保证在无瓦斯泄漏的情况下，将机组内的凝结水安全地放出。

（6）实现掉网保护

机组满负载运行时，如果突发故障导致"掉网"，正全速运行的机组会突然轻载，极易引发"飞车"现象，此时，本系统会立即关小燃气阀门，减少燃气的供给，防止"飞车"现象的发生。

经过这一系列的改进，可解决目前低浓度煤矿瓦斯发电面临的发电机组"飞车""紧急停机""低效运行"、机组"无瓦斯泄漏自动排水"等几大难题，实现煤矿瓦斯发电系统安全、节能、环保与高效的运行。

（二）煤矿低浓度瓦斯浓缩技术

煤矿低浓度瓦斯浓缩技术利用吸附剂对瓦斯混合气体进行吸附，然后通过 CH_4 分离技术进行分离。目前的分离方法主要有吸附、吸收、低温深冷、膜分离和水合物分离等。深冷分离方法较成熟,能得到高纯度产品,但是整个过程需在低温下进行,设备复杂,投资大,能耗较大,该方法仅适用于日处理量几百万立方米煤层气的大型煤矿;溶剂吸收法的缺点在于气体的溶解度较低,处理量较小,溶剂再生速度较慢,仅适用于小量吸收,对于低浓度煤层气分离提纯并不适用;膜分离方法设备简单、投资少、运行费用低,但适于 CH_4 分离的高性能、高选择透过性的分离膜还有待研究开发;水合物分离方法研究前景广阔,但该技术仍处于初期探索阶段,存在一系列需要解决的问题,如高效添加剂的筛选及添加剂对水合物生成的影响机理与规律等;吸附分离方法设备简单、操作方便、设备运行费用低、技术成熟,在天然气工业已经工业化。

1. 变压吸附浓缩技术

变压吸附(简称 PSA)分离过程被广泛地应用于气体混合物的分离和精制,已成为一种重要的方法。变压吸附的基本步骤包括升压、吸附、减压、解吸。但这样的循环操作往往不足以满足上述需求,所以增加了逆流或并流均压、清洗等操作步骤。因此变压吸附分离装置的有效性不仅取决于循环效率,还取决于系统的优化设计和装置的操作条件。

整个过程如图 10-7 所示,每个吸附塔都经历进气、吸附、顺向排气、抽真空四个主要步骤。在第一个循环周期内吸附塔所经历的步骤为:

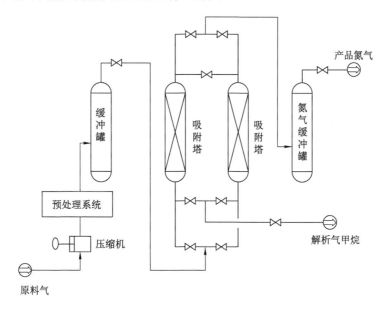

图 10-7　两塔制甲烷过程示意图

(1) 进气步骤:原料气从吸附塔底端进入;

(2) 吸附步骤:在进气步骤之后,原料气在吸附塔内得到分离,易被吸附的组分(甲烷)留在吸附塔内,此时甲烷得到初步富集;

(3) 顺向排气步骤:在吸附步骤之后,该塔内不易被吸附的组分从吸附塔顶端一部分作为产品气排出,另一部分作为反吹气对处于卸压阶段的吸附塔进行反吹清洗,直到甲烷组分刚刚在出口端突破,此时甲烷又一次得到富集;

(4) 顺向反吹步骤:在顺向排气步骤进行的同时,从吸附塔顶端排出一部分不易吸附的

组分作为清洗气,对处于卸压阶段的吸附塔进行反吹清洗;

（5）抽真空步骤:在顺向反吹步骤结束后,通过真空泵把吸附塔内的甲烷组分抽出,抽出气为解吸气;

（6）逆向清洗步骤:在抽真空步骤进行的同时,从吸附塔顶端排出一部分不易被吸附的组分作为清洗气,对处于卸压阶段的吸附塔进行反吹清洗。在接下来的第二个循环周期中,塔也经历这六个步骤。两个吸附塔交替进行这六个步骤,就形成了有反吹步骤的常压吸附、真空解吸流程。

2. 低温液化分离技术

2000 年以来,随着低温深冷技术的成熟和发展,美国等西方发达国家针对煤层气的特点,相继开发了小型液化分离系统,综合开发和利用煤矿低浓度瓦斯。我国也积极开展相应的研究工作。

较为典型的是混合制冷液化流程（MRC）与低温分馏相结合的含氧煤层气液化处理工艺,工艺流程如图 10-8 所示。MRC 循环是天然气/煤层气液化的主流技术工艺,可以高效地向煤层气提供冷量。

其中混合冷剂由甲烷、乙烯、丙烷、异戊烷以及氮组成,混合冷剂经过两级压缩并进行气液分离,第一、第二气液分离罐得到的冷剂分别进入冷箱并预冷至不同的温度后节流,节流后低温的冷剂分别返回冷箱提供冷量。两股冷剂混合后返回第一级压缩机入口。低温分馏法可将煤层气中的氮、氧组分与甲烷分离,从而得到 LNG 产品。其中煤层气冷却至一定温度后气液混合进入两级精馏塔的下塔,从上塔底部可以得到低温的 LNG 产品,而在下塔上部和下塔下部得到的物料组分为氮和氧,温度很低,因此也返回冷箱回收冷量后排空。

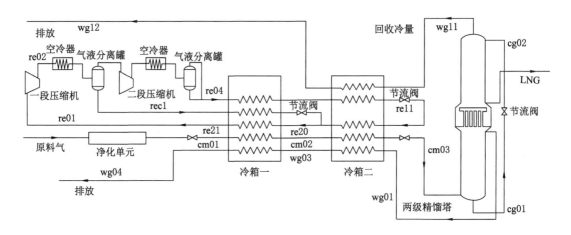

图 10-8　含氧煤层气低温液化流程

（三）煤矿低浓度瓦斯燃（焚）烧技术

煤矿低浓度瓦斯焚烧及热能回收利用技术可实现对 5%～16% 甲烷浓度的瓦斯气进行焚烧销毁,并且通过热能回收利用装置对焚烧后产生的高温烟气进行收集利用。通过与水进行换热,再将加热后的水或蒸汽送入热水管网,用于建筑采暖、煤矿井筒加热和生活洗浴。降温后的尾气通过烟囱排空。该技术实现了对爆炸极限范围内瓦斯的安全销毁,减少了煤矿瓦斯排放。同时对燃烧的热能进行回收利用,替代传统燃煤或燃气,从总体上实现了煤矿节能减排的目标。

低浓度瓦斯焚烧及热能回收利用技术由三个工艺段组成,分别为:低浓度瓦斯安全输送与掺混系统、低浓度瓦斯焚烧系统、热能利用系统。工艺流程如图 10-9 所示。

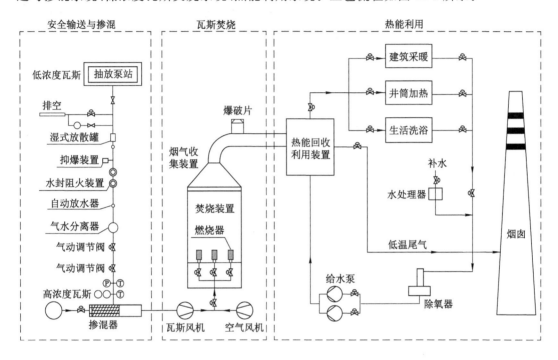

图 10-9　低浓度瓦斯焚烧及热能回收利用技术流程图

低浓度安全输送系统连接瓦斯抽放泵站与瓦斯焚烧装置,不建设在主体装置区内,属于外围配套设备,主要保护瓦斯抽放泵站的安全,阻断焚烧装置发生事故时沿瓦斯输送管回火;瓦斯焚烧装置是整个系统的核心装置,通过该装置将燃爆范围内的瓦斯安全地焚烧并转化为热能。热能利用装置实现对瓦斯焚烧热能的回收、输送、终端利用。

1. 低浓度瓦斯安全输送与掺混系统

低浓度瓦斯安全输送与掺混功能主要有:① 将爆炸极限范围内的瓦斯安全输送到焚烧装置区,当焚烧装置发生事故时,防止火焰沿着输送管道回流进瓦斯抽放泵站。② 可以将高浓度瓦斯和低浓度瓦斯通过掺混装置实现瓦斯气的均匀混合,调节瓦斯气浓度,从而使混配后的瓦斯气浓度达到最佳燃烧范围。

低浓度瓦斯从泵站抽出后,进入湿式放散罐,然后流经抑爆装置。抑爆装置采用喷粉抑爆原理:当后端检测装置检测到有爆炸火焰时,喷粉抑爆装置向瓦斯管内喷出大量无害粉体,抑制火焰向瓦斯抽放泵站传播。由于瓦斯中含有大量水,因此需经过气液分离器脱出里面的液态水,当液态水在气液分离器中积累到一定量时,自动放水装置打开放水阀,排出分离器中的水。瓦斯经过气动调节阀和关断阀后进入瓦斯掺混器。瓦斯掺混器的作用是实现不同浓度的两股瓦斯气充分混合。该掺混系统具有动态连续混配功能。在掺混装置后端设置浓度传感器,将混配后的浓度值传给混配控制系统,控制系统根据检测值与设定值的偏差输出控制信号,控制瓦斯气动调节阀,通过调节瓦斯气动调节阀的开度来控制掺混后瓦斯浓度。该混配控制系统浓度检测精准、控制精度高、调节阀动作响应快。

2. 低浓度瓦斯焚烧系统

瓦斯由瓦斯风机送入瓦斯焚烧装置,该装置的主要功能是将爆炸极限范围内的瓦斯气安全、稳定地焚烧销毁。瓦斯焚烧系统的核心设备是燃烧器。燃烧器应具有良好的阻火和防回火功能;并且具有阻力损失小、方便除尘的特点。燃烧器设计结构图 10-10 所示。

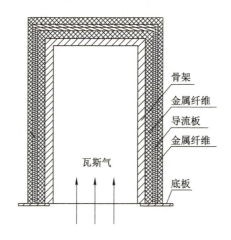

骨架
金属纤维
导流板
金属纤维
底板

瓦斯气

图 10-10　金属纤维燃烧器结构图

3. 热能利用系统

热能利用系统的主要功能是将焚烧装置产生的高温烟气热能回收利用,利用水与高温烟气换热,水吸收高温烟气的热量后温度升高,然后送往供热管网,降低温度后的尾气通过烟囱排空。热能利用系统的核心设备为烟气收集装置和热能回收利用装置。烟气收集装置采用隔热保温设计,输送烟气过程中热量损失小,运行阻力低,不影响焚烧装置内瓦斯的正常燃烧。在烟气收集装置的顶部设置爆破片,其作用是当焚烧装置因意外发生爆燃时,通过爆破片释放能量,保障焚烧装置本体的安全。热能利用装置主体是一台高效率、低阻力的换热器,水从换热器管层流过,被高温烟气加热后,进入供热管网,可用于建筑供暖、煤矿井筒加热和生活洗浴。为减少换热器结垢,提高换热效率,换热器使用软化水闭式循环供热。高温烟气被降温后通过烟囱高处放空。

四、煤矿乏风的治理利用技术及进展

煤矿乏风由于浓度低,不能直接燃烧且缺乏有效的利用途径,普遍采取直接排空处理。我国每年大量排入大气中的乏风导致了极大的资源浪费和环境污染。目前,煤矿乏风利用技术分为两大类:一是利用瓦斯提纯技术,将其提纯后再利用;二是通过技术实现甲烷的氧化催化燃烧,在不降低甲烷转化率的前提下实现未燃烧碳氢化合物、一氧化碳、氮氧化合物等污染物的超低排放甚至零排放。

（一）乏风的提纯技术

由于乏风的风量大,瓦斯含量低,在提纯上很难实现低温分离,对乏风的提纯主要是采用变压吸附或膜分离的方法。其中变压吸附法在上节中已经介绍,不再赘述,变压吸附乏风提纯的关键技术是吸附剂的研制。

1. 吸附剂的重要性

吸附剂是变压吸附技术的核心,吸附剂的好坏直接影响分离效果,甚至影响工艺的复杂性和装置的使用寿命。一个好的吸附剂不仅应具有吸附容量大、分离系数高、稳定性好、吸附速率快等特点,而且应具有解吸性能好、使用寿命长的优点。

2. 吸附剂的作用机理

吸附剂按作用机理可分为物理吸附型和化学吸附型。物理吸附型吸附剂是利用混合物中的各组分和吸附剂之间的范德瓦耳斯力或静电作用力强弱的不同进行吸附分离的,如活性炭和分子筛等。化学吸附型吸附剂是利用混合物中组分与吸附剂之间形成化学作用进行吸附分离的。

3. 对吸附剂的性能要求

长期以来,对变压吸附技术的研究中,对吸附剂的研究最为活跃,既有对原吸附剂的改性,又有新型高性能吸附剂的研发。高性能吸附剂的使用对变压吸附的使用范围尤为重要。总的来说,变压吸附技术对吸附剂有以下几点要求:

(1) 吸附剂应与气相组分不发生化学反应,以保证吸附剂吸附能力和再生性能不会因此而降低。

(2) 吸附剂要具有良好的选择性,以期获得明显的分离效果,获得纯度较高的产品。

(3) 吸附剂的吸附容量要大。吸附剂的吸附容量与吸附剂的比表面积、孔径的大小及分布、分子的极性及官能团的性质有关。吸附剂的吸附容量越大,达到要求所需的吸附剂量越小,吸附装置也越小,投资也相应降低。

(4) 吸附剂应具有良好的吸附动力学性质。良好的吸附动力学性质能加快吸附达到平衡的速度。同时允许的空塔流速越大,运行时煤矿乏风中低浓度甲烷的变压吸附分离体流量也越高。

(5) 吸附剂要有良好的机械强度、耐磨性、热稳定性及化学稳定性。

(6) 受高沸点气体影响小。高沸点气体吸附以后,很难被脱附,它们会在吸附剂上聚集,从而影响吸附剂对其他组分的吸附容量。

(7) 较小的压力损失。这与吸附剂的物理性质和装填方式有关。

4. 吸附剂的类型

乏风的主要成分是甲烷和空气,空气的主要成分是氮气,所以,目前,对于乏风中甲烷的提纯研究主要是如何实现甲烷和氮气的分离。值得注意的是,虽然变压吸附分离气体工艺日趋完善,但对于这种体系的分离还是难以实现工业化推广应用,因此还需要进一步研发分离效果更好的吸附剂。目前,在使用变压吸附方法分离提纯甲烷氮气吸附剂的研究中,报道的吸附剂主要有活性炭、沸石分子筛和炭分子筛。

(1) 活性炭

活性炭是变压吸附常用的吸附剂,具有发达的微孔结构和高比表面积。在吸附过程中,微孔起主要作用,而大中孔主要起通道的作用。活性炭的吸附特性不仅与其孔结构有关,还与其表面的化学官能团密切相关。活性炭的主要元素是碳,含量超过 90%,氧和氢大部分以化学键与碳原子相结合形成有机官能团。原料和制备方法是影响活性炭中有机官能团种类和含量的两个重要因素。在实际应用中,应根据活性炭的性能要求选择合适的原料和活化方法。多年来，人们一直致力于利用活性炭吸附分离体系，包括煤层气中甲烷的提纯。

（2）沸石分子筛

沸石分子筛是一类具有骨架结构的微孔晶体材料，其骨架由 TO_4 四面体组成，其中四面体的中心原子通常是 Si，也可以是 P、Ca、Be、B、Ti、Fe、V 等元素。至今发现的天然矿物沸石和人工合成的分子筛有百种，并不断涌现新型分子筛。沸石分子筛作为新型的吸附剂和高活性、稳定的新型催化剂和催化剂载体，被广泛应用于国防工业、电子工业、化学工业、石油工业、医药工业等很多领域。

与其他吸附剂相比，沸石分子筛具有以下特征：有序的晶体结构和分子水平的孔道尺寸，高热稳定性，在 200 ℃ 以下能保持正常的吸附容量，在 700 ℃ 以上能保持其结构和特性而不被破坏；孔结构均匀一致，孔大小分布单一；表面存在着大量的补偿阳离子，化学性质更易调变；沸石分子筛经适当的离子交换后常使其孔径大小、热稳定性、吸附性能等有所改变；即使在较高的温度和较低的吸附质分压下，仍有较高的吸附容量。沸石分子筛的选择性吸附的能力主要由沸石分子筛规整的微孔晶体结构所赋予，其特有的均匀排列的孔道和尺寸固定的孔径，决定了能进入沸石内部的客体分子的大小。只有当分子的直径小于分子筛的孔径时，才能进入孔道被分子筛吸附，而直径较大的分子则被阻挡在沸石的孔道外，不被分子筛所吸附。对于直径比分子筛孔径小的分子，虽然也可进入孔内，但仍可凭借分子的极性、不饱和度、极化率等的不同表现出吸附强弱和扩散速度的差异，从而进行选择性吸附分子。

（3）炭分子筛

炭分子筛（简称 CMS）是近几十年来发展起来的一种非常有价值的新型炭质吸附剂。和普通的活性炭相比，CMS 具有孔径均一、微孔发达的特点。CMS 的孔径分布较窄，为 0.5～1.0 nm，微孔孔容一般小于 0.35 cm^3/g；而普通活性炭除微孔外还含有大量中孔和大孔，平均孔径高达 2 nm，其孔容也要大得多，通常可达到 0.4～1.0 cm^3/g。与沸石类分子筛相比，CMS 具有以下特点：首先，作为非极性吸附剂，其对极性物质的亲和力小，但对非极性物质具有选择性吸附作用。其次，CMS 具有筛分作用，其孔腔为平板状，具有狭缝状入口。实验研究表明，CMS 吸附能力虽然不如常规活性炭，但对不同分子直径的分子提高了选择性。此外，在酸性溶液中 CMS 的稳定性比沸石分子筛好。所以，CMS 作为一种优良的多功能吸附剂，目前已广泛应用于环境保护、化学工业、石油工业、食品加工、湿法冶金、药物精制、军事防护等各个领域。

（二）乏风的氧化供热技术

乏风氧化技术的核心技术为周期性热逆流蓄热氧化技术，其工作过程如下：使用燃烧器加热启动，燃烧器向氧化室内大量放热，通过周期换向，热量扩散至蓄热室，建立起氧化所需的高温环境；当氧化床达到反应条件后，通入掺混的瓦斯进行氧化，氧化过程放出的热，其中一部分蓄积于蓄热陶瓷维持氧化反应条件，另一部分随低温排气排至大气，大部分热量从高温烟气调节阀排除，用于外部换热利用；装置通过切换阀进行周期性热逆流换向，进气侧陶瓷进行预热，排气侧陶瓷从排气中蓄热，周而复始，实现自维持运行。

将泵站抽放瓦斯（不论浓度如何）与乏风进行掺混，使掺混后的甲烷浓度达到 0.9%～1.2%，然后将掺混后的低浓度甲烷引入高温氧化装置中，低浓度甲烷在氧化床内瞬间无火焰地发生氧化反应，生成水和二氧化碳。

氧化反应释放出热量,利用余热发电中常用的锅炉把高温热风引入炉腔,与水管内的水进行热交换,从而产生高温高压水蒸气。乏风氧化供热原理如图 10-11 所示。

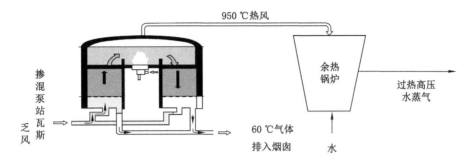

图 10-11 乏风氧化供热原理

煤矿乏风氧化催化的主要部分为氧化装置。其氧化床部分由外壳体,蜂窝储热陶瓷,电加热器,内置换热器以及进、排气管,进、出水管和陶瓷保温棉组成。蜂窝储热陶瓷、电加热器和内置换热器置于外壳体的中心部位。进、排气管安装在蜂窝储热陶瓷左、右两端。进、出水管安装在蜂窝储热陶瓷上部。其控制系统由控制单元、温度传感器、甲烷浓度传感器和电动阀门等组成。所有传感器和电动阀门都有信号导线与控制单元连接。煤矿乏风进入该装置的氧化床,先用少量电能加热启动,达到甲烷氧化反应温度后停止电加热,乏风中的甲烷继续氧化反应,生成二氧化碳并产生热能被取出利用,由废变宝,减少大气污染。其技术机理如图 10-12 所示。

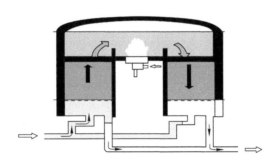

图 10-12 煤矿乏风氧化原理示意图

通风瓦斯氧化装置主要由固定式逆流氧化床和控制系统两部分构成。排气蓄热,进气预热,进排气交换逆循环,实现通风瓦斯周期性自然氧化反应。

氧化床先用外部能源(如电能)加热,创造一个甲烷氧化反应的环境(1 000 ℃),通风瓦斯由引风机引入氧化床,氧化产热,排气侧固体蓄热,进气侧气体预热,由换向阀实现通风瓦斯逆流换向。通风瓦斯中的甲烷在氧化床氧化后,一部热量维持氧化反应的环境,多余部分的热量排出氧化床。氧化反应自动维持后,停掉外加热,将多余的热量排出,用作他用。

由于投入和运营成本高,而效益一般,目前,我国矿井乏风的利用仍处于探索研究阶段,多集中在大型矿井,而多数中小型矿井的乏风仍直接排放。但随着环保意识的逐渐增强,各科研机构和矿井均在不断探索,力求实现全面治理。

参 考 文 献

[1] AKGÜN F,ARISOY A. Effect of particle size on the spontaneous heating of a coal stockpile[J]. Combustion and Flame,1994,99(1):137-146.

[2] AN J T,SHANG K F,LU N,et al. Oxidation of elemental mercury by active species generated from a surface dielectric barrier discharge plasma reactor[J]. Plasma Chemistry and Plasma Processing,2014,34(1):217-228.

[3] BRACHERT L,MERTENS J,KHAKHARIA P,et al. The challenge of measuring sulfuric acid aerosols:number concentration and size evaluation using a condensation particle counter (CPC) and an electrical low pressure impactor (ELPI+)[J]. Journal of Aerosol Science,2014,67:21-27.

[4] CHANG J S,URASHIMA K,TONG Y X,et al. Simultaneous removal of NO_x and SO_2 from coal boiler flue gases by DC corona discharge ammonia radical shower systems:pilot plant tests[J]. Journal of Electrostatics,2003,57(3/4):313-323.

[5] CHANG S,BERNER R A. Coal weathering and the geochemical carbon cycle[J]. Geochimica et Cosmochimica Acta,1999,63(19/20):3301-3310.

[6] CHEN X L,WHEELER C A,DONOHUE T J,et al. Evaluation of dust emissions from conveyor transfer chutes using experimental and CFD simulation[J]. International Journal of Mineral Processing,2012,110/111:101-108.

[7] CHEN X L,WHEELER C. Computational Fluid Dynamics (CFD) modelling of transfer chutes:a study of the influence of model parameters[J]. Chemical Engineering Science,2013,95:194-202.

[8] CHO S H,KANEKO K. Influence of the applied pressure waveform on the dynamic fracture processes in rock[J]. International Journal of Rock Mechanics and Mining Sciences,2004,41(5):771-784.

[9] DING J,ZHONG Q,ZHANG S L. Simultaneous desulfurization and denitrification of flue gas by catalytic ozonation over Ce-Ti catalyst[J]. Fuel Processing Technology,2014,128:449-455.

[10] DOCKERY D W,POPE C A ,XU X,et al. An association between air pollution and mortality in six U. S. cities[J]. The New England Journal of Medicine,1993,329(24):1753-1759.

[11] DOODS H,HALLERMAYER G,WU D M,et al. Pharmacological profile of BIBN4096BS,the first selective small molecule CGRP antagonist[J]. British Journal of Pharmacology,2000,129(3):420-423.

[12] DRONEN L C,MOORE A E,KOZLIAK E I,et al. An assessment of acid wash and

bioleaching pre-treating options to remove mercury from coal[J]. Fuel,2004,83(2):181-186.

[13] DUNHAM G E,DEWALL R A,SENIOR C L. Fixed-bed studies of the interactions between mercury and coal combustion fly ash[J]. Fuel Processing Technology,2003,82(2/3):197-213.

[14] ENGELBRECHT J P,GILLIES J A,ETYEMEZIAN V,et al. Controls on mineral dust emissions at four arid locations in the western USA[J]. Aeolian Research,2012,6:41-54.

[15] FASULLO J T,NEREM R S. Altimeter-era emergence of the patterns of forced sea-level rise in climate models and implications for the future[J]. Proceedings of the National Academy of Sciences of the United States of America, 2018, 115 (51):12944-12949.

[16] FAYAZ M,SHARIATY P,ATKINSON J D,et al. Using microwave heating to improve the desorption efficiency of high molecular weight VOC from beaded activated carbon[J]. Environmental Science & Technology,2015,49(7):4536-4542.

[17] GALBREATH K C,ZYGARLICKE C J. Mercury transformations in coal combustion flue gas[J]. Fuel Processing Technology,2000,65/66:289-310.

[18] GANGADHARAN P,SAHU J N,MEIKAP B C. In situ synthesis of ammonia by catalytic hydrolysis of urea in the presence of aluminium oxide for safe use of ammonia in power plants for flue gas conditioning[J]. Journal of Chemical Technology & Biotechnology,2011,86(10):1282-1288.

[19] GETHNER J. Kinetic study of the oxidation of Illinois No. 6 coal at low temperaturesEvidence for simultaneous reactions[J]. Fuel,1987,66(8):1091-1096.

[20] GETHNER J S. The mechanism of the low-temperature oxidation of coal by O_2: observation and separation of simultaneous reactions using In situ FT-IR difference spectroscopy[J]. Applied Spectroscopy,1987,41(1):50-63.

[21] GETHNER J S. Thermal and oxidation chemistry of coal at low temperatures[J]. Fuel,1985,64(10):1443-1446.

[22] GHORISHI S B,KEENEY R M,SERRE S D,et al. Development of a Cl-impregnated activated carbon for entrained-flow capture of elemental mercury[J]. Environmental Science & Technology,2002,36(20):4454-4459.

[23] GŁOMBA M,KORDYLEWSKI W. Simultaneous removal of NO_x,SO_2,CO and Hg from flue gas by ozonation. Pilot plant studies[J]. Environment Protection Engineering,2014,40(3):113-125.

[24] GOODARZI F,HUGGINS F E,SANEI H. Assessment of elements,speciation of As,Cr,Ni and emitted Hg for a Canadian power plant burning bituminous coal[J]. International Journal of Coal Geology,2008,74(1):1-12.

[25] GOODMAN G. Emerging technologies control respirable dust exposures for continuous mining and roof bolting personnel[M]//11th US/North American Mine Ventila-

tion Symposium 2006. Taylor & Francis,2006:211-216.

[26] GOODRICH B A,KOSKI R D,JACOBI W R. Condition of soils and vegetation along roads treated with magnesium chloride for dust suppression[J]. Water,Air,and Soil Pollution,2009,198(1):165-188.

[27] HAO R L,YANG S,ZHAO Y,et al. Follow-up research of ultraviolet catalyzing vaporized H_2O_2 for simultaneous removal of SO_2 and NO:absorption of NO_2 and NO by Na-based WFGD byproduct (Na_2SO_3)[J]. Fuel Processing Technology,2017,160:64-69.

[28] IWASHITA A,TANAMACHI S,NAKAJIMA T,et al. Removal of mercury from coal by mild pyrolysis and leaching behavior of mercury[J]. Fuel,2004,83(6):631-638.

[29] JIN L Z,WANG L,CHEN D K. Corrosion inhibition of a hygroscopic inorganic dust-depressor[J]. Journal of University of Science and Technology Beijing,Mineral,Metallurgy,Material,2006,13(4):368-371.

[30] JURNG J,LEE T G,LEE G W,et al. Mercury removal from incineration flue gas by organic and inorganic adsorbents[J]. Chemosphere,2002,47(9):907-913.

[31] KARRI V,SCHUHMACHER M,KUMAR V. Heavy metals (Pb,Cd,As and Me-Hg) as risk factors for cognitive dysfunction:a general review of metal mixture mechanism in brain[J]. Environmental Toxicology and Pharmacology,2016,48:203-213.

[32] LAUCKS M L. Aerosol technology properties,behavior,and measurement of airborne particles[J]. Journal of Aerosol Science,2000,31(9):1121-1122.

[33] LEE S,RHIM Y,CHO S,et al. Carbon-based novel sorbent for removing gas-phase mercury[J]. Fuel,2006,85(2):219-226.

[34] LEWIŃSKA P,DYCZKO A. Thermal digital terrain model of a coal spoil tip-a way of improving monitoring and early diagnostics of potential spontaneous combustion areas[J]. Journal of Ecological Engineering,2016,17(4):170-179.

[35] LI G L,WANG S X,WU Q R,et al. Mechanism identification of temperature influence on mercury adsorption capacity of different halides modified bio-chars[J]. Chemical Engineering Journal,2017,315:251-261.

[36] LI H H,WANG S K,WANG X,et al. Catalytic oxidation of Hg_0 in flue gas over Ce modified TiO_2 supported Co-Mn catalysts:characterization,the effect of gas composition and co-benefit of NO conversion[J]. Fuel,2017,202:470-482.

[37] LI H Z,GUO G L. Surface subsidence control mechanism and effect evaluation of gangue-backfilling mining:a case study in China[J]. Geofluids,2018,2018:2785739.

[38] LI J Y,WANG J M. Comprehensive utilization and environmental risks of coal gangue:a review[J]. Journal of Cleaner Production,2019,239:117946.

[39] LI X T,LUO Z Y,NI M J,et al. Modeling sulfur retention in circulating fluidized bed combustors[J]. Chemical Engineering Science,1995,50(14):2235-2242.

[40] LÜ J F,WANG Q M,LI Y,et al. Unburned carbon loss in fly ash of CFB boilers burning hard coal[J]. Tsinghua Science and Technology,2003,8(6):687-691.

[41] LUO J J,NIU Q,XIA Y X,et al. Investigation of gaseous elemental mercury oxidation by non-thermal plasma injection method[J]. Energy & Fuels,2017,31(10): 11013-11018.

[42] LUSHNIKOV A A. Laser induced aerosols[J]. Journal of Aerosol Science,1996,27: S377-S378.

[43] LYNGFELT A,LECKNER B. SO₂ capture fluidised-bed boilers:re-emission of SO₂ due to reduction of CaSO₄[J]. Chemical Engineering Science,1989,44(2):207-213.

[44] MAHALIK K,SAHU J N,PATWARDHAN A V,et al. Kinetic studies on hydrolysis of urea in a semi-batch reactor at atmospheric pressure for safe use of ammonia in a power plant for flue gas conditioning[J]. Journal of Hazardous Materials,2010,175 (1/2/3):629-637.

[45] MA Q,CAI S Y,WANG S X,et al. Impacts of coal burning on ambient $PM_{2.5}$ pollution in China[J]. Atmospheric Chemistry and Physics,2017,17(7):4477-4491.

[46] MAROTO-VALER M M,ZHANG Y Z,GRANITE E J,et al. Effect of porous structure and surface functionality on the mercury capacity of a fly ash carbon and its activated sample[J]. Fuel,2005,84(1):105-108.

[47] MA S M,ZHAO Y C,YANG J P,et al. Research progress of pollutants removal from coal-fired flue gas using non-thermal plasma[J]. Renewable and Sustainable Energy Reviews,2017,67:791-810.

[48] MCPHERSON M J. Subsurface Ventilation and Environmental Engineering[M]. Dordrecht:Springer Netherlands,1993.

[49] MITTAL M. Explosion characteristics of micron-and nano-size magnesium powders [J]. Journal of Loss Prevention in the Process Industries,2014,27:55-64.

[50] MOHAMMED M,BABADAGLI T. Wettability alteration:a comprehensive review of materials/methods and testing the selected ones on heavy-oil containing oil-wet systems[J]. Advances in Colloid and Interface Science,2015,220:54-77.

[51] NIFUKU M,KOYANAKA S,OHYA H,et al. Ignitability characteristics of aluminium and magnesium dusts that are generated during the shredding of post-consumer wastes[J]. Journal of Loss Prevention in the Process Industries,2007,20(4/5/6): 322-329.

[52] NORDON P,YOUNG B C,BAINBRIDGE N W. The rate of oxidation of char and coal in relation to their tendency to self-heat[J]. Fuel,1979,58(6):443-449.

[53] OOI C H,CHEAH W K,SIM Y L,et al. Conversion and characterization of activated carbon fiber derived from palm empty fruit bunch waste and its kinetic study on urea adsorption[J]. Journal of Environmental Management,2017,197:199-205.

[54] PETIT J C. A comprehensive study of the water vapour/coal system:application to the role of water in the weathering of coal[J]. Fuel,1991,70(9):1053-1058.

[55] QI L Q,ZHANG Y J. Effects of water vapor on flue gas conditioning in the electric fields with corona discharge[J]. Journal of Hazardous Materials, 2013, 256/257: 10-15.

[56] QU Z,YAN N Q,LIU P,et al. Oxidation and stabilization of elemental mercury from coal-fired flue gas by sulfur monobromide[J]. Environmental Science & Technology, 2010,44(10):3889-3894.

[57] RAHIMPOUR M R. A non-ideal rate-based model for industrial urea thermal hydrolyser[J]. Chemical Engineering and Processing:Process Intensification,2004,43(10): 1299-1307.

[58] RAHIMPOUR M R,BARMAKI M M,MOTTAGHI H R. A comparative study for simultaneous removal of urea, ammonia and carbon dioxide from industrial wastewater using a thermal hydrolyser[J]. Chemical Engineering Journal,2010,164 (1):155-167.

[59] RAMALINGAM S G,SAUSSAC J,PRÉ P,et al. Hazardous dichloromethane recovery in combined temperature and vacuum pressure swing adsorption process[J]. Journal of Hazardous Materials,2011,198:95-102.

[60] ROSOCHA L A. Nonthermal plasma applications to the environment:gaseous electronics and power conditioning[J]. IEEE Transactions on Plasma Science, 2005, 33 (1):129-137.

[61] SAHU J N,CHAVA V S R K,HUSSAIN S,et al. Optimization of ammonia production from urea in continuous process using ASPEN Plus and computational fluid dynamics study of the reactor used for hydrolysis process[J]. Journal of Industrial and Engineering Chemistry,2010,16(4):577-586.

[62] SASMITO A P,BIRGERSSON E,LY H C,et al. Some approaches to improve ventilation system in underground coal mines environment:a computational fluid dynamic study[J]. Tunnelling and Underground Space Technology,2013,34:82-95.

[63] SENIOR C L,SAROFIM A F,ZENG T F,et al. Gas-phase transformations of mercury in coal-fired power plants [J]. Fuel Processing Technology, 2000, 63 (2/3): 197-213.

[64] SHOTYK W. Biogeochemistry:arctic plants take up mercury vapour[J]. Nature, 2017,547(7662):167-168.

[65] SNYDER J D,LEESCH J G. Methyl bromide recovery on activated carbon with repeated adsorption and electrothermal regeneration [J]. Industrial & Engineering Chemistry Research,2001,40(13):2925-2933.

[66] STREETS D G,HOROWITZ H M,JACOB D J,et al. Total mercury released to the environment by human activities[J]. Environmental Science & Technology,2017,51 (11):5969-5977.

[67] SWANN P D,ALLARDICE D J,EVANS D G. Low-temperature oxidation of brown coal. 1. Changes in internal surface due to oxidation[J]. Fuel,1974,53(2):85-87.

[68] TORAÑO J, TORNO S, MENÉNDEZ M, et al. Auxiliary ventilation in mining roadways driven with roadheaders: validated CFD modelling of dust behaviour[J]. Tunnelling and Underground Space Technology, 2011, 26(1): 201-210.

[69] TRANCOSSI M, DUMAS A. Coanda synthetic jet deflection apparatus and control [C]//SAE Technical Paper Series. 400 Commonwealth Drive, Warrendale, PA, United ed States: SAE International, 2011.

[70] VORRES K S, WERTZ D L, MALHOTRA V, et al. Drying of Beulah-Zap lignite[J]. Fuel, 1992, 71(9): 1047-1053.

[71] WAHAB KHAIR A, REDDY N P, QUINN M K. Mechanisms of coal fragmentation by a continuous miner[J]. Mining Science and Technology, 1989, 8(2): 189-214.

[72] WANG Z H, ZHOU J H, ZHU Y Q, et al. Simultaneous removal of NO_x, SO_2 and Hg in nitrogen flow in a narrow reactor by ozone injection: experimental results[J]. Fuel Processing Technology, 2007, 88(8): 817-823.

[73] WANG Z W, REN T. Investigation of airflow and respirable dust flow behaviour above an underground Bin[J]. Powder Technology, 2013, 250: 103-114.

[74] WINTER F, WARTHA C, LÖFFLER G, et al. The NO and N_2O formation mechanism during devolatilization and char combustion under fluidized-bed conditions[J]. Symposium (International) on Combustion, 1996, 26(2): 3325-3334.

[75] WU Q R, WANG S X, LI G L, et al. Temporal trend and spatial distribution of speciated atmospheric mercury emissions in China during 1978—2014[J]. Environmental Science & Technology, 2016, 50(24): 13428-13435.

[76] WU Y G, YU X Y, HU S Y, et al. Experimental study of the effects of stacking modes on the spontaneous combustion of coal gangue[J]. Process Safety and Environmental Protection, 2019, 123: 39-47.

[77] YANG Y J, LIU J, ZHANG B K, et al. Density functional theory study on the heterogeneous reaction between HgO and HCl over spinel-type $MnFe_2O_4$[J]. Chemical Engineering Journal, 2017, 308: 897-903.

[78] YUAN Y, ZHANG J Y, LI H L, et al. Simultaneous removal of SO_2, NO and mercury using TiO_2-aluminum silicate fiber by photocatalysis[J]. Chemical Engineering Journal, 2012, 192: 21-28.

[79] ZHANG J S, XU P H, SUN L H, et al. Factors influencing and a statistical method for describing dust explosion parameters: a review[J]. Journal of Loss Prevention in the Process Industries, 2018, 56: 386-401.

[80] ZHANG X Y, WANG Y Q, LIN W L, et al. Changes of atmospheric composition and optical properties over Beijing—2008 Olympic monitoring campaign[J]. Bulletin of the American Meteorological Society, 2009, 90(11): 1633-1652.

[81] ZHANG Y Y, GE X L, NAKANO J, et al. Pyrite transformation and sulfur dioxide release during calcination of coal gangue[J]. RSC Advances, 2014, 4(80): 42506-42513.

[82] ZHAO Y,HAO R L,YUAN B,et al. Simultaneous removal of SO_2,NO and Hg^0 through an integrative process utilizing a cost-effective complex oxidant[J]. Journal of Hazardous Materials,2016,301:74-83.

[83] ZHENG Y J,JENSEN A D,WINDELIN C,et al. Review of technologies for mercury removal from flue gas from cement production processes[J]. Progress in Energy and Combustion Science,2012,38(5):599-629.

[84] ZHOU F B,XIA T Q,WANG X X,et al. Recent developments in coal mine methane extraction and utilization in China:a review[J]. Journal of Natural Gas Science and Engineering,2016,31:437-458.

[85] ZHOU L,LIU Y,LUO L Y,et al. Improving the removal of fine particles by chemical agglomeration during the limestone-gypsum wet flue gas desulfurization process[J]. Journal of Environmental Sciences,2019,80:35-44.

[86] ZHU C,DUAN Y F,WU C Y,et al. Mercury removal and synergistic capture of SO_2/NO by ammonium halides modified rice husk char[J]. Fuel,2016,172:160-169.

[87] ZIJLMA G J,JENSEN A D,JOHNSSON J E,et al. NH_3 oxidation catalysed by calcined limestone—a kinetic study[J]. Fuel,2002,81(14):1871-1881.

[88] 艾封年.复合型抑尘剂在城市道路的性能表征及其应用研究[D].兰州:兰州交通大学,2018.

[89] 白敏莳,王少雷,陈志刚,等.烟道荷电凝并电场对电捕集微细粉尘效率的影响[J].中国环境科学,2010,30(6):738-741.

[90] 毕明树,杨国刚.气体和粉尘爆炸防治工程学[M].北京:化学工业出版社,2012.

[91] 边蔚,任爱玲.燃煤电厂汞排放控制技术的研究进展[J].河北工业科技,2008,25(6):401-404.

[92] 蔡晓聪.挥发性有机废气危害及处理技术探讨[J].环境与发展,2019,31(6):94-95.

[93] 曹晓锋.固尘抑尘剂的研制[D].呼和浩特:内蒙古工业大学,2009.

[94] 曹新秀.袋式除尘器用 PTFE 复合滤料在钢铁行业的应用探讨[J].山东工业技术,2018(11):34-35.

[95] 曹学军,陆新晓,曹凯,等.综掘机泡沫降尘技术研究及其应用[J].煤炭工程,2012,44(11):51-52.

[96] 陈海安.高压喷雾在炮采工作面应用研究[D].西安:西安科技大学,2010.

[97] 陈江,刘建阳,章旭明.非热等离子体净化挥发性有机废气研究进展[J].科技广场,2012(2):94-98.

[98] 陈军良,吴超,张强.国内外路面防尘技术研究现状及评价[J].矿冶,1998,7(1):8-13.

[99] 陈胜华,胡振琪,陈胜艳.煤矸石山防自燃隔离层的构建及其效果[J].农业工程学报,2014,30(2):235-243.

[100] 陈昕.复合型水溶性的高分子抑尘剂的研究[D].南昌:南昌大学,2018.

[101] 陈星明,夏紧.采煤机高压外喷雾降尘技术应用研究[J].中州煤炭,2009(7):25.

[102] 陈卓楷,陈凡植,周炜煌,等.超声雾化水雾在除尘试验中的应用[J].广东化工,2006,33(10):74-77.

[103] 程卫民,刘向升,阮国强,等.煤巷锚掘快速施工的封闭控尘理论与技术工艺[J].煤炭学报,2009,34(2):203-207.

[104] 程燕,蒋仲安,陈仲秋,等.煤层注水中添加表面活性剂的研究[J].煤矿安全,2006,37(3):9-12.

[105] 崔功刚,史俊伟,谭晓松.胶带转载点煤尘自动监测与喷雾降尘系统[J].煤矿安全,2011,42(11):48-50.

[106] 崔建蔚.VOCs光催化氧化技术在印刷行业中的应用[J].云南化工,2019,46(9):142-143.

[107] 崔媚华.采矿爆破粉尘高效凝并技术的研究[D].济南:山东大学,2017.

[108] 崔名双,周建明,张鑫,等.半干法脱硫剂的性能及脱硫机理[J].煤炭转化,2019,42(3):55-61.

[109] 邓林俐.循环流化床烟气脱硫技术应用及进展[J].资源节约与环保,2019(3):35.

[110] 狄华娟,杨林军,潘丹萍.超声波强化钙基废渣碳酸化固定CO_2的性能[J].化工学报,2012,63(8):2557-2565.

[111] 丁永杰.甲烷洁净高效转化途径的研究[D].上海:华东师范大学,2011.

[112] 董波,蔡觉先,李颖泉.煤炭运输专用抑尘剂的合成与应用[J].洁净煤技术,2010,16(5):88-91.

[113] 董国辉.低温等离子体处理柴油机尾气的技术研究[J].装备维修技术,2019(3):17.

[114] 董鹏志.乌兰煤矿双保护层开采地面钻井抽采瓦斯技术研究[D].阜新:辽宁工程技术大学,2013.

[115] 董之润,王恒,张积浩,等.矿井通风瓦斯热氧化与催化氧化技术之比较[J].环境与可持续发展,2016,41(1):56-59.

[116] 杜翠凤,别凤喜,李怀宇.富水胶冻炮泥降尘机理的实验研究[J].金属矿山,1998(8):41-43.

[117] 杜柳柳.袋式除尘器用PTFE复合滤料性能的试验研究[D].上海:东华大学,2008.

[118] 段丰.试论挥发性有机废气治理中的光催化氧化法处理技术[J].中国资源综合利用,2019,37(8):161-163.

[119] 段钰锋,朱纯,佘敏,等.燃煤电厂汞排放与控制技术研究进展[J].洁净煤技术,2019,25(2):1-17.

[120] 凡凤仙,白鹏博,张斯宏,等.基于声凝并的$PM_{2.5}$脱除技术研究进展(Ⅰ):声凝并预处理技术[J].能源研究与信息,2017,33(3):125-131.

[121] 凡凤仙,张斯宏,白鹏博,等.基于声凝并的$PM_{2.5}$脱除技术研究进展(Ⅱ):声凝并与其他机制联合作用[J].能源研究与信息,2017,33(4):205-210.

[122] 樊文涛.塔山选煤厂粉尘在线监测与治理技术研究[D].阜新:辽宁工程技术大学,2015.

[123] 付军辉.采动影响区地面井瓦斯抽采在岳城矿的应用研究[J].矿业安全与环保,2016,43(3):53-55.

[124] 高振.安家岭露天矿钻孔扬尘控制方案对比分析及优化选择[D].阜新:辽宁工程技术大学,2015.

[125] 管仁生. 露天深孔岩石爆破水雾降尘试验研究[D]. 北京：中国铁道科学研究院，2017.

[126] 郭金刚，金龙哲. 潞安矿区防尘技术及实践[M]. 北京：科学出版社，2010.

[127] 郭婧，戴友芝，刘林，等. 光催化氧化技术在环境治理方面的研究进展[J]. 广东化工，2019,46(16):85-86.

[128] 郭强. 浅谈常村煤矿直井水力压裂瓦斯抽采技术[J]. 陕西煤炭，2019,38(3):135-137.

[129] 郭少青. 煤转化过程中汞的迁移行为及影响因素[M]. 北京：化学工业出版社，2012.

[130] 郭正，杨丽芳. 大气污染控制工程[M]. 北京：科学出版社，2013.

[131] 国丽荣，谭羽非. 变电吸附在捕获烟气中 CO_2 的应用[J]. 煤气与热力，2012,32(5):13-16.

[132] 韩幸. 分析矸石山环境污染治理的对策建议[J]. 当代化工研究，2019(3):16-17.

[133] 郝吉明，马广大，王书肖. 大气污染控制工程[M]. 4版. 北京：高等教育出版社，2021.

[134] 郝吉明，马广大，王书肖. 大气污染控制工程[M]. 3版. 北京：高等教育出版社，2010.

[135] 郝思琪，赵毅，薛方明. 燃煤烟气中元素态汞催化氧化剂的研究进展[J]. 工业安全与环保，2014,40(1):16-18.

[136] 郝宇，徐龙君，肖露，等. 低浓度煤层气深冷液化装置研制及安全性分析[J]. 煤气与热力，2017,37(2):9-14.

[137] 河北省地质局第8地质大队. 机掘洞探防尘经验及措施[J]. 探矿工程，1959(1):23-24.

[138] 贺克斌，杨复沫，段凤魁，等. 大气颗粒物与区域复合污染[M]. 北京：科学出版社，2011.

[139] 侯德举. 粒子冲击钻井井底流场数值模拟研究[D]. 北京：中国石油大学，2011.

[140] 胡斌，刘勇，杨春敏，等. 化学团聚促进电除尘脱除烟气中 $PM_{2.5}$ 和 SO_3[J]. 化工学报，2016,67(9):3902-3909.

[141] 胡传斌，张文仲，刘东. 超声雾化除尘装置在鲍店煤矿选煤厂的研制与应用[J]. 选煤技术，2007(4):48-50.

[142] 胡志伟，刘涛，满杰，等. 煤化工行业主要环境污染物来源及污染防治对策[J]. 山东化工，2016,45(24):155-156.

[143] 黄声树，王晋育，冉文清. 煤的湿润效果与产尘能力的关系研究[J]. 煤炭工程师，1996,23(2):2-5.

[144] 黄文章. 煤矸石山自然发火机理及防治技术研究[D]. 重庆：重庆大学，2004.

[145] 黄霞，刘辉，吴少华. 选择性非催化还原(SNCR)技术及其应用前景[J]. 电站系统工程，2008,24(1):12-14.

[146] 霍灵军，田彦武，郝军. 表面活性剂在煤层注水中的应用与实践[J]. 煤炭技术，2011,30(5):106-108.

[147] 季学李. 大气污染控制工程[M]. 上海：同济大学出版社，1992.

[148] 贾惠艳，马云东. 选煤厂输煤系统转载点粉尘产出控制技术[J]. 环境污染与防治，2007,29(10):767-769.

[149] 贾惠艳.皮带输煤系统转载点粉尘析出逸散规律及数值模拟研究[D].阜新:辽宁工程技术大学,2007.

[150] 江梅,张国宁,魏玉霞,等.工业挥发性有机物排放控制的有效途径研究[J].环境科学,2011,32(12):3487-3490.

[151] 姜丰.变压吸附法浓缩瓦斯气的工艺设计及数学模拟[D].淮南:安徽理工大学,2012.

[152] 蒋忠.弗吉尼亚加速器公司(VAC)协作组电子射线法烟气脱硫工艺及特点[J].广西电力技术,2000,23(4):62-64.

[153] 蒋仲安,曾发镔,王亚朋.我国金属矿山采运过程典型作业场所粉尘污染控制研究现状与展望[J].金属矿山,2021(1):135-153.

[154] 金龙哲,李晋平,孙玉福,等.矿井粉尘防治理论[M].北京:科学出版社,2010.

[155] 金文海,施凤甡.旋转喷雾干燥法烟气脱硫工艺优化及烟气实测分析[J].三峡环境与生态,2011,33(5):34-37.

[156] 靳曙琛.古城煤矿乏风氧化供热的技术分析[J].煤,2018,27(9):101.

[157] 荆德吉.基于气固两相流的控尘理论及其在选煤厂应用研究[D].阜新:辽宁工程技术大学,2013.

[158] 柯玉娟,王巍,王元辉.变温吸附技术在有机气体治理中的应用[J].重型机械,2010(S2):50-53.

[159] 寇鹏.煤矿通风瓦斯氧化利用技术[J].煤,2018,27(11):40-41.

[160] 兰波,康建东,张获.一种新型乏风瓦斯催化氧化发电系统的开发[J].矿业安全与环保,2016,43(3):33-36.

[161] 雷利春.煤矿乏风中低浓度甲烷的变压吸附提纯[D].大连:大连理工大学,2010.

[162] 李纯爱.催化燃烧法处理喷漆有机废气的应用研究[J].环境与发展,2018,30(6):255-256.

[163] 李聃,王万福,邓海发,等.煤制气项目挥发性有机物排放点源及控制措施[J].油气田环境保护,2016,26(5):26-29.

[164] 李德文.预荷电喷雾降尘技术的研究[J].煤炭工程师,1994,21(6):8-13.

[165] 李继民,戚险峰,杨欣,等.采煤机负压二次降尘器在综采工作面的应用[J].煤矿安全,2007,38(9):12-13.

[166] 李洁.典型化工企业无组织挥发性有机物排放量估算及防治对策[J].安徽农学通报,2017,23(6):129-130.

[167] 李婧.原子荧光法测定医疗废弃物焚烧废气中的汞[J].环境科学与管理,2010,35(6):123-124.

[168] 李军,牟滨子,郝少阳,等.现代煤化工行业挥发性有机物管控问题分析[J].化工环保,2019,39(4):476-480.

[169] 李明建,袁保发,罗伙根,等.U型水平井技术在保德煤矿抽采瓦斯的应用与实践[J].煤炭科学技术,2017,45(S1):81-84.

[170] 李小川.气流场中粉尘颗粒流动行为与湿法净化[D].徐州:中国矿业大学,2013.

[171] 李新东,许波云,田水承.矿山粉尘防治技术[M].西安:陕西科学技术出版社,1995.

[172] 李玉坤.煤化工行业安全生产管理中存在的问题及对策[J].化工管理,2019(18):91-92.

[173] 李战军,汪旭光,郑炳旭.水预湿被爆体降低爆破粉尘机理研究[J].爆破,2004,21(3):21-23.

[174] 李中楠,胡福祥,郝学冉.露天采场溜槽底部安全设施设计原理探讨[J].金属矿山,2008(3):150-152.

[175] 李忠才,范能全,王雪晨.氧化镁法烟气脱硫运行问题分析及解决方案[J].山东化工,2018,47(12):189-190.

[176] 李孜军,牛娇,周惠斌,等.一种凝胶泡沫及其对硫化矿石自燃的阻化性能研究[J].中国安全科学学报,2015,25(6):57-61.

[177] 梁彤.综采工作面喷雾降尘技术研究[D].太原:太原理工大学,2003.

[178] 梁文俊,李晶欣,竹涛,等.低温等离子体大气污染控制技术及应用[M].北京:化学工业出版社,2016.

[179] 林海燕,彭根明.煤炭自燃过程的物理化学机理探讨[J].山西煤炭,1998,18(3):33-36.

[180] 林肇信.大气污染控制工程[M].北京:高等教育出版社,1991.

[181] 刘含笑,郭滢,章培南,等.燃煤电厂烟气中 Hg 的采样及测定方法研究[J].中国环保产业,2017(11):49-53.

[182] 刘宏.环保设备:原理·设计·应用[M].3版.北京:化学工业出版社,2013.

[183] 刘纪坤,王翠霞,高忠国,等.胶带机转载点煤尘自动监测与喷雾降尘系统设计[J].煤炭工程,2011,43(2):10-12.

[184] 刘金刚,刘观全.露天矿开采过程中粉尘污染控制[J].世界有色金属,2017(14):95-96.

[185] 刘恺德,侯晨,姜在炳,等.采动区综采工作面地面"L"型钻井瓦斯抽采技术[J].采矿与安全工程学报,2018,35(6):1284-1292.

[186] 刘锴,李哲,纪之磊.煤矿用湿式振弦除尘风机的研制与应用[J].山东煤炭科技,2007(6):76.

[187] 刘立忠.大气污染控制工程[M].北京:中国建材工业出版社,2015.

[188] 刘联胜.气泡雾化喷嘴的雾化特性及其喷雾两相流场的实验与理论研究[D].天津:天津大学,2001.

[189] 刘联胜,吴晋湘,韩振兴,等.气泡雾化喷嘴混合室内两相流型及喷嘴喷雾稳定性[J].燃烧科学与技术,2002,8(4):353-357.

[190] 刘亮.矿山环境效应影响评价系统的研究[D].西安:西安科技大学,2006.

[191] 刘霖.露天矿汽车运输路面扬尘防治技术的研究[D].武汉:武汉理工大学,2003.

[192] 刘美林,纪传伟.低温等离子体在废气处理中的应用研究[J].节能,2018,37(7):72-73.

[193] 刘荣华,李夕兵,施式亮,等.综采工作面隔尘空气幕出口角度对隔尘效果的影响[J].中国安全科学学报,2009,19(12):128-134.

[194] 刘荣华,王海桥,施式亮,等.压入式通风掘进工作面粉尘分布规律研究[J].煤炭学

报,2002,27(3):233-236.

[195] 刘伟.综掘工作面高效除尘技术及工艺研究与实践[D].青岛:山东科技大学,2010.

[196] 刘新强,王耀明,刘崇友.联邦德国测尘和防尘技术现状(二)[J].煤矿安全技术,1985,12(3):24-30.

[197] 刘鑫,徐丽,王灏瀚.关于VOCs有机废气处理技术研究进展[J].四川化工,2016,19(4):12-16.

[198] 刘勇,赵汶,刘瑞,等.化学团聚促进电除尘脱除$PM_{2.5}$的实验研究[J].化工学报,2014,65(9):3609-3616.

[199] 刘振兴.光催化氧化技术在室内环境空气净化中的应用[J].西部皮革,2018,40(19):130.

[200] 刘之琳,田亚峻,李永龙,等.欧洲主要产煤国煤矿瓦斯利用技术及展望[J].煤炭技术,2018,37(3):168-169.

[201] 刘忠,刘含笑,冯新新,等.湍流聚并器流场和颗粒运动轨迹模拟[J].中国电机工程学报,2012,32(14):71-75.

[202] 卢鉴章.我国煤矿粉尘防治技术的新进展[J].煤炭科学技术,1996,24(7):2-6.

[203] 陆小泉.我国煤炭清洁开发利用现状及发展建议[J].煤炭工程,2016,48(3):8-10.

[204] 陆新晓,王德明,朱红青,等.高倍阻化泡沫治理大空间巷道煤自燃火区工程实践[J].中国煤炭,2018,44(5):95-99.

[205] 鹿宁.CD-I-2360型除尘系统在露天矿的应用[J].露天采矿技术,2016,31(10):69-71.

[206] 吕俊复,杨海瑞,张建胜,等.流化床燃烧煤的成灰磨耗特性[J].燃烧科学与技术,2003,9(1):1-5.

[207] 吕雪飞,甘树坤,吕颖.燃煤电厂锅炉烟气湿法脱硫技术的现状与展望[J].吉林化工学院学报,2019,36(5):19-22.

[208] 罗根华.转载点粉尘扩散模式与综合治理方案研究[D].阜新:辽宁工程技术大学,2006.

[209] 马广大.大气污染控制技术手册[M].北京:化学工业出版社,2010.

[210] 马建锋,李英柳.大气污染控制工程[M].北京:中国石化出版社,2013.

[211] 马胜利,刘亚力.掘进工作面高压喷雾降尘的机理分析[J].煤矿机械,2009,30(8):88-90.

[212] 马双忱,别璇,孙尧,等.燃煤电厂镁法脱除烟气中SO_2的研究现状与展望[J].化工进展,2018,37(9):3609-3617.

[213] 马涛.挥发性有机物的排放管理与控制[J].化工设计通讯,2017,43(7):222.

[214] 茅清希.工业通风[M].上海:同济大学出版社,1998.

[215] 牟振山,张连君,王宝治,等.清洁爆破技术研究及应用[J].黄金科学技术,2000,8(1):36-40.

[216] 宁智,资新运,王宪成.脉动排气对柴油机微粒凝并作用的研究[J].燃烧科学与技术,2002,8(6):503-506.

[217] 欧俊峰.浅谈焦炉煤气净化中的变温吸附脱硫工艺设计[J].化学工程与装备,2017

(8):178-181.

[218] 潘丹萍,吴昊,姜业正,等.应用水汽相变促进湿法脱硫净烟气中 $PM_{2.5}$ 和 SO_3 酸雾脱除的研究[J].燃料化学学报,2016,44(1):113-119.

[219] 潘海涛,韩冬,刘国良,等.旋转电极与电袋复合除尘技术在燃煤电厂的应用[J].现代工业经济和信息化,2019,9(4):44-46.

[220] 潘雷.燃煤飞灰与烟气汞作用机理的研究[D].上海:上海电力学院,2011.

[221] 彭泽刚.矿用湿式振弦除尘风机在综掘作业线中的应用[J].中州煤炭,2011(6):91-92.

[222] 蒲恩奇.大气污染治理工程[M].北京:高等教育出版社,1999.

[223] 蒲舸,张力,辛明道.CFBC 旋风分离器气固两相流数值模拟与优化[J].工程热物理学报,2006,27(2):268-270.

[224] 齐振,袁章福,边立傀,等.冶金炉窑微孔陶瓷管收集粉尘的特性及润湿性[J].中国冶金,2018,28(11):67-72.

[225] 钱云龙,王有珩,张苕荣,等.电子束辐照脱硫脱硝—工业废气净化法的现状及前景[J].核技术,1984,7(6):1-3.

[226] 钱尊兴,李玉元,李丛峰.采煤机高压喷雾及负压二次降尘技术的试验与应用[J].工业安全与环保,2001,27(10):7-8.

[227] 秦跃平,张苗苗,崔丽洁,等.综掘工作面粉尘运移的数值模拟及压风分流降尘方式研究[J].北京科技大学学报,2011,33(7):790-794.

[228] 秦占法,王永珍,韩三锋.采煤机负压二次降尘技术的研究与应用[J].煤,2008,17(10):59.

[229] 任建莉.燃煤过程汞析出及模拟烟气中汞吸附脱除试验和机理研究[D].杭州:浙江大学,2003.

[230] 任乾.我国煤矿瓦斯防治技术的研究进展及发展方向[J].当代化工研究,2019(8):106-107.

[231] 任万兴.煤矿井下泡沫除尘理论与技术研究[D].徐州:中国矿业大学,2009.

[232] 申改燕,楚可嘉.传统煤化工无组织排放挥发性有机物的控制排放[J].化工进展,2017,36(S1):518-520.

[233] 沈伯雄.大气污染控制工程[M].北京:化学工业出版社,2007.

[234] 沈帅.一种降低粉尘外扬的卸料溜槽的设计[J].水泥工程,2017(3):55-56.

[235] 沈一丁,王德明,王庆国,等.一种凝胶泡沫的研制及其封堵阻化特性[J].煤矿安全,2017,48(9):28-31.

[236] 施式亮,王海桥,吴中立.综采工作面隔尘空气幕纵向安装角合理确定的研究[J].煤炭学报,2001,26(2):164-167.

[237] 史晓宏,温武斌,薛志钢,等.300 MW 燃煤电厂溴化钙添加与烟气脱硫协同脱汞技术研究[J].动力工程学报,2014,34(6):482-486.

[238] 思亚伟.低浓度瓦斯阵列脉动燃烧实验与研究[D].徐州:中国矿业大学,2019.

[239] 宋建国.综采面高压外喷雾降尘技术及其应用研究[J].煤炭工程,2010,42(10):43-45.

[240] 苏鹏.煤矿低浓度瓦斯综合利用技术简析[J].能源与节能,2019(8):143-144.

[241] 孙安民,俞国军,张栋.印刷有机废气排放现状与处理研究进展[J].广州化工,2017,45(10):24-26.

[242] 孙立峰.选煤厂给煤仓系统粉尘安全防控理论与技术研究[D].阜新:辽宁工程技术大学,2015.

[243] 谭聪,蒋仲安,王明,等.综放工作面多尘源粉尘扩散规律的相似实验[J].煤炭学报,2015,40(1):122-127.

[244] 王纯,张殿印.废气处理工程技术手册[M].北京:化学工业出版社,2013.

[245] 王德明.矿尘学[M].北京:科学出版社,2015:26.

[246] 王广喜,孙晓兵,张竣尧.有机废气中挥发性有机化合物的净化技术[J].中国资源综合利用,2013,31(8):50-51.

[247] 王海宁,吴超.表面活性剂在矿山防尘中的应用[J].煤矿安全,1994,25(9):24-27.

[248] 王海桥,施式亮,刘荣华,等.综采工作面司机处粉尘隔离技术的研究及实践[J].煤炭学报,2000,25(2):176-180.

[249] 王立坤.吸附法去除电厂汞的研究进展[J].当代化工,2014,43(2):213-215.

[250] 王丽萍.大气污染控制工程[M].北京:煤炭工业出版社,2002.

[251] 王丽萍,赵晓亮,田立江.大气污染控制工程[M].徐州:中国矿业大学出版社,2018.

[252] 王林,刘志刚,高强.玛苏莱氨法脱硫技术在齐鲁石化热电厂的应用[J].节能,2011,30(3):37-41.

[253] 王鹏,骆仲泱,徐飞,等.燃煤锅炉烟气中可吸入颗粒物的声凝并研究[J].环境科学学报,2008,28(6):1052-1055.

[254] 王鹏,聂曦,毛磊.超净电袋复合除尘技术在烧结机尾除尘中的应用[J].资源节约与环保,2016(6):49.

[255] 王少卿.地面钻井压裂与井下水平钻孔联合瓦斯抽采研究[D].太原:太原理工大学,2015.

[256] 王书肖,赵斌,吴烨,等.我国大气细颗粒物污染防治目标和控制措施研究[J].中国环境管理,2015,7(2):37-43.

[257] 王轩萱.中美环境标准比较研究[D].长沙:湖南师范大学,2014.

[258] 王志魁.化工原理[M].北京:化学工业出版社,1987.

[259] 魏巍,王书肖,郝吉明.中国人为源VOC排放清单不确定性研究[J].环境科学,2011,32(2):305-312.

[260] 温禄淳,刘邱祖.粒径对矿井粉尘表面润湿性影响的实验研究[J].中国粉体技术,2015,21(4):99-102.

[261] 文宇,鄢云龙,罗康成.远程煤矿露天开采排土场煤矸石自燃灭火技术方案[J].煤炭技术,2018,37(1):152-154.

[262] 吴超,周勃.卤化物与水玻璃复合物的抑尘性能[J].中南工业大学学报,1997,28(6):12-14.

[263] 吴超,周勃,王海宁.卤化物添加CaO和MgO的抑尘性能研究[J].中南工业大学学报,1996,27(5):17-21.

［264］吴道洪.WDH 型气泡雾化喷嘴临界现象研究［J］.工业炉,1997,19(4):3-8.

［265］吴坚,宋薇,丁辉.天然气以及大气中微量汞的监测方法的研究［J］.计量学报,2001(2):156-160.

［266］吴湾,王雪,朱廷钰.细颗粒物凝并技术机理的研究进展［J］.过程工程学报,2019,19(6):1057-1065.

［267］吴岳伟,邵毅明,潘芝桂.煤层气用作汽车替代燃料的现状及对策研究［J］.公路与汽运,2011(1):25-27.

［268］郗天琦,徐涛,马恩群,等.新型玻纤布覆膜滤料在燃煤电厂袋式除尘器上的应用［J］.玻璃纤维,2018(3):23-27.

［269］向武.矿井乏风动能发电实验研究与数值模拟［D］.徐州:中国矿业大学,2019.

［270］向晓东,陈旺生,幸福堂,等.交变电场中电凝并收尘理论与实验研究［J］.环境科学学报,2000,20(2):187-191.

［271］肖汉甫.实用爆破技术［M］.武汉:中国地质大学出版社,2009.

［272］肖娅.基于安全的含氧煤层气利用研究［D］.成都:西南石油大学,2014.

［273］熊桂龙,李水清,陈晟,等.增强 $PM_{2.5}$ 脱除的新型电除尘技术的发展［J］.中国电机工程学报,2015,35(9):2217-2223.

［274］熊俊君.建筑室内空气环境检测与污染控制［J］.江西化工,2017(3):175-176.

［275］徐海栋,张雷波,尹立峰,等.化学抑尘剂的研究现状及进展评价［J］.天津科技,2015,42(6):10-13.

［276］徐少波,伍宇鹏,陈奎续,等.超净电袋复合除尘技术在燃煤电厂中的应用［J］.中国环保产业,2015(12):61-63.

［277］许伟,刘军利,孙康.活性炭吸附法在挥发性有机物治理中的应用研究进展［J］.化工进展,2016,35(4):1223-1229.

［278］薛金枝,朱庚富,朱法华.浅析循环流化床锅炉脱硫效率影响因素［J］.电力环境保护,2009,25(2):13-17.

［279］杨建成.高挥发分煤分级燃烧 NO_x 减排实验及应用研究［D］.哈尔滨:哈尔滨工业大学,2015.

［280］杨建勋,张殿印.袋式除尘器设计指南［M］.北京:机械工业出版社,2012.

［281］杨萌,薛蛟,李铭,等.低温等离子体原子荧光光谱法直接测定固体样品中的汞［J］.分析化学,2012,40(8):1164-1168.

［282］杨瑞昌,周涛,刘若雷,等.温度场内可吸入颗粒物运动特性的实验研究［J］.工程热物理学报,2007,28(2):259-261.

［283］杨胜来.综采工作面粉尘运移和粉尘浓度三维分布的数值模拟研究［J］.中国安全科学学报,2001,11(4):64-67.

［284］杨维结,王志峰,高正阳,等.燃煤电站多污染物一体化脱除研究进展［J］.热能动力工程,2019,34(3):1-7.

［285］杨颖,曲冬蕾,李平,等.低浓度煤层气吸附浓缩技术研究与发展［J］.化工学报,2018,69(11):4518-4529.

［286］姚俊冰.重视 VOCS 废气处理降低有机废气对环境的危害［J］.绿色科技,2018(12):115-116.

[287] 姚亚龙.乏风瓦斯氧化发电技术在矿井的研究[J].工程技术研究,2017(10):57-58.

[288] 叶青,霍飞飞,王海平,等.xAu/α-MnO₂催化剂的结构及催化氧化 VOCs 气体性能[J].高等学校化学学报,2013,34(5):1187-1194.

[289] 伊舒克 И Г,景耀光.苏联各煤矿防尘的科技现状[J].川煤科技,1981,8(1):49-55.

[290] 喻敏,董勇,王鹏,等.氯元素对燃煤烟气脱汞的影响研究进展[J].化工进展,2012,31(7):1610-1614.

[291] 岳涛,佟莉,张晓曦,等.固定源废气中汞的检测方法探讨[J].中国环保产业,2016(1):26-29.

[292] 张殿印,申丽.工业除尘设备设计手册[M].北京:化学工业出版社,2012.

[293] 张殿印,张学义.除尘技术手册[M].北京:冶金工业出版社,2002.

[294] 张东辉,鲁民,关中吉.利用雾化射流技术治理输煤皮带转运点粉尘污染[J].黑龙江电力,2004,26(1):61-63.

[295] 张东年,冯翀.低温等离子体在废气处理中的应用效果分析[J].科技风,2015(24):35.

[296] 张钢锋.泄漏检测与修复(LDAR)技术在国内外的应用现状及发展趋势[J].环境工程学报,2016,10(9):4621-4627.

[297] 张国权.气溶胶力学:除尘净化理论基础[M].北京:中国环境科学出版社,1987.

[298] 张浩然.煤矿瓦斯抽采技术研究及应用[D].太原:太原理工大学,2011.

[299] 张洁.燃煤电厂大气汞排放在线监测技术及应用[J].华电技术,2011,33(7):72-76.

[300] 张明俊,凡凤仙.细颗粒物的声凝并数值模拟研究进展[J].化工进展,2012,31(8):1671-1676.

[301] 张明星.活性炭吸附法在挥发性有机物治理中的应用研究[J].化工管理,2018(24):43.

[302] 张设计,刘勇,周润金,等.掘进工作面粉尘分布规律及控降尘工艺技术试验[J].矿业安全与环保,2010,37(2):30-33.

[303] 张世秋.通过制度变革推进区域复合型大气污染的防控与管理[J].环境保护,2012,40(6):73-76.

[304] 张文案,霍磊霞,刘海龙,等.复合型煤尘抑制剂的制备及性能研究[J].煤化工,2009,37(5):21-24.

[305] 张小康,周刚.全岩巷综掘工作面高效综合除尘技术[J].煤炭科学技术,2013,41(8):81-83.

[306] 张小曳,孙俊英,王亚强,等.我国雾-霾成因及其治理的思考[J].科学通报,2013,58(13):1178-1187.

[307] 张有东.低温等离子体技术在废水排放 VOCs 治理中的应用[J].河南化工,2019,36(5):22-27.

[308] 张兆华.磁化水喷雾降尘技术在煤矿中的应用研究[J].煤矿环境保护,1996,10(2):38-39.

[309] 章惠敏,张连福.添加渗透棒煤层注水防尘技术的应用[J].煤矿安全,2006,37(5):41-43.

[310] 章许云.吸附、催化燃烧法治理有机废气的研究[J].科技风,2017(25):127.

［311］赵艾叶.附壁风筒和除尘器在混合式通风系统中的使用［J］.中州煤炭,1998(1):43-44.

［312］赵兵涛.大气污染控制工程［M］.北京:化学工业出版社,2017.

［313］赵浩宇.低温等离子体在废气处理中的应用［J］.化工设计通讯,2019,45(7):179.

［314］赵红霞.煤化工行业节能减排问题的探讨［J］.化工管理,2019(1):94-95.

［315］赵书田.抽压混合式通风除尘系统布置方式的选择和技术参数的确定［J］.中国安全科学学报,1993,3(1):32-38.

［316］赵爽,骆仲泱,王鹏,等.燃煤锅炉烟气中小颗粒的电凝并脱除［J］.能源工程,2006(3):34-36.

［317］赵汶,刘勇,鲍静静,等.化学团聚促进燃煤细颗粒物脱除的试验研究［J］.中国电机工程学报,2013,33(20):52-58.

［318］赵晓亮,吕雪,齐庆杰,等.东荣矿综采工作面高压注水综合高压喷雾二级降尘技术研究［J］.环境保护与循环经济,2015,35(11):35-37.

［319］赵晓亮,齐庆杰,葛少成,等.综采面高压注水联合高压喷雾二级防尘技术研究［J］.中国安全生产科学技术,2016,12(3):30-35.

［320］赵晓亮.综采工作面气泡雾化降尘机理及应用研究［D］.阜新:辽宁工程技术大学,2013.

［321］赵雅晶.循环流化床在烟气脱硫中的应用分析［J］.化工设计通讯,2016,42(7):11.

［322］赵亚鹏.脉冲袋式除尘器在烟尘处理中的应用［J］.煤炭与化工,2018,41(7):77-79.

［323］赵益芳.矿井防尘理论及技术［M］.北京:煤炭工业出版社,1995.

［324］赵毅,李守信.有害气体控制工程［M］.北京:化学工业出版社,2001.

［325］赵永椿,张军营,魏凤,等.燃煤超细颗粒物团聚促进机制的实验研究［J］.化工学报,2007,58(11):2876-2881.

［326］郑剑铭,周劲松,骆仲泱.燃煤烟气中形态汞的取样测量方法［J］.节能技术,2009,27(6):495-498.

［327］中华人民共和国国家统计局.中华人民共和国2008年国民经济和社会发展统计公报［J］.中国统计,2009(3):4-10.

［328］周刚,程卫民,陈连军.矿井粉尘控制关键理论及其技术工艺的研究与实践［M］.北京:煤炭工业出版社,2011.

［329］周金保.干法脱硫除尘一体化工艺的应用［J］.中国井矿盐,2018,49(1):1-4.

［330］周文东,王德明,王庆国,等.用于综掘机内喷泡沫的水射流吸液装置研究［J］.煤炭学报,2016,41(S2):460-467.

［331］庄伟东.双碱法脱硫在有机热载体锅炉烟气处理中的应用［J］.云南化工,2019,46(1):142-144.